国防工程施工技术

主编 辜文杰

参编 朱建凯 李 刚 刘宪庆 邓安仲 魏佼琛

　　　缪 恒 李约汉 陈金锋 蒋海飞 徐艳玲

主审 缪剑刚 何国杰

国防工业出版社

·北京·

内 容 简 介

　　本书按照工程施工涉及的主要环节,依托国防工程典型工程类型,全面系统地描述了国防工程的施工步骤、技术要点及关键环节。全书分两篇共8章内容,第一篇为国防工程施工技术基础,介绍了国防工程施工所涉及的通用性施工技术,包括土石方工程、桩基础工程、砌体工程、钢筋混凝土工程,共4章内容;第二篇为国防工程施工技术,介绍了四种典型国防工程类型的施工技术,包括国防道路工程施工技术、军用机场场道工程施工技术、坑道工程施工技术、军港施工技术,共4章内容。本书内容丰富,体系完整,图文并茂,方便自学。

　　本书适合作为国防工程专业施工教材,也可作为国防工程施工人员参考书籍或施工手册,亦适合用于地方高等院校土木工程专业人员的学习参考。

图书在版编目（CIP）数据

国防工程施工技术/辜文杰主编. —北京:国防工业出版社,2018.1 重印
ISBN 978 – 7 – 118 – 10958 – 0

Ⅰ.①国… Ⅱ.①辜… Ⅲ.①国防工程—工程施工—教材 Ⅳ.①E95

中国版本图书馆 CIP 数据核字(2016)第 138236 号

※

国防工业出版社出版发行

(北京市海淀区紫竹院南路23号 邮政编码100048)
北京京华虎彩印刷有限公司印刷
新华书店经售

*

开本787×1092 1/16 印张21½ 字数492千字
2018年1月第1版第2次印刷 印数301—1300册 定价58.00元

(本书如有印装错误,我社负责调换)

国防书店:(010)88540777　　　发行邮购:(010)88540776
发行传真:(010)88540755　　　发行业务:(010)88540717

前　言

国防工程建设事关国家安全战略的大局。未来信息化战争是体系与体系的对抗,胜负越来越取决于体系的融合统一和整体作战效能的发挥。国防工程是武器发挥作战效能的重要依托,是积蓄战争潜力和提升军队战斗力的物质基础。国防工程为部队作战、训练、科研、教学、生活等提供各类工程设施,包括机场、码头、阵地、仓库和各类营房设施等,是军队现代化建设的重要组成部分。

国防工程施工是国防工程建设的重要内容和重点环节。国防工程施工是军事工程管理、军事土木等专业的一门重要专业基础课,目的是培养学生在实际工程中分析和解决国防工程施工技术和施工组织与管理的能力。国防工程施工与普通土木工程施工相比,在涵盖内容、施工工艺、质量要求、施工组织与管理、伪装防护、保密要求等方面具有显著的特殊性。为满足培养复合型军事工程技术及管理人才的需要,解决普通施工教材未涵盖洞库、机场、阵地、海防工程施工等内容的问题,并克服军兵种院校工程施工教材为适应自身领域专业人才培养造成内容单一的弊端,编写本书。

本书编写时注重国防工程施工的系统性、适用性、实践性。其中,系统性体现在两方面,一是在内容上涵盖了营房、机场、海防、坑道等主要国防工程类型;二是将主要国防工程类型的施工内容进行综合归纳、总结提炼,将主要国防工程类型的通用施工内容整合为国防工程施工基础,精炼了不同类型国防工程施工内容作为专业施工内容,从而使全书成为一个有机整体,避免了不同国防工程施工内容的简单堆砌。本书注重适用性,力求内容简洁、深度适中,以满足培养专业军事工程技术与管理人才及增强相关专业人才工程素养的需要。本书还注意吸收国防工程施工发展的最新成果,紧贴工程实践,同时将相关国家、行业及军队标准贯穿于全书。本书适合作为国防工程专业施工教材,也可作为国防工程施工人员参考书籍或施工手册。

本书分两篇共 8 章,第 1 章由后勤工程学院军事工程管理系辜文杰副教授编写,第 2 章由后勤工程学院军事工程管理系陈金锋博士编写,第 3 章由后勤工程学院军事工程管理系魏佼琛编写,第 4 章由后勤工程学院军事工程管理系朱建凯讲师编写,第 5 章由后勤工程学院军事工程管理系邓安仲教授、徐艳玲讲师、重庆交通大学国际学院蒋海飞博士共同编写,第 6 章由空军第五空防工程处李刚博士、空军勤务学院机场工程保障系李约汉实验师、后勤工程学院军事工程管理系陈金锋博士共同编写,第 7 章由朱建凯编写,第 8 章由后勤工程学院军事工程管理系刘宪庆博士、海军 92829 部队缪恒高工共同编写。全书由缪剑刚、何国杰审稿。

由于国家、军队工程建设方兴未艾,施工技术迅猛发展,本书不能完全与新技术同步,加之限于编写时间和编者水平,书中难免有错误及不足之处,敬请读者批评指正。

编者

2015 年 12 月于重庆

目　　录

第一篇　国防工程施工技术基础

第一篇
国防工程施工技术基础

第1章　土石方工程

国防工程中土石方工程应用较为广泛,包括军用机场场道土石方工程、军用道路路基土石方工程、营房中的土石方工程等。土石方施工具有工程量大、劳动强度高、施工条件复杂、受场地影响大等特点。

1.1　土的工程分类

土的种类繁多,成分较为复杂,不同的土工程性质差异较大,对土方工程的影响也不同。在工程建设中,为了正确地确定土方的工程技术措施,合理选择土方工程的施工方法、确定劳动量消耗和工程费用,需要对土进行分类。在工程施工中,土通常可按开挖难易程度分为八类:松软土、普通土、坚土、砂砾坚土、软石、次坚石、坚石、特坚石。

1.2　土的基本特性

土有许多性质,如物理性质、力学性质,施工中常涉及土的工程性质包括可松性、干密度、含水量及渗透性等。

1.2.1　土的可松性

天然状态下的土(未经扰动的土)经开挖后,体积增加,虽经回填压实,仍不能恢复原来的体积,称为土的可松性,土的可松性程度可用可松性系数表示。

由于土方工程量是以天然状态的体积来计算的,在计算土方机械生产率、运土工具数量时,需要用最初可松性系数进行换算。可松性系数是计算填方所需挖方、进行土方调配设计的重要参数。工程实践表明,在现代重型压实机具施工条件下,一般的土(松土、普通土和硬土类中的某些土)回填碾压密实后的干密度比开挖前原状土的干密度要大。

1.2.2　土的干密度

土的天然密度是指在天然状态下单位体积土的质量,它与土的密实度程度和含水量有关。土的干密度是指单位体积土中固体颗粒的质量,即土体孔隙内无水时土的质量。因此,常用干密度作为填土压实质量的控制指标,土的最大干密度值可参考表1-1。

表1-1　土的最佳含水量和干密度参考值

土的种类	变动范围	
	最佳含水量/%（质量比）	最大干密度/（g/cm³）
砂土	8～22	1.80～1.88

（续）

土的种类	变动范围	
	最佳含水量/%（质量比）	最大干密度/（g/cm³）
粉土	16～22	1.61～1.80
砂质粉土	9～15	1.85～2.08
粉质黏土	12～15	1.85～1.95
重粉质黏土	16～20	1.67～1.79
黏土	19～23	1.58～1.70

1.2.3　土的含水量

土的含水量是土中所含的水与土的固体颗粒的质量比，以百分数表示。当土的含水量超过 25%～30% 时，采用机械施工就很困难，一般土的含水量超过 20% 就会使运土汽车打滑或陷车。回填时，应使土的含水量处于最佳含水量的变化范围内。此外，土的含水量对土方边坡稳定性也有影响。

1.2.4　土的渗透性

土的渗透性是指土体透过水的性能，不同的土透水性不同，一般用渗透系数 K 作为衡量土的透水性指标，K 值表示水在土中的渗透速度，其单位是 m/s（米/秒）、m/h（米/小时）或 m/d（米/昼夜）。K 值应经试验确定，表 1－2 可作为参考。

表 1－2　渗透系数参考值

土的类别	K/（m/d）	土的类别	K/（m/d）
黏土	<0.005	中砂	5.0～20.0
粉质黏土	0.005～0.1	均质中砂	25～50
粉土	0.1～0.5	粗砂	20～50
黄土	0.25～0.5	砾石	50～100
粉砂	0.5～1.0	卵石	100～500
细砂	1.0～1.5	漂石（无砂质充填）	500～1000

1.3　影响填土压实的因素

1.3.1　含水量的影响

较为干燥的土，由于土颗粒之间的摩阻力较大而不宜压实。含水量过大时，土颗粒之间的空隙被水分占去，也不宜压实。因此，只有当土具有适当的含水量，水起了润滑作用，土颗粒间的摩阻力减小时，土才能被压实，如图 1－1 所示。

1.3.2　铺土厚度及实遍数的影响

各种压实机械压实影响深度的大小，与土的性质及含水量有关。铺土厚度应小于压

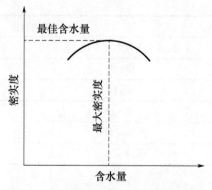

图 1 - 1　土的含水量对压实质量的影响

实机械压土时的压实影响深度,铺土厚度有一个最优厚度范围,可使土在获得设计要求干密度的条件下,压实机械所需的压实遍数最少。施工时可参照表 1 - 3 选用。

表 1 - 3　填方每层的铺土厚度和压实遍数

压实机械	每层铺土厚度/mm	每层压实遍数/遍
平碾	200 ~ 300	6 ~ 8
羊足碾	200 ~ 350	8 ~ 16
蛙式打夯机	200 ~ 250	3 ~ 4
人工打夯	<200	3 ~ 4

1.3.3　压实功的影响

填土后压实的密度与压实机械对填土所施加的功有一定的关系。如图 1 - 2 所示,当土的含水量一定,在开始压实时,土的密度急剧增加,待接近土的最大密度时,虽然压实功增加了很多,但土的密度变化很小。施工中,对不同的土应根据压实机械和密度要求选择压实的遍数。

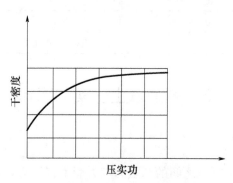

图 1 - 2　土的密度与压实功关系

第2章　桩基础工程

当地基较好时，一般建(构)筑物多采用天然浅基础，它造价较低，且施工简便。如果天然浅基础的土层较软弱，可采用机械压实、换填、预压、强夯、深层搅拌等地基处理的方法进行加固。如建(构)筑物的上部荷载较大，或对沉降有严格要求，则需要采用深基础。

在深基础类型中，桩基础因具有承载能力大、沉降小、抗震性能好、技术成熟度高、施工相对方便等特点，在营房、军港、桥梁等国防工程被广泛采用。它由设置于岩土中的桩和桩顶的承台共同组成，或由柱与桩直接连接而成。它的作用是将上部建(构)筑物的荷载传递到承载力较大的深土层中，或使软弱土层挤密，以提高地基土的密实度及承载力。

2.1　桩的分类

2.1.1　按照桩顶荷载传递机理和作用性质

桩按桩顶荷载传递机理及作用性质不同分为端承型桩(图2-1(a))和摩擦型桩(图2-1(b))两种。

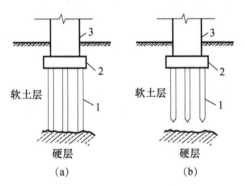

图2-1　端承型桩和摩擦型桩
(a)端承型桩；(b)摩擦型桩。
1—桩；2—承台；3—上部结构。

(1)端承型桩。端承型桩是指穿过软弱土层到达硬层(基岩或坚实土层)上的桩，桩顶荷载全部或主要由桩端阻力承受，桩侧阻力相对桩端阻力而言较小或可忽略不计。按承载性质和桩端阻力所占比例，端承型桩又分为端承桩和摩擦端承桩两种：

① 端承桩：在承载能力极限状态下，桩顶竖向荷载由桩端阻力承受，桩侧阻力小到可忽略不计；

② 摩擦端承桩：在承载能力极限状态下，桩顶竖向荷载由桩侧阻力和桩端阻力共同

承受,但桩端阻力分担荷载较多。

（2）摩擦型桩。摩擦型桩是设置在软弱土层中的桩,其桩顶荷载全部或主要由桩侧阻力承受。根据桩侧阻力分担荷载的大小,摩擦型桩又分为摩擦桩和端承摩擦桩两种:

① 摩擦桩:在承载能力极限状态下,桩顶竖向荷载由桩侧阻力承受,桩端阻力小到可忽略不计;

② 端承摩擦桩:在承载能力极限状态下,桩顶竖向荷载由桩侧阻力和桩端阻力共同承受,但桩侧阻力分担荷载较多。

2.1.2 按照制作与施工方法

桩按制作与施工方法分为预制桩及灌注桩。

预制桩是在工厂或施工现场制作的各种材料和形式的桩(木桩、钢管桩、钢筋混凝土实心方桩、离心管桩等),然后用沉桩设备将桩沉入土中。预制桩按沉桩方法不同分为锤击沉桩(打入桩)、静力压桩、振动沉桩和水冲沉桩等。

灌注桩是在施工现场的桩位处成孔,然后在孔中安放钢筋骨架,再浇筑混凝土而成,也称为就地灌注桩。灌注桩的成孔,按设计要求和地质条件、设备情况,可采用钻孔、冲孔、抓孔和挖孔等不同方式。成孔作业还分为干式作业和湿式作业,分别采用不同的成孔设备和技术措施。

2.1.3 按照成桩方法

桩按成桩方法分为非挤土桩、部分挤土桩和挤土桩三类。

（1）非挤土桩。主要包括干作业法钻(挖)孔灌注桩、泥浆护壁法钻(挖)孔灌注桩、套管护壁法钻(挖)孔灌注桩。

（2）部分挤土桩。主要包括长螺旋压灌灌注桩、冲孔灌注桩、钻孔挤扩灌注桩、搅拌劲芯桩、预钻孔打入(静压)预制桩、打入(静压)式敞口钢管桩、敞口预应力混凝土空心桩和 H 型钢桩。

（3）挤土桩。主要包括沉管灌注桩、沉管夯(挤)扩灌注桩、打入(静压)预制桩、闭口预应力混凝土空心桩和闭口钢管桩。

2.1.4 按照桩径

桩按桩径(设计直径 d)大小分为小直径桩、中等直径桩和大直径桩三类。其中,小直径桩,$d \leqslant 250mm$;中等直径桩,$250mm < d < 800mm$;大直径桩,$d \geqslant 800mm$。

2.2 预制桩施工

钢筋混凝土预制桩是目前工程应用最广的一种。钢筋混凝土预制桩承载能力较大,桩的制作工艺和沉桩工艺简单,施工速度快,沉桩机械普及,不受地下水位高低及潮湿变化影响,且较钢管桩等坚固耐用。其施工现场干净,文明程度高,但耗钢量较大,桩长也不易适应土层变化。

钢管混凝土预制桩所用混凝土强度等级不宜低于 C30;主筋根据桩断面大小及吊装

验算确定,一般为 4～8 根,直径为 12～25mm;箍筋直径为 6～8mm,间距不大于 200mm。在桩顶和桩尖部位应加强配筋。

钢筋混凝土预制桩施工包括桩的制作、起吊、运输、堆放和沉桩、接桩、截桩等工艺过程。预制桩的施工程序和工作内容见图 2-2。

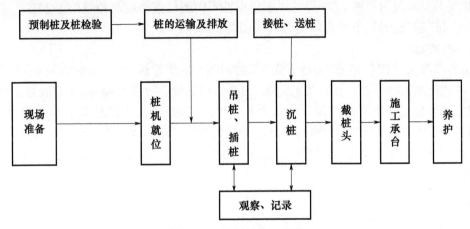

图 2-2　预制桩施工程序

2.2.1　桩的制作、起吊、运输和堆放

1. 桩的制作

预制桩包括预制混凝土方桩、预应力混凝土管桩和钢桩。钢筋混凝土方桩边长一般为 200～500mm,较短的方桩(长度 10m 以下)多在预制厂制作;较长的方桩可在施工现场附近露天就地预制。预应力混凝土管桩则在工厂采用离心法制成,与实心桩相比,可大大减轻桩的自重。

施工现场预制桩多采用叠层浇筑,重迭生产的层数应根据施工条件和地基承载力确定,一般不宜超过 4 层。预制场地应平整坚实,不应产生浸水湿陷和不均匀深陷。制桩底模应素土夯实或垫石碴炉灰等,上抹一遍水泥砂浆;上下层桩之间、邻桩之间及桩与底模板之间应做好隔离层,以防接触面黏结及拆模时损坏棱角。隔离剂要求干燥快、隔离性能好、施工方便、造价低廉。上层桩及邻桩的混凝土浇筑,应在下层及邻桩混凝土达到设计强度等级的 30% 以上之后进行。

钢筋混凝土预制桩的钢筋骨架的主筋连接宜采用对焊和电弧焊,当钢筋直径不小于20mm 时,宜采用机械接头连接。采用对焊或电弧焊时,主筋接头配置在同一截面内(指30 倍钢筋直径区域之内,但不小于 500mm)的数量不得超过 50%;同一钢筋两个相邻接头间应大于 30 倍钢筋直径,且不小于 500mm;桩尖应正对轴线,桩尖模板应采用钢模板,也可用钢板焊在钢筋骨架上。桩顶主筋上部以伸至最上一层钢筋网片之下为宜,应连接成"Ⅱ"形,以有效地接受和传递冲击力。桩身混凝土保护层不可过厚,以 25mm 为宜,否则打桩时易脱落。

制桩时,混凝土应由桩顶向桩尖连续浇筑,不得中断。制造完成的钢筋混凝土桩应在每根桩上标明编号和制作日期,如不埋设吊钩,则应标明绑扎点的位置。

桩的制作质量应符合下列要求：

（1）桩的表面应平整、密实，否则容易将桩打偏或打坏，掉角的深度不应超过 10mm，且局部蜂窝和掉角的缺损总面积不得超过该桩总表面积的 0.5%，并不得过分集中。

（2）由于混凝土收缩产生的裂缝深度不得大于 20mm，宽度不得大于 0.25mm，横向裂缝长度不得超过边长的 1/2（管桩或多角形桩不得超过直径或对角线的 1/2）。

（3）桩顶和桩尖处不得有蜂窝、麻面、裂疑和掉角。

2. 桩的起吊

钢筋混凝土预制桩应在混凝土强度达到设计强度等级的 70% 时方可起吊，达到 100% 时才能运输和打桩。如需提前起吊，则必须做强度和抗裂度验算，并采取必要措施。起吊时，吊点位置必须严格按设计位置绑扎。无吊环时，绑扎点的数量和位置视桩长而定，当吊点或绑扎点不大于 3 个时，其位置按正负弯矩相等原则计算确定；当吊点或绑扎点大于 3 个时，应按正负弯矩相等且吊点反力相等的原则确定吊点位置。几种不同的吊点位置见图 2-3。

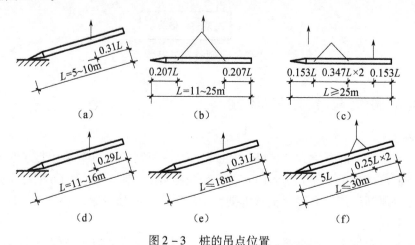

图 2-3　桩的吊点位置

（a）、（d）一点起吊；（b）两点起吊；（c）三点起吊；（e）、（f）管桩一点及两点起吊。

3. 桩的运输

打桩前，需将桩从制作处运至现场堆放或直接运至桩架前。桩的运输应根据打桩进度和打桩顺序确定，宜采用随打随运方法，这样可以减少二次搬运工作。运桩之前，应检查桩的混凝土质量、尺寸、桩靴的牢固性以及打桩中使用的标志是否齐全等。当桩的运输距离较短时，可在桩的下面垫滚筒，用卷扬机托动桩身前进；当运距较远时，可采用轻便轨道小平台车运输；对于工厂生产的短桩，可采用汽车运输。

桩在堆放运输中，垫木位置应与吊点位置相同，保持在同一平面上，并上下对齐。最下层垫木应适当加宽。

4. 桩的堆放

桩的堆放应遵守下列规定：堆放场地应平整坚实，垫木之间距离应根据吊点确定，并应在同一直线上。堆放管桩应在垫木上加三角木防止管桩滚动，最下层的垫木应加强。堆放层数一般不宜超过 4 层，不同规格的桩应分别堆放。

2.2.2　锤击沉桩(打入桩)施工

锤击沉桩也称打入桩,是利用桩锤下落产生的冲击能量将桩沉入土中。锤击沉桩是预制钢筋混凝土桩最常用的沉桩方法。该法施工速度快,机械化程度高,适用范围广,现场文明程度高,但施工时有噪声、污染和振动,对于城市中心和夜间施工有所限制。

1. 打桩机具及选择

打桩机具主要有打桩机及辅助设备。打桩机主要包括桩锤、桩架和动力装置三部分。

1) 桩锤

桩锤是对桩施加冲击力,将桩打入土层中的主要机具。打入桩桩锤按动力源和运用方式分为落锤、单动汽锤、双动汽锤和柴油锤。

① 落锤:落锤是靠电动卷扬机或人力将锤拉升到一定高度,然后自由落下,利用落锤自重夯击桩顶,将桩沉入土中。

② 单动汽锤:利用蒸汽或压缩空气的压力将桩锤的汽缸上举,然后自由下落冲击桩顶,将桩沉入土中。单动汽锤构造见图 2-4。

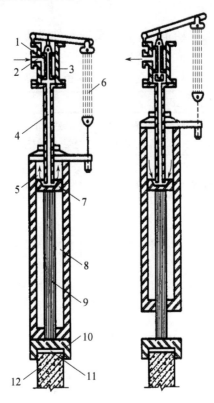

图 2-4　单动汽锤构造示意图

1—活塞;2—进汽口;3—缸套;4—锤芯进汽管;5—汽室;6—拉簧;

7—活塞;8—锤壳;9—顶杆;10—桩帽;11—桩垫;12—桩。

③ 双动汽锤:双动汽锤与单动汽锤的区别之处在于桩锤的上举和下冲均是由蒸汽或压缩空气的压力推动的。双动汽锤结构见图 2-5。

④ 柴油锤:柴油锤一般分为导杆式和筒式两种,其工作原理是利用燃油爆炸产生的力推动活塞上下往复运动进行沉桩。柴油锤类型见图 2-6。

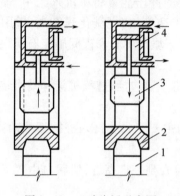

图 2-5　双动汽锤示意图
1—桩;2—垫座;3—冲击部分;4—蒸汽缸。

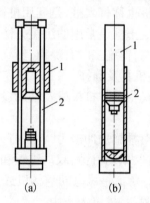

图 2-6　柴油锤类型示意图
(a)杆式柴油锤;(b)筒式柴油锤。
1—活塞;2—汽缸。

桩锤的类型,应根据施工现场情况、机具设备条件及工作方式和工作效率进行选择(参照表 2-1)。

表 2-1　锤适用桩范围参考表

项次	桩锤种类	适用范围	优缺点
1	落锤	① 适用于打木桩及细长尺寸的混凝土桩; ② 黏土含砾石的土和一般土层均可使用	构造简单、使用方便,冲击力大,能随意调整落距,但锤打速度慢(6~20 次/min),效率较低
2	单动汽锤	① 适宜于打各种桩; ② 最适宜于打就地灌筑混凝土桩	结构简单,落距短,对设备和桩头不易损坏,打桩速度及冲击力较落锤大,效率较高
3	双动汽锤	① 适宜于打各种桩; ② 可用于打斜桩; ③ 适宜于水下打桩,可兼做拔桩机用; ④ 可吊锤打栏	冲击次数多,冲击力大,工作效率高,可不用桩架打桩。但设备笨重,移动较困难
4	柴油桩锤	① 打木桩、钢板桩最适宜; ② 在软弱地基上打 12m 以下的细长尺寸的混凝土桩	附有桩架、动力等设备,机架轻、移动便利,打桩快,燃料消耗少;但桩架高度低,遇硬土及软土不宜使用。施工时有噪声和污染、振动等公害
5	振动桩锤	① 适宜于打钢板桩,打入式灌筑桩,长度在 15m 以内; ② 不适宜于打斜桩; ③ 宜用于亚黏土、松散砾土、黄土和软土,不宜用于岩石、砾石和密实的黏土地基	沉桩速度快,适应性大、施工操作简易安全;能打各种桩并能帮助卷扬机拔桩
6	液压锤	① 适合水下打桩; ② 适合软土地基上的沉桩	无噪声、无振动,对周围环境和土层的干扰影响小,能获得较大的贯入度;构造复杂、造价高

桩锤重根据工程的地质条件、桩的类型和结构、桩的密集程度及施工条件进行选择(参照表 2-2)。

表2-2 锤重与桩重比值

锤类别 土状态 桩类别	柴油锤		落锤	
	硬土	软土	硬土	软土
钢筋混凝土预制桩	1.5	1.0	1.5	0.35
木桩	3.5	2.5	4.0	2.0
钢板桩	2.5	2.0	2.0	1.0
注:①锤重系指锤体总重,桩重包括桩帽重量;②选用锤重时不宜小于上列之比值;③桩的长度一般不超过20m				

2) 桩架

桩架的作用为吊桩就位,悬吊桩锤,打桩时引导桩身方向。桩架要求稳定性好,锤击准确,可调整垂直度;机动性、灵活性好,工作效率高。桩架的种类和高度,应根据桩锤的种类、桩的长度和施工条件确定。桩架高度应为:桩长＋桩帽高度＋桩锤高度＋滑轮组高度＋起锤工作伸缩的余位调节度(1~2m)。若桩架高度不满足,则桩可考虑分节制作,现场接桩,若采用落锤还应考虑落距高度。

桩架形式多种多样,常用桩架基本为两种形式,一种是沿轨道或滚杠行走移动的多功能桩架,另一种为装在履带式底盘上可自由行走的履带式桩架。

多能桩架由立柱、斜撑、回转工作台、底盘及传动机构等组成。它机动性和适应性较大,在水平方向可作360°回转,导架可伸缩和前后倾斜。底盘下装有铁轮,可在轨道上行走。这种桩架可用于各种预制桩和灌注桩施工。缺点是机构较庞大,现场组装和拆卸、转动较困难,见图2-7。

履带式桩架以履带式起重机为底盘,利用履带式起重机动力,增加导架、桩锤、导杆等。其行走、回转、起升的机动性好,使用方便,适用范围广泛,见图2-8。

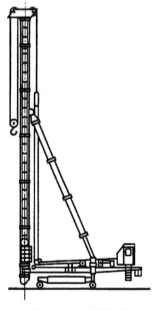

图2-7 多能桩架

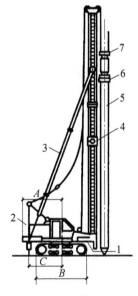

图2-8 履带式桩架

1—立柱支撑;2—发动机;3—斜撑;4—立柱;5—桩;6—桩帽;7—桩锤。

3）动力设备

打桩机械的动力装置及辅助设备主要根据选定的桩锤种类而定。落锤以电源为动力，再配置电动卷扬机、变压器、电缆等；蒸汽锤以高压饱和蒸汽为驱动力，配置蒸汽锅炉、蒸汽绞盘等；汽锤以压缩空气为动力源，需配置空气压缩机、内燃机等；采用柴油锤，以柴油为能源，桩锤本身有燃烧室，不需要外部动力设备。

2. 打桩前的准备工作

1）清除妨碍打桩施工的空高及地下障碍物，平整场地

打桩前应清除地上、地下的障碍物，如地下管线、旧有基础、树木等。桩机进场及移动范围内的场地应平整压实，使地基承载力满足施工要求，并保证桩架的垂直度。施工现场及周围应保持排水通畅。架空高压电线距桩架顶部净空不小于 10m。

2）机具就位及接通水源、电源

桩机进场后，按施工顺序敷设轨道，选定位置架设桩机和设备，接通水电源和燃炉升水进行试机，并移机至桩位，力求桩架平稳垂直。

3）打桩试验

打试桩主要是检验打桩设备和工艺是否符合要求；了解桩的贯入深度、地基持力层强度及桩的承载力，以确定打桩方案和打桩技术。试桩时应做好试桩记录，画出各土层深度，记下打入各土层的锤击次数，最后精确测量贯入度。试桩数量不少于 2 根。

4）确定打桩顺序

打桩时，由于桩对土体的挤密作用，先打入的桩被后打入的桩水平挤推而造成偏移和变位或被垂直挤拔造成浮桩；而后打入的桩难以达到设计标高或入土深度，造成土体隆起和挤压，截桩过大。因此，群桩施工时，为了保证质量和进度，防止周围营房破坏，打桩前应根据桩的密集程度、桩的规格、长短，以及桩架移动是否方便等因素来选择正确的打桩顺序。

当桩较密集时（桩中心距小于 4 倍边长或直径），应采用由中间向两侧对称施打（图 2-9（a））或由中间向四周施打（图 2-9（b））的方法。这样，打桩时土体由中间向两侧或四周挤压，易于保证施工质量。当桩数较多时，也可采用分区段施打。

当桩较稀疏时（桩中心距 >4d）可采用由一侧单一方向进行施打的方式（图 2-9（c）），逐排施打。这样，桩架单方向移动，打桩效率高。但打桩前进方向一侧不宜有防侧移、防振动建筑物、构筑物、地下管线等，以防土体挤压破坏。

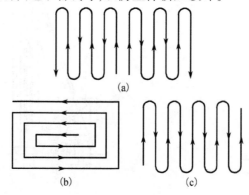

图 2-9 打桩顺序

（a）由中间向两侧打；（b）由中央向四周打；（c）逐排打。

当桩的规格、埋深、长度不同时,宜遵循先大后小、先深后浅、先长后短的原则施打。

5)抄平放线,定桩位,设标尺

打桩现场附近设置水准点,数量不少于两个,用以抄平场地和检查桩的入土深度。然后,根据建筑物轴线控制桩,定出桩基轴线位置及每个桩的桩位。其轴线位置允许偏差为20mm。当桩较稀时可用小木桩定位。当桩较密时,用龙门板(标志板)定位,以防打桩时土体挤压位移使桩错位。

打桩施工前,应在桩架或桩侧面设置标尺,以观测、控制桩的入土深度。

3. 打桩施工

1)定锤吊桩

打桩机就位后,先将桩锤和桩帽吊起,其锤底高度应高于桩顶,并固定在桩架上,以便进行吊桩。

吊桩,是用桩架上的滑轮组和卷扬机将桩吊成垂直状态送入龙门导杆内。桩提升离地时,应用拖拉绳稳住桩的下部,以免撞击打桩架和邻近的桩。桩送入导杆内后要稳住桩顶,先使桩尖对准桩位,扶正桩身,然后使桩插入土中。桩的垂直度偏差不得超过1%。桩就位后,在桩顶放上弹性垫层如草纸、废麻袋或草绳等,放下桩帽套入桩顶。桩帽上放好垫木,降下桩锤轻轻压住桩帽。桩锤底面、桩帽上下面和桩顶部应保持水平。桩锤、桩帽和桩身中心线应在同一直线上,尽量避免偏心。此时在锤重压力下,桩会深入土中一定深度,待下沉停止,再全部检查,校正合格后,即可开始打桩。

2)打桩

打桩应"重锤低击""低提重打",以取得良好效果。桩开始打入时,桩锤落距宜小,一般为 0.5~0.8m,以便使桩能正常沉入土中,待桩入土到一定深度,桩尖不易发生偏移时,可适当增加落距逐渐提高到规定数值,继续锤击。打混凝土管桩,最大落距不得大于1.5m。打混凝土实心桩不得大于1.8m。桩尖遇到孤石或穿过硬夹层时,为了把孤石挤开和防止桩顶开裂,桩锤落距不得大于0.8m。

桩的入土深度的控制:对于承受轴向荷载的摩擦桩,以标高为主,以贯入度作为参考;端承桩则以贯入度为主,以标高作为参考。

施工时,贯入度的记录:对于落锤,单动汽锤和柴油锤取最后 10 击的入土深度;对于双动汽锤取最后一分钟内桩的入土深度。其贯入度值应符合设计要求。

测量和记录桩的贯入度应在下列条件下进行:①桩顶没有破坏;②锤击没有偏心;③锤的落距符合要求;④桩帽和桩垫工作正常。

3)打桩测量和记录

打桩工作是一项隐蔽工程,为了确保工程质量,分析和处理打桩过程中出现的质量事故和为工程质量验收提供重要依据,必须在打桩过程中,对每根桩的施打进行下列测量并作好详细记录。

4)注意事项

打桩时除测量必要的数值并记录外,还应注意下列几点:

(1)在打桩过程中应经常用线锤及水平尺检查打桩架,如垂直度偏差超过1%,必须及时纠正,以免把桩打斜。

(2)打桩入土的速度应均匀,锤击间歇的时间不要过长。

（3）应观察桩锤回弹情况，如经常回弹较大，说明桩锤太轻，不能使桩下沉，此时应更换重一些的桩锤。

（4）应随时注意贯入度的变化情况。当贯入度骤减，桩锤突然发生较大回弹时，应将锤击的落距减小，加快锤击；若还有这种现象，即说明桩尖遇到障碍，应停止锤击，分析研究问题的原因并进行处理。如果继续施打，出现贯入度突然增加，表示桩尖或桩身可能已遭受损坏或遇有古墓及枯井空虚层。表明桩身可能被破坏的现象：桩锤回弹，贯入度突增，锤击时桩弯曲、倾斜、颤动、桩顶破坏加剧等。

（5）用送桩打桩时，桩与送桩的纵轴线应在同一直线上。如用硬木制作的送桩，其桩顶损坏部分应修切平整后再用。

（6）对于打斜的桩，应将桩拔出，查明原因，排除障碍，用砂石填孔后，重新插入施打。若拔桩有困难，应会同设计单位研究处理，或在原桩位附近补一桩。

打桩过程中，常遇到的问题及防止和处理方法见表2-3。

表2-3 打（沉）桩常遇问题及防止与处理方法

常遇问题	产生原因	防止措施及处理方法
桩头打坏	桩头强度低；桩顶凹不平；保护层过厚；锤与桩不垂直；落距过高；锤击过久；遇坚硬土层	按产生原因分别纠正
桩身扭转或位移	桩尖不对称；桩身不正直	可用树根低击纠正；偏差不大，可不处理
桩身倾斜和位移	桩头不平，桩尖倾斜过大；桩接头破坏；一侧遇石块等障碍物；土层有陡的倾斜角；桩帽与桩不在同一直线上	偏差过大，应拔出移位再打；入土不深（<1m）且偏差不大时，可利用木架顶正，再慢慢打入；障碍物不深，可控出回填后再打
桩身破裂	桩质量不符合设计要求	木桩可用8号镀锌铁丝捆绕加强、混凝土桩可加钢夹箍用螺栓拉紧后焊固补强
桩涌起	遇流砂或软土	将浮起量大的重新打入，静荷载试验，不符合要求的进行复打或重打
桩急剧下沉	遇软土层、土洞；接头破裂或桩尖劈裂；桩身弯曲或有严重的惯向裂线，落锤过高、接桩不垂直	将桩拔起检验改正重打，或在靠近原桩位作补桩处理
桩不易沉入或达不到设计标高	遇旧埋设物、坚硬土夹层或砂夹层；打桩间歇时间过长，摩阻力增大；定错桩位	遇障碍或硬土层，用钻孔机钻进后再打入；根据地质资料正确确定桩长
桩身跳动桩锤回弹	桩尖遇树根或坚硬土夹层，桩身过曲；接桩过长；落距过高	检查原因，采取措施穿过或避开障碍物，如入土不深，应拔起避开或换桩重打

4. 桩的质量要求

桩的质量标准包括两部分：一是能否符合设计要求的最后贯入度或标高的要求；二是打桩的位置偏差应在允许范围内。

打桩的贯入度或标高按下列原则控制：

（1）桩尖位于坚硬、硬塑的黏土、碎石土、中密以上的砂土或风化岩等土层时，以贯入度控制为主，桩尖进入持力层深度或桩尖标高可作参考。

（2）贯入度已达到而桩尖标高未达到时，应继续捶击三阵，其每阵 10 击的平均贯入度不应大于规定的数值。

（3）桩尖位于其他软土层时，以桩尖设计标高控制为主，贯入度可作参考。

（4）打桩时，如控制指标已符合要求，而其他指标与要求相差较大时，应会同有关单位研究处理。

（5）贯入度应通过试桩确定，或做打桩试验与有关单位确定。

按标高控制的预制桩，桩顶的允许偏差为 −50 ～ +100mm。

上述所指的贯入度即为最后贯入度，在实际施工中，一般采用最后 10 击桩的平均入土深度作为其最后贯入度。

桩的垂直偏差应不大于 1%，平面位置偏差应不大于 100～150mm。为保证此指标，如前所述将桩提升就位时必须对准桩位，且桩插入时的垂直度偏差必须提高到 0.5%。

5. 静力压桩

静力压桩特别适合于软土地基和城市施工。其优点为无噪声、无振动、邻近有建筑物时也可进行压桩。除此之外，压桩与打桩相比还具有如下优点：

（1）节约材料。据统计，压桩比打桩可节省混凝土 26%，节省钢筋 47%，降低造价 26%。另外，其衬垫材料也可省去，桩顶也不易碎裂。

（2）施工质量高。打桩不仅桩顶而且桩身也常出现被打裂事故，压桩则可避免此类事故发生。压桩所引起的桩周围土体隆起和水平挤动，造成桩移动等事故均较打桩小得多。

压桩机有液压式和卷扬机滑轮组式两种。近年来广泛应用的液压静力压桩机，沉桩速度快、压力大（其静压力可达 6000kN）。但压桩只限于压垂直桩及软土地基的沉桩施工，故有一定局限性。

压桩施工注意事项：

① 压桩前应对土层土质情况了解清楚，并维修保养好压桩设备，以保证压桩时机械可靠运行（因故停息不宜超过 2h）。如果工艺上必要停息（如接桩、套送桩等），应将桩尖停息在软土层中，以使启动阻力不致过大。

② 当需要接桩时，上下两节桩必须保持轴线一致，并使接桩时间尽量缩短，以免桩压不下去。

③ 压桩机行驶道路的地基应有足够的承载力，必要时应加以处理。

④ 压桩过程中，当桩尖遇上夹砂层时，压桩阻力会突然增大，这时以最大压桩力，忽压忽停的办法，可能使桩会缓慢地下沉。

⑤ 当桩压至设计标高时，不可过早地停压，否则，在补压时会造成阻力过大而压不下去。

6. 接桩

压桩过程中如需要接桩时，可采用焊接法、法兰盘连接、浆锚法连接、机械快速连接（螺纹式、齿合式）。其中，浆锚法适用于软土层，且对一级建筑桩基或承受拔力的桩宜慎用；其他三类接桩方法则可用于各种土类。

1）焊接法接桩

如图 2 − 10 所示，接桩时必须对准下节桩，并调整垂直后再连接角钢，用电弧焊点上（即将角钢固定住即可，称定位焊），检查位置无误后即可正式施焊。施焊时，应由两人同时对角对称进行焊接,以防止节点电焊后收缩变形不匀而引起桩身歪斜。焊接所用钢板宜采用低碳钢,焊条宜采用 E43。

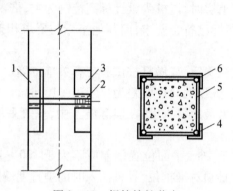

图 2 - 10 焊接接桩节点
1—连接角钢;2—预埋垫板;3—预埋钢板;4—主筋;5—钢板;6—角钢。

2)浆锚法接桩

如图 2 - 11 所示,浆锚法接桩亦称硫磺胶泥锚接接桩。接桩时,首先将上节桩对准下节桩,使四根钢筋插入锚筋孔(孔径为锚筋直径的 2.5 倍),下落压桩机压梁夹紧接的桩,然后将接的桩上提 200mm 左右(以四根锚筋不脱离锚筋孔为度),安装好夹箍(由四块木板,内侧用人造革包裹 40mm 厚的树脂海绵块而成),将熔化的硫磺胶泥注满锚筋孔内,并使之溢出桩面,然后将接的桩压下(不加压力),当硫磺胶泥冷却,停息一定时间并拆除夹箍后即可加压施工。

7. 振动沉桩

振动沉桩施工与打桩法相似,所不同的是用振动桩锤代替桩锤。在振动沉桩过程中,如发现下沉速度突然减小,则可能遇上硬层,应停止下沉。而将桩略为提升 0.6 ~ 1.0m,重新快速振动冲下,有可能穿过硬层而继续下沉。

为加速桩的下沉,可用水冲法配合。即在桩身旁插入一根与桩平行的射水管,管下端设有喷嘴。沉桩时用高压水($0.4N/mm^2$)经射水管喷射水,将桩尖下土壤冲刷,使土体松散,减少桩身下沉阻力。同时,射入的水流大部分又沿桩身表面涌出地面,进一步减小

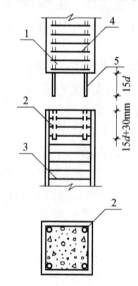

图 2 - 11 硫磺胶泥锚接接桩节点
1—上段桩;2—锚筋孔;3—下段桩;
4—箍筋;5—螺纹钢筋。

桩身摩阻力,促使桩身更快下沉,这样就使振动沉桩效率大大提高,当桩沉至离设计标高还有 1 ~ 2m 处时,应停止冲水,而单用振动桩锤将桩沉至设计标高,以免桩尖土被水冲刷而影响桩的承载能力。

8. 拔桩

在打桩过程中,打坏的桩须拔出。拔桩的方法很多,要视桩的种类、大小和打入土中的深度来选用。

一般的桩,可用三根 30cm 的方木或型钢做成三角架,架立在要拔的桩位上。钢丝绳通过其顶端的滑轮,将桩顶拉牢,然后借助卷扬机的力量将桩拔起。也可采用千斤顶拔桩。

如拔桩阻力较大,最好用机械拔桩,如用双动汽锤或采用专门的拔桩机来进行。

9. 截桩及桩头处理

空心管桩,在打完桩之后,桩尖以上 1~1.5m 范围内的空心部分立即用细石混凝土填实,其余部分可用细砂填实。

各种预制桩,在打完桩之后,开挖基坑,按设计要求的桩顶标高,将桩头多余部分凿去。桩头可用人工或风动工具(如风镐等)亦可用无声爆破法来完成。无论用哪种方法均不得把桩身混凝土打裂,并保证桩身主筋伸入承台内。其锚固长度必须符合设计规定。一般桩身主筋伸入混凝土承台内的长度,受拉时不少于 25 倍主筋直径;受压时不少于 15 倍主筋直径。主筋上粘着的混凝土碎块要清除干净。

当桩顶标高在设计标高以下时,应在桩位上挖成喇叭口凿去桩头表面混凝土,凿出主筋并焊接接长至设计要求的长度。再与承台底的钢筋绑扎在一起。然后,用桩身同标号的混凝土与承台一起浇灌混凝土。

2.2.3 预制桩施工对周围环境的影响及预防措施

预制桩施工对环境、邻近建筑物及地下管线的不利影响主要表现在打桩噪声、振动及挤土等问题上。

1. 噪声影响及防护

打桩噪声不仅对施工人员产生危害,而且往往造成社会性噪声危害。对于打桩施工噪声,一般可采取以下几种防护措施。

1)音源控制防护

如锤击法沉桩可按桩型和地基条件选用冲击能量相当的低噪声冲击锤;振动法沉桩选用超高频振动锤和高速微振动锤;也可采用预钻孔辅助沉桩法、振动掘削辅助沉桩法、水冲辅助沉桩法等工艺。同时可改进桩帽及采用噪声衬垫材料来降低噪声。柴油锤沉桩时,可用桩锤式或整体式消音罩装置将桩锤封隔起来。在居民密集区还可采用噪声小的液压桩锤施工。

2)遮挡防护

在打桩区和受音区之间设置挡壁可增大噪声传播回折路线,并能发挥消音效果,减少噪声。通常情况下,遮挡壁高度不宜超过音源高度和受音区控制高度,一般 15cm 左右较经济合理。

3)控制打桩时间

午休及夜间尽量停止打桩,以减少打桩噪声对周围的影响,确保周围居民正常的生活和休息。

2. 振动影响及防护

沉桩时产生的振动波会对邻近建筑物、地下结构和暗线造成危害。振动的危害程度取决于桩锤锤击能量、锤击频率、土质情况、离沉桩区的距离等。

可采取以下防护措施:选择低振动的桩锤(如液压锤等);打桩时采用重锤低击;暴露地下管线等。

3. 土体挤压影响及防护

预制桩打设过程中对土体产生挤压,使施工区域周围的地基产生不均匀隆起,如地坪隆起、建筑物墙体开裂等,严重时会危及建筑物的安全,导致路面管线断裂,造成重大事故。为减少挤土影响,可采取以下防护措施。

1）预钻孔沉桩法

一般预钻孔直径取桩径的70%左右,深度宜为桩长的1/3~1/2,且应随钻随打。

2）采用排水措施降低超孔隙水力

可采用井点降水,设袋装砂桩、砂井、塑料排水板等措施,加快土中孔隙水的排泄,降低超孔隙水压力,以减少土体挤压的影响。一般袋装砂井直径为70~80mm,间距为1~1.5m,井深为10~12m。

3）设防挤防震沟

一般防挤防震沟宽度采用0.5~0.8m,深度宜超过被保护的附近管线和基础埋深,但要采取相应措施,防止沉桩时引起沟壁坍塌。

4）设置防挤防渗墙

在打桩区域外围打钢板桩、地下连续墙或水泥搅拌桩等,可有效限制沉桩引起的变位及超孔隙水压力对邻近建筑物的影响。为节约造价,可结合基坑围护结构统一考虑。

5）合理安排打桩顺序和工艺

合理安排沉桩顺序、控制打桩速度、采用重锤轻击以及先开挖基坑后打桩等措施,对减少挤土影响有明显效果。

2.3 灌注桩施工

灌注桩就是直接在桩位成孔,然后在孔内安放钢筋笼、浇混凝土成桩,与预制桩相比,其优点为节省钢材、降低造价、在持力层顶面起伏不平时桩长容易控制;其缺点是操作要求严格,稍有疏忽,容易发生缩颈、断裂现象,且技术间隔时间长,不能立即承受荷载。灌注桩按施工方法可分为钻孔灌注桩、冲孔灌注桩、沉管灌注桩、人工挖孔灌注桩和爆扩灌注桩等多种。常用的是钻孔灌注桩、沉管灌注桩。

2.3.1 施工准备

1. 定桩位和确定成孔施工顺序

（1）对土没有挤密作用的桩,一般按现场条件和桩孔行走方便原则确定成孔顺序。

（2）对土有挤密作用和振动影响的桩,采用以下顺序:间隔一个或两个桩位成孔;在邻近混凝土初凝前或终凝后成孔;一个承台下桩数在五根以上者,中间的桩先成孔,外围的桩后成孔;同一个承台下的爆扩桩,可采用单爆或连爆法成孔。

（3）人工挖孔桩当桩净距小于2倍桩径且小于2.5m时,应采用间隔开挖,排桩跳挖的最小施工净距不得小于4.5m,孔深不大于10m。

2. 成孔深度的控制

摩擦型桩:以设计桩长控制成孔深度;当采用锤击沉管法成孔时,桩管入土深度以标高为主,以贯入度控制为辅。

端承桩：当采用钻孔、挖掘成孔时，必须保证桩孔进入设计持力层的深度；当采用锤击沉管法成孔时，沉管深度控制以贯入度为主，设计持力层标高对照为辅。

3. 钢筋笼的制作

钢筋笼的制作应符合以下规定：

（1）套管成孔的桩，应比套管直径小60~80mm。

（2）用导管法灌注水下混凝土的桩，应比导管连接处的外径大100mm以上。

（3）钢筋笼在制作、运输和安装过程中，应采取措施防止变形，并应有保护层垫块。

（4）吊放入孔时，不得碰撞孔壁，灌注桩应采取措施固定钢筋笼的位置，避免钢筋笼受混凝土上浮力的影响而上浮。

4. 混凝土的配制

混凝土配制所用的材料与性能要选用合适。混凝土强度等级不得低于C15，每立方米混凝土的水泥用量不少于350kg，水下灌注混凝土时不得低于C20。坍落度要求是：水下灌注的混凝土为160~220mm，干作业成孔的宜为80~100mm，沉管灌注桩有配筋时为80~100mm，素混凝土宜为60~80mm。

2.3.2 灌注桩常用施工方法

1. 钻孔灌注桩

钻孔灌注桩施工工艺程序如图2-12所示。

钻孔灌注桩是先用钻孔机械进行钻孔，然后在桩孔内放入钢筋笼再灌混凝土。钻孔设备主要有螺旋钻机和潜水钻机两种。

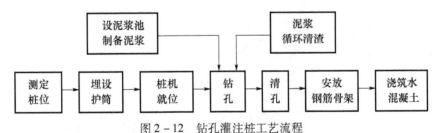

图2-12 钻孔灌注桩工艺流程

施工中应注意下述几方面问题：

（1）桩机就位应平稳，钻杆轴线与钻孔中心线应对准，钻杆应垂直。

（2）钻孔过程中应注入泥浆护壁；在杂土或松软土层中钻孔时，应在桩位处埋设护筒，护筒用3~5mm钢板制成，内径比钻头直径大100mm，埋入黏土中浓度不宜小于1.0m，砂土中不宜小于1.5m。

（3）钻孔达到要求深度后，必须清孔，可以采用射水法和换浆法清孔。清孔完后应用探测器检查孔直径、深度和孔底情况，将回落土和淤泥再次清理干净。

（4）清孔后应尽快吊放钢筋笼浇混凝土。钢筋骨架主筋的直径不宜小于16mm，间距不得小于100mm，箍筋直径宜用6~8mm，骨架应一次绑好，用导向钢筋送入孔内，防止泥土杂物带入，钢筋定位后，立即用坍落度为70~100mm的混凝土浇灌，并分层捣实，每层高度500~600mm，地下水位较高时，应采用导管法进行水中灌注混凝土。

钻孔灌注桩有干作业钻孔灌注桩和泥浆护壁钻孔灌注桩两种施工方式。

1）干作业钻孔灌注桩

干作业钻孔灌注在适用于地下水位以上的桩基础施工，不需护壁可直接取土成孔。目前常用长（短）螺旋钻机成孔，亦有用机动洛阳铲或钻扩机成孔的。它的施工程序是先用钻机在桩位处钻孔，成孔后放入钢筋骨架，而后灌注混凝土。

图 2 - 13 是长螺旋钻机。它利用动力旋转钻杆，使钻头的螺旋叶片旋转削土，土块沿螺旋叶片上升排出孔外。长螺旋成孔速度快，但桩端有虚土。国产设备成孔直径为 300 ~ 800mm，最大深度为 26.5m。国外设备成孔最大直径可达 1500mm，最大钻孔深度可达 30m。对于不同类别的土层，宜换用不同形式的钻头。

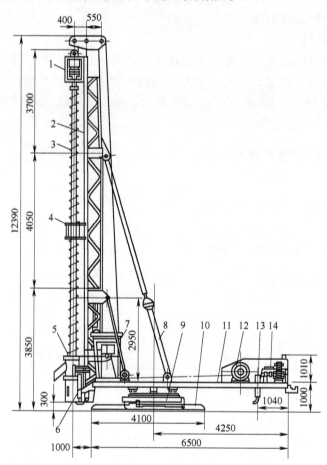

图 2 - 13　液压步履式长螺旋钻机

1—减速箱总成；2—臂架；3—钻杆；4—中间导向套；5—出土装置；6—前支腿；7—操纵室；
8—斜撑；9—中盘；10—下盘；11—上盘；12—卷扬机；13—后支腿；14—液压系统。

钻到预定深度后，应用探测工具检查桩孔直径、深度、垂直度和孔底情况，将孔底虚土清除干净。混凝土应在钢筋骨架放入并再次检查孔内虚土厚度后灌注，坍落度要求 8 ~ 10cm。浇筑时应随浇随振。

2）泥浆护壁钻孔灌注桩

泥浆护壁钻孔灌注桩是在钻孔过程中为了防止孔壁坍塌，向孔内注入循环泥浆以保护孔壁,钻孔达到预定深度后,进行清孔,然后安放钢筋骨架、水下灌注混凝土而成的桩。它不论地下水位高低都能适用,一般用于地下水位以下土的成孔。其中,泥浆的制备、处理及循环钻孔灌注桩的施工较为重要。

(1)泥浆的制备和处理。除能自行造浆的黏土层外,均应制备泥浆。泥浆制备应选用高塑性黏或膨润土。泥浆应根据施工机械、工艺及穿越土层情况进行配合比设计。废弃的浆、渣应进行处理,不得污染环境。泥浆护壁应符合下列规定:

施工期间护筒内的泥浆面应高出地下水位 1.0m 以上,在受水位涨落影响时,泥浆面应高出最高水位 1.5m 以上;在清孔过程中,应不断置换泥浆,直至浇注水下混凝土;浇注混凝土前,孔底 500mm 以内的泥浆比重应小于 1.25;含砂率不得大于 8%;黏度不得大于 28s;在容易产生泥浆渗漏的土层中应采取维持孔壁稳定的措施。

(2)正、反循环钻孔灌注桩。对孔深较大的端承型桩和粗粒土层中的摩擦型桩,宜采用反循环工艺成孔或清孔,也可根据土层情况采用正循环钻进,反循环清孔。泥浆护壁成孔时,宜采用孔口护筒,护筒设置应符合下列规定:

护筒埋设应准确、稳定,护筒中心与桩位中心的偏差不得大于 50mm;护筒可用 4 ~ 8mm 厚钢板制作,其内径应大于钻头直径 100mm,上部宜开设 1 ~ 2 个溢浆孔;护筒的埋设深度:在黏土中不宜小于 1.0m,砂土中不宜小于 1.5m。护筒下端外侧应采用黏土填实;其高度尚应满足孔内泥浆面高度的要求;受水位涨落影响或水下施工的钻孔灌注桩,护筒应加高加深,必要时应打入不透水层。

当在软土层中钻进时,应根据泥浆补给情况控制钻进速度;在硬层或岩层中的钻进速度应以钻机不发生跳动为准。如在钻进过程中发生斜孔、塌孔和护筒周围冒浆、失稳等现象时,应停钻,待采取相应措施后再进行钻进。

钻机设置的导向装置应符合下列规定:潜水钻的钻头上应有不小于 3 倍直径长度的导向装置;利用钻杆加压的正循环回转钻机,在钻具中应加设扶正器。

钻孔达到设计深度,灌注混凝土之前,孔底沉渣厚度指标应符合下列规定:对端承型桩,不应大于 50mm;对摩擦型桩,不应大于 100mm;对抗拔、抗水平力桩,不应大于 200mm。

2. 沉管灌注桩

沉管灌注桩(图 2 - 14)也称套管成孔灌注桩,利用锤击打桩法或振动沉桩法,将带有钢筋混凝土桩靴(又叫桩尖,见图 2 - 14)或带有活瓣式桩靴的钢套管(图 2 - 15)沉入土中,形成桩孔,然后边拔管边灌注混凝土而成。

为了提高桩的质量和承载能力,沉管灌注桩常采用单打法、复打法、翻插法等施工工艺。

(1)单打法(又称一次拔管法):拔管时,每提升 0.5 ~ 1.0m,振动 5 ~ 10s,然后再拔管 0.5 ~ 1.0m,这样反复进行,直至全部拔出套管而成桩。

(2)复打法:又分全桩复打、半复打和局部复打(图 2 - 16)。全局复打是在同一桩孔内连续进行两次单打。局部复打则在拔管时,及时在缩颈的局部进行复打。复打施工时,应保证前后两次沉管轴线重合,并在混凝土初凝之前进行。

(3)反插法:钢管每提升 0.5m,再下插 0.3m,这样反复进行,直至套管完全拔出桩孔,这种方法在淤泥层中可消除缩颈现象,但易损坏活瓣桩尖。

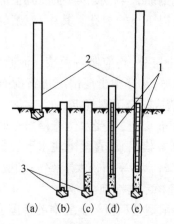 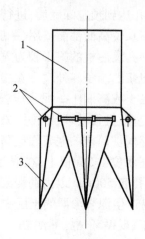

图 2 - 14　沉管灌注桩施工过程
(a)就位;(b)沉钢管;(c)开始灌注混凝土;
(d)下钢筋骨架继续灌注混凝土;(e)拔管成型。
1—钢筋;2—钢管;3—桩靴。

图 2 - 15　活瓣式桩尖示意图
1—桩管;2—锁轴;3—活瓣。

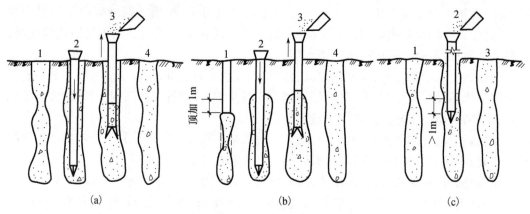

图 2 - 16　复打法示意图
(a)全桩复打;(b)半复打;(c)局部复打。
1—单打桩;2—沉管;3—第二次浇成混凝土;4—复打桩。

　　沉管灌注桩根据具体施工方法可以分为两类:利用锤击沉桩设备沉管、拔管成桩,称为锤击沉管灌注桩;利用振动器振动沉管、拔管成桩,称为振动沉管灌注桩。

　　1)锤击沉管灌注桩

　　锤击沉管灌注桩施工应根据土质情况和荷载要求,分别选用单打法、复打法或反插法。混凝土的充盈系数(混凝土的实际灌注量与设计体积之比)不得小于1.0;对于充盈系数小于1.0的桩,应全长复打,对可能断桩和缩颈桩,应采用局部复打。成桩后的桩身混凝土顶面应高于桩顶设计标高500mm以内。全长复打时,桩管入土深度宜接近原桩长,局部复打应超过断桩或缩颈区1m以上。混凝土的坍落度宜采用80~100mm。

　　锤击沉管灌注桩施工应符合下列规定:群桩基础的基桩施工,应根据土质、布桩情况,采取消减负面挤土效应的技术措施,确保成桩质量;桩管、混凝土预制桩尖或钢桩尖的加工质量和埋设位置应与设计相符,桩管与桩尖的接触应有良好的密封性。

灌注混凝土和拔管的操作控制应符合下列规定:

(1)沉管至设计标高后,应立即检查和处理桩管内的进泥、进水和吞桩尖等情况,并立即灌注混凝土。

(2)当桩身配置局部长度钢筋笼时,第一次灌注混凝土应先灌至笼底标高,然后放置钢筋笼,再灌至桩顶标高。第一次拔管高度应以能容纳第二次灌入的混凝土量为限,不应拔得过高。在拔管过程中应采用测锤或浮标检测混凝土面的下降情况。

(3)拔管速度应保持均匀,对一般土层拔管速度宜为 1m/min,在软弱土层和软硬土层交界处拔管速度宜控制在 0.3~0.8m/min。

(4)采用倒打拔管的打击次数,单动汽锤不得少于 50 次/min,自由落锤小落距轻击不得少于 40 次/min;在管底未拔至桩顶设计标高之前,倒打和轻击不得中断。

2)振动、振动冲击沉管灌注桩

振动、振动冲击沉管灌注桩应根据土质情况和荷载要求,分别选用单打法、复打法、反插法等。单打法可用于含水量较小的土层,且宜采用预制桩尖;反插法及复打法可用于饱和土层。

振动、振动冲击沉管灌注桩单打法施工的质量控制应符合下列规定:

(1)必须严格控制最后 30s 的电流、电压值,其值按设计要求或根据试桩和当地经验确定。

(2)桩管内灌满混凝土后,应先振动 5~10s,再开始拔管,应边振边拔,每拔出 0.5~1.0m,停拔,振动 5~10s;如此反复,直至桩管全部拔出。

(3)在一般土层内,拔管速度宜为 1.2~1.5m/min,用活瓣桩尖时宜慢,用预制桩尖可适当加快;在软弱土层中宜控制在 0.6~0.8m/min。

振动、振动冲击沉管灌注桩反插法施工的质量控制应符合下列规定:

(1)桩管灌满混凝土后,先振动再拔管,每次拔管高度 0.5~1.0m,反插深度 0.3~0.5m。

(2)拔管过程中,应分段添加混凝土,保持管内混凝土面始终不低于地表面或高于地下水位 1.0~1.5m 以上,拔管速度应小于 0.5m/min。

(3)在距桩尖处 1.5m 范围内,宜多次反插以扩大桩端部断面。

(4)穿过淤泥夹层时,应减慢拔管速度,并减少拔管高度和反插深度,在流动性淤泥中不宜使用反插法。

第3章 砌体工程

砌体工程是由块体和砂浆砌筑而成的墙、柱作为建筑物主要受力构件及其他构件的结构工程。砌体工程主要包括砖、石和砌块的砌筑。

砌体工程从古至今在国防中都起到非常重要的作用,城墙、炮台曾作为古代军事防御的主要设施(图3-1、图3-2),多采用砖石砌筑而成,万里长城作为中国古代最伟大的防御工程而闻名世界。在国防工程中,虽然砖、石是脆性材料,由于砖石结构造价低廉,取材方便,施工工艺简单,目前在边防哨所、野战部队等偏远地区仍有使用,在部队营区建设中砌体工程应用也相当普遍,例如营房工程中普通墙体、市政工程管道井、边坡挡墙支护、码头堤坝等工程。传统的烧结黏土砖由于自重大、劳动强度高、生产效率低、施工速度慢,且占用大量的农田,难以适应现代国防建设和国家工业化建设的需要,已逐渐被淘汰,而页岩、煤矸石、加气混凝土等新型砌体材料在砌体工程中得到广泛应用,采用新材料和新工艺是砌体工程发展的必然趋势。

砌体工程包括砂浆制备、材料运输、墙体砌筑、脚手架搭设等施工过程。

图3-1 长城　　　　　　　图3-2 石砌炮台结构

3.1 砌体材料

国防工程中主要砌体材料包括砖、石、砌块以及砂浆,在砌体工程中常加入钢筋与混凝土以提高砌体工程整体性与抗震能力。

水泥的验收及使用在砌体材料中占重要地位,水泥进场时应对其品种、等级、包装或散装仓号、出厂日期进行检查,并应对其强度、安定性进行复验,其质量必须符合现行国家标准《通用硅酸盐水泥》GB 175 的有关规定;当在使用中对水泥质量有怀疑或水泥出厂超过三个月(快硬硅酸盐水泥超过一个月)时,应复查试验,并按其复验结果使用;不同品种的水泥,不得混合使用。

砌体砌筑时,混凝土多孔砖、混凝土实心砖、蒸压灰砂砖、蒸压粉煤灰砖等块体的产品龄期不应小于28d;有冻胀环境和条件的地区,地面以下或防潮层以下的砌体,不应采用多孔砖,宜采用水泥砂浆;用于清水墙、柱表面的砖,应边角整齐,色泽均匀,不同品种的砖不得在同一楼层混砌。

砌筑烧结普通砖、烧结多孔砖、蒸压灰砂砖、蒸压粉煤灰砖砌体时,砖应提前1~2d适度湿润,严禁采用干砖或处于吸水饱和状态的砖砌筑,烧结类块体的湿润程度(相对含水率)为60%~70%;混凝土多孔砖及混凝土实心砖不需要浇水湿润,但在气候干燥炎热的情况下,宜在砌筑前对其喷水湿润。其他非烧结类块体的相对含水率为40%~50%。

砌体砂浆用砂宜采用过筛中砂,其砂中杂质含量应满足规范要求;拌制水泥混合砂浆的粉煤灰、建筑生石灰、建筑生石灰粉及石灰膏应满足规范要求。

现场拌制的砂浆应随拌随用,拌制的砂浆应在3h内使用完毕;当施工期间最高气温超过30℃时,应在2h内使用完毕,砂浆在储存及运输过程中严禁随意加水。预拌砂浆及蒸压加气混凝土砌块专用砌筑砂浆的使用时间应按照厂方提供的说明书确定。

砌筑砂浆应进行配合比设计,当砌筑砂浆的组成材料有变更时,其配合比应重新确定。为便于施工,砌筑砂浆应有较好的和易性,即良好的流动性(稠度)和保水性。砌筑砂浆的稠度宜按表3-1的规定采用。

表3-1　砌筑砂浆的稠度

砌体种类	砂浆稠度/mm
烧结普通砖砌体 蒸压粉煤灰砖砌体	70~90
混凝土实心砖、混凝土多孔砖砌体 普通混凝土小型空心砌块砌体 蒸压灰砂砖砌体	50~70
烧结多孔砖、空心砖砌体 轻骨料小型空心砌块砌体 蒸压加气混凝土砌块砌体	60~80
石砌体	30~50

3.2　石砌体施工

国防工程中常用的石材包括毛石、毛料石、粗料石、细料石,石砌体主要应用于军港码头、机场挡土墙、道路边坡等工程。

石砌体施工时石材及砂浆等级应满足设计要求,砌筑用石块首先应选择那些质地坚硬、没有裂纹、力风化的石块;石砌块的强度等级应不低于MU20。砂浆应采用水泥砂浆或水泥混合砂浆,砂浆强度等级选择:石基础应不低于M5,墙体应不低于M2.5,根据石块的尺寸,合理搭配使用。

3.2.1 砌筑

1. 毛石砌体

毛石砌体所用毛石应无风化剥落和裂纹,无细长扁薄和尖锥,毛石应呈块状,其中部厚度不宜小于150mm。毛石砌体宜分皮卧砌,错缝搭砌,搭接长度不得小于80mm,内外搭砌时,不得采用外面侧立石块中间填心的砌筑方法,中间不得有铲口石、斧刃石和过桥石(图3-3);毛石砌体的第一皮及转角处、交接处和洞口处,应采用较大的平毛石砌筑。

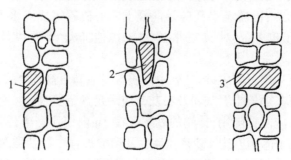

图3-3 铲口石、斧刃石、过桥石示意
1—铲口石;2—斧刃石;3—过桥石。

毛石砌体的灰缝应饱满密实,表面灰缝厚度不宜大于40mm,石块间不得有相互接触现象。石块间较大的空隙应先填塞砂浆,后用碎石块嵌实,不得采用先摆碎石后塞砂浆或干填碎石块的方法;砌筑时,不应出现通缝、干缝、空缝和孔洞;砌筑毛石基础的第一皮毛石时,应先在基坑底敷设砂浆,并将大面向下;阶梯形毛石基础的上级阶梯的石块应至少压砌下级阶梯的1/2,相邻阶梯的毛石应相互错缝搭砌;毛石基础砌筑时应拉垂线及水平线。

毛石砌体应设置拉结石,拉结石应符合下列规定:

(1)拉结石应均匀分布,相互错开,毛石基础同皮内宜每隔2m设置一块;毛石墙应每0.7m² 墙面至少设置一块,且同皮内的中距不应大于2m。

(2)当基础宽度或墙厚不大于400mm时,拉结石的长度应与基础宽度或墙厚相等;当基础宽度或墙厚大于400mm时,可用两块拉结石内外搭接,搭接长度不应小于150mm,且其中一块的长度不应小于基础宽度或墙厚的2/3。

2. 料石砌体

各种砌筑用料石的宽度、厚度均不宜小于200mm,长度不宜大于厚度的4倍。除设计有特殊要求外,料石加工的允许偏差应符合表3-2的规定。

表3-2 料石加工的允许偏差

料石种类	允许偏差	
	宽度、厚度/mm	长度/mm
细料石	±3	±5
粗料石	±5	±7
毛料石	±10	±15

料石砌体的水平灰缝应平直,竖向灰缝应宽窄一致,其中细料石砌体灰缝不宜大于 5mm,粗料石和毛料石砌体灰缝不宜大于 20mm;料石墙砌筑方法可采用丁顺叠砌、二顺一丁、丁顺组砌、全顺叠砌;料石墙(图 3 - 4)的第一皮及每个楼层的最上一皮应丁砌。

丁顺叠砌

丁顺组砌

全顺叠砌

图 3 - 4　料石墙砌筑形式

3. 挡土墙

挡土墙分为毛石挡土墙和料石挡土墙,砌筑毛石挡土墙应符合下列规定:

(1) 毛石的中部厚度不宜小于 200mm。

(2) 每砌(3 ~ 4)皮宜为一个分层高度,每个分层高度应找平一次。

(3) 外露面的灰缝厚度不得大于 40mm,两个分层高度间的错缝不得小于 80mm。

料石挡土墙宜采用同皮内丁顺相间的砌筑形式。当中间部分用毛石填砌时,丁砌料石伸入毛石部分的长度不应小于 200mm;砌筑挡土墙,应按设计要求架立坡度样板收坡或收台,并应设置伸缩缝和泄水孔,泄水孔宜采取抽管或埋管方法留置;挡土墙必须按设计规定留设泄水孔。当设计无具体规定时,其施工应符合下列规定:

(1) 泄水孔应在挡土墙的竖向和水平方向均匀设置,在挡土墙每米高度范围内设置的泄水孔水平间距不应大于 2m。

(2) 泄水孔直径不应小于 50mm。

(3) 泄水孔与土体间应设置长宽不小于 300mm、厚不小于 200mm 的卵石或碎石疏水层。

(4) 挡土墙内侧回填土应分层弃填密实,其密实度应符合设计要求;墙顶土面应有排水坡度。

3.2.2　质量检查

料石进场时应检查其品种、规格、颜色以及强度等级的检验报告,并应符合设计要求,石材材质应质地坚实,无风化剥落和裂缝。现场二次加工的料石应进行检查,其检查结果应符合料石砌体相关规定。

石砌体工程施工中,应对下列主控项目及一般项目进行检查,并应形成检查记录:

(1) 主控项目:石材强度等级;砂浆强度等级;灰缝的饱满度。

(2) 一般项目:轴线位置;基础和墙体顶面标高;砌体厚度;每层及全高的墙面垂直度;表面平整度;清水墙面水平灰缝平直度;组砌形式。

3.3 砖砌体施工

砖砌体是国防工程中基础与墙体材料的主要组成部分,砖种类较多,常见的砖有烧结普通砖、烧结多孔砖、烧结空心砖、混凝土多孔砖、混凝土实心砖、蒸压灰砂砖、蒸压粉煤灰砖等。

砖砌体材料与工艺选择应根据国防工程结构类型、荷载性质、建筑环境、施工经验、原材料供应、其他技战要求等,选择经济合理、安全适用的砖砌体和砖砌体施工工艺。

3.3.1 砖砌体分类

根据砖砌体生产工艺的特点,砖分为烧结砖与非烧结砖两类。

根据砖砌体使用的原料不同,砖分为黏土砖、页岩砖、煤矸石砖、粉煤灰砖、炉渣砖、灰砂砖等。

根据砖砌体的孔洞率,砖可分为实心砖、多孔砖和空心砖。

根据砖砌体的外形,砖可分为普通砖和异型砖等。

根据砖砌体在建筑工程中使用部位的不同,砖分为砌墙砖、楼板砖、拱壳砖、地面砖、下水道砖和烟囱砖等。

根据砖砌体的建筑性能不同,砖分为承重砖、非承重砖、工程砖、保温砖、吸声砖、饰面砖、花板砖等。

3.3.2 砖砌体施工工艺

砖砌体是建筑房屋常见的砌体材料,它的施工形式有很多,有一顺一丁、三顺一丁、梅花丁等多种形式(图3-5),常见的为一顺一丁组砌方法。

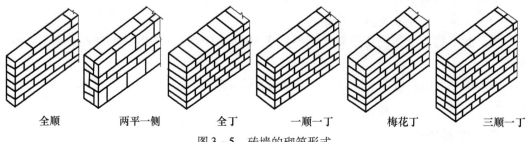

| 全顺 | 两平一侧 | 全丁 | 一顺一丁 | 梅花丁 | 三顺一丁 |

图3-5 砖墙的砌筑形式

1. 抄平放线

砌筑之前用水泥砂浆或细石混凝土,将基础顶面找平,根据引测桩确定定位轴线并弹出墙体中线、边线、门窗洞口位置。

2. 摆砖样

由于轴线长度不一,砌筑方式不一样,组砌模数就不一样,为保证门、窗、墙垛等符合砖的模数,且调整砖与砖之间的灰缝均匀,提高砌筑质量,常采用试摆的方法摆砖样。

3. 立皮数杆

为了控制砌体尺寸、门窗洞口过梁的位置,施工现场常在墙体转角缝或纵横墙交接处设置皮数杆,以达到控制砌体竖向尺寸的目的。

4. 墙体砌筑

墙体砌筑采用"三一"(一块砖、一铲灰、一挤揉)砌筑方法,砌筑时横向竖向必须挂线。

砌筑过程中,砌体灰缝应横平竖直,砂浆饱满,灰缝厚度一般为 10mm±2mm,竖向灰缝必须垂直以防游丁走缝。

砌筑时必须错缝搭接,墙体严禁出现通缝、假缝、瞎缝,墙体垂直度、平整度必须符合规范要求。

砌筑时,墙体高度不宜过高,必须符合规范要求,一般对转角和交接处应同时砌筑,若确需停留,尽量留设斜槎;若必须留直槎时,要按要求加设钢筋,具体留设情况示例详见图 3 - 6 和图 3 - 7。

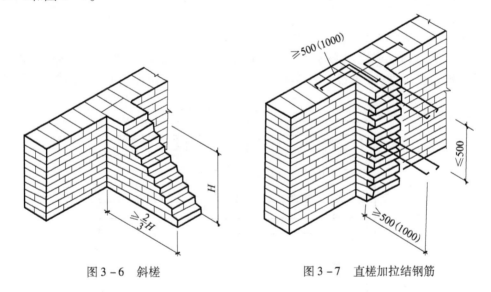

图 3 - 6　斜槎　　　　　　图 3 - 7　直槎加拉结钢筋

砌筑施工洞口必须按尺寸和部位进行预留,不允许砌成后,再打洞以免影响墙体质量,较大洞口留设位置必须留在不重要的部位,无门窗的墙上留洞应留成夹顶形状,否则必须加设过梁。脚手眼一般离地 1m 左右开始留,水平间距一般 1m 左右,留设在墙体受力较小的部位。

3.4　中小型砌块施工

砌块按用途分为承重砌块与非承重砌块。按有无孔洞分为实心砌块和空心砌块(包括单排孔砌块和多排孔砌块)。按大小分为小型砌块和中型砌块,目前常用小型砌块主规格为 390mm×190mm×190mm,中型砌块的规格有 880mm×380mm×190mm,580m×380mm×190mm 等,在使用时需辅助其他规格使用。

按使用的原材料分为普通混凝土砌块、粉煤灰砌块、加气混凝土砌块、轻骨料混凝土砌块等。其中轻骨料混凝土砌块常用品种有煤矸石混凝土空心砌块、浮石混凝上空心砌块及各种陶粒混凝土空心砌块等。中小型砌块常见的有混凝土空心砌块、粉煤灰混凝土砌块、蒸压加气混凝土砌块等。

3.4.1 砌块的特点

砌块的特点是构件数量多、重量轻、易选用垂直和水平运输工具，操作简单、方便，但组砌复杂，对门窗洞口的几何模数不易达到。

3.4.2 砌块的施工

砌块的砌筑常采用分段流水作业或相邻施工段之间留阶梯形斜槎。

砌筑工序一般为铺灰、砌块的安装就位、校正、灌竖缝、镶砖等。砌筑时为保证其铺灰均匀，砂浆饱满并与其黏结良好，常采用良好和易性的混合砂浆。

砌块砌筑前应作外观检查，清除表面污垢，并同时浇水湿润砌块的插筋孔到表面出现水影为止。

砌块砌筑时从转角或定位砌块处开始，按照砌块排列图内外墙应同时砌筑（图3-8），错缝搭砌，且每层砌完后必须复核标高。砌块砌筑要保证横平竖直、表面清洁并注意按设计埋设好预埋件、预设好所需洞口。其预留方法：留设直槎、斜槎的方法同砖砌体。

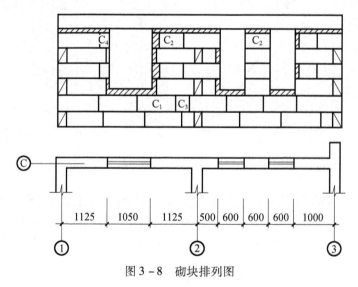

图3-8 砌块排列图

砌块就位后，要进行校正、校正平直后灌竖缝，且灌密实，当竖缝超过3cm时，应灌细石混凝土，其强度不低于C20，垂直缝灌好后即进行原浆勾缝，其深度一般为3~5mm。

镶砖主要用于较大的竖缝和过梁找平。砖标号不低于M10，应平砌；任何时候均不得斜砌和竖砌。镶砖灰缝厚度一般以6~15mm为宜，砖与砌块间的竖缝控制在15~30mm为宜，两砌块中间竖缝不足145mm时，不应镶砖，应用细石混凝土灌注。

3.4.3 砌块质量的检查

砌块质量的检查应符合下列规定：

（1）每一楼层或250m³砌体中，每种标号的砂浆、混凝土应至少制作一组试块（每组三块），当强度和砂浆标号变更时应同样制作试块。

（2）通过外观检查，砌块的组砌方法正确，没有通缝、转角处和交接处的斜槎通顺、密实。

（3）经过外观检查，墙面清洁，勾缝密实，保持一致，横竖缝交接处平整。

（4）预埋件、预留孔洞的位置符合设计要求。

（5）砌体的允许偏差和检查方法详见《砌体结构工程施工质量验收规范》（GB 50203—2011）。

3.5 砌体工程质量标准

砌体工程施工前，应编制砌体工程施工方案；砌体结构工程施工中，应严格执行施工方案、国家规范及设计图纸要求；砌体工程施工完成后，应按军队及国家规范标准要求进行质量验收。

3.5.1 砖砌体工程质量标准

砌体工程所用的材料应有产品的合格证书、产品性能型式检测报告，质量应符合国家现行有关标准的要求；砖和砂浆的强度等级必须符合设计要求，块体、水泥、钢筋、外加剂尚应有材料主要性能的进场复验报告，并应符合设计要求；严禁使用国家明令淘汰的材料。

砌体灰缝砂浆应密实饱满，砖墙水平灰缝的砂浆饱满度用百格网检查不得低于80%；砖柱水平灰缝和竖向灰缝饱满度不得低于90%。

砖砌体的转角处和交接处应同时砌筑。严禁无可靠措施的内外墙分砌施工；在抗震设防烈度为8度及8度以上的地区，对不能同时砌筑而又必须留置的临时间断处应砌成斜槎，普通砖砌体斜槎水平投影长度不应小于高度的2/3；多孔砖砌体的斜槎长高比不应小于1/2，斜槎高度不得超过一步脚手架的高度。

非抗震设防及抗震设防烈度为6度、7度地区的临时间断处，当不能留斜槎时，除转角处外，可留直槎，但直槎必须做成凸槎，且应加设拉结钢筋，拉结钢筋应符合设计要求。

砖砌体上、下错缝应符合砖柱、垛无包心砌法，窗间墙及清水墙面无通缝，混水墙每间（处）无4皮砖通缝。砖砌体接槎应符合接槎处灰浆密实，缝砖平直，每处接槎部位水平灰缝厚度小于5mm或透亮的缺陷不超过5个。

砖砌体工程预埋拉墙筋数量、长度均应符合设计要求和施工规范规定，留置间距偏差不超过1皮砖。当留置构造柱时，位置应正确，大马牙槎先退后进，上、下顺直，残留砂浆清理干净。清水墙砌筑时应组砌正确、竖缝通顺、刮缝深度适宜、一致，楞角整齐，墙面清洁美观。砖砌体尺寸、位置的允许偏差和检验方法见表3-3。

表3-3 砖砌体尺寸、位置的允许偏差和检验方法

项次	项目	允许偏差/mm	检验方法	抽检数量
1	轴线位移	10	用经纬仪和尺或用其他测量仪器检查	承重墙、柱全数检查
2	基础、墙、柱顶面标高	±15	用水准仪和尺检查	不应小于5处

（续）

项次	项目		允许偏差/mm	检验方法	抽检数量
3	墙面垂直度	每层	5	用2m托线板检查	不应小于5处
		全高 10m	10	用经纬仪、吊线和尺或其他测量仪器检查	外墙全部阳角
		10m	20		
4	表面平整度	清水墙、柱	5	用2m靠尺和楔形塞尺检查	不应小于5处
		混水墙、柱	8		
5	水平灰缝平直度	清水墙	7	拉5m线和尺检查	不应小于5处
		混水墙	10		
6	门窗洞口高、宽（后塞口）		±10	用尺检查	不应小于5处
7	外墙上下窗口偏移		20	以底层窗口为准,用经纬仪或吊线检查	不应小于5处
8	清水墙游丁走缝		20	以每层第一皮砖为准,用吊线和尺检查	不应小于5处

3.5.2 石砌体工程质量标准

石材及砂浆强度等级必须符合设计要求,石砌体采用的石材应质地坚实,无裂纹和无明显风化剥落;用于清水墙、柱表面的石材,尚应色泽均匀;石材的放射性应经检验,其安全性应符合现行国家标准《建筑材料放射性核素限量》GB 6566 的有关规定;石材表面的泥垢、水锈等杂质,砌筑前应清除净。

砌体灰缝的砂浆饱满度不应小于80%,每检验批抽查不应少于5处。转角处必须同时砌筑,交接处不能同时砌筑时必须留斜槎。石砌体组砌形式应内外搭砌,上、下错缝,拉结石、丁砌石交错设置,毛石墙拉结石每0.7m²墙面不小于1块。毛石应分布均匀,分皮卧砌,无填心砌法。料石应放置平稳,灰缝一致,厚度符合施工规范规定。

石砌体墙面勾缝应勾缝密实,黏结牢固,墙面洁净,缝条光洁、整齐、清晰美观。

石砌体工程的施工允许偏差见表3-4。

表 3-4 石砌体工程允许偏差

项次	项目		允许偏差/mm						检验方法
			毛石砌体		料石砌体				
			基础	墙	毛料石		粗料石		细料石	
					基础	墙	基础	墙	墙、柱	
1	轴线位置		20	15	20	15	15	10	10	用经纬仪和尺检查,或用其他测量仪器检查
2	基础和墙砌体顶面标高		±25	±15	±25	±15	±15	±15	±10	用水准仪和尺检查
3	砌体厚度		+30	+20 -10	+30	+20 -10	+15	+10 -5	+10 -5	用尺检查
4	墙面垂直度	每层	—	20	—	20	—	10	7	用经纬仪、吊线和尺检查,或用其他测量仪器检查
		全高	—	30	—	30	—	25	10	

（续）

项次	项目		允许偏差/mm						检验方法
			毛石砌体		料石砌体				
			基础	墙	毛料石		粗料石		细料石	
					基础	墙	基础	墙	墙、柱	
5	表面平整度	清水墙、柱	—	—	—	20	—	10	5	细料石用2m靠尺和楔形塞尺检查，其他用两直尺垂直于灰缝拉2m线和尺检查
		混水墙、柱	—	—	—	30	—	15	—	
6	清水墙水平灰缝平直度		—	—	—	—	—	10	5	拉10m线和尺检查

第4章　钢筋混凝土工程

混凝土结构广泛地用于国防工程中,常见有素混凝土结构、钢筋混凝土结构及预应力混凝土结构等。钢筋混凝土工程通常包括模板工程、钢筋工程和混凝土工程,也即模板的制作与组装、钢筋的加工与安装和混凝土的制备与浇捣三个施工过程,如图4-1所示。

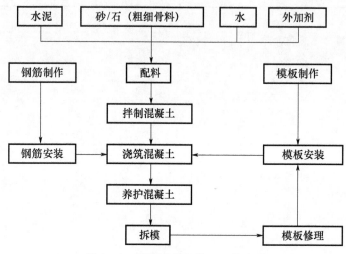

图4-1　钢筋混凝土施工工艺流程

4.1　模板工程

模板是使混凝土结构和构件按所要求的位置、形状、尺寸成型的模型板。模板工程是指对模板及其支架的设计、安装、拆除等技术工作的总称,是混凝土结构工程的重要内容之一。

4.1.1　模板系统的组成和要求

1. 模板系统的组成

模板系统是由面板、支架和连接件三部分系统组成的体系,可简称为"模板"。面板部分是直接接触新浇混凝土的承力板,使混凝土具有构件所要求形状的部分,包括拼装的板和加肋楞带板。面板的材料种类有钢、木、胶合板、塑料板等。支架是支撑面板用的楞梁、立柱、连接件、斜撑、剪刀撑和水平拉条等构件的总称。连接件为面板与楞梁的连接、面板自身的拼接、支架结构自身的连接和其中二者相互间连接所用的零配件,包括卡销、螺栓、扣件、卡具、拉杆等。支架和连接件形成支撑体系,保证模板形状、尺寸及其空间位置,该体系既要保证模板形状、尺寸和空间位置正确,又要承受模板、混凝土及施工荷载。

2. 模板系统的技术要求

模板及其支架应根据工程结构形式、荷载大小、地基土类别、施工设备和材料供应等条件进行设计。

模板系统应具有足够的承载能力、刚度和稳定性,能可靠地承受浇筑混凝土的重量、侧压力以及施工荷载;模板系统能够保证工程结构和构件各部分形状和相互位置的准确性。为提高模板工程的工效和经济性,要求模板系统构造简单,装拆方便,并便于钢筋的绑扎与安装,符合混凝土的浇筑及养护等工艺要求。

模板的接缝不应漏浆;木模板在浇筑混凝土前应浇水湿润,但模板内不应有积水。模板与混凝土的接触面应清理干净并涂刷隔离剂,但不得采用影响结构性能或妨碍装饰工程施工的隔离剂。对清水混凝土工程及装饰混凝土工程,应使用能达到设计效果的模板。

4.1.2　模板的类型

1. 按所用材料分类

模板按所用材料分为木模板、钢模板、胶合板模板、钢框木(竹)胶合板模板、塑料模板、玻璃钢模板、铝合金模板、压型钢板模板、钢筋混凝土薄板模板等。

2. 按施工方法分类

根据施工方法分为现场装拆式模板、移动式模板、固定式模板和永久性模板。

现场装拆式模板由预制配件组成,按照设计要求的结构形状、尺寸及空间位置在施工现场组装,当混凝土达到拆模强度后拆除模板,拆模后进行清理、维修与保养后可周转使用。该模板多用定型模板和工具式支撑。常用的有胶合板模板和组合钢模板以及大型的工具式定型模板,如大模板、飞模(台模)、隧道模等。

移动式模板是指按结构的形状制作成工具式模板,组装后随工程的进展而进行垂直或水平移动,直至工程结束才拆除,如烟囱、水塔、墙柱混凝土浇筑用的滑升模板、提升模板、爬升模板、筒壳混凝土浇筑时采用的水平移动式模板等。

固定式模板一般用来制作预制构件,按照构件的形状、尺寸在现场或预制厂制作模板。如各种胎模(土胎模、砖胎模、混凝土胎模)即为固定式模板。

永久性模板又称一次性消耗模板,是在混凝土浇筑后模板不拆除,永久地附着于结构构件上,并与其成为一体,构成构件受力或非受力的组成部分。一般广泛应用于房屋建筑的现浇钢筋混凝土楼板如压型钢板模板、钢筋混凝土薄板模板等。永久性模板的最大优点是简化了现浇钢筋混凝土结构的模板支拆工艺,使模板的支拆工作量大大减少,从而改善了劳动条件,节约了模板支拆用工,加快了施工进度。

3. 按结构类型分类

按结构的类型模板分为基础模板、柱模板、梁模板、楼板模板、楼梯模板、墙模板、壳模板、烟囱模板、桥梁墩台、隧道衬砌模板等多种。由于各种现浇钢筋混凝土结构构件的形状、尺寸、构造不同,模板的构造及组装方法也不同,具有各自的特点。

4.1.3　模板的构造

1. 胶合板模板

胶合板模板按制作材质又可分为木胶合板和竹胶合板。模板用胶合板奇数层薄板制成,相邻片间成垂直,用防水胶相互粘牢,形成多层胶合板,厚度一般为 12～21mm。从 20 世纪 70 年代以来,虽然模板材料已广泛"以钢代木",采用钢材和其他面板材料,其构造也向定型化、工具化方向发展。但是,到 20 世纪 90 年代,由于对混凝土结构表面的质量要求进一步提高,提倡"清水混凝土",胶合板模板的应用范围正在逐步扩大,其支模工艺近似木模板,但克服了木材模板易翘曲、干裂、不等向性和变异性等的缺陷,目前在土木工程中被广泛应用。这类模板一般为散装散拆式,将胶合板钉在木楞上,木楞一般采用 50mm×100mm 或 100mm×100mm 的方木,间距在 200～300mm;也有加工成基本元件(拼板)在现场拼装的。

胶合板用作混凝土模板具有以下特点:

(1) 板幅大、自重轻、板面平整。既可减少安装工作量,节省现场人工费用,又可方便现场的使用和管理,也是清水混凝土的理想模板。

(2) 承载能力大,表面经处理后耐磨性好,模板拆除后可周转使用,但周转次数不多。

(3) 保温性能好,能防止温度变化过快,冬期施工有助于混凝土的养护。

(4) 锯截方便,易加工成各种形状的模板。

(5) 便于按工程的需要弯曲成型,用作曲面模板。

2. 组合式模板

组合式模板是按预定的几种规格、尺寸设计和制作的模板,它具有通用性强,装拆方便、周转使用次数多等特点,能满足大多数构件几何尺寸的要求。使用时仅需根据构件的尺寸选用相应规格尺寸的定型模板加以组合即可,可事先按设计要求组拼成梁、柱、墙、楼板的大型模板,整体吊装就位,也可采用散支散拆方法。

3. 工具式模板

工具式模板,是指专门针对某一种现浇混凝土结构体系施工需要而研究开发的定型化模板,做到整支整拆,多次周转,实行工业化施工。主要有隧道模、大模板、滑动模板及爬升模板等,如图 4-2～图 4-5 所示。

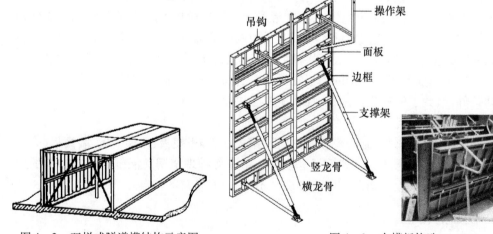

图 4-2 双拼式隧道模结构示意图　　　图 4-3 大模板构造

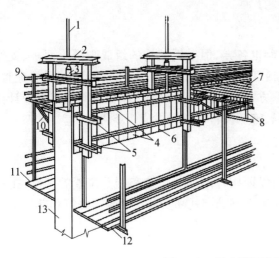

图 4 - 4 滑动模板装置组成示意图

1—支承杆;2—提升架;3—液压千斤顶;4—上下围圈;5—围圈托架;6—模板;7—操作平台;
8—操作平台桁架;9—栏杆;10—挑三角架;11—外吊脚手架;12—内吊脚手架;13—混凝土墙体。

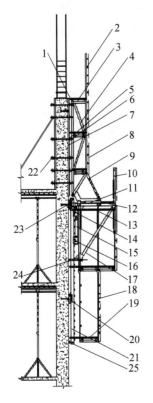

图 4 - 5 液压爬模装置示意

1—上操作平台;2—护栏;3—纵向连系梁;4—上架体;5—模板背楞;6—横梁;7—模板面板;8—安全网;
9—可调斜撑;10—护栏;11—水平油缸;12—平移滑道;13—下操作平台;14—上防坠爬升器;15—油缸;
16—下防坠爬升器;17—下架体;18—吊架;19—吊平台;20—挂钩连接座;21—导轨;22—对拉螺栓;
23—锥形承载接头(或承载螺栓);24—架体防倾调节支腿;25—导轨调节支腿。

4.1.4 模板系统设计

各类模板结构所使用的材料不同,功能也各异,但模板结构的组成为模板面板、支撑结构及连接件。模板系统的设计,包括模板和支撑系统的选型、支撑格构和模板的配置、荷载计算、结构计算、拟订制作安装和拆除方案及绘制模板图等。模板及其支架的设计应根据工程结构形式、荷载大小、地基土类别、施工设备和材料供应等条件进行。

1. 设计的主要原则

1)实用性

主要应保证混凝土结构的质量。必须保证构件的形状尺寸和相互位置的正确;接缝严密,不漏浆;模架构造合理,支拆方便,并便于钢筋绑扎和安装及混凝土浇筑和养护工艺要求。

2)安全性

模板结构必须具有足够的承载能力和刚度,保证在施工过程中不破坏,不倒塌,变形在容许范围之内,结构牢固稳定,同时要确保工人操作的安全。

3)经济性

针对工程结构的具体情况,因地制宜,就地取材。在确保工期、质量的前提下,尽量减少一次性投入;降低模板在使用过程中的消耗;提高模板周转次数,减少支拆用工,实现文明施工。

2. 模板设计内容

根据混凝土的施工工艺和季节性施工措施,确定其构造和所承受的荷载;绘制配板设计图、支撑设计布置图、细部构造和异型模板大样图;按模板承受荷载的最不利组合对模板进行验算;制定模板安装及拆除的程序和方法;编制模板及配件的规格、数量汇总表和周转使用计划;编制模板施工安全、防火技术措施及设计、施工说明书。

3. 荷载及荷载组合

1)恒荷载标准值

模板及其支架自重标准值(G_{1k}):应根据模板设计图纸计算确定。肋形或无梁楼板自重标准值可按表 4 - 1 采用。

表 4 - 1　楼板模板自重标准值

序　号	模板构件的名称	木模板	定型组合钢模板	钢框胶合板模板
1	平板的模板及小梁	0.30	0.50	0.40
2	楼板模板(其中包括梁的模板)	0.50	0.75	0.60
3	楼板模板及其支架(楼层高度为4m以下)	0.75	1.10	0.95

新浇筑混凝土自重标准值(G_{2k}):对普通混凝土可采用 $24kN/m^3$,其他混凝土可根据实际重力密度确定。

钢筋自重标准值(G_{3k}):应根据工程设计图确定。对一般梁板结构每立方米钢筋混凝土的钢筋自重标准值:楼板可取 1.1kN;梁可取 1.5kN。

新浇混凝土对模板侧面的压力标准值(G_{4k}):当采用内部振捣器时,新浇筑的混凝土

作用于模板的最大侧压力标准值,可按下列公式计算,并取其中的较小值:

$$F = 0.22\gamma_c t_0 \beta_1 \beta_2 V^{\frac{1}{2}} \qquad (4-1)$$

$$F = \gamma_c H \qquad (4-2)$$

式中　F——新浇筑混凝土对模板的最大侧压力(kN/m^2);

γ_c——混凝土的重力密度(kN/m^3);

V——混凝土的浇筑速度(m/h);

t_0——新浇混凝土的初凝时间(h),可按试验确定,当缺乏试验资料时,可采用 $t_0 = 200/(T+15)$(T 为混凝土的温度℃);

β_1——外加剂影响修正系数,不掺外加剂时取 1.0,掺具有缓凝作用的外加剂时取 1.2;

β_2——混凝土坍落度影响修正系数,当坍落度小于 30mm 时取 0.85,坍落度为50~90mm 时取 1.00,坍落度为 110~150mm 时取 1.15;

H——混凝土侧压力计算位置处至新浇混凝土顶面的总高度(m)。

混凝土侧压力的计算分布图形如图 4-6 所示,图中 h 为有效压头高度,$h = F/\gamma_c$。

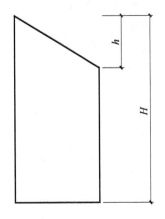

图 4-6　混凝土侧压力计算分布图形

2)活荷载标准值

施工人员及设备荷载标准值(Q_{1k}):当计算模板和直接支承模板的小梁时,均布活荷载可取 2.5kN/m^2,再用集中荷载 2.5kN 进行验算,比较两者所得的弯矩值取其大值;当计算直接支承小梁的主梁时,均布活荷载标准值可取 1.5kN/m^2;当计算支架立柱及其他支承结构构件时,均布活荷载标准值可取 1.0kN/m^2。

对大型浇筑设备,如上料平台、混凝土输送泵等按实际情况计算;若采用布料机上料进行浇筑混凝土时,活荷载标准值取 4kN/m^2。混凝土堆积高度超过 100mm 以上者按实际高度计算;模板单块宽度小于 150mm 时,集中荷载可分布于相邻的两块板面上。

振捣混凝土时产生的荷载标准值(Q_{2k}):对水平面模板可采用 2kN/m^2,对垂直面模板可采用 4kN/m^2(作用范围在新浇筑混凝土侧压力的有效压头高度之内)。

倾倒混凝土时对垂直面模板产生的水平荷载标准值(Q_{3k}):其值可按表 4-2 采用。

表4-2　倾倒混凝土时产生的水平荷载标准值　　　　　（kN/m²）

项次	向模板内供料方法	水平荷载
1	溜槽、串筒或导管	2
2	容量小于0.2m³的运输器具	2
3	容量为0.2~0.8m³的运输器具	4
4	容量大于0.8m³的运输器具	6
注:作用范围在有效压头高度以内		

3）风荷载标准值

对风压较大地区及受风荷载作用易倾倒的模板,尚需考虑风荷载作用下的抗倾覆稳定性。风荷载标准值应按现行国家标准《建筑结构荷载规范》（GB 50009）中的规定计算,其中基本风压除按不同地形调整外,可乘以0.8的临时结构调整系数,并取风振系数 $\beta_z = 1$,即风荷载标准值为

$$\omega_k = 0.8\beta_z\mu_s\mu_z\omega_0 \tag{4-3}$$

式中　ω_k——风荷载标准值（kN/m²）;

　　　β_z——高度 z 处的风振系数,此处可取1;

　　　μ_s——风荷载体型系数;

　　　μ_z——风压高度变化系数;

　　　ω_0——基本风压（kN/m²）。

4）荷载设计值

计算模板及支架结构或构件的强度、稳定性和连接强度时,应采用荷载设计值,即荷载标准值乘以荷载分项系数,荷载分项系数应按表4-3采用。钢面板及支架作用荷载设计值可乘以系数0.95进行折减,当采用冷弯薄壁型钢时,其荷载设计值不应折减。

表4-3　荷载分项系数

项次	荷载类别		分项系数 γ_i
1	永久荷载	模板及支架自重（G_{1k}）	永久荷载的分项系数: (1) 当其效应对结构不利时:对由可变荷载效应控制的组合,应取1.2;对由永久荷载效应控制的组合,应取1.35。 (2) 当其效应对结构有利时:一般情况应取1。对结构的倾覆、滑移验算,应取0.9
		新浇筑混凝土自重（G_{2k}）	
		钢筋自重（G_{3k}）	
		新浇筑混凝土对模板侧面的压力（G_{4k}）	
2	可变荷载	施工人员及施工设备荷载（Q_{1k}）	可变荷载的分项系数: 一般情况下应取1.4; 对标准值大于4kN/m²的活荷载应取1.3
		振捣混凝土时产生的荷载（Q_{2k}）	
		倾倒混凝土时产生的荷载（Q_{3k}）	
3	风荷载（ω_k）		1.4

5）荷载组合

模板及支架的设计应符合下列规定:

(1) 模板及支架的结构设计宜采用以分项系数表达的极限状态设计方法。

（2）模板及支架的结构分析中所采用的计算假定和分析模型,应有理论或试验依据,或经工程验证可行。

（3）模板及支架应根据施工过程中各种受力工况进行结构分析,并确定其最不利的作用效应组合。

（4）承载力的计算应采用荷载基本组合;变形验算可仅采用永久荷载标准值。

模板及支架设计时,应根据实际情况计算不同工况下的各项荷载及其组合。参与计算模板及其支架荷载效应组合的各项荷载的标准值组合应符合表4-4的规定。

表4-4 模板及其支架荷载效应组合的各项荷载

项 目		参与组合的荷载类别	
		计算承载能力	验算挠度
1	平板和薄壳的模板及支架	$G_{1k}+G_{2k}+G_{3k}+Q_{1k}$	$G_{1k}+G_{2k}+G_{3k}$
2	梁和拱模板的底板及支架	$G_{1k}+G_{2k}+G_{3k}+Q_{2k}$	$G_{1k}+G_{2k}+G_{3k}$
3	梁、拱、柱(边长不大于300mm)、墙(厚度不大于100mm)的侧面模板	$G_{4k}+Q_{2k}$	G_{4k}
4	大体积结构、柱(边长大于300mm)、墙(厚度大于100mm)的侧面模板	$G_{4k}+Q_{3k}$	G_{4k}

当验算模板及其支架的刚度时,其最大变形值不得超过下列容许值:

（1）对结构表面外露的模板,为模板构件计算跨度的1/400。

（2）对结构表面隐蔽的模板,为模板构件计算跨度的1/250。

（3）支架的压缩变形或弹性挠度,为相应的结构计算跨度的1/1000。

当验算模板及其支架在自重和风荷载作用下的抗倾覆稳定性时,应符合相应材质结构设计规范的规定。支架的高宽比不宜大于3,当高宽比大于3时,应加强整体稳固性措施。对属于竖向支撑或斜撑的模板构件,主要验算其稳定性。单根立杆的轴力标准值不宜大于12kN,高大模板支架单根立杆的轴力标准值不宜大于10kN。立杆顶部承受水平杆扣件传递的竖向荷载时,立杆应按不小于50mm的偏心距进行承载力验算,高大模板支架的立杆应按不小于100mm的偏心距进行承载力验算。支架结构中钢构件的长细比不应超过表4-5规定的容许值。

表4-5 支架结构钢构件容许长细比

构件类别	容许长细比
受压构件的支架立柱及桁架	180
手压构件的斜撑、剪刀撑	200
受拉构件的钢杆件	350

采用门式、碗扣式、盘扣式或盘销式等钢管架搭设的模产架,应采用支架立柱杆端插入可调托座的中心传力方式,其承载力及刚度可按国家现行有关标准的规定进行验算。

4.1.5 模板安装与拆除

1. 模板安装

模板经配板设计、构造设计和强度、刚度验算后,即可进行现场安装。为加快工程进度,提高安装质量,加速模板周转率,在起重设备允许的条件下,也可将模板预拼成扩大的模板块再吊装就位。

模板安装顺序是随着施工的进程来进行的,其顺序:基础→柱或墙→梁→楼板。在同一层施工时,模板安装的顺序是先柱或墙,再梁、板同时支设。下面分别介绍各部位模板的安装。

1)基础模板

基础的特点是高度小而体积较大。基础模板根据基础的形式可以分为独立基础模板(图4-7)、杯形基础模板、条形基础模板等。如土质良好,阶梯形基础的最下一级可不用模板而进行原槽浇筑。

图4-7 独立基础模板

在安装基础模板前,应将地基垫层的标高和基础中心线进行核对,弹出基础边线。然后再校正模板上口标高,使之符合设计标高要求,安装时要保证上、下层模板不发生相对位移,检查无误后将模板钉牢撑稳。如有杯口还要在其中放入杯口模板。

基础及地下工程模板应符合下列规定:

地面以下支模应先检查土壁的稳定情况,当有裂纹及塌方危险迹象时,应采取安全防范措施后,方可下人作业。当深度超过2m时,操作人员应设梯上下。

距基槽(坑)上口边缘1m内不得堆放模板。向基槽(坑)内运料应使用起重机、溜槽或绳索;运下的模板严禁立放于基槽(坑)土壁上。

斜支撑与侧模的夹角不应小于45°,支于土壁的斜支撑应加设垫板,底部的对角楔木应与斜支撑连牢。高大长脖基础若采用分层支模时,其下层模板应经就位校正并支撑稳固后,方可进行上一层模板的安装。

在有斜支撑的位置,应于两侧模间采用水平撑连成整体。

2)柱模板

柱子的特点是断面尺寸不大但比较高。因此,柱模板的构造和安装主要考虑保证垂直度及抵抗新浇混凝土的侧压力,同时也要便于浇筑混凝土、清理垃圾与钢筋绑扎等。

柱模板可采用木模板或定型组合钢模板支设,由内、外拼板和柱箍组成,柱箍间距应根据柱模断面大小经计算确定,一般不超过 100mm,柱模下部间距应小一些,往上可以逐渐增大间距。如图 4 - 8 所示为矩形柱模板,柱模板顶部开有与梁模板连接的梁缺口,模板底部开有清理孔。当钢模板组合梁缺口不能满足要求时,可在梁底标高以下用钢模板,梁底以上接头部分用木板镶拼。高度超过 3m 时,应沿高度方向每隔 2m 左右开设混凝土浇筑孔,以防混凝土产生分层离析。安装时应校正其相邻两个侧面的垂直度,检查无误后,即用斜撑支牢固定。

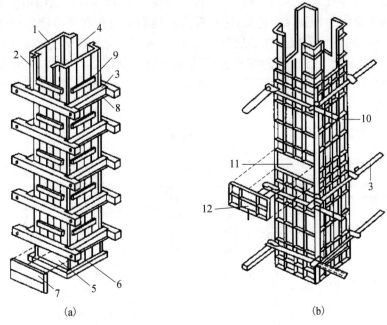

图 4 - 8　矩形柱模板

(a)木制柱模板;(b)钢制柱模板。

1—内拼板;2—外拼板;3—柱箍;4—梁缺口;5—清理孔;6—木框;

7,12—盖板;8—拉紧螺栓;9—拼条;10—平面钢模板;11—浇筑孔。

柱模板安装顺序:调整柱模板安装底面的标高→拼板就位→安装柱箍→检查并纠偏→设置支撑。

柱模板应符合下列规定:

现场拼装柱模时,应适时地按设临时支撑进行固定,斜撑与地面的倾角宜为 60°,严禁将大片模板系于柱子钢筋上。

待四片柱模就位组拼经对角线校正无误后,应立即自下而上安装柱箍。

若为整体预组合柱模,吊装时应采用卡环和柱模连接,不得用钢筋钩代替。

柱模校正(用四根斜支撑或用连接在柱模顶四角带花篮螺丝的揽风绳,底端与楼板钢筋拉环固定进行校正)后,应采用斜撑或水平撑进行四周支撑,以确保整体稳定。当高度超过 4m 时,应群体或成列同时支模,并应将支撑连成一体,形成整体框架体系。当需单根支模时,柱宽大于 500mm 应每边在同一标高上设不得少于两根斜撑或水平撑。斜撑与地面的夹角宜为 45°~60°,下端尚应有防滑移的措施。

角柱模板的支撑,除满足上款要求外,还应在里侧设置能承受拉、压力的斜撑。

3）梁板模板

梁模板主要由底模板、侧模板及支撑等组成。梁的特点是跨度较大而宽度一般不大，梁高可达1m以上，工业建筑中有的梁高达2m以上。

当梁模板采用组合钢模板时，底模板与两侧模板可用连接角模连接，梁侧模板顶部可用阴角模板与楼板模板相接。

采用胶合板模板的构造如图4-9所示。两侧模板之间可根据需要设置对拉螺栓，底模板常用门型架或钢管支架作为模板支撑架，当层高大于5m时，宜选用桁架支模或多层支架支模。为了确保梁模支设的坚实，应在夯实的地面上立柱底垫厚度不小于40mm、宽度不小于200mm的通长垫板。在多层房屋施工中，应使上、下层支柱对准在同一条竖直线上，或采取措施保证上层支柱的荷载能传递至下层的支撑结构上，以防止压裂下层构件。为防止浇筑混凝土后梁跨中底模下垂，当梁的跨度≥4m时，应使梁底模中部略为起拱，如设计无规定，起拱高度宜为全跨长度的1/1000~3/1000。

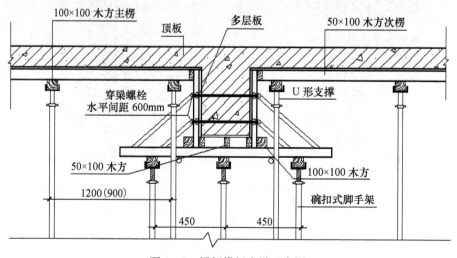

图4-9 梁板模板支设示意图

梁模板安装的顺序：搭设模板支架→安装梁底模板→梁底起拱→安装侧模板→检查校正→安装梁口夹具。梁模板安装完毕后，应检查梁口平直度、梁模板位置及尺寸，再吊入钢筋骨架，或在梁板模板上绑扎好钢筋骨架后落入梁内。当梁较高或跨度较大时，可先安装一面侧模，待钢筋绑扎完后再安装另一面侧模进行支撑，最后安装好梁口夹具。

4）楼板模板

楼板模板（图4-10）多用定型模板或胶合板，该模板支撑在搁栅上，搁栅支撑在梁侧模板外的横档上。板的特点是面积大而厚度一般不大，因此模板承受的侧压力很小，板模板及其支撑系统主要是抵抗混凝土的竖向荷载和其他施工荷载，保证模板不变形下垂。楼板模板安装的顺序：复核板底标高→搭设模板支架→敷设模板。楼板模板采用钢模板时，由平面模板拼装而成，其周边用阴角模板与梁或墙模板相连接。楼板模板可用钢楞及支架支撑，或者采用平面组合式桁架支撑，以扩大板下施工空间。挑檐模板必须撑牢拉紧，防止向外倾覆，确保施工安全。板模板安装的顺序：复核板底标高→搭设模板支架→敷设模板。

图 4 - 10　楼板模板安装

独立梁和整体楼盖梁结构模板应符合下列规定：

（1）安装独立梁模板时应设安全操作平台，并严禁操作人员站在独立梁底模或柱模支架上操作及上下通行。

（2）底模与横楞应拉结好，横楞与支架、立柱应连接牢固。

（3）安装梁侧模时，应边安装边与底模连接，当侧模高度多于两块时，应采取临时固定措施。

（4）起拱应在侧模内外楞连固前进行。

（5）单片预组合梁模，钢楞与板面的拉结应按设计规定制作，并应按设计吊点试吊无误后方可正式吊运安装，侧模与支架支撑稳定后方准摘钩。

5）墙模板

墙体的特点是高度大而厚度小，其模板主要承受混凝土的侧压力，因此必须加强墙体模板的刚度，并保证其垂直度和稳定性，以确保模板不变形和发生位移。

墙模板安装的顺序：模板基底处理→弹出中心线和两边线→模板安装→加撑头及对拉螺栓→校正→固定斜撑。

墙模板由两片模板组成，用对拉螺栓保持它们之间的间距。若采用胶合板模板或组合钢模板拼装时，其构造如图 4 - 11 所示，现场支设如图 4 - 12 和图 4 - 13 所示，墙模板背面均用横、竖楞加固，并设置足够的斜撑来保持其稳定。

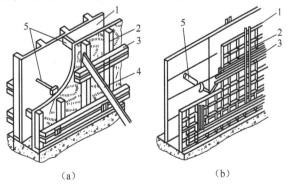

（a）　　　　　　　　　　　（b）

图 4 - 11　墙模板构造示意图

（a）胶合板模板；（b）组合钢模板。

1—侧模；2—内楞；3—外楞；4—斜撑；5—对拉螺栓及撑块。

图 4 - 12 胶合板墙模

图 4 - 13 钢制大模板

墙模板用组合钢模板拼装时,钢模板可横拼也可竖拼;可预拼成大板块吊装也可散拼,即按配板图由一端向另一端,由下而上逐层拼装;如墙面过高,还可分层组装。在安装时,首先沿边线抹水泥砂浆做好安装墙模板的基底处理,弹出中心线和两边线,然后开始安装。墙的钢筋可以在模板安装前绑扎,也可以在安装好一侧的模板后设立支撑,绑扎钢筋,再竖立另一侧模板。为了保持墙体的厚度,墙板内应加撑头及对拉螺栓。对拉螺栓孔需在钢模板上划线钻孔,板孔位置必须准确平直,不得错位;预拼时为了使对拉螺孔不错位,板端均不错开;拼装时不允许斜拉、硬顶。模板安装完毕后在顶部用线坠吊直,并拉线找平后固定斜撑。

墙模板应符合下列规定:

(1) 当用散拼定型模板支模时,应自下而上进行,必须在下一层模板全部紧固后,方可进行上一层安装。当下层不能独立安设支撑件时,应采取临时固定措施。

(2) 当采用预拼装的大块墙模板进行支模安装时,严禁同时起吊两块模板,并应边就位、边校正、边连接,固定后方可摘钩。

(3) 安装电梯井内墙模前,必须于板底下 200mm 处牢固地满铺一层脚手板。

(4) 模板未安装对拉螺栓前,板面应向后倾一定角度。安装过程应随时拆换支撑或增加支撑。

(5) 当钢楞长度需接长时,接头处应增加相同数量和不小于原规格的钢楞,其搭接长度不得小于墙模板宽或高的 15% ~ 20%。

(6) 拼接时的 U 形卡应正反交替安装,间距不得大于 300mm;两块模板对接接缝处的 U 形卡应满装。

(7) 对拉螺栓与墙模板应垂直,松紧应一致,墙厚尺寸应正确。

(8) 墙模板内外支撑必须坚固、可靠,应确保模板的整体稳定。当墙模板外面无法设置支撑时,应于里面设置能承受拉和压的支撑。多排并列且间距不大的墙模板,当其支撑互成一体时,应有防止灌筑混凝土时引起临近模板变形的措施。

6) 楼梯模板

楼梯模板由梯段底模、外帮侧模和踏步模板组成,如图 4 - 14 所示。楼梯模板的安装顺序:安装平台梁及基础模板→安装楼梯斜梁或梯段底模→楼梯外帮侧模→安装踏步模板。

楼梯模板施工前应根据设计放样,外帮侧模应先弹出楼梯底板厚度线,并画出踏步模板位置线。踏步高度要均匀一致,特别要注意在确定每层楼梯的最下一步最上一步高度

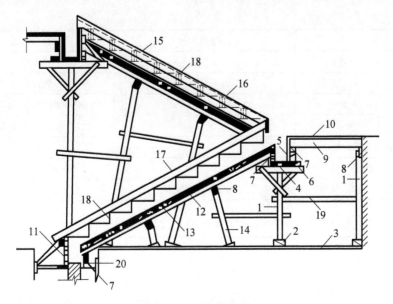

图 4 - 14　楼梯模板

1—支柱(丁撑);2—木楔;3—垫板;4—平台梁底板;5—侧板;6—夹板;7—托木;8—扛木;9—木楞;
10—平台底板;11—梯基侧板;12—斜木楞;13—楼梯底板;14—斜向顶撑;15—外邦板;
16—横档木;17—反三角板;18—踏步侧板;19—拉杆;20—木桩。

时,必须考虑楼地面面层的厚度,防止因面层厚度不同而造成踏步高度不协调。在外帮侧模和踏步模板安装完毕后,应钉好固定踏步模板的档木。

楼板或平台板模板应符合下列规定:

(1)当预组合模板采用桁架支模时,桁架与支点的连接应固定牢靠,桁架支承应采用平直通长的型钢或木方。

(2)当预组合模板块较大时,应加钢楞后方可吊运。当组合模板为错缝拼配时,板下横楞应均匀布置,并应在模板端穿插销。

(3)单块模就位安装,必须待支架搭设稳固、板下横楞与支架连接牢固后进行。

(4)U 形卡应按设计规定安装。

2. 模板安装的允许偏差及检查

验收规范给出了现浇结构和预制构件模板的允许偏差及检验方法,分别应符合表 4 -6、表 4 -7 的要求。虽列为"一般项目",但在安装施工中应区别对待。由于对结构性能及使用功能影响程度的不同,模板的轴线位置、标高、垂直度等差,显然要比平整度、相邻板面高低差等更为重要,应作更严格的控制。这些项目在模板验收时均应进行抽样检查,抽查数量至少应为检验批内数量的 10%。合格点率应不小于 80%,发现问题时应予以修理。

表 4 -6　现浇结构模板安装的允许偏差及检验方法

项目	允许偏差/mm	检验方法
轴线位置	5	钢尺检查
底模上表面标高	±5	水准仪或拉线、钢尺检查

(续)

项目		允许偏差/mm	检验方法
截面内部尺寸	基础	±10	钢尺检查
	柱、墙、梁	+4,-5	钢尺检查
层高垂直度	不大于5m	6	经纬仪或吊线、钢尺检查
	大于5m	8	经纬仪或吊线、钢尺检查
相邻两板表面高低差		2	钢尺检查
表面平整度		5	2m靠尺和塞尺检查
注:检查轴线位置时,应沿纵、横两个方向量测,并取其中的较大值			

表4-7 预制构件模板安装的允许偏差及检验方法

项目		允许偏差	检验方法
长度	板、梁	±5	钢尺量两角边,取其中较大值
	薄腹梁、桁架	±10	
	柱	0,-10	
	墙板	0,-5	
宽度	板、墙板	0,-5	钢尺量一端及中部,取其中较大值
	梁、薄腹梁、桁架、柱	+2,-5	
高(厚)度	板	+2,-3	钢尺量一端及中部,取其中较大值
	墙板	0,-5	
	梁、薄腹梁、桁架、柱	+2,-5	
侧向弯曲	梁、柱、板	$l/1000$ 且 ≤ 15	拉线、钢尺量最大弯曲处
	墙板、薄腹梁、桁架	$l/1500$ 且 ≤ 15	
板的表面平整度		3	2m靠尺和塞尺检查
相邻两板表面高低差		1	钢尺检查
对角线	板	7	钢尺量两个对角线
	墙板	5	
翘曲	板、墙板	$l/1500$	调平尺在两端量测
设计起拱	薄腹梁、桁架、梁	±3	拉线、钢尺量跨中
注:l 为构件长度(mm)			

3. 模板拆除

1)拆除模板时混凝土的强度要求

模板和支架的拆除是混凝土工程施工的最后一道工序,与混凝土质量及施工安全有着十分密切的关系。混凝土成型并养护一段时间后,当强度达到一定要求时,即可拆除模板。模板的拆除日期取决于混凝土硬化的快慢、模板的用途、结构的性质及环境温度。及时拆模可提高模板周转率、加快工程进度;过早拆模,混凝土会因强度不足以承担本身自重,或受到外力作用而变形甚至断裂而造成重大的质量事故。

现浇结构的模板及支架的拆除,如设计无规定时,应符合下列规定:

　　侧模:应在混凝土强度能保证其表面及棱角不因拆模而受损伤时,方可拆除。一般当混凝土强度达到 2.5MPa 后,即可拆除。

　　底模及其支架:拆除时的混凝土强度应符合设计要求;当设计无具体要求时,混凝土强度应符合表 4-8 的规定,且混凝土强度以同条件养护的试件强度为准。当混凝土未达到规定强度或已达到设计规定强度时,如需提前拆模或承受部分超设计荷载时,必须经过计算和技术主管确认其强度能足够承受此荷载后,方可拆除。大体积混凝土的拆模时间除应满足混凝土强度要求外,还应使混凝土内外温差降低到 25° 以下时方可拆模。否则应采取有效措施防止产生温度裂缝。

　　对后张法预应力混凝土结构构件,侧模宜在预应力张拉前拆除;底模支架的拆除应按施工技术方案执行,若无具体要求,不应在结构构件建立预应力前拆除。

　　模板拆除时,不应对楼层形成冲击荷载,拆除的模板和支架宜分散堆放并及时清运。

　　已拆除了模板的结构,应在混凝土强度达到设计强度值后方可承受全部设计荷载。若在未达到设计强度以前,需在结构上加置施工荷载时,应另行核算,强度不足时,应加设临时支撑。

表 4-8　底模拆除时的混凝土强度要求

构件类型	构件跨度/m	达到设计的混凝土立方体抗压强度标准值的百分率/%
板	≤2	≥50
	>2,≤8	≥75
	>8	≥100
梁、拱、壳	≤8	≥75
	>8	≥100
悬臂构件	—	≥100

　　2)模板拆除的顺序和方法

　　拆模的顺序和方法应按模板的设计规定进行。当设计无规定时,可采取先支的后拆、后支的先拆、先拆非承重模板、后拆承重模板,并应从上而下进行拆除。拆下的模板不得抛扔,应按指定地点堆放。框架结构模板的拆模顺序:柱→楼板→梁侧板→梁底板。大型结构的模板,拆除时必须事前制定详细方案。

　　3)支架立柱拆除

　　当拆除钢楞、木楞、钢桁架时,应在其下面临时搭设防护支架,使所拆楞梁及桁架先落于临时防护支架上。

　　当立柱的水平拉杆超出 2 层时,应首先拆除 2 层以上的拉杆。当拆除最后一道水平拉杆时,应和拆除立柱同时进行。

　　当拆除 4~8m 跨度的梁下立柱时,应先从跨中开始,对称地分别向两端拆除。拆除时,严禁采用连梁底板向旁侧一片拉倒的拆除方法。

　　对于多层楼板模板的立柱,当上层及以上楼板正在浇筑混凝土时,下层楼板立柱的拆除,应根据下层楼板结构混凝土强度的实际情况,经过计算确定。通常情况下,若上层楼板正在浇筑混凝土,下一层楼板模板的支柱不得拆除,再下一层楼板模板的支柱,仅可拆除一部分;跨度 4m 及 4m 以上的梁下均应保留支柱,其间距不得大于 3m。

拆除平台、楼板下的立柱时,作业人员应站在安全处拉拆。

4.2 钢筋工程

钢筋工程是混凝土结构施工的一个重要分项工程,钢筋在钢筋混凝土结构中起到骨架的作用,依靠握裹力与混凝土结合成整体。钢筋工程的施工工艺流程主要包括钢筋进场验收、钢筋下料加工、钢筋绑扎安装及钢筋隐蔽验收四个环节。钢筋工程的施工质量对结构的质量起着关键性的作用,为了确保混凝土结构在使用阶段能正常工作,钢筋工程施工时,钢筋的规格和位置必须与结构施工图一致。

4.2.1 钢筋种类、验收及存放

1. 钢筋的种类

钢筋的种类很多,土木工程中常用的钢筋,一般可按以下几方面分类。

按构件类型的不同分为普通钢筋和预应力钢筋。普通钢筋是指用于普通钢筋混凝土结构和非预应力混凝土结构中的非预应力钢筋。预应力钢筋主要是各种钢绞线和钢丝。

按照化学成分,可分为碳素钢钢筋和普通低合金钢钢筋。碳素钢钢筋按照含碳质量分数又可以分为低碳钠钢筋(含碳质量分数小于 0.25%)、中碳钢钢筋(含碳质量分数在 0.25% ~0.60%之间)和高碳钢钢筋(含碳质量分数高于 0.60%)。含碳质量分数直接影响到钢筋的力学性能,一般而言,随着含碳质量分数的增加,钢筋强度和硬度增大,但塑性和韧性降低,脆性增大,可焊性变差。普通低合金钢是在低碳钢和中碳钢中加入质量分数不超过 3% 的合金元素(如钛、钒、锰等),以获得高强度和综合性能好的钢筋。

按照钢筋的直径,可分为钢丝(直径为 3~5mm)、细钢筋(直径为 6~10mm)、中粗钢筋(直径为 12~20mm)和粗钢筋(直径大于 20mm)。

按照钢筋供应时的状态,可以分为直条形式(直径 12mm 及以上)和盘圆形式(直径不大于 10mm)两种。直条钢筋长度一般为 6~12m,可根据本工程特点进行选择,也可根据需方要求按订货尺寸供应。

按生产工艺可分为热轧钢筋、余热处理钢筋、冷处理钢筋(冷轧带肋钢筋、冷轧扭钢筋、冷拔钢丝、冷拉钢筋)、刻痕钢丝。

按照轧制外形,可分为光圆钢筋、螺纹钢筋(人字纹、月牙纹)。

钢筋混凝土用钢筋主要有热轧光圆钢筋、热轧带肋钢筋、余热处理钢筋、冷轧带肋钢筋、冷轧扭钢筋、冷拔螺旋钢筋、冷拔低碳钢丝等。钢筋工程施工宜应用高强度钢筋及专业化生产的成型钢筋。

1)热轧钢筋

热轧钢筋是经热轧成型并自然冷却的成品钢筋,分为热轧光圆钢筋和热轧带肋钢筋。热轧光圆钢筋是经热轧成型,横截面通常为圆形,表面光滑的成品钢筋。热轧带肋钢筋是经热轧成型,横截面通常为圆形,且表面带肋的混凝土结构用钢材,包括普通热轧钢筋和细晶粒热轧钢筋。

普通热轧钢筋是按热轧状态交货的钢筋,其金相组织主要是铁素体加珠光体,不得有影响使用性能的其他组织存在。

细晶粒热轧钢筋是在热轧过程中,通过控轧和控冷工艺形成的细晶粒钢筋,其金相组织主要是铁素体加珠光体,不得有影响使用性能的其他组织存在,晶粒度不粗于9级。目前,HRB400级钢筋正逐步成为现浇混凝土结构的主导钢筋。热轧钢筋的力学机械性能如表4-9所示。

表4-9　热轧钢筋的力学性能

表面形状	牌号	公称直径 d/mm	屈服强度 R_{el}/MPa	抗拉强度 R_m/MPa	断后伸长率 A/%	最大力总伸长率 A_{gt}/%	冷弯性能 (180°弯曲试验)
			不小于				弯心直径
光圆	HPB300	6~22	300	420	25.0	10.0	d
月牙肋	HRB335	6~25 28~40 >40~50	335	455	17.0	7.5	$3d$ $4d$ $5d$
	HRBF335						
	HRB335E				17.0	9.0	
	HRBF335E						
	HRB400	6~25 28~40 >40~50	400	540	16.0	7.5	$4d$ $5d$ $6d$
	HRBF400						
	HRB400E				16.0	9.0	
	HRBF400E						
	HRB500	6~25 28~40 >40~50	500	630	15.0	7.5	$6d$ $7d$ $8d$
	HRBF500						
	HRB500E				15.0	9.0	
	HRBF500E						

注:A表示以标距$5.65\sqrt{s_0}$(s_0为试样原始截面面积)的试样拉断伸长率

(1)表4-9所列各力学特征值,可作为交货检验的最小保证值。

(2)根据供需双方协议,伸长率类型可从A或A_{gt}中选定。如伸长率类型未经协议确定,则伸长率采用A,仲裁检验时采用A_{gt}。

(3)直径28~40mm各牌号钢筋断后伸长率A可降低1%,直径大于40mm各牌号钢筋的断后伸长率A可降低2%。

(4)对没有明显屈服强度的钢,比如钢筋混凝土结构中的预应力钢筋,屈服强度特征值R_{el},应采用取规定非比例延伸强度(一般取0.002残余应变所对应的应力)$R_{p0.2}$作为其条件屈服强度标准值。

(5)除采用冷拉方法调直钢筋外,带肋钢筋不得经过冷拉后使用。

2)冷轧带肋钢筋

热轧圆盘条经冷轧后,在其表面带有沿长度方向均匀分布的三面或二面横肋的钢筋为冷轧带肋钢筋;经回火热处理,具有较高伸长率的冷轧带肋钢筋为高延性冷轧带肋钢筋。包括CRB550、CRB600H、CRB650、CRB800、CRB800H、CRB970六个牌号。CRB550、CRB600H钢筋宜用作钢筋混凝土结构中的受力钢筋、钢筋焊接网、箍筋、构造钢筋以及预应力混凝土结构构件中的非预应力筋,可代替HPB235、HPB300级钢筋以节约钢材,是同类冷加工钢材中较好的一种。CRB650、C′RB650H、CRB800、CRB800H和CRB970钢筋宜用作预应力混凝土结构构件中的预应力筋,是冷拔低碳钢丝的更新换代产品。冷轧带肋钢筋、高延性冷轧带肋钢筋的力学性能应分别符合表 4 – 10 和表 4 – 11 的要求。

表 4 – 10　冷轧带肋钢筋的力学性能

表面形状	牌号	公称直径 d/mm	屈服强度 $R_{p0.2}$/MPa	抗拉强度 R_m/MPa	伸长率/%		冷弯性能（180°弯曲试验）		应力松弛初始应力相当于公称抗拉强度的70%
					$A_{11.3}$	A_{100}			1000h 松弛率/%
			不小于				弯心直径	反复弯曲次数	不大于
月牙肋	CRB550	4 ~ 12	500	550	8.0	—	$3d$	—	—
	CRB650		558	650	—	4.0		3	8
	CRB800	4.5.6	720	800	—	4.0		3	8
	CRB970		875	970	—	4.0		3	8

注:1. d 为冷轧带肋钢筋标志直径;

2. $A_{11.3}$ 表示以标距 $11.3\sqrt{s_0}$（s_0 为试样原始截面面积）的试样拉断伸长率。A_{100} 表示标距为 100mm 的试样拉断伸长率

表 4 – 11　高延性冷轧带肋钢筋的力学性能

表面形状	牌号	公称直径 d/mm	屈服强度 f_{yk}/MPa	抗拉强度 f_{ptk}/MPa	伸长率/%			冷弯性能（180°弯曲试验）		应力松弛初始应力相当于公称抗拉强度的70%
					δ_5	δ_{100}	δ_{gt}			1000h 松弛率/%
			不小于					弯心直径	反复弯曲次数	不大于
月牙肋	CRB600H	5 ~ 12	520	600	14.0	—	5.0	$3d$	—	—
	CRB650H	5 ~ 6	585	650	—	7.0	4.0		4	5
	CRB800H	5 ~ 6	720	800	—	7.0	4.0		4	5

注:1. 反复弯曲试验的弯曲半径为 15mm;

2. δ_5、δ_{100}、δ_{gt} 分别相当于相关冶金产品标准中的 $A_{5.65}$、A_{100}、A_{gt}，$A_{5.65}$ 表示以标距 $5.65\sqrt{s_0}$（s_0 为试样原始截面面积）的试样拉断伸长率

3）冷轧扭钢筋

冷轧扭钢筋也称冷轧变形钢筋,是将低碳钢热轧圈盘条经专用钢筋冷轧扭机调直、冷轧并冷扭（或冷滚）一次成型具有规定截面形式和相应节距的连续螺旋状钢筋。它具有较高的强度,足够的塑性性能,且与混凝土黏结性能优异,用于工程建设中一般可节约钢材 30% 以上,有着明显的经济效益。冷轧扭钢筋的力学性能如表 4 – 12 所示。

4）余热处理钢筋

余热处理钢筋是热轧成型后立即穿水,进行表面控制冷却,然后利用芯部余热自身完成回火处理所得的成品钢筋。钢筋表面形状为月牙肋,强度代号为 RRB400,钢筋级别为Ⅲ级,公称直径 d 为 8 ~ 25mm、28 ~ 40mm。余热处理后提高强度,其延性、可焊性、机械连接性能及施工适应性降低,这种钢筋应用较少,一般可用于对变形性能及加工性能要求不高的构件中,如基础、大体积混凝土、楼板、墙体以及次要的中小结构构件等。

表 4 - 12 冷轧扭钢筋的力学性能

强度级别	型号	标志直径	抗拉强度 σ_b	断后伸长率 A/%	180°弯曲试验（弯心直径 =3d）	应力松弛率/%	
						10h	1000h
CTB550	Ⅰ	6.5 ~ 12	≥550	$A_{11.3}$≥4.5	弯曲部位钢筋表面不得产生裂纹	—	—
	Ⅱ		≥550	A≥10		—	—
	Ⅲ	6.5 ~ 10	≥550	A≥12		—	—
CTB650	Ⅲ	6.5 ~ 10	≥650	A_{100}≥4		≤5	≤8

注：1. d 为冷轧扭钢筋标志直径；

2. σ_{con} 为预应力钢筋张拉控制应力；f_{ptk} 为预应力冷轧扭钢筋抗拉强度标准值

2. 钢筋进场验收

钢筋进场时，应有产品合格证、出厂检验报告，并按品种、批号及直径分批验收。验收内容包括：

（1）外观检查。钢筋应平直、无损伤，表画不得有裂纹、油污、颗粒状老锈；带肋钢筋表面凸块不得超过横肋高度；钢绞线表面不得有折断、横裂和相互交叉的钢丝，无润滑剂、油脂和锈斑。

（2）标牌检查。每一捆（或盘）钢筋上均应附带有金属制的标牌。标牌上标明的钢筋规格、级别、生产厂家等应与实际钢筋相一致。

（3）出厂材质单检查。钢材的出厂材质单应为原件，若为复印件或手抄件，应在材质单上注明原件存放单位，并有存放单位及经手人签章。还应检查材质单与钢筋上附带的金局标牌的一致性（规格、级别、炉批号等），若不相同，则说明该材质单与本批钢材不符。

（4）对钢材进行性能抽检。施工方质量管理人员（或试验员）应会同现场监理人员对进场的钢材进行抽检。抽检的频率及内容应符合相应钢筋标准的规定，如热轧钢筋应符合《钢筋混凝土用钢 第 1 部分：热轧光圆钢筋》（GB 1499.1—2008）、《钢筋混凝土用钢 第 2 部分：热轧带肋钢筋》（GB 1499.2—2007）的要求，《钢筋混凝土用余热处理钢筋》（GB 13014—1991）等标准的规定；冷轧带肋钢筋应符合《冷轧带肋钢筋》（GB13788—2008）的要求；冷轧扭钢筋应符合《冷轧扭钢筋》（JG 190—2006）的要求；余热处理钢筋应符合《钢筋混凝土用余热处理钢筋》（GB 13014—2013）的要求。

检查项目和方法应符合下列要求：

1）主控项目

（1）钢筋进场时，应按国家现行相关标准的规定抽取试件作力学性能和重量偏差检验，检验结果必须符合有关标准的规定。

检查数量：按进场的批次和产品的抽样检验方案确定。

检验方法：检查产品合格证、出厂检验报告和进场复验报告。

（2）对有抗震要求的结构，其纵向受力钢筋的性能应满足设计要求；当设计无具体要求时，对按一、二、三级抗震等级设计的框架和斜撑构件（含梯段）中的纵向受力钢筋应采用 HRB335E、HRB400E、HRB500E、HRBF335E、HRBF400E、HRBF500E 钢筋。其强度和最大力下总伸长率的实测值应符合下列规定：钢筋的抗拉强度实测值与屈服强度实测值的比值不应小于 1.25；钢筋的屈服强度实测值与屈服强度标准值的比值不应大于 1.30；

钢筋的最大力下总伸长率不应小于9%。

检查数量:按进场的批次和产品的抽样检验方案确定。

检验方法:检查进场复验报告。

(3)施工中发现钢筋脆断、焊接性能不良或力学性能显著不正常等现象时,应停止使用该批钢筋,并应对该批钢筋进行化学成分检验或其他专项检验。

检验方法:检查化学成分等专项检验报告。

2)一般项目

钢筋应平直、无损伤,表面不得有裂纹、油污、颗粒状或片状老锈。

检查数量:进场时和使用前全数检查。

检验方法:观察。

3. 钢筋现场存放与保护

施工现场的钢筋原材料和半成品存放及加工场地应采用混凝土硬化,且排水效果良好。对非硬化的地面,钢筋原材料及半成品应架空放置。

钢筋在运输和存放时,不得损坏包装和标志,并应按牌号、规格、炉批分别堆放整齐;避免锈蚀或油污。

钢筋存放时,应挂牌标识钢筋的级别、品种、状态,加工好的半成品还应标识出使用的部位。

钢筋存放及加工过程中,不得污染。钢筋轻微的浮锈可以在除锈后使用。但锈蚀严重的钢筋,应在除锈后,根据锈蚀情况,降规格使用。

冷加工钢筋应及时使用,不能及时使用的应做好防潮和防腐保护。当钢筋在加工过程中出现脆裂、裂纹、剥皮等现象,或施工过程中出现焊接性能不良或力学性能显著不正常等现象时,应停止使用该批钢筋,并重新对该批钢筋的质量进行检测、鉴定。

4.2.2 钢筋配料

钢筋配料是现场钢筋的深化设计。即根据结构配筋图,先绘出各种形状和规格的单根钢筋简图并加以编号,然后分别计算钢筋下料长度和根数,填写配料单,作为钢筋备料、加工和结算的依据。

1. 钢筋下料长度计算

结构图中注明的钢筋尺寸一般是钢筋的外轮廓尺寸(不包括弯钩),即从钢筋的外皮到外皮的尺寸,亦称作外包尺寸。钢筋在加工前,按直线下料,经弯曲后,外边缘伸长,内边缘压缩,而中心线保持不变。这样,钢筋弯曲后的外包尺寸和中心线长度之间就存在一个差值,称为量度差值或弯曲调整值。当计算下料时,必须对这一差值加以扣除,否则将造成下料过长。其后果是浪费钢筋,或成型后的钢筋不能满足保护层厚度要求,甚或无法放入模板内。因此,钢筋的下料长度应为各段外包尺寸之和减去弯曲处的量度差值增长值,即

直钢筋下料长度 = 构件长度 − 保护层厚度 + 弯钩增加长度

弯曲钢筋下料长度 = 直段长度 + 斜段长度 − 量度差值 + 弯钩增加长度 = 构件长度 − 保护层厚度 + 弯起增加长度 − 量度差值 + 弯钩增加长度

箍筋下料长度 = 箍筋周长 + 箍筋调整值

如果上述钢筋需要搭接,还应增加钢筋搭接长度。

据理论推算并结合实践经验,钢筋弯曲调整值可按表 4 – 13 取用。

表 4 – 13　钢筋弯曲量度差值

弯曲角度	30°	45°	60°	90°	135°
光圆钢筋	0.3d	0.54d	0.9d	1.75d	0.38d
热轧带肋钢筋	0.3d	0.54d	0.9d	2.08d	0.11d
注:d 为钢筋直径					

对于弯起钢筋,钢筋弯曲调整值可按表 4 – 14 取用。

表 4 – 14　常见弯起钢筋弯曲量度差值

弯起角度	30°	45°	60°
量度差值	0.34d	0.67d	1.22d

对弯钩增加长度,在实际配料计算时常根据具体条件,采用经验数据,可按表 4 – 15 取用。

表 4 – 15　半圆弯钩增加长度参考表(用机械弯)

钢筋直径/mm	≤6	8 ~ 10	12 ~ 18	20 ~ 28	32 ~ 36
一个弯钩长度/mm	40	6d	5.5d	5d	4.5d

箍筋下料长度按量内皮尺寸计算,并结合实践经验,常见的箍筋下料长度见表 4 – 16。

表 4 – 16　箍筋下料长度

箍筋形式	钢筋种类	下料长度
	光圆钢筋	$2a + 2b + 16.5d$
	热轧带肋钢筋	$2a + 2b + 17.5d$
	光圆钢筋 热轧带肋钢筋	$2a + 2b + 14d$
	光圆钢筋	有抗震要求:$2a + 2b + 27d$ 无抗震要求:$2a + 2b + 17d$
	热轧带肋钢筋	有抗震要求:$2a + 2b + 28d$ 无抗震要求:$2a + 2b + 18d$

2. 钢筋配料单与料牌

钢筋配料计算完毕,填写配料单。钢筋配料单的具体编制步骤:熟悉图纸(构件配筋表)→绘制钢筋简图→计算每种规格钢筋的下料长度→填写和编制钢筋配料单→填写钢筋料牌。

列入加工计划的配料单,将每一编号的钢筋制作一块料牌,作为钢筋加工的依据与钢筋安装的标志。钢筋施工应严格按料牌校核,必须准确无误,以免返工浪费。

4.2.3 钢筋代换

1. 代换原则和方法

在正常情况下,施工用钢筋的级别、规格和钢号应符合设计要求。但往往由于钢筋供应不及时等原因,导致施工中缺少设计图中所要求的钢筋,在征得设计单位同意并办理设计变更手续后,可以按下述原则进行代换。

钢筋代换总的原则是代换后的钢筋强度不小于代换前的钢筋强度,按式(4-4)~式(4-6)进行计算。

$$A_{s1}f_{y1} \leq A_{s2}f_{y2} \qquad (4-4)$$

$$n_1 d_1^2 f_{y1} \leq n_2 d_2^2 f_{y2} \qquad (4-5)$$

$$n_2 \geq \frac{n_1 d_1^2 f_{y1}}{d_2^2 f_{y2}} \qquad (4-6)$$

式中　A_{s1}、d_1、n_1、f_{y1}——原设计钢筋的计算面积、直径、根数和设计强度;

　　　A_{s2}、d_2、n_2、f_{y2}——拟代换钢筋的计算面积、直径、根数和设计强度。

2. 代换注意事项

(1)钢筋代换后,应满足配筋的构造规定,如钢筋的最小直径、间距、根数、锚固长度等。在一般情况下,代换钢筋还必须满足截面对称的要求。

(2)对抗裂要求高的构件(如吊车梁、薄腹梁、屋架下弦等),不得用光圆钢筋代替HRB335、HRB400、HRB500带肋钢筋,以免降低抗裂度。

(3)梁内纵向受力钢筋与弯起钢筋应分别进行代换,以保证正截面与斜截面强度。

(4)框架柱、受力吊车荷载的柱、屋架上弦等偏心受压构件或偏心受拉构件钢筋代换时,应按受力状态和构造要求分别代换。

(5)吊车梁等承受反复荷载作用的构件,应在钢筋代换后进行疲劳验算。

(6)当构件受裂缝宽度控制时,代换后应进行裂缝宽度验算。如代换后裂缝宽度有一定增大(但不超过允许的最大裂缝宽度,被认为代换有效),还应对构件作挠度验算。

(7)当构件受裂缝宽度控制时,如以小直径钢筋代换大直径钢筋,强度等级低的钢筋代替强度等级高的钢筋,则可不作裂缝宽度验算。

(8)同一截面内配置不同种类和直径的钢筋代换时,每根钢筋拉力差不宜过大(同品种钢筋直径差一般不大于5mm),以免构件受力不匀。

(9)对有抗震要求的框架,不宜以强度等级较高的钢筋代替原设计中的钢筋;当必须代换时,应按钢筋受拉承载力设计值相等的原则进行代换,并应满足正常使用极限状态和抗震构造措施要求。

(10)受力预埋件的钢筋应采用未经冷拉的HPB300、HRB335、HRB400级钢筋;预制构件的吊环应采用未经冷拉的HPB300级钢筋制作,严禁用其他钢筋代换。

(11)进行钢筋代换的效果,除应考虑代换后仍能满足结构各项技术性要求之外,同时还要保证用料的经济性和加工操作的要求。

在钢筋代换后,有时由于受力钢筋直径加大或根数增多,而需要增加钢筋的排数,则构件截面的有效高度 h_0 之值会减小,截面强度降低,此时需复核截面强度。

4.2.4　钢筋加工

钢筋加工主要是钢筋调直、钢筋切断和钢筋弯曲成型,钢筋加工分为现场加工和工厂加工。工厂加工可实现专业化生产,其产品为可直接应用于工程的成型钢筋。成型钢筋的应用可减少钢筋损耗且有利于质量控制,同时缩短钢筋现场存放时间,有利于钢筋的保护。成型钢筋的专业化生产应采用自动化机械设备进行钢筋调直、切割和弯折,其性能应符合现行行业标准《混凝土结构用成型钢筋》(JG/T 226)的有关规定。

现场加工应设置专门的钢筋加工场地,如图 4-15 所示。如施工场地狭窄或没有加工条件,可委托专业加工厂(场)进行加工。

图 4-15　钢筋加工场地

钢筋加工场地应作混凝土硬化处理,通水通电,并应有良好的排水设施。钢筋堆场、加工场、成品堆放场地应有紧密的联系,应根据施工需要,充分考虑钢筋的调直、切断、弯曲、对焊、机械连接等加工场地,并应根据钢筋机械的布置确定钢筋原材料的堆放位置。保证最大程度减少二次用工。钢筋原材料不得直接放置在地面上,直条钢筋原材料堆场通常设置条形基础。条形基础可以是砖基础,也可以是钢筋混凝土基础。

1. 钢筋加工方法

1) 钢筋除锈

钢筋加工前应清理表面的油渍、漆污和铁锈,保证钢筋和混凝土的黏结力。清除钢筋表面油漆、漆污、铁锈可采用除锈机、风砂枪等机械方法;当钢筋数量较少时,也可人工除锈。除锈后的钢筋要尽快使用,长时间未使用的钢筋在使用前同样应按本条规定进行清理。有颗粒状、片状老锈或有损伤的钢筋性能无法保证,不应在工程中使用。对于锈蚀程度较轻的钢筋,也可根据实际情况直接使用。

2) 钢筋调直

钢筋调直方法主要用于小直径钢筋,一般采用钢筋调直机,也可采用冷拉方法调直。机械调直有利于保证钢筋质量,控制钢筋强度,是推荐采用的钢筋调直方式。机械设备调直时,调直设备不应具有延伸功能,牵引力不大于钢筋的屈服力。如采用冷拉调直,应控制调直冷拉率,以免影响钢筋的力学性能。HPB300 光圆钢筋的冷拉率不宜大于 4%;HRB335、HRB400、HRB500、HRBF335、HRBF400、HRBF500 及 RRB400 带肋钢筋的冷拉率,不宜大于 1%。带肋钢筋进行机械调直时,应注意保护钢筋横肋,以避免横肋损伤造成钢筋锚固性能降低。调直后的钢筋应平直,不应有局部弯折。

3）钢筋切断

钢筋切断一般采用钢筋切断机,有电动和液压钢筋切断机两类。先断长料,后断短料,以减少损耗。

4）钢筋弯曲成型

钢筋的弯曲成型一般采用钢筋弯曲机,施工现场对于少量细箍筋有时也采用手工扳弯成型。对形状复杂的钢筋,在弯曲前应根据钢筋料牌上标明的尺寸划出各弯曲点。

钢筋弯折的弯弧内直径应符合下列规定:光圆钢筋,不应小于钢筋直径的 2.5 倍;335MPa 级、400MPa 级带肋钢筋,不应小于钢筋直径的 4 倍;500MPa 级带肋钢筋,当直径为 28mm 以下时不应小于钢筋直径的 6 倍,当直径为 28mm 及以上时不应小于钢筋直径的 7 倍;位于框架结构顶层端节点处的梁上部纵向钢筋和柱外侧纵向钢筋,在节点角部弯折处,当钢筋直径为 28mm 以下时不宜小于钢筋直径的 12 倍,当钢筋直径为 28mm 及以上时不宜小于钢筋直径的 16 倍。

箍筋弯折处尚不应小于纵向受力钢筋直径;箍筋弯折处纵向受力钢筋为搭接钢筋或并筋时,应按钢筋实际排布情况确定箍筋弯弧内直径。纵向受力钢筋的弯折后平直段长度应符合设计要求及现行国家标准《混凝土结构设计规范》（GB 50010）的有关规定。光圆钢筋末端作 180°弯钩时,弯钩的弯折后平直段长度不应小于钢筋直径的 3 倍。

箍筋的加工应满足下列要求:

（1）箍筋、拉筋的末端应按设计要求作弯钩,应符合下列规定:

对一般结构构件,箍筋弯钩的弯折角度不应小于 90°,弯折后平直段长度不应小于箍筋直径的 5 倍,对有抗震设防要求或设计有专门要求的结构构件,箍筋弯钩的弯折角度不应小于 135°,弯折后平直段长度不应小于箍筋直径的 10 倍和 75mm 两者之中的较大值;圆形箍筋的搭接长度不应小于其受拉锚固长度且两末端均应作不小于 135°的弯钩,弯折后平直段长度对一般结构构件不应小于箍筋直径的 5 倍,对有抗震设防要求的结构构件不应小于箍筋直径的 10 倍和 75mm 的较大值;拉筋用作梁、柱复合箍筋中单肢箍筋或梁腰筋间拉结筋时,两端弯钩的弯折角度均不应小于 135°,弯折后平直段长度应符合本条中对箍筋的有关规定;拉筋用作剪力墙、楼板等构件中拉结筋时,两端弯钩可采用一端135°另一端 90°,弯折后平直段长度不应小于拉筋直径的 5 倍。

（2）焊接封闭箍筋宜采用闪光对焊,也可采用气压焊或单面搭接焊,采用气压焊或单面搭接焊时,应注意最小适用直径并宜采用专用设备进行焊接。焊接封闭箍筋下料长度和端头加工应按焊接工艺确定。焊接封闭箍筋的焊点设置,应符合下列规定:

每个箍筋的焊点数量应为 1 个,焊点宜位于多边形箍筋中的某边中部,且距箍筋弯折处的位置不宜小于 100mm。矩形柱箍筋焊点宜设在柱短边,等边多边形柱箍筋焊点可设在任一边;不等边多边形柱箍筋焊点应位于不同边上。梁箍筋焊点应设置在顶边或底边。

2. 钢筋加工质量检验

钢筋加工质量检验分主控项目与一般项目。

主控项目包括受力钢筋的弯钩和弯折质量检查,检查数量为按每工作班同一类型钢筋、同一加工设备抽查不应少于 3 件。一般项目包括钢筋调直及钢筋加工的形状、尺寸的检查,检查数量与主控项目相同,其偏差应符合表 4 - 17 的要求。

表 4 - 17　钢筋加工的允许偏差

项目	允许偏差/mm
受力钢筋顺长度方向全长的净尺寸	±10
弯起钢筋的弯折位置	±20
箍筋内净尺寸	±5

4.2.5　钢筋连接

当钢筋直径 $d < 12\text{mm}$ 时,一般以圆盘形式供货;当直径 $d \geq 12\text{mm}$ 时,则以直条形式供货,直条长度一般为 6 ~ 12m,由此带来了钢筋混凝土结构施工中不可避免的钢筋连接问题,钢筋接头连接的方法有三种:绑扎连接、焊接连接和机械连接。

受力钢筋接头应优先采用焊接或机械连接,机械连接是近年来推广使用的一种钢筋连接方法,设备简单,不受气候等影响,连接可靠,适用范围广,尤其适用于焊接有困难的现场。

1. 钢筋连接的一般原则

受力钢筋连接时,应满足以下条件:

(1) 钢筋的接头应设在受力较小处;同一纵向受力钢筋不宜设置两个或两个以上接头,接头末端至钢筋弯起点的距离不应小于钢筋直径的 10 倍。

(2) 在同一构件内,钢筋的接头应相互错开,以接头是否在同一连接区段为判断的依据,凡搭接接头中点位于该连接区段长度内的搭接接头均属于同一连接区段,即接头未错开。绑扎搭接接头连接区段的长度为 $1.3l_a$(l_a 为搭接长度);焊接接头连接区段、机械接头连接区段的长度为 $35d$,且不应小于 500mm。

2. 绑扎连接

钢筋搭接处,应在中心及两端用 20 ~ 22 号铅丝扎牢,受拉区域内,HPB235、HPB300 钢筋绑扎接头的末端应做弯钩,HRB335、HRB400 钢筋可不做弯钩。直径不大于 12mm 的受压 HPB235、HPB300 钢筋的末端,以及轴心受压构件中任意直径的受力钢筋的末端,可不做弯钩。但搭接长度不应小于钢筋直径的 35 倍。轴心受拉及小偏心受拉杆件的纵向受力钢筋不得采用绑扎搭接接头。当受拉钢筋的直径 $d > 25\text{mm}$ 及受压钢筋的直径 $d > 28\text{mm}$ 时,不宜采用绑扎搭接接头。须进行疲劳验算的构件,不得采用绑扎搭接接头。

同一构件中相邻纵向受力钢筋的绑扎搭接接头宜相互错开。绑扎搭接接头中钢的横向净距不应小于钢筋直径,且不应小于 25mm。搭接长度可取相互连接的两根钢筋中较小直径来计算。

同一连接区段内如图 4 - 16 所示。纵向钢筋搭接接头面积百分率为该区段内有搭接接头的纵向受力钢筋截面面积与全部纵向受力钢筋截面面积的比值。

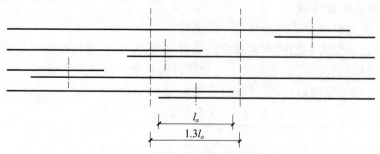

图 4 – 16　钢筋绑扎搭接的连接区段

同一连接区段内,纵向受拉钢筋搭接接头面积百分率应符合设计要求;当设计无具体要求时,应符合下列规定:

（1）对梁类、板类及墙类构件,不宜大于 25%。

（2）对柱类构件,不宜大于 50%。

（3）当工程中确有必要增大接头面积百分率时,对梁类构件,不应大于 50%;对其他构件,可根据实际情况放宽。

当纵向受拉钢筋的绑扎搭接接头面积百分率不大于 25% 时,其最小搭接长度应符合表 4 – 18 的规定。

表 4 – 18　受拉钢筋绑扎接头的搭接长度

钢筋类型		混凝土强度等级								
		C20	C25	C30	C35	C40	C45	C50	C55	≥C60
光面钢筋	300 级	48d	41d	37d	34d	31d	29d	28d	—	—
带肋钢筋	335 级	46d	40d	36d	33d	30d	29d	27d	26d	25d
	400 级	—	48d	43d	39d	36d	34d	33d	31d	30d
	500 级	—	58d	52d	47d	43d	41d	39d	38d	36d

当纵向受拉钢筋搭接接头面积百分率为 50% 时,其最小搭接长度应按表中的数值乘以系数 1.15 取用;当接头面积百分率大于 100% 时,应按表中的数值乘以系数 1.35 取用;接头面积百分率为大于 25% 的其他值时,修正系数可按内插取值。

当符合下列条件时,纵向受拉钢筋的最小搭接长度应根据上述规定确定后的值,按下列规定进行修正:

当带肋钢筋的直径大于 25mm 时,其最小搭接长度应按相应数值乘以系数 1.1 取用;

对环氧树脂涂层的带肋钢筋,其最小搭接长度应按相应数值乘以系数 1.25 取用;

当在混凝土凝固过程中受力钢筋易受扰动时（如滑模施工）,其最小搭接长度应按相应数值乘以系数 1.1 取用;

对末端采用机械锚固措施的带肋钢筋,其最小搭接长度可按相应数值乘以系数 0.7 取用;

当带肋钢筋的混凝土保护层厚度大于搭接钢筋直径的 3 倍且配有箍筋时,其最小搭接长度可按相应数值乘以系数 0.8 取用;

对有抗震设防要求的结构构件,其受力钢筋的最小搭接长度对一、二级抗震等级应按相应数值乘以系数 1.15 采用;对三级抗震等级应按相应数值乘以系数 1.05 采用。

在任何情况下,受拉钢筋的搭接长度不应小于 300mm。

纵向受压钢筋搭接时,其最小搭接长度应根据上述规定确定相应数值后,乘以系数 0.7 取用。在任何情况下,受压钢筋的搭接长度不应小于 200mm。

3. 焊接连接

常用的焊接方法有闪光对焊、电弧焊、电渣压力焊、电阻点焊、埋弧压力焊以及气压焊等。钢筋焊接施工之前,应清除钢筋、钢板焊接部位以及钢筋与电极接触处表面上的锈斑、油污、杂物等;钢筋端部当有弯折、扭曲时,应予以矫直或切除。带肋钢筋进行闪光对焊、电弧焊、电渣压力焊和气压焊时,宜将纵肋对齐纵肋安放和焊接。在工程开工正式焊接之前,参与该项施焊的焊工应进行现场条件下的焊接工艺试验,并经试验合格后,方可正式生产。试验结果应符合质量检验与验收时的要求,细晶粒热轧钢筋 HRBF335、HRBF400、HRBF500 施焊时,可采用与 HRB335、HRB400、HRB500 钢筋相同的或者近似的,并经试验确认的焊接工艺参数。当环境温度低于 −20℃ 时,不宜进行各种焊接。

1）闪光对焊

钢筋闪光对焊的原理(图 4 − 17)是利用对焊机使两段钢筋接触,通过低压的强电流,待钢筋被加热到一定温度局部熔化变软,进行轴向加压顶锻,形成对焊接头。

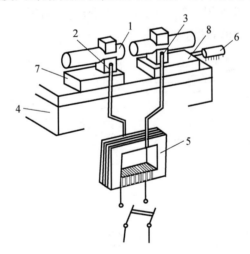

图 4 − 17　钢筋闪光对焊原理
1—焊接的钢筋;2—固定电级;3—可动电级;4—基座;5—变压器;
6—平动顶压机构;7—固定支座;8—滑动机构。

闪光对焊不需要焊药,施工工艺简单,具有成本低、焊接质量好、工效高的优点。闪光对焊广泛用于钢筋接长及预应力钢筋与螺丝端杆的焊接,热轧钢筋的接长宜优先用闪光对焊,但由于其设备较笨重,不便在操作面上进行焊接。

闪光对焊按工艺可分为连续闪光焊、预热闪光焊、闪光—预热—闪光焊三种。对 Ⅳ 级钢筋,有时在焊接后进行通电热处理。

闪光对焊后形成如图 4 − 18 所示的接头,对焊接头的机械性能检验应按钢筋品种和直径分批进行,每 100 个接头为一批,每批切取 6 个试件,其中 3 个做拉力试验,3 个做冷弯试验,试验结果符合热轧钢筋的性能指标。做破坏性试验时亦不应在焊缝处或热影响区内断裂。

图 4 - 18　闪光对焊后形成接头

2）电弧焊

电弧焊是利用弧焊机使焊条与焊件之间产生高温电弧,使焊条和电弧燃烧范围内的焊件熔化,待其凝固后便形成焊缝或接头。电弧焊广泛用于钢筋接头、钢筋骨架焊接、装配式结构接头的焊接、钢筋与钢板的焊接及各种钢结构的焊接。

钢筋电弧焊的接头形式有搭接焊(单面焊缝或双面焊缝)、帮条接头(单面焊缝或双面焊缝)、坡口接头(平焊或立焊)等,如图 4 - 19 所示。钢筋焊接时宜采用双面焊,当不能进行双面焊时,方可采用单面焊。

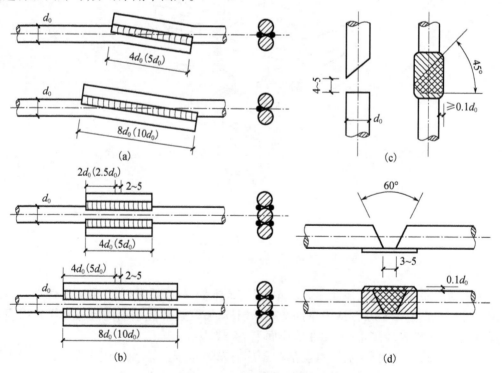

图 4 - 19　电弧焊接头形式

(a)搭接焊;(b)帮条焊;(c)坡口焊(平焊);(d)坡口焊(平焊)。

采用帮条焊或搭接焊时,当帮条牌号与主筋相同时,帮条直径可与主筋相同或小一个规格,当帮条直径与主筋相同时,帮条牌号可与主筋相同或低一个牌号。焊缝的长度不应小于帮条或搭接长度,焊缝高度 $h \geqslant 0.3d$,并不得小于4mm,焊缝宽度 $b \geqslant 0.7d$,并不得小于10mm,电弧焊一般要求焊缝表面平整,无裂纹,无较大凹陷、焊瘤,无明显咬边、气孔、夹渣等缺陷。在现场安装条件下,每一层楼以300个同类型接头为一批,每一批选取三个接头进行拉伸试验,如有一个不合格,取双倍试件复验,再有一个不合格,则该批接头不合格,如对焊接质量有怀疑或发现异常情况,还可进行非破损检验。

　　3) 电渣压力焊

　　电渣压力焊是利用电流通过渣池产生的电阻热将钢筋端头熔化,待达到一定程度时施以压力使竖向(或斜向)钢筋接头焊接在一起的一种焊接方法。电渣压力焊适用于柱、墙、构筑物等现浇混凝土结构中竖向或斜向(倾斜度在 4∶1 范围内)受力钢筋的连接;不得在竖向焊接后横置于梁、板等构件中作水平钢筋使用。它所用的设备包括焊接电源、控制箱、焊接夹具、焊剂盒等,如图 4 - 20 所示。

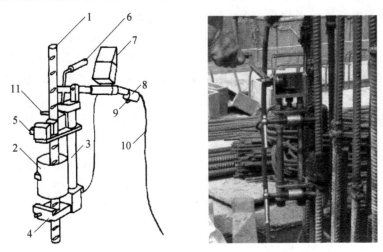

图 4 - 20　杠杆式单柱焊接机头
1—钢筋;2—焊剂盒;3—单导柱;4—固定夹头;5—活动夹头;6—手柄;
7—监控仪表;8—操作把;9—开关;10—控制电缆;11—电缆插座。

　　施焊前,将钢筋端部120mm范围内的锈渣除掉,用电极上的夹具紧夹钢筋,在两端接头处放一铁丝小球(22 号铁丝绕成直径 10 ~ 15 的紧密小球)或放入导电剂(当钢筋直径较大时),并在焊剂盒内装满焊药。

　　施焊时,接通电源,用操纵杆把电弧引燃(引弧),使焊剂盒内形成导电的渣池,维持一段时间,渣池中钢筋头熔化(稳弧),与此同时,用操纵杆将上部钢筋缓缓送下(1mm/s),当稳弧达到一定时间后立即断电,并用操纵杆加压顶锻(顶锻),以排除夹渣气泡,形成接头,等冷却后,即拆除药盒,回收焊药,拆除夹具和清除焊渣。这一引弧—稳弧—顶锻三个过程连续进行,约需 1min,其中稳弧时间的长短视电压、电流及钢筋直径大小而定,如电流850A,工作电压40V左右,直径30、32钢筋的稳弧时间约50s左右。不同直径钢筋焊接时,钢筋直径相差宜不超过7mm。

　　图 4 - 21 所示为电渣压力焊接头。电渣压力焊接头外观检查要求是四周焊包凸出钢筋表面的高度符合要求;钢筋与电极接触处,应无烧伤缺陷;接头处的弯折角不得大于

3°；接头处的轴线偏移不得大于钢筋直径的0.1倍，且不得大于2mm。在现浇钢筋混凝土结构中，以300个同牌号钢筋接头作为一批；在房屋结构中，应在不超过两个楼层中300个同牌号钢筋接头作为一批；当不足300个接头时，仍应作为一批，每批随机切取3个接头做拉伸试验。

4）电阻点焊

电阻点焊的工作原理是：将钢筋的交叉点放在点焊机的两个电极间，电极通过钢筋闭合电路通电，点接触处电阻最大，在接触的瞬间，全部电流都集中在钢筋接触点上，接触点的电阻使金属产生热而熔化，同时，在电极加压下使焊点金属得到焊合。

图4-21 电渣压力焊接头

常用的点焊机有单点点焊机、多点点焊机、悬挂式点焊机（可焊接钢筋骨架或钢筋网）和手提式点焊机。电阻点焊的主要参数为电流强度、通电时间、电极压力与焊点压入深度等，应根据钢筋级别、直径及焊机性能合理选择。钢筋焊接骨架和钢筋焊接网可由HPB300、HRB335、HRBF335、HRB400、HRBF400、HRB500、CRB550钢筋制成。当两根钢筋直径不同时，焊接骨架较小钢筋直径小于或等于10mm时，大、小钢筋直径之比不宜大于3；当较小钢筋直径为12~16mm时，大、小钢筋直径之比不宜大于2。焊接网较小钢筋直径不得小于较大钢筋直径的0.6倍。

不同直径的两根钢筋点焊在一起时，应根据直径小的钢筋选择焊接参数，为了使点焊有足够的抗剪能力，焊点处钢筋相互压入深度宜为小直径钢筋的1/4~2/5直径深，热轧钢筋按较小钢筋直径的30%~45%掌握，冷处理（冷拉冷拔钢筋）应按23%~35%掌握。

5）气压焊

气压焊（图4-22）是用氧—乙炔火焰使焊接接头加热至塑性状态，加压形成接头，这种方法具有设备简单、工效高、成本低等优点。

图4-22 气压焊施工

钢筋气压焊设备由氧气瓶、乙炔瓶、烤枪、钢筋卡具、液压缸及液压泵等组成。

钢筋气压焊的工艺过程：施焊前先磨平钢筋端部，并与钢筋轴线基本垂直，清除接头附近的铁锈、油污等杂物。然后用卡具将两根被焊的钢筋接头处加热，在开始阶段，火焰应用还原火焰，以防钢筋端部氧化，待接头完全闭合后再改用中性火陷加热，以提高火焰温度,加快升温速度,此时,火焰在以裂缝为中心两倍钢筋直径范围内均匀摆动,当钢筋端部加热到 1250~1300℃时,再次对钢筋轴向加 30~50N/mm² 压力,待钢筋加热部分火色退消后,取下卡具,气压焊接头完成。

气压焊接头应进行外观及力学性能检查。在现浇钢筋混凝土结构中,力学性能检查应以 300 个同牌号钢筋接头作为一批;在房屋结构中,应在不超过两个楼层中 300 个同牌号钢筋接头作为一批;当不足 300 个接头时,仍应作为一批。在柱、墙的竖向钢筋连接中,应从每批接头中随机切取 3 个接头做拉伸试验;在梁、板的水平钢筋连接中,应另切取 3 个接头做弯曲试验。

4. 钢筋机械连接

钢筋的机械连接具有以下优点:①操作简单,连接时无明火,不受天气及自然环境的影响,在可燃性环境中及水中均可作业;②适用范围广,可连接不同材质不同直径的钢筋,并且端部不需特别处理;③接头性能可靠,检验方便;④节约钢材,节约能源;⑤不污染环境,可全天作业,实现文明施工。

钢筋机械连接的形式很多,主要有挤压套筒连接、锥螺纹套筒连接、直螺纹套筒连接、熔融金属填充套筒连接、水泥灌浆填充套筒连接、受压钢筋端面平接头等。这里主要介绍挤压套筒连接和直螺纹套筒连接两种方法。

根据抗拉强度以及高应力和大变形条件下反复拉压性能的差异,接头应分为下列三个等级:

Ⅰ级接头抗拉强度等于被连接钢筋的实际拉断强度或不小于 1.10 倍钢筋抗拉强度标准值,残余变形小并具有高延性及反复拉压性能。

Ⅱ级接头抗拉强度不小于被连接钢筋抗拉强度标准值,残余变形较小并具有高延性及反复拉压性能。

Ⅲ级接头抗拉强度不小于被连接钢筋屈服强度标准值的 1.25 倍,残余变形较小并具有一定的延性及反复拉压性能。

结构设计图纸中应列出设计试用的钢筋接头等级和应用部位。

1) 钢筋挤压套筒连接

钢筋挤压套筒连接是将需要连接的变形钢筋插入特制的钢套筒内,利用液压驱动的挤压机进行径向或轴向挤压,使钢套筒产生塑性变形,紧紧咬住变形钢筋实现连接,如图 4-23 所示。

图 4-23　钢筋挤压套筒连接

通过挤压力使连接件钢套筒塑性变形与带肋钢筋紧密咬合形成的接头有两种形式：径向挤压连接和轴向挤压连接。由于轴向挤压连接现场施工不方便及接头质量不够稳定，没有得到推广；而径向挤压连接技术，连接接头得到了大面积推广使用。现在工程中使用的套筒挤压连接接头，都是径向挤压连接。由于其优良的质量，套筒挤压连接接头在我国从 20 世纪 90 年代初至今被广泛应用于建筑工程中。

钢筋挤压套筒连接的施工操作要求：①挤压操作人员必须是培训合格、持证上岗人员。②挤压操作人员不得随意改变挤压力、压模宽度、挤压道数或挤压顺序。③挤压操作前，对钢筋端部的锈皮、泥砂、油污等杂物应清理干净；对套筒作外观尺寸检查；对钢筋和套筒进行试套，对不同直径钢筋的套筒不得相互串用，在钢筋连接端应划出明显定位标记，以确保在挤压时和挤压后可按定位标记检查钢筋伸入套筒内的长度。④挤压操作时，应按标记检查钢筋插入套筒的深度，钢筋端头离套筒长度中点不宜超过 10mm；挤压时宜从套筒中央开始，并依次向两边挤压。

2）直螺纹连接

等强度直螺纹连接接头是 20 世纪 90 年代钢筋连接的国际最新潮流，接头质量稳定可靠，连接强度高，可与套筒挤压连接接头相媲美，而且又具有锥螺纹接头施工方便、速度快的特点，因此直螺纹连接技术的出现给钢筋连接技术带来了质的飞跃。钢筋直螺纹的加工工艺及连接施工与锥螺纹连接相似，但所连接的两根钢筋相互对顶锁定连接套筒，如图 4 - 24 所示。

直螺纹连接接头主要有镦粗直螺纹连接接头和滚压直螺纹连接接头。这两种工艺采用不同的加工方式，增强钢筋端头螺纹的承载能力，达到接头与钢筋母材等强的目的。

镦粗直螺纹连接接头：通过钢筋端头镦粗后制作的直螺纹和连接件螺纹咬合形成的接头。其工艺：先将钢筋端头通过镦

图 4 - 24　钢筋直螺纹套筒连接示意图

粗设备镦粗，再加工出螺纹，其螺纹小径不小于钢筋母材直径，使接头与母材达到等强。国外镦粗直螺纹连接接头，其钢筋端头有热镦粗又有冷镦粗。热镦粗主要是消除镦粗过程中产生的内应力，但加热设备投入费用高。我国的镦粗直螺纹连接接头，其钢筋端头主要是冷镦粗，对钢筋的延性要求高，对延性较低的钢筋，镦粗质量较难控制，易产生脆断现象。镦粗直螺纹连接接头其优点是强度高，现场施工速度快，工人劳动强度低，钢筋直螺纹丝头全部提前预制，现场连接为装配作业。其不足之处在于镦粗过程中易出现镦偏现象，一旦镦偏必须切掉重镦；镦粗过程中产生内应力，钢筋镦粗部分延性降低，易产生脆断现象，螺纹加工需要两道工序两套设备完成。

滚压直螺纹连接接头：通过钢筋端头直接滚压或挤（碾）压肋滚压或剥肋后滚压制作的直螺纹和连接件螺纹咬合形成的接头。其基本原理是利用了金属材料塑性变形后冷作硬化增强金属材料强度的特性，而仅在金属表层发生塑变、冷作硬化，金属内部仍保持原金属的性能，因而使钢筋接头与母材达到等强，是目前直螺纹连接的主要形式。

直螺纹钢筋接头的安装质量应符合下列要求：

（1）安装接头时可用管钳扳手拧紧,应使钢筋丝头在套筒中央位置相互顶紧。标准型接头安装后的外露螺纹不宜超过 2 圈。

（2）安装后应用扭力扳手校核拧紧扭矩,拧紧扭矩值应符合表 4 - 19 的规定。

表 4 - 19　钢筋接头拧紧力矩值

钢筋直径/mm	≤16	18 ~ 20	22 ~ 25	28 ~ 32	36 ~ 40
拧紧力矩/N·m	100	200	260	320	360

5. 钢筋工程安装与验收

钢筋安装工程中,受力钢筋的品种、级别、规格和数量必须符合设计要求。钢筋位置要准确,固定要牢固,连接方式、接头性能与位置要符合要求。

1）基本要求

构件交接处的钢筋位置应符合设计要求。当设计无具体要求时,应保证主要受力构件和构件中主要受力方向的钢筋位置。框架节点处梁纵向受力钢筋宜放在柱纵向钢筋内侧;当主次梁底部标高相同时,次梁下部钢筋应放在主梁下部钢筋之上;剪力墙中水平分布钢筋宜放在外侧,并宜在墙端弯折锚固。

钢筋安装应采用定位件固定钢筋的位置,并宜采用专用定位件。定位件应具有足够的承载力、刚度、稳定性和耐久性。定位件的数量、间距和固定方式,应能保证钢筋的位置偏差符合国家现行有关标准的规定。混凝土框架梁、柱保护层内,不宜采用金属定位件。

钢筋安装过程中,因施工操作需要而对钢筋进行焊接时,应符合现行行业标准《钢筋焊接及验收规程》(JGJ 18)的有关规定。

采用复合箍筋时,箍筋外围应封闭。梁类构件复合箍筋内部,宜选用封闭箍筋,奇数肢也可采用单肢箍筋;柱类构件复合箍筋内部可部分采用单肢箍筋。柱、梁的箍筋,除设计有特殊要求外,应与受力钢筋垂直;箍筋弯钩叠合处,应沿受力钢筋方向错开设置。

柱中竖向钢筋搭接时,角部钢筋的弯钩平面与模板面的夹角,矩形柱应为 45°,多边形柱应为模板内角的平分角。

钢筋安装应采取防止钢筋受模板、模具内表面的脱模剂污染的措施。

2）安装工艺

钢筋绑扎安装前,应先熟悉施工图纸,核对钢筋配料单和料牌,研究钢筋安装和与有关工种配合的顺序,准备绑扎用的铁丝、绑扎工具、绑扎架等。安装钢筋时,受力钢筋的混凝土保护层厚度应符合设计要求,当设计无具体要求时,不应小于受力钢筋直径,并应符合规范的规定。

钢筋绑扎一般用 18 ~ 22 号铁丝,其中 22 号铁丝只用于绑扎直径 12mm 以下的钢筋。

钢筋绑扎程序:划线、摆筋、穿箍、绑扎、安放垫块等。划线时应注意间距、数量,标明加密箍筋位置。板类摆筋顺序一般是先排主筋后排负筋;梁类一般是先摆纵筋。摆放有焊接接头和绑扎接头的钢筋应符合规范规定。

基础底板、楼板和墙的钢筋网绑扎,四周两行钢筋交叉点应每点扎牢,中间部分交叉点可相隔交错扎牢,但必须保证受力钢筋不位移。双向受力主筋的钢筋网,则须将全部钢筋相交点字点扎牢。相邻绑扎点的铁丝扣要成字形,以免网片歪斜变形。

结构采用双排钢筋网时,上下两排钢筋网之间应设置钢筋撑脚或混凝土撑脚,每隔 1m 放置一个。钢筋撑脚直径选用:当板厚 $h \leq 30\text{cm}$ 时为 $8 \sim 10\text{mm}$;当板厚 $h = 30 \sim 50\text{cm}$ 时为 $12 \sim 14\text{mm}$;当板厚 $h > 50\text{cm}$ 时为 $16 \sim 18\text{mm}$。梁、板纵向受力钢筋采取双层排列时,两排钢筋之间应垫以直径 25mm 以上短钢筋,以保证间距正确。

梁、柱箍筋转角与受力钢筋的交叉点均应扎牢;箍筋平直部分与纵向交叉点可间隔扎牢,以防止骨架歪斜。下层柱的钢筋露出楼面部分,宜用工具式柱箍将其收进一个柱筋直径,以利于上层的钢筋搭搬。当柱截面有变化时,其下层柱钢筋的露出部分必须在绑扎梁的钢筋之前先行收缩准确。框架梁、牛腿及柱帽等钢筋,应放在柱的纵向钢筋内侧。

板的钢筋网绑扎与基础相同,但应注意上部的负筋,要防止被踩下;特别是雨篷、挑檐、阳台等悬臂板,要严格控制负筋位置,以免拆模后断裂。

3)钢筋工程验收

钢筋安装完毕后,在浇筑混凝土之前,应进行钢筋隐蔽工程验收,其内容包括:

(1)纵向受力钢筋的品种、规格、数量、位置等;

(2)钢筋连接方式、接头位置、接头数量、接头面积百分率等;

(3)箍筋、横向钢筋的品种、规格、数量、间距等;

(4)预埋件的规格、数量、位置等;

(5)钢筋隐蔽工程验收前,应提供钢筋出厂合格证与检验报告及进场复验报告,钢筋焊接接头和机械连接接头力学性能试验报告。

钢筋工程验收也分为主控项目与一般项目。

主控项目要求受力钢筋的品种、级别、规格和数量必须符合设计要求;纵向受力钢筋的连接方式应符合设计要求。一般项目要求钢筋接头位置、接头面积百分率长度等应符合设计或构造要求;箍筋、横向钢筋的品种、规格、数量、间距等应符合设计要求;钢筋安装位置的偏差应符合规定。

主控项目应全数检查,一般项目应进行抽查,在同一检验批内,对梁、柱和独立基础,抽查构件数量的 10%,且不少于 3 件;对墙和板,应按有代表性的自然间抽查 10%,且不少于 3 间;对大空间结构,墙可按相邻轴数间高度 5m 左右划分检查面,板可按纵、横轴线划分检查面,抽查 10%,且均不少于 3 面。

4.3 混凝土工程

混凝土工程包括配料、搅拌、运输、浇筑、振捣和养护等工序,各个工序紧密联系又相互影响,任何施工工序的处理不当都会影响混凝土的最终质量。

混凝土施工前应对模板、钢筋按规定进行检查,并作好隐蔽工程记录,同时对材料、机具、道路、水、电等进行专项检查,发现问题要即时进行处理。

4.3.1 混凝土的制备

混凝土工程包括配料、搅拌、运输、浇筑、振捣和养护等工序,各个工序紧密联系又相互影响,任何施工工序的处理不当都会影响混凝土的最终质量。

混凝土施工前应对模板、钢筋按规定进行检查,并作好隐蔽工程记录,同时对材料、机具、道路、水、电等进行专项检查,发现问题要即时进行处理。

1. 混凝土的施工配制强度

混凝土的制备,应保证结构设计对混凝土强度等级的要求;还应保证施工时对混凝土和易性的要求,并应符合合理使用材料,节约水泥的原则;对抗冻、抗渗等要求的混凝土,应符合有关的专门规定。

混凝土制备之前按下式确定混凝土的施工配制强度,以达到95%的保证率:

$$f_{cu,0} \geqslant f_{cu,k} + 1.645\sigma \tag{4-7}$$

式中　$f_{cu,0}$——混凝土的施工配合比(MPa);

$f_{cu,k}$——设计的混凝土强度标准值(MPa);

σ——施工单位的混凝土强度标准差(MPa)。

当施工单位具有近期的同一品种混凝土强度的统计资料时,σ 可按下式计算:

$$\sigma = \sqrt{\frac{\sum\limits_{i=1}^{n} f_{cu,i}^2 - n m_{fcu}^2}{n-1}} \tag{4-8}$$

式中　$f_{cu,i}$——第 i 组试件的强度值(MPa);

m_{fcu}——n 组试件的强度平均值(MPa);

n——试件组数。

当施工单位不具备近期的同一品种混凝土强度资料时,其混凝土强度标准差 σ 可按表 4-20 取用。

表 4-20　混凝土强度标准差 σ　　　　　　　　　　(MPa)

混凝土强度等级	低于 C20	C20 ~ C35	高于 C35
σ	4.0	5.0	6.0
注:表中 σ 值反映了我国施工单位对混凝土施工技术和管理的平均水平,采用时可根据本单位情况作适当调整			

2. 混凝土的施工配料

混凝土的配合比是在实验室根据混凝土的施工配制强度经过试配和调整而确定的,称为实验室配合比。实验室配合比所用的砂、石都是干燥的,不含水分的,而施工现场的砂、石一般都含有一定的水分,而且含水量又会随气候条件发生变化,所以施工时应及时测定砂、石骨料的含水率,并将混凝土实验室配合比换算成骨料在实际含水量情况下的施工配合比。

设实验室配合比为水泥:砂子:石子 $=1:x:y$,水灰比为 W/C,并测得砂、石含水率分别为 W_x、W_y,则施工配合比为

水泥:砂子:石子 $= 1:x(1 + W_x):y(1 + W_y)$ （4-9）

按实验室配合比一立方米混凝土水泥用量为 $C(\text{kg})$,计算时确保混凝土的水灰比 (W/C) 不变,则每一立方米混凝土的各种材料用量(kg)为

水泥: $C' = C$ （4-10）

砂子: $G'_{砂} = Cx(1 + W_x)$ （4-11）

$$石子:G'_{石} = Cy(1 + W_y) \tag{4 - 12}$$
$$水:W' = W - CxW_x - CyW_y \tag{4 - 13}$$

配制混凝土配合比时,混凝土的最大水泥用量不宜大于 550kg/m^3 ,且应保证混凝土的最大水灰比和最小水泥用量应符合规范规定。

[例] 混凝土实验室配合比为 $1:2.28:4.47$,水灰比 $W/C = 0.63$,每立方米混凝土水泥用量 $C = 285\text{kg}$,现场实测砂含水率3%,石子含水率1%。求施工配合比及每立方米混凝土各种材料用量。

解:施工配合比为

$1:x(1 + W_x):y(1 + W_y) = 1:2.28 \times (1 + 0.03):4.47 \times (1 + 0.01) = 1:2.35:4.51$

按施工配合比每立方米混凝土各组成材料用量为

水泥: $C' = C = 285\text{kg}$

砂子: $G'_{砂} = 285 \times 2.35 = 669.75\text{kg}$

石子: $G'_{石} = 285 \times 4.51 = 1285.35\text{kg}$

水: $W' = 0.63 \times 285 - 2.28 \times 285 \times 0.03 - 4.47 \times 285 \times 0.01 = 147.32\text{kg}$

4.3.2 混凝土的搅拌、运输与浇筑

混凝土的搅拌就是将水、水泥和粗骨料进行均匀拌和及混合的过程。

1. 搅拌制度

混凝土可采用机械搅拌和人工拌和。

人工拌和一般用"三干三湿"法,即先将水泥加入砂中干拌两遍,再加入石子翻拌一遍,此后边缓慢地加水,边反复湿拌三遍。

搅拌机械分自落式搅拌机和强制式搅拌机,这里所说的搅拌制度是指进料容量、投料顺序和搅拌时间。搅拌制度直接影响到混凝土搅拌质量和搅拌机的效率。

1）进料容量

进料容量是指搅拌前各种材料的体积累积起来的容量,又称干料容重,进料容量为出料容量的1.4~1.8倍。

2）投料顺序

投料顺序是指向搅拌机内装入原材料的顺序。常用一次投料法、二次投料法和水泥裹砂法。一次投料法是将砂、石、水泥和水一起同时加入搅拌筒中进行搅拌;二次投料法是先将水泥、砂和水加入搅拌筒子内进行充分搅拌,成为均匀的水泥砂浆后,再加入石子搅拌成均匀的混凝土;水泥裹砂法主要采取两项工艺措施:一是对砂子表面湿度进行处理,控制在一定范围内;二是进行两次加水搅拌。第一次加水搅拌砂子、水泥和部分水,称为造壳搅拌,加第二次水及石子搅拌,部分水泥浆便均匀地分散在已经被造壳的砂子及石子周围。

3）搅拌时间

搅拌时间应指从全部材料投入搅拌筒起到开始卸料为止所经历的时间。混凝土搅拌的最短时间可参见表4-21。当能保证搅拌均匀时可适当缩短搅拌时间。搅拌强度等级C60及以上的混凝土时,搅拌时间应适当延长。

表 4 - 21 混凝土搅拌的最短时间 （s）

混凝土坍落度 /mm	搅拌机机型	搅拌机容量/L		
		<250	250~500	>500
≤40	强制式	60	90	120
>40,且<100	强制式	60	60	90
≥100	自落式	60		

注:1. 混凝土搅拌时间指从全部材料装入搅拌筒中起,到开始卸料时止的时间段;
2. 当掺有外加剂与矿物掺合料时,搅拌时间应适当延长;
3. 采用自落式搅拌机时,搅拌时间宜延长 30s;
4. 当采用其他形式的搅拌设备时,搅拌的最短时间也可按设备说明书的规定或经试验确定

2. 混凝土运输

1）混凝土运输要求

混凝土自搅拌机中卸出后,应及时运至浇筑地点,为保证混凝土的质量,对混凝土的运输要求是:

（1）混凝土在运输过程中要能保持良好的均匀性,不离析、不漏浆;

（2）保证混凝土具有设计配合比所规定的坍落度;

（3）使混凝土在初凝前浇入模板并捣实完毕;

（4）保证混凝土浇筑能连续进行。

2）混凝土运输工具

混凝土运输分为地面运输、垂直运输和楼面运输三种。

地面运输工具有双轮手推车、机动翻斗车、混凝土运输车和自卸汽车。

双轮手推车和机动翻斗车多用于路程较短的现场内运输,当混凝土需要量较大,运距较远或使用商品混凝土时,则多采用自卸汽车和混凝土搅拌运输车。

楼面运输可采用双轮手推车、皮带运输机,也可用塔式起重机、混凝土泵等,楼面运输应采取措施保证模板的钢筋位置,防止混凝土离析等。

混凝土垂直运输多采用塔式起重机加料斗、井架或混凝土泵等。

3）运输时间

混凝土以最少的转运次数和最短的时间,从搅拌地点运至浇筑地点,并在初凝前浇筑完毕。混凝土从搅拌机中卸出后到浇筑完毕的延续时间不宜超过表 4 - 22 的规定。

表 4 - 22 混凝土从搅拌机中卸出后到浇筑完毕的延续时间 （min）

混凝土强度等级	气温	
	<25℃	≥25℃
低于或等于 C30	120	90
高于 C30	90	60

4）运输道路

运输道路要求平坦,车辆行驶平稳,运输线路要短、直,楼层上运输道路应用跳板铺垫,当有钢筋时应用马凳垫起跳板,跳板布置应与混凝土浇筑方向配合,一面浇筑,一面

拆迁。

3. 混凝土浇筑

混凝土浇筑就是将混凝土拌和料浇筑在符合设计要求的模板内,并加以捣实,使其具有优质的密实度。

1)浇筑要求

防止离析,保证混凝土的均匀性。浇筑中,当混凝土自由倾落高度较大时,易产生离析现象,若混凝土自由下落高度超过 2m 时,要沿溜槽或串筒下落;当混凝土浇筑深度超过 8m 时,则应采用带节管的振动串筒,即在串筒上每隔 2~3 节装一台振动器。

分层浇筑,分层捣实。混凝土进行分层浇筑时,分层厚度应按规范规定。

正确留置施工缝。施工缝是新浇混凝土与已凝固或已硬化混凝土的结合面,它是结构的薄弱环节。为保证结构的整体性,混凝土一般应连续浇筑,如因技术或组织上的原因不能连续浇筑,且停歇时间有可能超过混凝土的初凝时间,则应预先确定在适当的位置留置施工缝。

施工缝宜留在剪力较小处且便于施工的部位。柱子留水平施工缝,柱施工缝留在基础顶面、梁或吊车梁牛腿的下面、吊车梁的上面、无梁楼盖柱帽的下面;梁、板留垂直施工缝,梁、板连成整体的大断面梁,施工缝留在板底面以下 20~30mm 处,当板下有托梁时,留在梁托下部;单面板施工缝留在平行于板的短边的任何位置;有主次梁的板,宜顺次梁方向浇筑,其施工缝隙应留在次梁跨度的中间 1/3 范围内。

在施工缝隙处继续浇筑混凝土时,应待已浇筑的混凝土达 $1.2N/mm^2$ 强度后,清除施工缝表面水泥薄膜和松动石子或软弱混凝土层,经湿润、冲洗干净,再抹水泥浆或与混凝土成分相同的水泥砂浆一层,然后浇筑混凝土,细致捣实,使新旧混凝土结合紧密。

2)混凝土的振捣

混凝土浇入模板后,由于内部骨料之间的摩擦力、水泥净浆的黏结力、拌和物与模板之间的摩擦力,使混凝土处于不稳定平衡状态,其内部是疏松的。而混凝土的强度、抗冻性、抗渗性以及耐久性等一系列性质,都与混凝土的密实度有关,因此,必须采用适当的方法在混凝土初凝之前对其进行捣实,以保证其密实度。

混凝土的机械振捣按工作方式可分为内部振动器、表面振动器、外部振动器和振动台等,如图 4-25 所示。

这些振捣机械的构造原理主要是利用偏心轴或偏心块的高速旋转,使振动器因离心力的作用而振动,由于振动器的高频振动,水泥浆的凝胶结构受到破坏,从而降低了水泥浆的黏结力和骨架之间的摩擦力,提高了混凝土拌和物的流动性,使之能很好地填满模板内部,并获得较高的密实度。

内部振动器又称插入式振动器,其操作要点是"直上直下,快插慢拔;插点要均布,上下要抽动,层层要扣搭",多用于振实梁、柱、墙、厚板和大体积混凝土等厚大结构。

表面振动器又称为平板振动器,是将附着式振动器固定在一块底板上而成。它适用于振实楼板、地面、板形构件和薄壳构件。

外部振器又称附着式振动器,它通过螺栓或夹钳等固定在模板外部,是通过模板将振动传给混凝土拌和物,因而模板应有足够的刚度,它适用于振动断面小且钢筋密的构件。

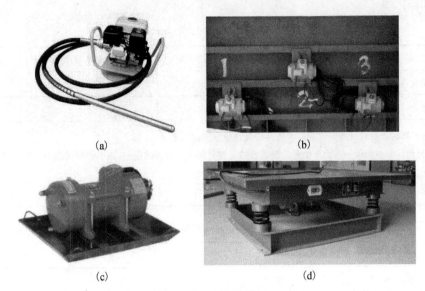

图 4 - 25　振动机械
(a)内部振动器;(b)外部振动器;(c)表面振动器;(d)振动台。

振动台是混凝土制品中的固定生产设备,用于振动小型预制构件。

4.3.3　混凝土的养护

混凝土浇捣后,之所以能逐渐凝结硬化,主要是因为水泥水化作用的结果,而水化作用需要适当的湿度和温度。混凝土的养护,就是使混凝土具有一定的温度和湿度而逐渐硬化。养护分自然养护和人工养护。

自然养护就是在常温(平均气温不低于 5℃)下,用浇水或保水方法使混凝土在规定的时期内有适当的温湿条件进行硬化。

其具体做法:混凝土浇筑完的 12h 内对混凝土加以覆盖和浇水,混凝土浇水养护的时间,对采用硅酸盐水泥或矿渣硅酸盐水泥拌制的混凝土,不得少于 7d,对掺用缓凝型外加剂或有抗渗要求的混凝土,不得少于 14d;浇水次数应能保持混凝土处于湿润状态,混凝土的养护用水应与拌制用水相同。对不易浇水养护的高耸结构、大面积混凝土或缺水地区,可在已凝结的混凝土表面喷涂塑性溶液,等溶液挥发后,形成塑性膜,使混凝土与空气隔绝,阻止水分蒸发,以保证水化作用正常进行。

人工养护就是人工控制混凝土的温度和湿度,使混凝土强度增长,如蒸汽养护、热水养护、太阳能养护等。

4.3.4　混凝土的质量检查

1. 混凝土拌制和浇筑过程中的质量检查

检查拌混凝土所用原材料的品种、规格和用量,每一工作班至少两次,混凝土拌制时,原材料每盘称量的偏差,不得超过表 4 - 23 允许偏差的规定。

检查混凝土在浇筑地点的坍落度,每一工作班至少两次;当采用预拌混凝土时,应在商定的交货地点进行坍落度检查。实测坍落度与要求坍落度之间的允许偏差应符合表

4-24的规定。

表4-23 混凝土原材料称量的允许偏差 （%）

原材料品种	水泥	细骨料	粗骨料	水	矿物掺合料	外加剂
每盘计量允许偏差	±2	±3	±3	±1	±2	±2
累计计量允许偏差	±1	±2	±2	±1	±1	±1

注：1. 现场搅拌时原材料计量允许偏差应满足每盘计量允许偏差要求；

2. 累计计量允许偏差指每一运输车中各盘混凝土的每种材料累计称量的偏差，该项指标仅适用于采用计算机控制计量的搅拌站；

3. 骨料含水率应经常测定，雨、雪天施工应增加测定次数

表4-24 混凝土坍落度允许偏差

坍落度/mm			
设计值/mm	≤40	50~90	≥100
允许偏差/mm	±10	±20	±30

在每一工作班内，当混凝土配合比由于外界影响有变动时，应及时检查调整。

混凝土的搅拌时间应随时检查，要满足规定的最短搅拌时间的要求。

2. 检查商品混凝土厂家提供的技术资料

（1）水泥品种、标号及每立方米混凝土中水泥的用量。

（2）骨料的种类及最大粒径。

（3）外加剂、掺合料的品种和掺量。

（4）混凝土强度等级和坍落度。

（5）混凝土配合比和标准试件强度。

（6）对轻骨料混凝土尚应提供其密度等级。

3. 混凝土质量的试验检查

用于检查结构构件混凝土质量的试件，应在混凝土的浇筑地点随机抽取制作，试件的留置应符合下列规定：

（1）每拌制100盘且不粗过100m³的同配合比的混凝土，取样不得少于一次。

（2）每工作班拌制的同一配合比的混凝土不足100盘时，取样不得少于一次。

（3）当一次连续浇筑超过1000m³时，同一配合比的混凝土每200m³取样不得少于一次。

（4）每一楼层、同一配合比的混凝土，取样不得少于一次。

（5）每次取样应至少留置一组标准养护试件，同条件养护试件的留置组数应根据实际需要确定。

混凝土取样时，均应做成标准试件（即边长为150mm标准尺寸的立方体试件），每组三个试件应在同盘混凝土中取样制作，并在标准条件下（温度（20±3）℃，相对湿度为90%以上），养护至28天龄期按标准试验方法，则得混凝土立方体抗压强度。取三个试件强度的平均值作为该组试件的混凝土强度代表值；或者当三个试件强度中的最大值或最

小值之一与中间值之差超过中间值的 15% 时,取中间值作为该组试件的混凝土强度的代表值;当三个试件强度中的最大值和最小值与中间值之差均超过中间值的 15%,该组试件不应作为强度评定的依据。

对有抗渗要求的混凝土结构,其混凝土试件应在浇筑地点随机取样。同一工程、同一配合比的混凝土,取样不应少于一次,留置组数可根据实际需要确定。

4. 现浇混凝土结构的允许偏差检查

现浇混凝土结构的允许偏差应符合规范规定,不应有影响结构性能和使用功能的尺寸偏差,当有专门规定时,尚应符合相应的规定要求。混凝土设备基础不应有影响结构性能和设备安装的尺寸偏差。

对超过尺寸允许偏差且影响结构性能和安装、使用功能的部位,应由施工单位提出技术处理方案,并经监理(建设)单位认可后进行处理。对经处理的部位,应重新检查验收。

5. 混凝土结构实体检验

结构实体检验是混凝土结构子分部工程验收的主要内容之一,结构实体检验采用由各方参与的见证抽样形式,以保证检验结果的公正性。对结构实体进行检验,并不是在子分部工程验收前的重新检验,而是在相应分项工程验收合格、过程控制使质量得到保证的基础上,对重要项目进行验证性检查。其目的是加强混凝土结构的施工质量验收,真实地反映混凝土强度及受力钢筋位置等质量指标,确保结构安全。

对涉及混凝土结构安全的柱、墙、梁等的重要部位应进行结构实体检验。检验内容包括混凝土强度、钢筋保护层厚度以及工程合同约定的项,必要时可检验其他项目。对混凝土强度的检验,应以在混凝土浇筑地点制备并与结构实体同条件养护的试件强度为依据。对混凝土强度的检验,也可根据合同的约定,采用非破损或局部破损的检测方法,按国家现行有关标准的规定进行。

实体强度不属于分项工程,而是作为子分部工程验收的前提,在各分项工程验收完成后进行。混凝土强度检验不按检验批检查验收,而按强度等级检查验收。

当未能取得同条件养护试件强度、同条件养护试件强度被判为不合格或钢筋保护层厚度不满足要求时,应委托具有相应资质等级的检测机构按国家有关标准的规定进行检测。

4.3.5　混凝土缺陷的修整

当混凝土拆模后,混凝土表面如果出现缺陷,应找出原因,防止以后再发生类似事情,并应根据具体情况进行修整。

(1)面积较小且数量不多的蜂窝、麻面或露石的混凝土表面,这主要是由于在浇混凝土前,模板湿润不够,吸收了混凝土中的大量水分,或由于振捣不够仔细所致,其修整方法一般是先用钢丝刷或加压水冲洗基层,再用 1:2 ~ 1:2.5 的水泥砂浆填满、抹平并加强养护。

(2)面积较大的蜂窝、露石或露筋,蜂窝可能是由于材料配比不当、搅拌不匀或振捣不密实所致;露筋主要是由于浇筑、振捣不均、垫子块移动或作为保护层的混凝土没有捣实所致。所以,对较大面积的蜂窝、露石、露筋应将全部深度凿去薄弱的混凝土和个别突出的骨料颗粒,然后用钢丝刷或加压水洗刷表面,再用细骨料混凝土(比原强度等级提高一级),填塞,并仔细捣实。

(3)对于影响结构性能的缺陷,如孔洞和大蜂窝,必须会同设计单位和有关单位研究处理。

混凝土结构尺寸偏差一般缺陷,不影响结构安全以及正常使用时,可结合装饰工程进行修整。混凝土结构尺寸偏差严重缺陷,应会同设计单位共同商定专项修整方案,结构修整后进行检查验收。

第二篇
国防工程专业施工技术

第 5 章　道路工程施工技术

5.1　道路工程基础

　　道路是国防工程的重要组成部分,是国防工程内部交通的保障和外部联系的纽带,对工程保障能力起到至关重要的作用,因此道路工程施工技术是国防工程施工中重要的技术之一。

5.1.1　道路组成

　　道路通常由路基、路面和道路设备等组成(图 5 – 1),而路基和路面是供汽车行驶的主要道路工程结构物。

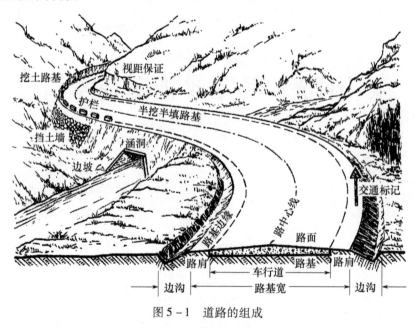

图 5 – 1　道路的组成

　　路基是按照路线位置和一定技术要求修筑的带状结构物,是路面的基础,承受由路面传递下来的行车荷载,它与桥梁、隧道相连构成道路的主体。沿路中心线上任意一点的法线方向剖面图构成道路横断面图,在路基横断面上的内容包括车行道、中间带、路肩、碎落台、填方边坡、挖方边坡、边沟、排水沟、护坡道以及防护工程(如护坡、挡土墙)、安全设施与公路经绿化等设施。路基的基本组成部分名称(图 5 – 1)及作用如下:

　　(1)车行道:道路上供车辆行驶的部分。按车道数分单车道、双车道和多车道。车行道宽度根据车道数、车辆类型和行车速度确定。

（2）路肩：车行道外缘至路基边缘的带状部分。其作用是横向支撑加固车行道边缘、供临时停车和人员通行。

（3）边坡：路基两侧具有一定坡度的坡面。其作用是保证路基的稳定，边坡坡度为边坡的高度与宽度之比。

（4）路中心线：道路中央的纵方向线。其作用是表示道路的方向、位置和长度。

（5）路基边缘：路肩外侧的边缘线。路基边缘标高通常为路基的设计标高，其作用是以其为准计算路基宽度、填挖高度及边沟深度等。

路基的附属设施包括路基排水、防护与加固等主体工程，另外与一般路基工程有关的还包括取土坑、弃土堆、护坡道、碎落台、堆料坪及错车道等。

路面是由各种不同的混合料，按一定厚度与宽度分层铺筑在路基顶面上的层状结构物，以供汽车直接在其表面上行驶。

5.1.2　道路的自然区划

1. 道路自然区划的缘由

我国幅员辽阔，各地气候、地形、地貌、水文、地质条件等差别很大，各地自然因素的差异对建筑在大自然环境中的道路构造物产生的影响和可能造成的病害也是各不相同，在路基、路面设计中应考虑的问题也就有所不同。例如，季节性冰冻地区的道路病害主要是冻胀与翻浆；而南方多雨地区雨季水毁问题突出。因而，如何根据各地自然条件的特点，对路线勘测、路基、路面的设计、筑路材料的选择、施工方案的拟定等问题进行综合考虑是十分必要的。有关部门根据我国各地自然条件对公路设计与建筑影响的主要特征，提出了中国公路自然区划，以便在公路设计与建筑中应用。城市道路设计时，原则上也可参照公路的自然区划。

2. 公路自然区划

根据影响公路工程的地理、地貌及气候的差异性，按道路工程特征相似性、地表气候区域分异性及自然气候要素既综合又有主导作用的基本原则进行公路自然区划。区划分为三个等级。

一级区划主要是根据全国大范围内对公路建设具有控制作用的地理、气候因素，并适当参照土质和其他自然因素拟定。全国一共分成七个一级区：Ⅰ为北部多年冻土区；Ⅱ为东部湿润季冻区；Ⅲ为黄土高原干湿过渡区；Ⅳ为东南湿热区；Ⅴ为西南潮暖区；Ⅵ为西北干旱区；Ⅶ为青藏高寒区。

二级区划是在一级区划内，根据地貌类型、水温状态及道路自然病害等因素，进一步划分成 33 个二级区和 19 个副区。

三级区划是根据各地区自然条件表现出来的特点，在二级区划内进一步区划而得。三级区划由各地结合当地具体条件进行划分。

各级区划在公路工程上的应用各有侧重。一级区划主要为全国性的公路总体规划和设计服务；二级区划主要为各地的公路路基路面设计、施工、养护提供较全面的地理、气候依据和有关计算参数，如土基和路面材料的回弹模量、路基临界高度、水泥混凝土路面板的温度梯度等。

我国公路自然区划的具体划分界线及各种指标和说明，可查阅《公路自然区划标准》

及其附图,表 5 - 1 所列为我国公路自然区划一、二级区的名称。

表 5 - 1　公路自然区划名称表

I	北部多年冻土区	IV₇	华南沿海台风区
I₁	连续多年冻土区	IV₇ₐ	台湾山地副区
I₂	岛状多年冻土区	IV₇ᵦ	海南岛西部润干副区
II	东部湿润季冻区	IV₇ᵨ	海南诸岛副区
II₁	东北部山地湿冻区	V	西南潮暖区
II₁ₐ	三江平原副区	V₁	秦巴山地润湿区
II₂	东北中部山前平原重冻区	V₂	四川盆地中湿区
II₂ₐ	辽河平原冻融交替副区	V₂ₐ	雅安、乐山过湿副区
II₃	东北西部润干冻区	V₃	广西、贵州山地过湿区
II₄	海滦中冻区	V₃ₐ	滇南、桂西润湿副区
II₄ₐ	冀北山地副区	V₄	川、滇、黔高原干湿交替区
II₄ᵦ	旅大丘陵副区	V₅	滇西横断山地区
II₅	鲁豫轻冻区	V₅ₐ	大理副区
II₅ₐ	山东丘陵副区	VI	西北干旱区
III	黄土高原干湿过渡区	VI₁	内蒙草原中干区
III₁	山西山地、盆地中冻区	VI₁ₐ	河套副区
III₁ₐ	雁北张宣副区	VI₂	绿洲、荒漠区
III₂	陕北典型黄土高原中冻区	VI₃	阿尔泰山冻土区
III₂ₐ	榆林副区	VI₄	天山、界山山地区
III₃	甘东黄土山地	VI₄ₐ	塔城副区
III₄	黄渭间山地、盆地轻冻区	VI₄ₐ	伊犁河谷副区
IV	东南湿热区	VII	青藏高寒区
IV₁	长江下游平原润湿区	VII₁	祁连、昆仑山地区
IV₁ₐ	盐城副区	VII₂	柴达木荒漠区
IV₂	江淮丘陵、山地润湿区	VII₃	河源山原草甸区
IV₃	长江中游平原中湿区	VII₄	羌塘高原冻土区
IV₄	浙闽沿海山地中湿区	VII₅	川藏高山峡谷区
IV₅	江南丘陵过湿区	VII₆	藏南高山台地区
IV₆	武夷南岭山地过湿区	VII₆ₐ	拉萨副区
IV₆ₐ	武夷副区		

5.2　路基施工技术

　　路基工程在整个道路施工中所占工程量比例大,尤其是山地道路更为突出,路基土石方通常占道路总工程量的 60% ~ 70% 。路基的施工改变了原有地面的自然状态,挖填、借、弃土对当地生态平衡、水土保持和农田水利等自然环境均有影响,因此,路基设计和施工必须与当地农田水利和环境保护相结合。同时路基工程对工期影响大,在工程地质和水文条件复杂的路段不但工程技术问题多,施工难度大,工程投资大,而且常成为影响全线工期的关键。而路基工程质量对道路的质量和运营具有十分重要的影响,路基质量差,对路面产生破坏,如路面沉降变形、边坡坍塌等,不仅影响了交通的正常运营,更重要的是危害到人们的生命财产安全,且养护修复费用高,周期长。因此施工质量必须予以重视,确保工程质量。

5.2.1　路基施工基本知识

1. 路基的构造

路基主要是由土、石材料在原地面上修筑(堆填或开挖)而成,结构简单。路基由宽度、高度和边坡坡度构成,路基的宽度取决于道路技术等级;路基高度取决于线路的纵坡设计及地形;路基边坡坡度取决于土质构造、水文条件及边坡高度,并由边坡稳定性和横断面经济性等因素确定。边坡稳定性和横断面经济性是由于地形的变化和填挖高度的不同,使得路基横断面也各不相同,典型的路基横断面有路堤、路堑、半填半挖三种类型。

1) 路堤

按填土高度不同,路堤可划分为低矮路堤、高路堤和一般路堤。填土高度小于 1.5m 属于低矮路堤,填土高度大于 18m(土质)或 20m(石质)属于高路堤,填土高度在 1.5 ~ 18m 范围的路堤为一般路堤。根据路堤所处的环境条件以及加固类型的不同,还有浸水路堤、护脚路堤及挖沟填筑路堤等形式。图 5 - 2 为几种常见的路堤断面形式。

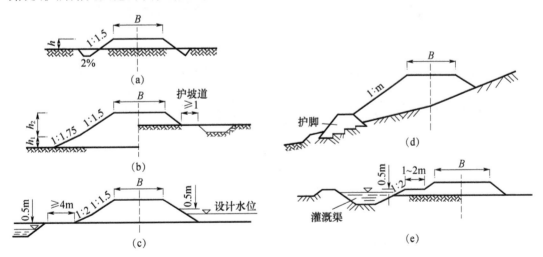

图 5 - 2　路堤的几种常用横断面形式
(a)矮路堤;(b)一般路堤;(c)浸水路堤;(d)护脚路堤;(e)挖沟填筑路堤。

2) 路堑

路堑是指低于原地面的挖方路基,路基全部在天然地面开挖而成,常见横断面形式有全挖路基、台口式路基及半山洞路基,如图 5-3 所示。

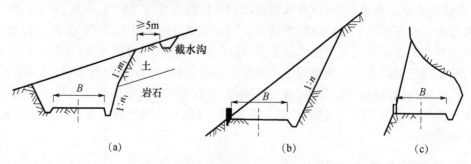

图 5-3　路堑的几种常用横断面形式
(a)全挖路基;(b)台口式路基;(c)半山洞路基。

3) 半填半挖路基

在一个横断面内,部分为填方、部分为挖方的路基称为半填半挖路基。位于山坡上的路基,通常路中心高程接近原地面高程,以便减少土石方数量,保持土石方数量横向平衡,形成半填半挖路基。常见的横断面形式如图 5-4 所示。

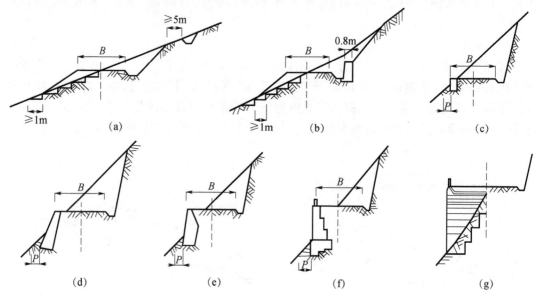

图 5-4　半填半挖路基的几种常用横断面形式
(a)一般填挖路基;(b)矮挡土墙路基;(c)护肩路基;(d)砌石护坡路基;
(e)砌石护墙路基;(f)挡土墙路基;(g)半山桥路基。

此外,地面平坦而线路纵断面设计高程和地面高程相等,路基几乎没有填挖,通常称为零填零挖路基。

2. 对路基的基本要求

对路基的总体要求是:路基稳定,正常使用,不能损坏。路基在工作过程中,承受着土体的自重、行车荷载和各种自然因素的作用,如设计和施工不当,必然产生各种病害,严重时危及路基的整体性和稳定性。常见路基病害有路基沉陷,边坡塌方、路基沿山坡滑动以及不良地质水文条件造成路基破坏。对路基的具体要求概况如下。

1）具有足够的整体稳定性

路基设计和施工必须达到整体稳定坚固。整体稳定性是指路基在正常使用过程中，保持其设计并按施工后的整体形状和各部分尺寸不改变的性能，即在路基竣工后的使用过程中，不能发生各种损坏，或发生损坏的强度和幅度在允许范围之内。

在路基设计和施工过程中，一般根据地形、水文地质等外界环境条件，对可能发生的病害采取有效的预防措施，如对于横坡陡峻路段采取边坡防护或支挡工程等工程技术措施；对于高路堤或陡坡路堤，首先进行边坡稳定性验算，再采取相应的工程技术措施；对于软土路基，在做好必要的地面和地下排水设施的条件下，采取相应的地基加固措施；对于寒冷地区，则要考虑冻胀和翻浆等问题，做好相应的防冻措施。

2）具有足够的承载能力

直接位于路面下的那部分路基（有时称作土基），必须具有足够的强度、抗变形能力（刚度），使得路基在荷载作用下不发生过量的变形。

3）具有良好的水温稳定性

水温稳定性是指强度和刚度在自然因素（主要是水、温状况）影响下的变化幅度。土基具有足够的强度、刚度和水温稳定性，不至于使得各指标的下降值超过允许范围。水温稳定性好可以减轻路面的负担，能够相应减薄路面的厚度，改善路面使用状况。因此，这是一项直接关联到路面结构物工作条件的要求。

5.2.2 路基施工程序

1. 路堤填筑施工工艺流程

路堤填筑施工工艺流程如图 5-5 所示。

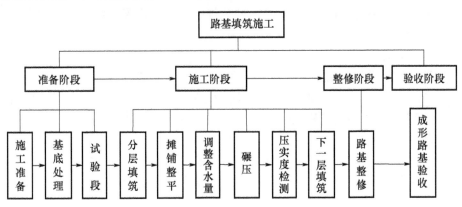

图 5-5 路堤填筑施工工艺流程

2. 路堑开挖施工工艺流程

路堑开挖施工工艺流程如图 5-6 所示。

5.2.3 路基施工准备

路基工程涉及范围广，影响因素多，灵活性也比较大，尤其是路基内部结构复杂多变，

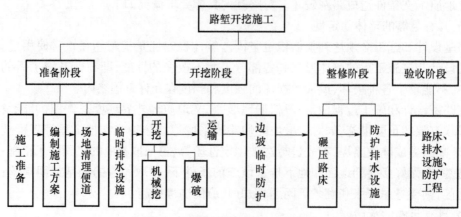

图 5 - 6 路堑开挖施工工艺流程

除了要求合理涉及外,还必须通过精心的施工来进一步完善。做好路基施工前的准备是路基施工的一个重要环节,也是为保证其后的路面施工顺利进行创造必要的条件。路基施工前的准备工作主要包括组织准备、物资准备、现场准备和技术准备四个方面。

1. 组织准备

施工组织准备是前期准备工作的重要内容,主要包括:

1)组建指挥机构

在启动项目管理前,首先要建立一个能完成管理任务、运转自如、高效且与工程规模相适应的施工组织指挥机构,并进行作业编组,明确施工任务,制定施工管理规则等。一个好的组织机构,可以有效地完成施工项目管理目标,应付环境的变化,形成高效率的组织力,使组织系统正常运转,产生集体思想的意识,完成项目管理任务。在执行施工任务时,营以下单位通常不另设指挥机构,团以上单位组织较大规模道路施工时,则应建立临时性筑路指挥部。

2)组建施工队伍

为便于组织施工管理,在指挥部统一指挥下,根据工程特点,按工程项目类别分别设路基土石方、路面、桥梁、隧道、排水及涵洞、防护工程等专业作业组。以上各施工组分别负责组织本工程范围内相应工程项目的施工。

3)制定各项管理制度

路基施工中指挥员应制订严密的计划以及技术、装备、物资、工程质量、作业安全等方面管理措施,并在整个施工过程中认真贯彻落实,确保工程安全、顺利、保质、保量、经济、按期完成。

2. 物资、设备准备

1)生活办公设备准备

生活办公设备准备包括工程临时房屋修建、机具设备的购置,各种材料的采集、调配、运输、存储,临时道路修建,供水、电力、电信及必需的生活设施等。

(1)工程现场应设有宿舍、会议室、浴室、食堂、厨房、管理室、指挥部办公室、水池、机房、工地试验室、厕所等。

根据工程需要设置一个或多个临时设施,主要有预制场、木工场、钢筋制作场、搅拌站、工人休息室、水泥及其他材料库、各种材料堆放场、机械停放场、检修场及油库,应设有停车场、检修棚、零件库、油库、发电机房等。

（2）办公室、宿舍、会议室、食堂、厨房等采用砖结构（或活动房屋）,按简易房屋标准建设。办公室和会议室设轻型板平顶,砖墙结构设圈梁。料库、检修棚、预制棚、钢筋棚、木工棚等均按混凝土柱（或钢管立柱）、石棉水泥瓦盖顶敞开式考虑,三材库设封闭式。

（3）所有房屋均有电灯照明,并配备必要的生活日用电气。

（4）修建临时运输便道。

（5）确保施工、生活用水、用电。

（6）做好消防安全防备。

（7）指挥部设医务室。

（8）通信设施,各办公室应按工程需要设国内长途直拨电话,各施工队安装分机。

（9）办公室应配备计算机、打印机、复印机、传真机及各种资料柜等日常办公用品。

（10）交通工具,按工程需要配备一定数量的工程车辆及测量专用车辆,工程规模大的尚应配备医务急救车。

2）施工机械设备准备

路基土石方施工机械包括土石方挖运机械和压实类机械两大类,前者主要指推土机、装载机、挖掘机、铲运机、平地机、自卸汽车和凿岩机。在路基土石方施工时,施工机械的合理配套是工程按时完成及经济效益的保障。

路基土方机械担负着开挖、铲装、运输、整平、压实等任务。石质路堑还包括各种型号的松土器、凿岩机、爆破器材等。路基土石方机械设备配套是根据地质、土质、工程量、工期和运距等因素来选择机械。

3）试验仪器设备准备

工地试验室是为施工现场提供质量检测数据服务,配合路基施工,检测工地所用的各种原材料、加工材料及结构性材料的物理力学性能,以及施工结构体的几何尺寸。路基土石方工程材料试验项目主要有土的颗粒分析试验、含水量试验、液塑限试验、标准击实试验、回弹模量试验和 CBR 试验等。公路路基工程检测项目主要有压实度检测、含水量测定、弯沉检测、回弹模量试验和外观尺寸检测等。

3. 技术准备

1）熟悉设计文件

设计文件是组织施工的主要依据。熟悉设计文件就是要认真审看设计图纸和施工组织计划等文件。主要解决以下问题:

（1）审查设计图纸。设计依据与施工现场的实际情况是否一致,设计图有无错漏,所参阅的标准与图纸有无矛盾,平、纵、横路线位置,标高是否吻合等。

（2）召开现场技术交底会。设计和施工人员一道将设计图与施工现场进行对照说明,解答有关问题,对不当之处提出合理的修改意见,主要解决以下问题:设计中所提出的工程材料、施工工艺的特殊要求,施工单位能否实际解决;实际施工能否满足工程质量及安全要求,是否符合国家规范和有关行业标准。最后,将协商意见形成“图纸会审纪要”,以作为设计文件的补充与图纸一道指导施工。

（3）审阅施工组织计划。施工方检查施工组织计划中的兵力、机械安排与作业展开方式是否协调；所需作业力的计算、工期及流水参数计算是否有误；如果采用新工艺、新技术，在技术人员、设备材料上有无困难。若设计文件修改较大时，还应调整施工组织计划。

2）测量放样

（1）复核、增设水准点。水准点是控制道路施工标高的依据，为了保证路基标高符合纵断面设计要求，必须根据沿线水准点分布记录资料，对沿线水准点的标高、位置进行现场检查校核。若原有水准点遭损坏，应进行补设；若原有水准点过稀，应适当增设加密，以方便后续施工。

（2）复测路线。依据设计图对原标定路线进行一次平面位置和现地标高复测，检查各桩标高和平面位置（方向、桩距）与设计文件是否相符。若有标桩被移动或遗失，需进行改正或补设，并根据纵断面设计图，注记各种标桩的作业高度，在填挖变换点以及原有标桩距过大的路段增设加桩并补测横断面。

（3）路基放样。路基放样又称路基土工标定。它是根据路基横断面设计图上所标的路基高度、宽度和边坡坡度，在施工地段标定出路基边缘、路堤坡脚及路堑坡顶、路堤高度等路基横断面的主要特征点，作为施工的依据。路基放样间隔依地形的复杂程度确定，一般可根据标桩作业时已标出的 20~50m 一个路中心桩进行放样。

在不同的地形上应分别采用不同方法标定填、挖土路基。

① 平地填土路基的标定主要包括如下两方面的内容：

定路基边缘桩：以路中心桩为准，垂直于路中心线向两侧各量取路基宽度的 1/2，打路基边缘桩。

定坡脚桩：从路基边缘桩分别向路基两外侧量取坡距长，打下坡脚桩。

② 平地挖土路基的标定主要包括如下两方面的内容：

定边沟外缘桩：以路中心桩为准，垂直于路中心线向两侧各量取路基宽度的 1/2 加边沟口宽，打边沟外缘桩。

定坡顶桩：从边沟外缘桩向外量坡距，打坡顶桩。

③ 不平地填土路基的标定主要包括如下三方面的内容：

定路基边缘桩：以路中心桩为准，垂直于路中心线向两侧各量取路基宽度的 1/2，打路基边缘桩。

测算路基边缘桩处的填土高度：用手水准仪和水准尺测出路中心桩与边缘桩的高差，并分别按式（5-1）计算出两边缘桩处的填土高度。

$$h = H - a + h_1 \tag{5-1}$$

标坡脚桩：按路基边坡坡值调整边坡坡尺，将坡尺紧贴标杆，坡尺顶点置于测算出的填土高度处，并把标杆立于路基边缘，沿坡尺斜边拉出经始绳，在绳与地面相交处打坡脚桩。

④ 不平地挖土路基标定主要包括如下三方面的内容：

定边沟外缘桩：以路中心桩为准，垂直于路中心线向两侧各量取路基宽度的一半加边沟口宽，打边沟外缘桩。

测算边沟外缘桩处的挖土深度：用手水准仪测出边沟外缘桩与路中心桩的高差，并按式(5 - 2)计算出两边沟外缘桩处的挖土深度。

$$h = H - a - h_1 \qquad\qquad (5 - 2)$$

标坡顶桩:按预定边坡值调整边坡坡尺,将坡尺紧贴标杆,坡尺顶点置于测算出的挖土深度处,再把经始绳下端置于边沟外缘桩处,并向外侧移动标杆直至绳与坡尺斜边一致时,在标杆的底部打下坡顶桩。若挖土过深时,可分段标定。

⑤ 机械作业范围的标定主要包括如下两方面的内容:

用推土机或铲运机构筑路基时,应沿路基坡脚桩或坡顶桩设置标志(标杆、石灰线等),标出作业范围,使机械在规定范围内进行作业。

用平路机进行平整前,需在作业地段两端用标杆标出第一铲刀的位置。其方法是先标出边沟外缘桩,再以边沟外缘桩为准向内量取 15 ~ 30cm 设置标志即可。

(4)移桩。为了便于在施工中控制路线的方向、位置和标高,应将不便保存的主桩及重要的加桩(曲线起、中、终点桩及转角顶点桩等)移至路基施工范围之外。其方法:在施工范围之外适当地点打一木桩(移桩),并在此桩与路中心线的延长线上打一方向桩;测算移桩与路中心桩的高差和水平距离,并根据中心桩作业高计算出移桩处与路基间的高差;在移桩上注记桩号、距离和高差,并绘制草图以记录。

5.2.4　路基填挖施工

路基构筑中的主要工作是路基的填筑与路堑的开挖。路基填挖方案是指沿路基深度或宽度范围的施工顺序。填挖方案选定正确与否关系到施工进度和工程的质量。确定填挖方案的主要因素是当地的自然条件、工程量的大小及分布状况、施工机具的性能等。

1. 路堤的填筑

构筑路堤一般首先进行基底处理,然后再选择适当的填筑方案。填筑时尽量选用当地路用性质良好的土壤,采取正确的施工方法,严格按照有关规程进行操作。

1)路堤基底处理

路堤基底是指路基填料与原地面的接触部分。为使两者紧密结合避免路堤基底滑动,需要根据基底的土质、水文、坡度、植被情况和路堤填筑高度采取相应的处理措施。尤其是对于一些特殊的地基,如软土、冻土、膨胀土等,应采用特殊的路基处理技术专门处理。

一般路堤基底的处理通常包括:

(1)伐树、除根、清草作业。

(2)基底原状土的强度不符合要求时,应进行清除、换填、压实,换填厚度一般不小于 30cm。

(3)对耕地或松土路段,正式填筑前,要清除有机土、种植土草皮等,清除深度应达到设计要求,一般不小于 15cm,平整后按规定要求压实;在深耕地段,必要时还应将松土翻挖、土块打碎,然后回填、整平、压实。

(4)对水田、池塘或洼地,应根据具体情况采取排水疏干、挖除淤泥、打砂桩、抛石或石灰处理土等措施。

(5)路堤填筑时,地面缓于 1∶5 时,在清除地表草皮、腐殖土后,可直接在天然地面上填筑路堤。当原地面横坡为 1∶5 ~ 1∶2.5 时或纵坡大于 12% 时,按设计要求挖台阶,或设置成坡度内向2%~4%、宽度大于2m的台阶,再在其上部填筑路堤;当基岩面上的覆盖层较薄时,宜先清除覆盖层再挖台阶;当覆盖层较厚且稳定时,可予保留。

(6)当地面横坡陡于50%时,必须检算路堤整体沿基底及基底下软弱层滑动的稳定性,一般改善基底条件或设置支挡结构物进行防滑处理,如图5-7所示。

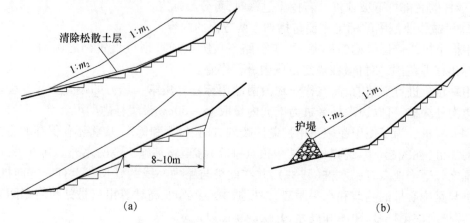

图5-7 改善基底措施及挡土墙
(a)改善基底措施之一;(b)路堤坡脚挡土墙。

2)填土(料)的选择

用于路堤填筑的土料,原则上应就地取材或利用路堑挖方的土壤,对填料总的要求是:具有良好的级配和一定的黏结能力,在一定的压力下易于压实,水稳定性好。各类路用填土(料)具有不同的性质,在选择作为路堤填筑材料时,应当根据不同的土类分别采取不同的工程技术措施。不得采用设计或规范规定不适用的土料作为路基填料,路基填料的强度和粒径应符合有关规范的规定。

我国公路路基土分类方法:先按有机质含量分成有机土和无机土两大类;再将无机土按粒组含量由粗到细分为巨粒土、粗粒土和细粒土三类;最后在三类土中又进一步细分。表5-2为细粒土的分类。

表5-2 路基土分类

基本土类	亚类	颗粒组成/%(按质量计)			路基性质
		砂粒: 2~0.05mm	粉粒: 0.05~0.005	黏粒: <0.005mm	
砂土类	砂土		0~15	0~3	不黏结,易挖,透水性良好,毛细作用小,水稳定性较好,作为路基填料易于松散
	粉质砂土		15~50	0~3	黏结性小,易挖,透水性尚好,毛细作用差,水稳定性较差,一般不直接用来填筑路基
亚砂土类	亚砂土	粗砂含量多于细砂	少于砂粒的含量	3~12	易挖,透水性尚好,毛细作用不大,颗粒组成较佳,容易压实,是良好的路基用土
	细亚砂土	细砂含量多于粗砂	少于砂粒的含量	3~12	由于缺乏粗粒材料,稳定性较亚砂土差

（续）

基本土类	亚类	颗粒组成/%（按质量计）			路基性质
		砂粒：2~0.05mm	粉粒：0.05~0.005	黏粒：<0.005mm	
粉土类	粉土		多于砂粒的含量	3~12	易挖,干时起尘,湿时很快分散而失去承载能力,毛细作用大,透水较差,不宜作路基材料
	粉质亚黏土		多于砂粒的含量	12~25	黏结性大,比黏土易挖,毛细作用大,透水性不好,湿时稳定性较差
亚黏土类	亚黏土	多于粉粒的含量		12~18	比黏土易挖,毛细作用大,透水性不好,平时较硬,雨后不易排干
	重亚黏土	多于粉粒的含量		18~25	黏结性能良好,透水性很不好,平时坚硬,雨后低洼处易积水,干燥很慢
黏土类	黏土			25~100	黏结性极大,难挖,湿时可塑性大,干时很坚硬,压实后基本不透水

注：1. 粗砂粒径为 2.0~0.25mm,细砂为 0.25~0.05mm；

2. 当土中大于 2mm 的颗粒含量超过 10% 时,就属于砾土类

作为路基填料的土具有如下性质：

（1）碎石土、卵石土、砾石土、粗砂中砂等具有空隙度大、透水性强、压缩性低、内摩擦角度大、强度高等特性,属于较好的路基填料。

（2）砂性土是良好的路基填料,既有足够的内摩擦力,又有一定的黏聚力。一般遇水干得快、不膨胀,易被压实构成平整坚实的表面。

（3）砂土没有塑性,但透水性好,毛细水上升高度很小,具有较大的摩擦系数。砂土路基强度高,水稳定性好。但砂土粘性小,易于松散,受水流冲刷和风蚀易损坏,在使用时可掺入粘性大的土改善质量。

（4）粉质土不宜直接填筑于路床,必须掺入较好的土体后才能用作路基填料,在等级道路中,只能用于路堤下层。

（5）轻黏土、重黏土不是理想的路基填料,规范规定：液限大于 50%,塑性指数大于26 的土,以及含水量超过规范规定的土,不得直接作为路堤填土；需要应用时,必须进行技术处理,经检验满足要求后方可使用。

（6）黄土、盐渍土、膨胀土等特殊土体不得已必须用作路基填料时,应严格按其特殊的施工要求进行施工。淤泥、泥炭、冻土、有机质土、强膨胀土、含草皮土、生活垃圾、树根和含有腐殖质的土不能用作路基填料。捣碎后的种植土,可用于路堤边坡的表层,作为绿化用土。

（7）满足要求的（最小强度 CBR、最大粒径、有害物质含量等）或者经过处理之后满足要求的工业废碴是较好的路基材料。高炉矿碴或钢碴至少应放置一年以上,必要时应予以破碎。粉煤灰属于轻质筑路材料,当路堤修筑在软弱地基或滑坡上时,采用轻质填料有利于路堤的稳定。有些矿碴在使用前应检验有害物质含量,以免污染环境。

为保护耕地、节约投资,应尽量利用路堑或附属工程的弃土,或在荒地、空地、劣地上取土。

3)路堤填筑要求

(1)对于不同性质的土进行混合填筑时,应视土的透水能力的大小,进行分层填筑压实,并采取有利于排水和路基稳定的方式。一般应遵循以下原则:

① 以透水性较小的土填筑路堤下层时,其顶面应做成坡度为4%的双向横坡。

② 不同性质的土料应分层填筑,不得混填,每种填料层累计总厚度不易小于0.5m。

③ 凡不因潮湿及冻融而变更其体积的优良土料,应填筑在上层,强度较小的土料应填筑在下层。

(2)旧路堤加宽改造时,所用填土应与原路堤填料尽量一致或为透水性好的土,为使新旧路基结合良好,沿旧路边坡须挖成向内倾斜的阶梯形,台阶宽度不应小于1m,台阶高约0.5m,分层进行填筑,层层夯实至规定的压实度。

(3)填石路堤填筑时,石料的强度应不小于15MPa,用于护坡的石料强度应不小于20MPa,石料的最大粒径不宜超过层厚的2/3。对于每层松铺的厚度,等级公路不宜大于0.5m,其他公路不宜大于1.0m。石料性质相差较大时,不同性质的石料应分层或分段填筑。

(4)土石混合料路堤填筑时,若石料的强度大于20MPa,则石块的最大粒径不宜超过层厚的2/3,否则应当将其剔除;若石料的强度小于15MPa,则石块的最大粒径不宜超过压实层厚度,超过者应将其打碎。土石路堤必须分层填筑,分层压实。每层铺填的厚度应根据压实机械的规格和类型确定,但最大不应超过40cm。

4)路堤填筑方式

路堤不同的填筑材料有不同的作业方式,土质路堤填筑的方式有水平分层填筑法、纵向分层填筑法、横向填筑以及混合填筑法;石质路堤填筑的方法有竖向填筑法、分层压实法、冲击压实法和强力夯实法;土石路堤不得采用倾填法,只能采用分层压实法。下面进行分别介绍。

土质路堤填筑的水平分层填筑:填筑时按照横断面全宽分成水平层次,逐层向上填筑,每填筑一层,经压实检查合格后再填筑上一层。水平分层填筑法施工操作方便、安全,压实质量易于保证,是路基填筑的常用方式,见图5-8。

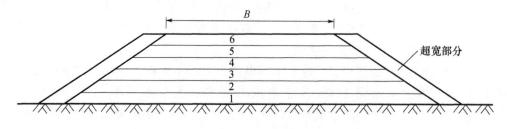

图5-8 水平分层填筑

如原地面不平,应从最低处分层填,每填一层经压实符合规定标准后再填上一层。对透水性不同的土壤不能混填,应采用水平分层填筑。图5-9(a)为正确的填筑方式,(b)为不正确填筑方式,它不利于路基排水和路基稳定,易形成水囊和产生滑动现象。

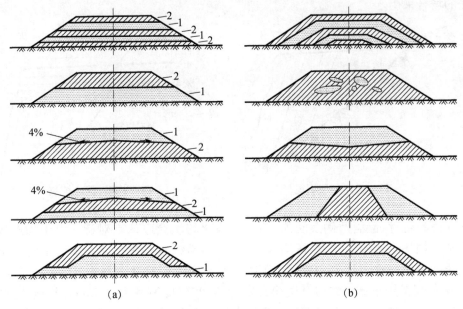

图 5 - 9　用不同土质填筑路堤
1—透水性较大的土壤;2—透水性较小的土壤。

　　土质路堤填筑的纵向分层填筑:主要依据线路纵坡方向分层,逐层向上填筑,逐层压实。这种施工方法适用于纵坡大于 12%、推土机从路堑取土及填筑运距较短的路堤地段,见图 5 - 10,此方法缺点是不易碾压密实,可采用以下措施:选用高效能的压实机械;尽量采用沉降量小的砂性土或废石方,并一次填足全宽;底部要进行夯实。

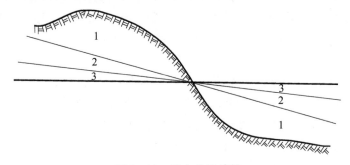

图 5 - 10　纵向分层填筑

　　土质路堤填筑的横向分层填筑(竖向分层填筑):从路基一端或两端按横断面全高逐步推进填筑。由于填土过厚,不易压实,仅用于无法自下而上填筑的深谷、陡坡、断层、泥沼等机械无法进场的路堤,见图 5 - 11。

　　土质路堤填筑的混合填筑(联合填筑):路堤下层用横向填筑而上层采用水平分层填筑,以使上部填料获得足够的压实度,如图 5 - 12 所示。一般在深谷、陡坡、断岩地段,因地形限制或填土路基较高,不宜按前述两种方式自始至终进行填筑时,可采用混合填筑。各层填土经分别压实达到预定压实度后才能进行上一层填筑,以保证总体压实效果,避免路堤不均匀沉陷。一般沿线路分段进行,每段距离以 20 ~ 40m 为宜,两侧有可利用的山地土场的场合采用。

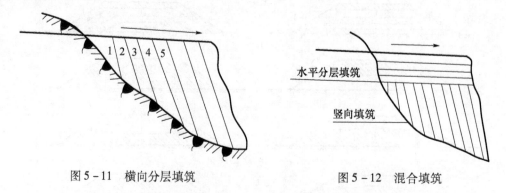

图 5-11 横向分层填筑   图 5-12 混合填筑

此外桥台台背、涵洞两侧及涵顶、挡土墙墙背的填筑应认真对待。由于场地狭窄，又要保证不损坏这些构筑物，填压均较困难，且容易积水。为了防止出现不均匀沉陷，这些部位的填筑一定要选好填料，填筑时要水平分层铺筑并分层夯实，分层厚度宜为 10~20cm。当采用小型夯实机具逐层夯实时，夯实厚度不宜大于 15cm，并能达到设计要求的压实度。涵洞两侧为了避免产生单向压力的推挤，应从涵洞两侧同时分层铺填夯实。

石质路堤填筑的竖向填筑法（倾填法）：又称横向全高填筑，即从路基一端按横断面的部分或全部高度自上往下倾卸石料，逐步推进填筑，这种填筑方法主要用于二级及二级以下，且敷设低级路面的公路，也可用于陡峻山坡施工特别困难或大量以爆破方式开挖填筑的路段以及无法自下而上的陡坡、断岩或泥沼地区和水中作业的填石路堤。但此方法所填料不易压实，并且还有沉陷不均匀、稳定问题较多的缺点。因此，作业时底部预先清理并夯实，采用沉陷量较小的砂性土或采石场开采后的废石碴，并一次填足路基的全宽，选用高效能压实机械，如振动式压路机、打夯机等，能有效保证路堤的填筑质量。

石质路堤填筑的分层压实法（碾压法）：自下而上水平分层，逐层填筑，逐层压实，是普遍采用并能保证填石路堤质量的方法。例如高速公路、一级公路和铺筑等级路面的其他等级公路的填石路堤需采用此方法。其夯实的方法主要有：

（1）冲击压实法：利用冲击压实机的冲击碾周期性、大振幅、低频率地对路基填料进行冲击，压密填方。它具有分层法连续性的优点，又具有强力夯实法压实厚度深的优点；缺点是在周围有建筑物时，使用受限制。

（2）强力夯实法：用起重机吊起夯锤从高处自由落下，利用强大的动力冲击，迫使岩土颗粒位移，提高填筑层的密实度和地基强度。该方法机械设备简单，击实效果显著，施工中不需撒散细粒料，施工速度快，能有效解决大块石填筑地基厚层施工的夯实难题。在强夯施工后的表层松动层，采用振动碾压法进行。

土石路堤填筑：土石路堤不能采用倾填方法，只能采用分层填筑，分层压实。当土石混合料中石料含量超过 70% 时，宜采用人工铺填，整平应采用大型推土机辅以人工按填石路堤的方法进行；当土石混合料中石料含量小于 70% 时，可用推土机铺填，松铺厚度控制在 40cm 以内，接近路堤设计标高时，需改用土方填筑。

5）路堑的开挖

对于土方开挖,按照开挖方向的不同,路堑开挖基本方式主要有横向全宽挖掘、纵向挖掘和混合挖掘等几种方式。

单层横向全宽挖掘法:从开挖路堑一端或者两端按断面全宽一次性挖到设计标高,并沿路中心线逐步推进的方法,一次挖掘的深度视操作的方便和安全而定,一般为 2m 左右,挖出的土方一般都是往两侧运送,该方法适用于挖掘浅且短的路堑,如图 5-13 所示。

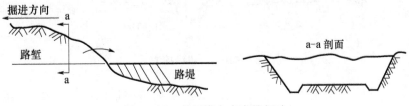

图 5-13　单层横向全宽挖掘法

多层横向全宽挖掘法:当挖掘深度大于 2m 时,为了增加工作面,从开挖路堑的一端或者两端按断面分台阶挖到设计标高,台阶高度一般为 1.5～2m,若用挖掘机配合自卸汽车进行开挖,台阶高度可为 3～4m。每一台阶均应有单独的运土路线和临时排水沟,以免相互干扰,影响工效并造成事故。此种开挖方法适用于较短的路堑,见图 5-14。

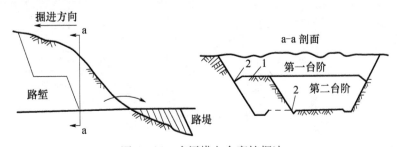

图 5-14　多层横向全宽挖掘法

纵向挖掘又分为分层纵挖、分段纵挖和通道纵挖三种方式。

分层纵挖法:沿路堑全宽以深度不大的纵向分层进行挖掘前进的作业方式称为分层纵挖法,见图 5-15,此法适用于较长的路堑。当路堑长度不超过 100m、开挖深度不大于 3m、地面较陡时,宜采用推土机作业,当地面横坡较缓时,表面宜横向铲土,下层的土宜纵向推运;当路堑横向宽度较大时,宜采用两台或多台推土机横向联合作业;当路堑前傍陡峻山坡时,宜采用斜铲推土。

图 5-15　分层纵挖法

分段纵挖法:是先在挖土路基纵方向选择一个或几个适宜的位置,先从较薄一侧堑壁横向挖穿,挖成一个或几个出口,把路基分为两段或几段,再分别于各段沿纵向开挖,见图

5 - 16。分段纵挖法工作面大,工程进度快,适用于路堑过长,弃土运距过远,一侧堑壁较薄的傍山路堑的开挖。

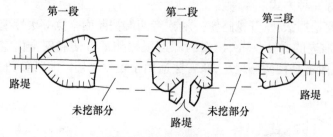

图 5 - 16　分段纵挖法

通道纵挖法:是先沿路堑纵向挖出一条通道,然后将通道向两侧拓宽,直至符合路基设计宽度。上层通道拓宽至路堑边坡后再开挖下层通道,按此方向直至开挖到挖方路基顶面标高,见图 5 - 17。通道可作为机械通行、运输土方车辆的道路,便于土方挖掘和外运的流水作业,这种方法适用于路堑较长、较深、两段路堑纵坡较小的路堑开挖。

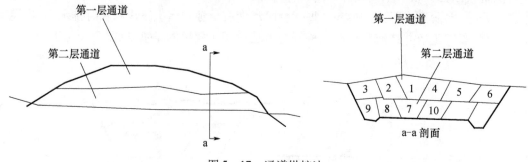

图 5 - 17　通道纵挖法

混合式挖掘法:当路线纵向长度和挖掘深度都很大时,为了扩大作业面,将横向全宽挖掘法和通道纵挖法混合使用。先沿路基纵向挖出一条通道,然后在通道两侧沿横向坡面挖掘。每一作业面的大小,应能容纳一个作业组或一台机械正常展开作业。

在选择路堑开挖方案时,除需考虑当地地形条件选用适当的机具等因素外,还需考虑土层分布及利用,并注意施工期间的路基排水,解决好弃土的堆放,及时修整边坡和构筑必要的防护设备。

对于石方开挖,在开挖程序确定之后,根据岩石条件、开挖尺寸、工程量和施工技术要求,通过方案比拟确定合理的方式,基本要求:保证开挖质量和施工安全;符合施工工期和开挖强度的要求;有利于维护岩体完整和边坡稳定性;可以充分发挥施工机械的生产能力以及辅助工程量少。

钻爆开挖:目前广泛采用的开挖施工方法,有薄层开挖、分层开挖(梯断开挖)、全断面一次开挖和特高梯段开挖等方式。

机械开挖:使用带有松土器的重型推土机破碎岩石,一次破碎深度为 0.6 ~ 1.0m。该方法适用于施工场地开阔、大放量的软岩石方工程。优点是没有钻爆工序作业,不需要风、水、电辅助设施,简化了场地布置,加快了施工速度,提高生产能力,一般在临近既有建筑或者既有公路、铁路附近施工场地受限制时可采用此方法;缺点是不适用于破碎坚实岩石。

静态破碎法:将膨胀剂放入炮孔内,利用产生的膨胀力,缓慢地作用于孔壁,经过数小时至 24 小时达到 300 ~ 500MPa 的压力,使介质裂开。该法适用于在设备附近、高压线下开挖与浇筑过渡段特定条件下的开挖。优点是安全可靠,没有爆破产生的公害;缺点是破碎效率低,开裂时间长。

5.2.5　路基的机械化施工

路基工程是道路施工的重要作业内容,组织好路基土石方机械化施工则是加快作业速度、保证施工质量、节省兵力、减轻劳动强度的重要途径。

1. 路基土方工程机械选用

我军装备的路基土方工程机械主要有推土机、铲运机、平路机、挖掘机、装载机、压路机等。

1) 推土机

推土机是筑路机械中最基本、用途最广泛的一类机械,具有作业面小、机动灵活、转移方便、短距离运土效率高等特点,干湿地都可以独立工作,同时也可以配合其他机械施工。

推土机可按其行走方式、推土板的安装方式、操作系统及发动机功率进行分类。按行走装置形式分为履带式推土机和轮式推土机;按推土板安装方式分为固定式和回转式推土机;按推土板的操纵方式分为机械式和液压式推土机;按发动机功率分为小型(37kW以下)、中型(37 ~ 250kW)、大型(大于 250kW)推土机;按使用性质分为军用推土机和民用推土机。

推土机一般适用于土方工程量集中、施工条件较差的施工环境。主要用于 50 ~ 100m 短距离作业,如路基构筑、基坑开挖、平整场地、清除树根、堆集石碴等,并可为铲运机与装载机松土和助铲,还可用于牵引各种拖式工程装置。我军装备的多为国产推土机。

专为野战条件下使用研制制造的有 GJT211 型军用推土机(即 82 式军用推土机)。

2) 铲运机

铲运机是一种使用范围很广的土方施工机械,主要用于较大运距的土方工程,如填筑路堤、开挖路堑和大面积场地平整等。由于它本身能完成自挖、铲装、运输和卸土铺填作业,并兼有一定的压实和平整能力,所以在路基施工中,铲运机是一种主要的土方施工机械。

铲运机按铲斗容量可分为小容量($3m^3$ 以下)、中等容量($4 ~ 14m^3$)、大容量($15 ~ 30m^3$)和特大容量($30m^3$ 以上)四种;按卸土方法分为强制式、半强式和自由式三种;按操纵系统形式分为钢索滑轮式和液压操纵式两种;按行走方式分为拖式、半拖式和自行式三种。

铲运机一般是根据运距、地形、土质、机械本身的性能和道路状况来选用,其中经济运距和土质特性是选择铲运机的主要依据。铲运机的经济运距因机型不同而异,一般与斗容量大小成正比。斗容量 $6m^3$ 以下的铲运机最短运距以不小于 100m 为宜,最长不应超过350m,经济运距为 200 ~ 300m;斗容量 $10 ~ 30m^3$ 的铲运机,最小运距不小于 800m,最长运距可达 1500m 以上。铲运机在施工中应尽可能利用地形,下坡方向铲装和运送,可提高作业效率,但坡度不宜超过 7°~8°,最大不超过 15°。

3）平路机

平路机又称作平地机,它是一种装有以铲土刮刀为主,配备其他多种可更换作业装置进行刮平和整型连续作业的工程机械。平路机的铲土刮刀,较推土机的推土铲刀灵活,它能连续进行改变刮刀的平面角和倾斜角,使刮刀向一侧伸出,可以连续进行铲土、运土、大面积平地、挖沟、刮边坡等作业。平路机其他可更换作业装置有耙子、推土铲刀、犁扬器、延长刮刀、扫雪器等。

平路机按行走方式有自行式和拖式两种,自行式最为普遍;按平路机铲刀长度或发动机功率可分为轻型、中型、重型;按工作装置(铲刀)和行走装置的操纵方式可分为机械操纵和液压操纵两种,现代平路机大多采用液压操纵。

平路机能够从事多种路基构筑作业,主要用于:从路线两侧取土、填筑不高于 1m 的路堤,修整路堤的横断面;旁刷边坡;开挖路槽、构筑路拱和边沟,以及大面积场地平整等。此外,还可以在路基上拌和摊铺路面材料,清除路肩杂草以及冬季道路除雪等。

4）挖掘机

挖掘机是主要用于挖掘、装载土石方和砂砾等材料的重要施工机械,必须配备运土机械与之共同作业。按作业特点分为周期性作业式和连续性作业式,前者为单斗挖掘机,后者为多斗挖掘机,路基施工最常用的是单斗挖掘机,故下面仅介绍单斗挖掘机。

单斗挖掘机按行走方式分为履带式、轮胎式、步履式和轨行式;按采用的动力不同可分为内燃式和电动式;按传动方式分为机械传动式和液压传动式等。

挖掘机是路基土石方施工的重要机械,它的特点是效率高、产量大,但机动性较差。选用挖掘机施工要考虑地形条件、工程量大小以及运输条件等。路基开挖量大且较为集中时,选用挖掘机配合自卸运输车进行施工,能大大提高效率加快作业进度。为了使挖掘机发挥最大效能,用挖掘机构筑路基时应考虑最小土方量和最低工作面高度。土方量小宜选用斗容量小、机动性能强的轮式全液压挖掘机;土方集中路段可选用斗容量较大的履带式挖掘机。

5）装载机

装载机是一种工作效率较高的铲土运输机械,它兼有推土机和挖掘机两种工作性能,可以进行铲掘、推运、整平、装卸和牵引等多种作业。其优点是适应性强,作业效率高,操纵简便,是一种发展较快的循环作业机械。

装载机按工作装置不同可以分为单斗式、挖掘装载式和斗轮式三种;按动臂形式的不同可分为全回转式、半回转式和非回转式三种;按自身结构特点可分为刚性式和铰接式两种,按行走方式分为轮胎式与履带式两种。

装载机的适用范围主要取决于使用场所、土石料特性和工作环境。选用时首先要确定一个合理经济运距,一般认为装载机整个采、装、运作业循环时间少于 3min 时,自铲自运是经济合理的;其次要使装载机斗容与自卸汽车车箱容积相匹配,通常以 2~4 斗装满一车箱为宜。

6）压路机

压路机是路基路面压实的主要机械,而路基压实工序是一道不可缺少的关键性工序,压实效果的好坏,直接关系到工程质量的优劣。

压路机通常按压实力作用原理分为静碾式压路机、振动式压路机和夯实机械;按行走方式可分为拖式和自行式;按碾压轮形状分为钢轮、羊脚轮和充气轮。

光轮压路机单位线压力小,压实深度浅,适用于一般的路基碾压;羊脚(凸块)压路机单位压力较大(包括羊脚的挤压力),压实深度大而均匀,并能挤碎土块,它广泛用于黏土的分层压实,但不适用于非黏土及高含水量黏土的压实;轮胎压路机机动性能好,便于运输,进行压实工作时土和轮胎同时变形,接触面积大,对所压土质有糅合作用,运用于黏土、非黏土的压实及沥青混合料的复压;振动压路机单位线压力大,振动力影响深,压实遍数相应减少;夯实机械分为振动夯实和冲击夯实,体积及质量均小,主要用于狭窄工作面的铺层压实。

2. 机械化施工的组织

道路的机械化施工是未来道路工程保障的根本途径。但施工实践证明,即使有足够数量的工程机械,如果组织不好,管理不善,就难以充分发挥机械化施工的优势。因此,在路基的机械化施工中,必须加强组织指挥工作,切实做到以下几点:

1)统一组织指挥,实行科学管理

机械化施工是多种机械相互配合、各道工序紧密衔接的作业过程,因此,必须有统一的组织指挥并实施科学管理。对施工过程和作业机械要统一计划、统一管理、统一调度。要制定一套行之有效的机械操作、保养、维修责任制,完善定额管理制度,以此提高机械作业效率和作业机械化施工水平。

2)重点布署,兼顾一般

根据全线土石方工程量的分布情况和作业的难易程度,把主要的机械设备集中安排在土石方量集中、开挖难度较大的路段,突破重点难点,为全线顺利施工创造条件。切不可只根据路线长度或其他单一因素平均分配机械,造成忙闲不均,延误工期,影响道路的使用。对非重点路段,也应计划安排适量机械确保全线按时完工。

3)合理编组,提高工效

路基的机械化施工应根据地质、地形、工程性质和规模、机械数量及性能以及天候等因素进行合理编组。从我军现有装备和以往筑路经验来看,通常以营或连为单位编成机械作业队。每个机械作业队可编组 2～3 个作业分队(组),各分队(组)可按不同路段施工内容配备相应的各种工程机械,形成推土、铲土、平整、压实综合机械化施工组合,以取长补短,提高施工效率。机械作业队还应编配技术保障班(组),配备维修、油料供应设备,实施随机保障。

4)组织战斗保障,力求安全施工

机械化筑路由于投入机械种类多、目标大、声传远、易暴露,一定要重视开进、配置和作业过程中的隐蔽和伪装,要组织一定的战斗保障,设置观察哨,采取伪装措施,构筑防空袭、防炮击掩蔽工事,以减少敌火下的人员伤亡和机械损毁,力求安全快速施工。

3. 路基的机械化施工方法

路基土石方工程的机械化施工,是指根据工程特点和装备条件等因素,选配若干种机械组成筑路机械组,协同完成路基土石方主要工程的综合机械化作业。也就是选用推土机、装载机、挖掘机(配备自卸汽车),或用铲运机等来完成土方的铲土、运土、卸土三个基本过程,用平路机挖掘边沟、平整路基、修整边坡;用压路机压实路基。路基工程中若只有一个或部分过程由一种或少数几种机械完成,则只能称为半机械化施工。

路基的机械化施工方法应根据工程性质、施工条件和机械技术性能等灵活选用。

1)路堑的机械开挖

(1)推土机开挖路堑:推运方式通常有堑壕式推土(又称拉槽推土)、分段式推土(又称接力推土)、并肩式推土(又称并列推土),此外还有波浪式推土、斜铲铲土、下坡推土等方式。

堑壕式推土:在运距 30m 左右时通常采用堑壕式推土。推土时分层分条推运,每层厚度为 40~50cm,各条之间留出土垄,待每层挖好后再推平土垄。

分段式推土:在推土面积较大、运距较远时通常采用分段式推土。推土时将推运全程分成若干段,每段长度控制在推土机最佳经济运距范围,先自近而远分段将土推送成堆,然后由远而近将各段土堆一次推送到卸土点。

并肩式推土:推土运距为 50~70m 时,宜采用并肩式推土。作业时根据土质情况,由两台以上的同类型推土机,以同一速度并排推运土。两铲刀之间可以保持 15~30cm 的间隙,以减少土的流失。

推土机开挖路堑的方法主要有横向开挖法和纵向开挖法。

横向开挖法:用推土机横向开挖路堑,其深度在 3m 以内为宜。当开挖深度超过 3m 时,则需要与其他机械配合作业。推土机从路中心线起向一侧推土,横向推运至弃土堆,然后再向另一侧推土,运至另一侧弃土堆。当地面横坡较陡时,一般采用单侧横向开挖,只在下坡一侧弃土。

纵向开挖法:推土机顺路堑向两端纵向推土至卸土点。这种方法通常用于较深路堑的开挖。纵向弃土运距一般在 40~60m 为宜,若纵向移挖作填,运距可达 80~100m。

(2)推土机挖堑填堤:在山坡上用推土机构筑半挖半填路基时,首先要在下坡填土部自下而上地傍坡挖出台阶,然后在上坡一侧挖土部分采用傍坡横推或顺推法移挖作填。当地面横坡度在 15°~20° 时,推土机可以从上而下横向推土;当横坡在 20°~30° 时,推土机的推土方向应与路线成 45° 角,最后几次推土,可沿山腹道纵向修整。

(3)铲运机开挖路堑:一是横向弃土开挖;二是纵向移挖做填。路堑应分层开挖,并从两侧开始,每层厚 15~20cm,这样做既能控制边坡,又能使取土场保持平整,同时还应沿路堑两次做出排水纵坡。

当挖土路基土质坚硬,用推土机、铲运机铲土困难时,可采用爆破法松土机或拖拉机耕犁松土。松土可分层进行,每层厚度应根据土质坚硬程度和机械铲土深度而定,一般为 10~35cm。为使松土和铲土作业互不妨碍,应分段交替进行作业,每段长度应与推土机、铲运机作业地段的长度相适应。

2)路堤的机械填筑

(1)推土机填筑路堤:填土高度在 1m 以下时,可采用推土机从路侧推土填筑路堤。当从两侧取土时,应从路中心线开始,依次向外铺填;从一侧取土填筑时,则从另一侧的路基坡脚开始后退式依次铺填。为提高作业效率,应尽量使推土机在两土垄内推运土。如取土坑较宽、浅,路基填土高度又大于 0.75m 时,应采取从取土坑分段切土,分层填筑的方法。

当从取土坑取土填筑高路堤时,可以用推土机与铲运机配合作业,即用推土机填筑路基下部(1m 以下部分),再用铲运机填筑路堤上部。

(2)铲运机填筑路堤:土方集中,运距较大时,宜采用铲运机填筑路堤。填筑时应从路基坡脚开始向中间铺填。铲运机铲土运填通常按其运行路线,分为四种方式。

① 椭圆运行路线。当填土高度小于 1.5m,且运距在 100m 以内时,铲运机从取土坑取土,运送到路堤段卸土填坑,采用椭圆运行路线。

② "8"字运行路线。当运土距离在 300~500m 时,铲运机取土、卸土铺填可采用"8"字运行路线。

③ "之"字运行路线。当地形平缓,作业路段在 500m 以上时,通常采用"之"字运行路线。

④ 长葫芦形运行路线。当铲运机从挖土路基铲土运往两端作路堤填土或从两端铲土运往中间作路堤填土时,多采用长葫芦运行路线。其运距一般为 100~500m。

铲运机从路侧取土填筑路堤时,需将路堤纵向分成若干段,先在每段内填到规定高度,然后堵填相邻段落间的缺口。

(3)平路机挖土填筑路堤:平路机从两侧取土可填筑 0.75m 以下的路堤。填筑时都是沿纵向行驶。由取土内边缘开始分层铲土,并自路堤坡脚开始分层铺筑。填土层借平路机本身运行过程予以压实。

(4)平路机构筑不挖不填路基:不挖不填路基采用平路机构筑可提高工效。它是利用平路机开挖边沟时的除土铺筑路拱。开挖边沟时,平路机先沿路基一侧纵向切土填筑路拱,再转至另一侧切土填筑。

(5)挖掘机构筑路基:用挖掘机配以一定数量的自卸车辆可构筑路堑或路堤。我军装备的挖掘机多为反铲式挖掘机,其作业方法有两种:

① 沟端开挖。从路堑或取土坑的一端开始挖掘,边挖边沿沟中线倒退。运输车辆停在沟侧,此时动臂只回转 40°~45°即可卸土。如所挖路基宽度较大时,可分段(幅)进行挖掘。先开挖半幅,当挖到尽头再调头开挖相邻的另外半幅。

② 沟侧开挖。挖掘机位于路堑或取土坑一侧,运输车辆停在沟端,动臂回转 90°即可卸料。由于每一作业循环的时间短,所以效率较高。但挖掘机始终沿沟侧行进,所开挖路堑边坡较陡。

(6)装载机构筑路基:装载机兼有推土机和挖掘机两者的工作性能。可用其铲掘、推运、整平、装载和牵引等多种功能,进行路基挖填作业。其作业方式通常有三种:

① "I"字形作业。运输车辆平行于路中心线,装载机垂直于路中心线,前进铲装土后,直线("I"字形)后退一定距离并提升铲斗,此时运输车辆退到装载机铲斗下卸土位置,装土后驶离。

② "V"字形作业。运输车辆与工作面成约 60°角,装载机则垂直于工作面,前进铲土后,在倒车驶离过程中调头 60°,使与运输车辆垂直,然后前进至运输车辆卸土。这种方式作业循环时间较短。

③ "L"形运行作业。运输车辆垂直于工作面,装载机铲土后倒退并调转 90°角,然后驶向运输车辆卸土。这种方式需较宽的作业场地,适于在宽路基上采用。

5.2.6　路基的压实

实践证明,道路的损坏 80% ~ 90% 是由于路基的变形所引起的,而路基强度的大小是影响路基变形的主要因素。压实可以充分发挥路基土强度,可以减少路基、路面在行车荷载作用下产生的永久变形,还可以增加路基土不透水性、抗冻性和强度稳定性。因此,路堤填料的碾压是公路施工的一个关键工序,也是提高路基强度和稳定性的根本技术措施。

路基土体压实按压实机械作用种类不同,分为静压原理、冲击作用原理、振动作用原理。其中,静压原理是依靠机械自重对土体进行密实的方法;冲击作用原理是将一定治疗的物体提升一定高度,然后自由下落,产生冲击,对土体进行冲击压实;振动作用原理是用振动压路机采用快速、连续的冲击作用,形成持续不断的冲击波,使土料运动,达到密实土体的目的。

1. 影响压实的主要因素

影响压实效果的因素有内因和外因两个方面。内因是指土体本身的土质和含水量,外因是指压实功能(如机械性能、压实时间、压实遍数、压实速度和铺土厚度)及压实时外界自然和人为的其他因素等。归纳起来,影响压实效果的主要因素有土的含水量、土的性质、压实功能、铺土厚度、地基或下承层强度、碾压机具和方法等。

1)含水量

土中含水量对压实效果的影响比较显著。当含水量较小时,由于粒间引力(包括毛细管压力)使土保持着比较疏松的状态或凝聚结构,土中孔隙大都互相连通,水少而气多,在一定的外部压实功能作用下,虽然土孔隙中气体易被排出,密度可以增大,但由于水膜润滑作用不明显以及外部功能也不足以克服粒间引力,土粒相对移动不容易,因此压实效果比较差;含水量逐渐增大时,水膜变厚,引力缩小,水膜又起着润滑作用,外部压实功能比较容易使土粒移动,压实效果渐佳;土中含水量过大时,孔隙中出现了自由水,压实功能不可能使气体排出,压实功能的一部分被自由水所抵消,减小了有效压力,压实效果反而降低。

由击实试验所得的击实曲线图(图 5 - 18)可以看出,曲线有一峰值,此处的干容重为最大,称为最大干容重 γ_{dm}。与之对应的含水量则称为最佳含水量 ω_0。这就得出一个结论:含水量是影响路基压实效果的决定性因素,只有在最佳含水量的情况下压实效果最好。

然而,含水量较小时,土粒间引力较大,虽然干容重较小,但其强度可能比最佳含水量时还要高。

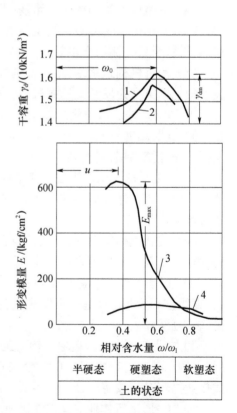

图 5 - 18　压实土的相对含水量与密实度、强度的关系曲线

可是此时因密实度较低,孔隙多,一经饱水,其强度会急剧下降。这又得出一个结论:在最佳含水量情况下压实的土水稳定性最好。

最佳含水量和最大干容重是两个十分重要的指标,是路基设计与施工中需要把握的关键性数据之一。

2）土质类型

由于不同土质有不同的最佳含水量及最大干密度,因此土质不同压实性能差别较大。一般来讲,分散性较低的土(如砂性土)压实效果较好,而且含水量较小,最大干密度较大,特别在振动力作用下,很容易被压实。在同一压实功能作用下,含粗粒越多的土,其最大干容重越大,而最佳含水量越小,即随着粗粒土增多,其击实曲线的峰点越向左上方移动,见图 5-19。施工时,应根据不同土类,分别确定其最大干容重和最佳含水量,见表 5-3。

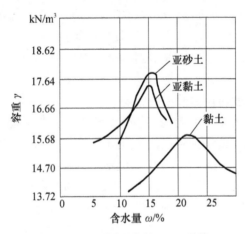

图 5-19　不同土类的 $\gamma-\omega$ 曲线

表 5-3　各类土的最佳含水量和最大密实度

土类	最佳含水量 ω_0	最大密实度 $\rho/(\text{g/cm}^3)$
△砂土	8~12	1.80~1.88
粉质砂土	16~22	1.61~1.80
△亚砂土	9~15	1.85~2.08
△粉土	16~22	1.61~1.80
粉质亚黏土	18~21	1.65~1.74
△亚黏土	12~15	1.85~1.95
重亚黏土	16~20	1.67~1.79
△黏土	19~23	1.58~1.70
△:指有代表性的土壤		

3）压实功能

压实功能主要指压实工具的种类、机械性能、碾压遍数、锤落高度和作用时间相同,压实功能是除土料的含水量之外,对压实效果起着重要影响的因素。同一类土,其最佳含水量随压实功能的加大而减小,而最大干密度则随压实功能的加大而增大。当土偏干时,增加压实功能对提高干容重影响较大,偏湿时则收效甚微。故对偏湿的土企图用加大压实功能的办法来提高土的密实度是不经济的,若土的含水量过大,此时增大压实功能就会出现"弹簧"现象。另外,当压实功能大到一定程度后,对最佳含水量的减小和最大干容重的提高都不明显了,这就是说,单纯用增大压实功能来提高土的密实度未必合算,压实功能过大还会破坏土体结构,造成"超压",其效果适得其反。相比之下,严格控制土料的最佳含水量,要比单纯增加压实功能有更大的收效。

4)铺土厚度

土基在外力作用下,应力随深度而逐渐减弱,当超过一定范围时,土基的密实度将不再提高,这个有效的压实深度与土质、含水率、压实机械等因素有关。据试验:用10t压路机碾压最佳含水量时的硬黏土,其压实作用深度可达0.45m;若为重黏土,则仅能达到0.3m左右。由此看出,碾压层厚度对压实有很大影响。因此,在压实过程中,要正确控制碾压层厚度,以提高其压实效果。碾压层厚度的确定:运输工具、压路机压实为20~30cm;夯击机械压实为60~100cm;振动器压实为20~30cm,振动压路机压实为0.5m左右;拖拉机压实为15~20cm。

5)地基或下承层强度对压实效果的影响

在填压路堤时,如果地基没有足够的强度,则第一层路堤铺土很难达到较高的压实度,及时采用重型轧路机械或增加碾压遍数,不但无法达到预期效果,甚至会使碾压土层变成"弹簧土"。因此,对于地基或下承层强度不足的情况,通常采取以下措施:在填筑路堤之前,先将地基碾压几遍,使其达到规定的密实度;如果在地基中有软土层,则应按有关方法处理后方可铺土碾压;对于路堑处路槽的碾压,应先铲除30~40cm原状土并碾压地基后,再分层填筑压实。

6)压实工具和压实方法

压实工具不同,压力传布的有效深度也不同。夯击式机具的压力传布最深,振动式次之,碾压式最浅。根据这一特性确定各种压实机具压实的最佳土层厚度和压实遍数见表5-4。

表5-4 各种压实机具的技术特性

机具类型	适应压实的土	最佳压实厚度/cm		压实遍数	
		黏土	非黏土	黏土	非黏土
人工夯实	黏性和非黏性	10	10	3~4	2~3
拖式光面碾	黏性和非黏性	15~25	15~25	8~12	3~5
5t自动光面碾(普通压路机)	黏性和非黏性	10~15	10~25	10~12	6~9
拖式中型羊足碾	黏性	15~20		10~12	
拖式重型羊足碾	黏性	20~30		8~10	
拖式汽胎碾	黏性和非黏性	30~40	35~40	6~8	2~3
夯锤、挖土机上的夯板	黏性和非黏性	80~120	120~150	2~4	2~4
振动器、振动压路机	非黏性		35~40		2~3
80马力拖拉机、推土机	黏性和非黏性	20	6~8	6~8	6~8
6m³拖式铲运机	黏性和非黏性	25	25	6	6

机具作用的深度在压实过程中也是变化的。土体松软,其压力传布较深;随着碾压次数的增加,上部土层逐渐密实,土体的强度逐渐提高,其作用深度也逐渐减小。

压实机具的重量不同,作用时间不同,压实的效果也不同。压实机具重量适中时,荷载作用时间越长,土体密度越高;但密实度的增长速度随时间的增加而减小,其原因是,土体在荷载作用下密度是逐渐达到的,强度是逐渐提高的,而变形则是逐渐减小的。压实机具很重时,土的密实度随施荷时间的增加而迅速增加,但超过某一时间限度后,土体变形急剧增加而达到破坏;如果机具过重,以至超过土的强度极限时,就会立即引起土体破坏;超载越重,破坏时间越短。所以施工中要根据不同的土质来选择压实机具和确定压实次数。各种土的碾压与夯实的强度极限见表 5 - 5。

表 5 - 5 碾压与夯实时土的强度极限

土类	土的强度极限值					
	碾压式				夯击式	
	光面碾		汽胎碾		夯板(直径 70 ~ 100cm)	
	kg/cm²	MPa	kg/cm²	MPa	kg/cm²	MPa
砂土、亚砂土、粉土	3 ~ 6	0.29 ~ 0.59	3 ~ 4	0.29 ~ 0.39	3 ~ 7	0.29 ~ 0.69
亚黏土	6 ~ 10	0.59 ~ 0.98	4 ~ 6	0.39 ~ 0.59	7 ~ 12	0.69 ~ 1.18
重亚黏土	10 ~ 15	0.98 ~ 1.47	6 ~ 8	0.59 ~ 0.78	12 ~ 20	1.18 ~ 1.96
黏土	15 ~ 18	1.47 ~ 1.77	8 ~ 10	0.78 ~ 0.98	20 ~ 23	1.96 ~ 2.26

碾压速度越高,压实效果越差。土的粘性越大,这种影响越显著。为了提高压实效果,应掌握正确的碾压行驶速度。

2. 路基压实标准

衡量路基压实程度是以工地实际压实达到的干容重(ρ 或 ρ_d)与室内标准击实试验所得的最大干容重(ρ 或 ρ_{dm})的比值,即压实度或称压实系数 K 来表示,即

$$K = \rho/\rho_0 \times 100\% \text{ 或 } K = \rho_d/\rho_{dm} \times 100\% \tag{5 - 3}$$

式中　K——压实系数;

ρ 或 ρ_d——被测点土壤干密度(kg/m^3);

ρ_0 或 ρ_{dm}——用击实试验测得的最大干密度(kg/m^3)。

由于路基中的不同部位所承受的车辆荷载、自重力、自然因素的影响不一样,压实度的取值也不一样。

行车荷载和填土自重在路基引起的应力集中分布于路基上层约 80cm 范围内,在路基下层,主要承受本身重量。因此承受行车荷载的反复作用和水、温反复干湿交替变化与冻融影响的路基上层,压实度要求应高些;深度在 80 ~ 150cm 范围内的土层(路基中层),荷载作用和水温度变化逐渐减小,压实度要求可以相应降低;深度大于 150cm 的路基下层,荷载影响极微,压实度要求只须在土基自重作用下不产生不均匀沉陷即可。对冰冻潮湿地区和受影响极大的路基,压实度要求应高些,对于干旱地区及水文情况良好地段,压实度要求可低一些。路面等级高,则压实度要求高,路面等级低,压实度要求也低。根据军用道路的特点,允许采用轻型击实试验法所求得的最大干密度的压实度,K 值宜控制在 0.80 ~ 0.95 之间。

路基压实度标准见表 5-6,路基施工时,应按表中规定不同深度取土样试验并记录结果作为验收文件内容之一。

表 5-6 路基土的压实度   (K)

填挖类型	路槽底面以下深度/cm	压实度/%
路堤	0 ~ 80	≥93(95)
	80 以下	>90(90)
零填及路堑路床	0 ~ 30	≥93(95)

注:1. 表列中括号外数值系用重型击实法求得,括号内数值系用轻型击实求得。军队公路路基允许采用轻型击实法所得压实度值;

2. 特殊干旱和特殊潮湿地区,表内压实度可减少 2 ~ 3%

轻型和重型击实两种方法的原理和基本规律相仿,但重型击实功能提高了 4.5 倍,适用于等级道路的路基压实。两种击实法对比见表 5-7。

表 5-7 重型与轻型击实法对比表

击实方法		锤重/kg	锤击面直径/cm	落高/cm	试筒尺寸			锤击层数	每层锤击次数	平均单位击实功/(N·cm/cm³)	容许最大粒径(圆孔筛)/mm
					内径/cm	高/cm	容积/cm				
轻型 I	I.1	2.5	5	30	10	12.7	997	3	27	56.3	25
	I.2	2.5	5	30	15.2	12.0	2177	3	59	56.3	38
重型 II	II.1	4.5	5	45	10	12.7	997	5	27	274.2	25
	II.2	4.5	5	45	15.2	12.0	2177	5	59	274.2	19
	II.3	4.5	5	45	15.2	12.0	2177	3	98	273.5	38

3. 路基压实作业实施

1）压实厚度的控制

路基必须分层填土。分层填土时,每一层的压实填铺厚度与压实遍数、压实机械类型、土的种类和压实度要求有关,应通过试验路来确定。压实土层的密实度随深度递减,表面 5cm 的密实度最高。同样质量的振动压路机要比光轮静碾压路机的压实有效深度大 1.5 ~ 2.5 倍,因此可以适当加大填铺厚度。如果压实遍数超过 10 遍仍达不到压实度要求,则继续增加遍数的效果很小,应减小压实层厚。其松铺厚度为压实厚度乘以松铺系数(通常为 1.3 左右)。

2）碾压速度的控制

压路机行驶速度过慢会影响作业率,行驶过快则对土的接触时间过短,压实效果较差。一般光轮静碾压路机的最佳速度为 2 ~ 5km/h,振动压路机为 3 ~ 6km/h,所以各种压路机械的压实速度不宜超过 4km/h。对压实度要求高,以及铺土层较厚时,行驶速度更要慢些。碾压开始宜用慢速,随着土层的逐步密实,速度逐步提高。压实时的单位压力不应超过土的强度极限,否则土体将会遭到破坏。开始时土体较疏松,强度低,故宜先轻压,随着土体密度的增加,再逐步提高压强。所以推运摊铺土料时,应力求机械车辆均匀分布行驶在整个路堤宽度内,以便填土得到均匀预压,否则要采用轻型光轮压路机(6 ~ 8t)进行预压。正式碾压时,若为振动压路机,第一遍应静压,然后由弱振至强振。

3）碾压机具的确定

不同的填料和场地条件要选择不同的压实机械。一般来说轻型光轮压路机(6~8t)适用于各种填料的预压整平;重型光轮压路机(12~15t)适用于细粒土、砂类土和砾石土;重型轮胎压路机(30t以上)适用于各种填料,尤其是细粒土。其气胎压力应根据填料种类进行调整,土颗粒越细气压越高;羊足碾(包括格式的和条式的)适用于细粒土,亦适用于压实粉土质与黏土质砂,羊足碾需有光轮压路机配合对被翻松的表层进行补压;振动压路机具有滚压和振动的双重作用,用于砂类土、砾石土和巨粒土,其效果远远优于其他压实机械,但对细粒土的压实效果不理想。

牵引式碾压机械结构质量大,爬坡能力强,作业效率高,适合于较宽阔的路基压实;自行式碾压机械结构质量较小,灵活机动,适应性强,适合于各种路基的碾压;夯实机械在路基压实中仅用于狭窄场地的压实作业。

压实质量要求高的路基,宜选用压实效果较高的碾压机械,如重型轮胎压路机和振动压路机。

4）压实过程的控制

(1)先轻后重。使用不同压实机具进行压实时,应先轻后重,以适应逐渐增长的土基强度。

(2)先慢后快。碾压的速度应先慢后快,以免松土被机械推走,或使路基表面形成波浪。

(3)先两侧后中央。压实机具行驶的路线一般是先两侧后中间,有弯道超高时,由低的一侧到高的一侧进行碾压,以便形成路拱和单向超高横坡。相邻两次的轮迹(或夯印)应适当重迭,振动式压路机一般重叠40~50cm,三轮压路机一般重叠1/2后轮宽;前后相邻的两个路段纵向重叠1~1.5m,做到无漏压、无死角,使压实均匀,避免路基产生不均匀沉陷。在高填土路堤上碾压时,为保证作业安全,压路机轮边距路基边缘不得小于0.5m,以防发生溜坡倾倒,未压之前宜用人工夯实。

(4)在碾压作业中,应随时注意土壤含水量的变化,及时采取相应措施将其控制在接近最佳含水量的范围。

(5)充分利用填筑机械的碾压作用。在机械作业现场,应充分利用铲运机、装载机、推土机、倾卸车的往复运行,对沿线进行预压,将填土层初步压实。

5）压实质量的检测

要严格执行操作规程,及时检查和测定压实后的土壤密实度和含水量,并与最大密实度和最佳含水量进行比较。如不符合压实度的要求,应视不同情况予以调整:

当土壤密实度大于最大密实度($\rho > \rho_0$),而含水量接近最佳含水量时,应减少压实次数。

当土壤密实度大于最大密实度($\rho > \rho_0$),而含水量小于最佳含水量($\omega < \omega_0$)时,则土中含水量过少,应适当洒水。

当土壤密实度小于最大密实度($\rho < \rho_0$),而含水量大于最佳含水量($\omega > \omega_0$)时,应将土晾干或换成干土。

当土壤密实度小于最大密实度($\rho < \rho_0$),而含水量接近最佳含水量时,则属于压实不够,应增加碾压次数。

测定含水量的方法有烘箱烘干法、酒精燃烧法、湿度—密度仪法。

测定密实度的方法:环刀法,适用于黏土;灌砂法,适用于混合料或夹石土;湿度密度仪法;贯入仪法,适用于黏土。

另外还有放射性同位素法（γ射线法、快中子法）,微波测定仪法等。各种测定方法的原理和操作方法详见《公路土工试验规程》及有关资料。

压实过程中,压实度还可观测其压实后的痕迹,如果痕迹不明显或下沉量较小,则路基已基本压实,否则需继续压实。

5.2.7　路基施工质量检查

为了保证路基施工质量,在路基施工过程中,应按设计文件和技术标准等要求,严格进行施工质量检查。

路基施工质量检查的项目,主要是路基及其结构物的位置、标高、断面尺寸和压实或砌筑质量。对峻工后难以检查的项目,如路基内部的密实程度、地下排水设备及隔离层等,应及时进行中间检查。路基施工检查常用的仪具有水准仪、坡度计、标杆、皮尺、边坡及边沟模板等。

等级军路土质路基应表面平整,路基边缘顺直,边坡平顺稳定,曲线圆滑,取土坑、弃土堆、护坡道、碎落台的位置适当,外形整齐美观。其施工质量检查项目及方法见表5-8。

表5-8　等级军路土质路基施工质量检查项目及方法

项目	检查项目			规定值或允许偏差	检查方法
1	压实度	零填及路堑	0~300mm	93%	密度法:每200m每压实层测4处
		路堤	0~800mm	93%	
			800~1500mm	90%	
			>1500	90%	
2	弯沉(0.01mm)			≯设计计算值	每一双车道路段(≥1km)检查80~100个点
3	纵断面高程/mm			+10,-30	水准仪:每200m测4点
4	中线偏位/mm			100	经纬仪:每200m测4点,弯道加HY、YH两点
5	宽度/mm			≮设计值	米尺:每200m测4处
6	平整度/mm			30	3m直尺:每200m测4处×3尺
7	横坡/%			±0.5	水准仪:每200m测4个断面
8	边坡			≯设计值	抽查每200m测4处

等级军路石质路基应达到边线顺直,曲线圆滑,特别是上边坡不得有松石。其施工质量检查项目及方法见表5-9。

表5-9　等级军路石质路基施工质量检查项目及方法

项目	检查项目	规定值或允许偏差	检查方法
1	压实度	厚度及碾压遍数符合要求	检查施工记录
2	纵断面高程/mm	+10,-50	水准仪:每200m测4点

（续）

项目	检查项目		规定值或允许偏差	检查方法
3	中线偏位/mm		100	经纬仪：每 200m 测 4 点，弯道加 HY、YH 两点
4	宽度/mm		⪇设计值	米尺：每 200m 测 4 处
5	平整度/mm		50	3m 直尺：每 200m 测 4 处×3 尺
6	横坡/%		±0.5	水准仪：每 200m 测 4 个断面
7	边坡	坡度	⪈设计值	抽查每 200m 测 4 处
		平顺度	符合设计	

5.2.8　路基排水施工

水是使路基产生病害的主要原因之一，路基排水施工是路基施工中的一个重要环节，也是通常容易被忽略的问题，为了保证路基及边坡的加固和稳定性，必须设置必要的排水设施，同沿线的桥梁、涵洞形成一个完好的排水系统。

1. 路基地面水排水设置及施工要求

路基地面排水可以采用边沟、截水沟、排水沟、跌水与急流槽、拦水带、蒸发池等设施。其作用是将可能停滞在路基范围内的地面水迅速排除，防止路基范围内的地面水流入路基内。

1）边沟

挖方地段和填土高度小于边沟深度的填方地段均应设置边沟。路堤靠山一侧的坡脚应设置不渗水的边沟。

常用的边沟断面形式有梯形、矩形、三角形及流线形。为了防止边沟漫溢或冲刷，在平原和重丘山岭区，边沟应分段设置出水口，多雨地区梯形边沟每段长度不宜超过 300m，三角形边沟不宜超过 200m。

边沟的施工要求是：平曲线处边沟施工时，沟底纵坡应与曲线前后沟底纵坡平顺衔接，不允许曲线内侧有积水或外溢现象发生。曲线外侧边沟应适当加深，其增加值等于超高值。

边沟的加固：土质地段当沟底纵坡大于 3% 时应采取加固措施；采用干砌片石对边沟进行铺砌时，应选用有平整面的片石，各砌缝要用小石子嵌紧；采用浆砌片石铺砌时，砌缝砂浆应饱满，沟身不漏水；若沟底采用抹面时，抹面应平整压光。

2）截水沟（天沟）

截水沟的位置设置在挖方路基上侧边坡坡顶以外，或山坡路堤地上方的适当位置，用以拦截路基上方流向路基的地面水，减轻边沟的水流负担，保护挖方边坡和填方坡脚不受流水的冲刷和损害。一般在无弃土堆的情况下，截水沟的边缘离开挖方路基坡顶的距离视土质而定，以不影响边坡稳定为原则。如系一般土质至少应离开 5m，对黄土地区不应小于 10m 并应进行防渗加固。截水沟挖出的土，可在路堑与截水沟之间修成土台并夯实，台顶应筑成 2% 倾向截水沟的横坡。路基上方有弃土堆时，截水沟应离开弃土堆脚 1～5m，弃土堆坡脚离开路基挖方坡顶不应小于 10m，弃土堆顶部应设 2% 倾向截水沟的横坡。

山坡上路堤的截水沟离开路堤坡脚至少2.0m,并用挖截水沟的土填在路堤与截水沟之间,修筑向沟倾斜坡度为2%的护坡道或土台,使路堤内侧地面水流入截水沟排出。

截水沟的施工要求为:截水沟长度超过500m时应选择适当的地点设出水口,将水引至山坡侧的自然沟中或桥涵进水口,截水沟必须有牢靠的出水口,必要时须设置排水沟、跌水或急流槽。截水沟的出水口必须与其他排水设施平顺衔接。

为防止水流下渗和冲刷,截水沟应进行严密的防渗和加固,地质不良地段和土质松软、透水性较大或裂隙较多的岩石路段,对沟底纵坡较大的土质截水沟及截水沟的出水口,均应采用加固措施防止渗漏和冲刷沟壁。

3)排水沟

排水沟是将边沟、截水沟和路基附近的积水,引排至桥涵或路基范围以外的设施,一般设置在路堤坡脚2m以外。排水沟注入涵洞或水道时,应使原水道不产生冲刷或淤泥。通常应使排水沟与原水道两者成锐角相交,交角不大于45°。

排水沟的施工应符合下列要求:

排水沟的线形要求平顺,尽可能采用直线形,转弯处宜作成弧线,其半径不宜小于10m,排水沟长度根据实际需要而定,通常不宜超过500m。

排水沟沿线路布设时,应离路基尽可能远一些,距路基坡脚不宜小于3~4m。大于沟底、沟壁土的容许冲刷流速时,应采取边沟表面加固措施。

4)跌水与急流槽

跌水是设置于需要排水的高差较大而距离较短或陡峻的地段的阶梯形构筑物,其作用主要是降低流速和消减水的能量;急流槽是具有很大坡度的水槽,但水流不离开槽底,其作用是在很短的距离内,水面落差很大的情况下进行排水。

跌水由进口、台阶、出口三部分组成,跌水槽身一般砌成矩形,出口部分必须设置隔水墙。

急流槽由进口、槽身、出口三部分组成,急流槽底宜砌成粗糙面,用以消能和减少流速。

跌水井与急流槽的施工应符合下列规定:

跌水与急流槽必须用浆砌圬工结构,跌水的台阶高度可根据地形、地质等条件决定,多级台阶的高度可以不同,其高度与长度之比应与原地面坡度相适应。

急流槽的纵坡不宜超过1:1.5,同时应与天然地面坡度相配合。当急流槽较长时,槽底可用几个纵坡,一般是上段较陡,向下逐渐放缓。

当急流槽很长时,应分段砌筑,每段不宜超过10m,接头用防水材料填塞,密实无空隙。

急流槽的砌筑应使自然水流与涵洞进、出口之间形成一个过渡段、基础应嵌入地面以下,基底要求砌筑抗滑平台并设置端护墙。

路堤边坡急流槽的修筑,应能为水流入排水沟提供一个顺畅通道,路缘石开口及流水进入路堤边坡急流槽的过渡段应连接圆顺。

5)蒸发池(蓄水池)

蒸发池一般在气候干旱地区排水困难路段,为汇集边沟流水在道路两侧每隔一定距离而设置。

蒸发池的施工应符合下列规定:

用取土坑作蒸发池时与路基坡脚间的距离不应小于 5 ~ 10m。面积较大的蒸发池至路堤坡脚的距离不得小于 20m,坑内水面应低于路基边缘至少 0.6m。

坑底部应做成两侧边缘向中部倾斜 0.5% 的横坡。取土坑出入口应与所连接的排水沟或排水通道平顺连接。当出口为天然沟谷时,应妥善导入沟谷内,不得形成漫流,必要时予以加固。

蒸发池的容量不宜超过 200 ~ 300m³,蓄水深度不应大于 1.5 ~ 2.0m。池周围土埂围护,防止其他水流入池中。

蒸发池的设置不应使附近地区沼泽化及影响当地环境卫生。

2. 路基地下水排水设置及施工要求

路基地下水排水设施有排水沟、暗沟(管)渗沟、渗井、检查井等。其作用是将路基范围内的地下水降低或者拦截地下水并将其排至路基范围以外。

1) 排水沟、暗沟

当地下水位较高,潜水层埋藏不深时,可采用排水沟或暗沟截流地下水及降低地下水位,沟底埋入不透水层内。沟壁最下一排渗水孔(或裂缝)的底部宜高出沟底不小于 0.2m。排水沟或暗沟设在路基旁侧时,宜沿路线方向布置,设在低洼地带或天然沟谷处时,宜顺山坡的沟谷走向布置。

排水沟可兼排地表水,在寒冷地区不宜用于排除地下水。

排水沟的施工要求:排水沟或暗沟采用混凝土浇筑或浆砌片石砌筑时,应在沟壁与含水量地层接触面的高度处,设置一排或多排向沟中倾斜的渗水孔。沟壁外侧应填以粗粒透水材料或土工合成材料做反滤层。沿沟槽每隔 10 ~ 15m 或当沟槽通过软硬岩层分界处时应设置伸缩缝或沉降缝。

2) 渗沟

为降低地下水位或者拦截地下水,可在地面以下设置渗沟。渗沟有填石渗沟、管式渗沟和洞室渗沟三种形式,三种渗沟均应设置排水层(管、洞)、反滤层和封闭层。

(1) 填石渗沟的施工要求:填石渗沟通常为矩形或梯形,在渗沟的底部和中间用较大碎石或卵石(粒径 3 ~ 5cm)填筑,在碎石或卵石的两侧和上部,按一定比例分层(层厚约 15cm),填较细颗粒的粒料(中砂、粗砂、砾石)做成反滤层,粒径比例由下而上逐层大致按 4∶1 递减。砂石料颗粒小于 0.15mm 的含量不应大于 5%。用土工合成材料包裹有孔的硬塑管时,管四周填以大于塑管孔径的等粒径碎、砾石,组成渗沟。顶部做封闭层,用双层反铺草皮或其他材料(如土工合成的防渗材料)铺成,并在其上夯填厚度不小于 0.5m 的黏土防水层。

(2) 管式渗沟的施工要求:管式渗沟适用于地下水引水较长、流量较大的地区。当管式渗沟长度为 100 ~ 300m 时,其末端宜设横向泄水管分段排除地下水。

管式渗沟的泄水管可用陶瓷、混凝土、石棉、水泥或塑料等材料制成,管壁应设泄水孔,交错布置,间距不宜大于 20cm。渗沟的高度应使填料的顶面高于原地下水位。沟底垫层材料一般采用干砌片石;如果沟底深入到不透水层时宜采用浆砌片石、混凝土或土工合成的防水材料。

(3) 洞室渗沟的施工要求:洞室渗沟适用于地下水流量较大的地段,洞壁宜采用浆砌片石砌筑,洞顶应用盖板覆盖,盖板之间应留有空隙,使地下水流入洞内,洞式渗沟的高度要求同管式渗沟。

3）渗井

当路基附近的地面水或浅层地下水无法排除,影响路基稳定时,可设置渗井,将地面水或地下水经渗井通过下透水层中的钻孔流入下层透水层中排除。

渗井的施工要求:渗井直径 50～60cm,井内填置材料按层次在下层透水范围内填碎石或卵石,上层不透水层范围内填砂或砾石,填充料应采用筛洗过的不同粒径的材料,应层次分明,不得粗细材料混杂填塞,井壁和填充料之间应设反滤层。

渗井离路堤坡脚不应小于 10m,渗水井顶部四周(进口部除外)用黏土筑堤围护,井顶加筑混凝土盖,严防渗井淤塞。

4）检查井

为检查维修渗沟,每隔 30～50m 或在平面转折和坡度右陡变缓处宜设置检查井。

检查井施工要求:检查井一般采用圆形,内径小于 1.0m,在井壁处的渗沟底应高出井底 0.3～0.4m,井底铺一层厚 0.1～0.2m 的混凝土。井基如遇不良土质,应采取换填、夯实等措施。兼起渗井作用的检查井的井壁,应在含水层范围设置渗水孔和反滤层。深度大于 20m 的检查井,除设置阶梯外,还应设置安全设备。井口顶部应高出附近地面 0.3～0.5m,并设井盖。

5.3 路面施工技术

5.3.1 路面施工基本知识

为了提高道路通行能力,保障车辆和技术兵器快速机动,通常应根据道路的使用性质、任务等在路基的顶面铺筑路面。其目的在于加固路基,增强道路抵抗行车和自然因素影响的能力,改善车辆行驶条件。

1. 路面结构的组成和层次划分

路面是指用筑路材料铺在路基顶面,供车辆直接在其表面行驶的一层或多层的道路结构层。通常从受力情况、自然因素等对路面作用程度不同以及经济角度考虑,路面分成若干层次来铺筑,通常按照各个层位功能的不同,划分为三个层次,即面层、基层、垫层,如图 5-20 所示。高级路面结构层次较多,一般包括面层、联结层、基层、底基层、垫层等层次。图 5-21 为不同路面结构层的实例。

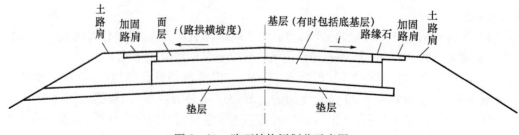

图 5-20 路面结构层划分示意图

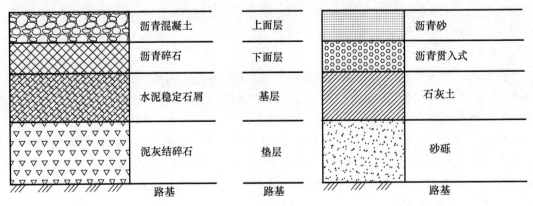

图 5 – 21　路面结构示意图

1) 面层

直接承受行车荷载反复作用和自然因素的影响。因此它应具有足够的抵抗行车垂直力、水平力及冲击力作用的能力和良好的水、温稳定性,应耐磨不透水,表面应有良好的抗滑性和平整度。

面层由一层或数层组成,顶面可加铺磨耗层,底面可增设联结层。如由两层或三层组成,分别称面层上层和面层下层,或面层上、中、下层。

修筑面层用的材料主要有:水泥混凝土,沥青与矿料组成的混合料,砂砾或碎石掺土(或不掺土)的混合料、块石及混凝土预制块等。

2) 基层

基层位于面层之下,主要承受由面层传来的车轮荷载垂直压力,并将其分布到底基层和土基上,因此基层应具有足够的抗压强度、刚度和耐久性,并具有良好的扩散应力的能力。车轮荷载水平力作用沿着深度递减很快,对基层影响很小,然而车轮不直接与基层接触,对基层的耐磨性可不予严格要求,但表面应平整,可以保证面层厚度均匀。基层与面层应结合良好,以提高路面结构整体强度,避免面层沿基层滑移推挤。基层遭受大气因素的影响虽比面层为小,但不能阻止地下水和地表水侵入。当面层透水时,也不能阻止雨水侵入,所以基层应具有足够的水稳性。

基层根据施工需要分两层施工,其上层称基层或上基层,起主要承重作用,下层则称底基层,起次要承重作用,底基层材料的强度要求比基层略低些,可充分利用当地材料,以降低工程造价。

修筑基层用的材料主要有:水泥、石灰、沥青等稳定土或稳定粒料(如碎石、砂砾),工业废渣稳定土或稳定粒料,各种碎石混合料(块石、片石、砾石)或天然砂砾。

3) 垫层

垫层是设置在底基层与土基之间的层次。主要用来加强土基和改善基层的工作条件,主要起稳定、隔水、排水、防冻、防污等作用。垫层主要设置在温度和湿度状况不良的路段,可减轻土基不均匀冻胀和隔断地下毛细水上升,也可排蓄基层或土基中多余的水份。此外垫层还能扩散由基层传下来的应力,以减小土基的应力和变形,它能阻止路基土挤入基层中,从而保证了基层的结构稳定性。

修筑垫层所用的材料强度不一定要高,但水稳性、隔热性和吸水性要好,常用材料有两种类型:一种是由松散颗粒材料组成,如用砂、砾石、炉渣、片石、锥形块石等修成的透水性垫层;另一种是由整体性材料组成,如用石灰土、炉渣石灰土类修筑的稳定性垫层。

图 5-20 所示仅是典型的路面结构划分示意图,不是任何路面结构都需要上述几个层次,而应根据具体情况而定。如在道路改建中,旧路的面层可称为新路的基层;而有时为改善路面的耐磨性,在路面表层增加防滑磨耗层及保护层等。此外为保护路面结构各层次的边缘,保证车轮荷载向下扩散和传递,且有利于施工中碾压、立模等,下面的层次应比其上一层次每侧至少宽出 0.25cm。在路面外侧至路基边缘之间应用土培填形成路肩,以从横向支承路面,并可供临时停车或堆放养路材料,也可供行人行走。

2. 路面分类与分级

1) 路面分类

路面是用各种材料按不同配制方法和施工方法修筑而成,在力学性质上也互有异同。根据不同的使用目的,可将路面作不同的分类。

路面按材料和施工方法可分为五大类,即碎(砾)石类、结合料稳定类、沥青类、水泥混凝土类、块料类。

碎(砾)石类:用碎(砾)石按嵌挤原理或最佳级配原理配料铺压而成的路面,一般用作面层、基层。

结合料稳定类:掺加各种结合料,使各种土、碎(砾)石混合料或工业废渣的工程性质改善,成为具有较高强度和稳定性的材料,经铺压而成的路面,用作基层、垫层。

沥青类:在矿质材料中,以各种方式掺入沥青材料修筑而成的路面,一般用作面层或基层。

水泥混凝土类:以水泥与水合成水泥浆为结合料、碎(砾)石为骨料、砂为填充料,经拌和、摊铺、震捣和养生而成的路面,通常用作面层,也可用作基层。

块料类:用整齐、半整齐块石或预制水泥混凝土块铺砌,并用砂嵌缝后辗压而成的路面,用作面层。

常见路面面层类型见表 5-10,有关详细的材料配制方法、工艺过程等内容,可参阅有关路面的施工规范。

表 5-10　常见路面结构层类型

路面类型	常见形式	定义	适用范围
碎砾石类	泥结碎石	以碎石作骨料,黏土作填充料和黏结料,经压实而成的路面结构层	基层 中级路面面层
	泥灰结碎石	以碎石为骨料,用一定数量的石灰和土作黏结填缝料,经压实而成的路面结构层	基层
	级配碎(砾)石	由各种集料(碎石、砾石)和土按最佳级配原理配制并铺压而成的路面结构层	基层、底基层 中级路面面层
	填隙碎石	用单一粒径粗碎石作主骨料,石屑作填缝料,经铺压而成的结构层。用干法施工者,也称干结碎石;用湿法者,也称水结碎石	底基层 三、四级公路基层

（续）

路面类型	常见形式	定义	适用范围
结合料稳定类	石灰（稳定）土	将一定剂量的石灰同粉碎的土拌和、摊铺、在最佳含水量时压实，经养护成型的路面结构层	基、垫层
	水泥稳定土	在粉碎的或原来松散的土中，掺入适量的水泥和水，经拌和、压实及养护成型的路面结构层	基、垫层
	沥青稳定土	用沥青为结合料，与粉碎的土或土—集料混合料经拌和、铺压而成的路面结构层	基、垫层
	工业废渣	用石灰或石灰下脚（含氧化钙、氢氧化钙成分的工业废渣，如电石渣等）作结合料。与活性材料（粉煤灰、煤渣、水淬渣等工业废渣）及土或其他集料（如碎石等，有时也可不加）按一定配合比，加适量水拌和、铺压、养护成型的路面结构层	基、垫层
沥青类	沥青表面处置	用沥青和矿料按层铺或拌的方法，铺筑厚度不大于3cm的一种薄层路面面层	次高级路面面层；防水层、磨耗层、防滑层
	沥青贯入碎石	用大小不同的碎石或砾石分层铺筑，颗粒尺寸自下而上逐层减小，同时分层贯入沥青，经过分层压实而成的路面结构层	次高级路面面层；高级路面面层
	沥青碎石	由一定级配的矿粉及纤维稳定剂组成的沥青玛蹄脂结合料，填充于间断级配的矿料骨架中，所形成的混合料经铺压而成的路面面层。厚3.5～4.0cm	高级路面面层、抗滑表层
	沥青玛蹄脂碎石混合料（简称SMA）	以沥青、矿粉及纤维稳定剂组成的沥青玛蹄脂结合料，填充于间断级配的矿料骨架中，所形成的混合料经铺压而成的路面面层。厚3.5～4.0cm	高级路面面层
	沥青混凝土	由适当比例的各种不同大小颗粒的矿料（如碎石、轧制砾石、筛选砾石、石屑、砂和矿粉等）和沥青在一定温度下拌和成混合料，经铺压而成的路面面层	高级路面面层（上层或下层）
水泥混凝土类	水泥混凝土	以水泥与水合成水泥浆为结合料，碎（砾）石为骨料，砂为填充料，按适当的配合比例，经加水拌和、摊铺振捣、整平和养护所筑成的路面结构层	高级路面面层、基层
块料类	整齐块石	分别以经加工的整齐块石、半整齐块石或预制的水泥混凝土联锁块铺砌而成的路面面层	高级路面面层
	半整齐块石		中级路面面层
	水泥混凝土联锁块		高级路面面层

路面按力学特性通常分为下列两种类型：

柔性路面：主要包括用各种基层（水泥混凝土除外）和各类沥青面层、碎（砾）石面层、块料面层所组成的路面结构。柔性路面在荷载作用下总体刚度较小，抗弯拉强度较低，是主要靠抗压、抗剪强度来承受车辆荷载作用的路面。车轮荷载通过各结构层向下传递到土基，使土基受到较大的单位压力，因而土基的强度、刚度和稳定性对路面结构整体强度和刚度有较大影响。

刚性路面:指的是刚度大、抗弯拉强度较高的路面,一般指水泥混凝土路面。水泥混凝土的强度,与其他筑路材料比较,其抗弯拉(抗折)强度和弹性模量要大得多,故呈现较大的刚性。在行车荷载作用下,水泥混凝土结构层处于板体工作状态,竖向弯沉较小,路面结构主要靠水泥混凝土板的抗弯拉强度承受车辆荷载,通过混凝土板体的扩散分布作用,传递到地基上的单位压力较柔性路面小得多。

由于用石灰或水泥稳定土、用石灰或水泥处置碎(砾)石以及用各种含有水硬性结合料的工业废渣做成的基层,在前期具有柔性结构层的力学特性,当环境适宜时,其强度与刚度会随着时间的推延而不断增大;到后期逐渐向刚性结构层转化,板体性增强,但它的最终抗弯拉强度和弹性模量仍远小于刚性结构层。因此,有时把含这类基层的路面结构单列一类,称为半刚性路面。

2)路面等级的划分

通常可按面层的使用品质、材料组成和结构强度的不同,把路面分成下面四个等级:

高级路面:包括由水泥混凝土、沥青混凝土、整齐块石、条石、预制水泥混凝土联锁块等面层所组成的路面。这类路面的特点是结构强度高、稳定性好、使用寿命长、平整无尘、养护费用少、运输成本低,但基建投资大,工艺要求高,需要质量高的材料来修筑。一般适用于交通量大、行车速度高的公路,如高速公路、一、二级公路及城市快速路、主干路和次干路等。

次高级路面:包括由热拌沥青碎石混合料、沥青贯入式、乳化沥青碎(砾)石混合料、沥青碎(砾)石表面处置和半整齐块石等面层所组成的路面。与高级路面相比,使用品质稍差,使用年限稍短,造价也较低,但养护费用较高。一般适用于交通量较大、行车速度较高的公路,如二、三级公路及城市次干路、支路和街坊道路等。

中级路面:包括水结、泥结和级配碎(砾)石、不整齐块石等作面层的路面。它的强度低、使用期限短、平整度差、易扬尘、行车速度也低、运输成本较高,造价虽低,但养护工作量大,需要经常维修或补充材料,才能延长使用期限。一般仅能适应较小的交通量,如三、四级公路。

低级路面:包括用各粒料或当地材料改善的土所筑成的路面,如炉渣土、砾石土和砂砾石土等。它的强度低,水稳性和平整度都差,易扬尘,行车低速,运输成本很高,虽然造价也很低,所适应的交通量也很小,在雨季常常不能通车。它的造价虽低,但要求经常养护修理,而且运输成本很高。一般用于四级公路。

3. 对路面的基本要求

路面直接暴露于自然界中,除了直接承受汽车车轮荷载作用外,还承受水、阳光、气温等自然因素的影响。为了保证道路全天候安全通车,提高行驶速度,增强舒适性,延长道路使用寿命,因此对路面提出了六项基本要求:

1)强度、刚度

路面应有足够的强度和刚度,以抵抗车轮荷载引起的各部位的各种应力,如压应力、拉应力、剪应力等,保证不发生断裂、沉陷(伴随两侧隆起)、破碎、波浪和磨损等各种破坏现象。强度和刚度二者是两个不同的力学特性,两者既有联系也有不同。强度大的路面,其刚度也较大,但是同样强度的路面,刚度也可能不同,比如有些路面结构的强度是足够的,但是刚度不足,在荷载作用下也会产生变形,发生车辙、波浪等病害。

2）稳定性

在不利的自然因素(水、温度等)作用下,路面结构的力学性能和技术品质发生变化,如沥青在夏季高温时会因发软而出现车辙和推移。所以路面应具有足够的稳定性,在外界环境的影响下,仍能保持其本身的力学特性。路面稳定性包括水稳定性、高温稳定性、低温稳定性以及大气稳定性。

3）平整度

路面不平整会使车行速度下降、运输成本提高以及路面破坏加剧。同时,不平整路面也易积水,会加快路面的损坏。所以路面表面应平整,以减小车轮对路面的冲击力,保证行车的平稳、舒适和达到要求的速度,不致产生行车颠簸和震动。一般越是等级路面,对平整度的要求也越高。

4）抗滑性

路面宜平整,但不宜光滑,路面表面要有一定的粗糙度,以免车轮与路面间的摩擦系数过小,而在气候条件不利(雨、雪天)时产生车轮打滑,迫使车速降低、燃料消耗增加,甚至在车辆转弯或制动时发生滑溜的安全事故。

5）耐久性

路面要长期承受行车荷载和冷热、干湿等气候因素的多次重复作用,由此而逐渐出现疲劳破坏和塑性变形累积,在使用一定年限后,路面的损坏发展到不符合使用要求,便需要维修、改建或重建。如果路面耐久性不足则会导致养护工作量增大、路面寿命缩短,不仅增加了养护费用,而且会影响正常的交通运输,所以,路面必须经久耐用,具有较高的抗疲劳、抗老化及抗变形累积的能力。

6）环保性

路面在汽车通行时会引起飞尘以及产生噪声,飞尘对行车视距、汽车零件、乘客舒适以及环境卫生带来不良影响,也不利于国防和沿线农作物的生长;噪声使人感到厌烦,影响乘客以及沿线人民的生产和生活质量。因此,在行车过程中应尽量减少扬尘和噪声,而路面平整、无缝可以减小噪声,这也是沥青混凝土路面的显著优点。

路面种类的选择应根据修筑道路时的任务时限、通行密度、投资的大小和所能采集的路面材料等情况确定。当道路使用期限短、构筑任务紧迫时,一般只将路基表面进行平整压实成土路面或改善土路面;当使用时限较长、交通量较大时,可构筑砾石路面或碎石路面;使用时间长、通车密度大,条件许可时可以构筑沥青路面和水泥混凝土路面。下面主要介绍沥青路面以及水泥混凝土路面。

5.3.2　沥青类路面施工

随着我军作战样式向联合(合同)作战机动作战方向变化及我军装备的机械化、行动的摩托化程度大大提高,道路机动和运输任务日益繁重。为了适应交通量的增长、车速的提高、载重量的加大,利用现有条件改善原有的砂、石、土路面,使之具有更高的强度、稳定性和平整度,从而提高路面等级,是道路保障的一项现实任务。我国飞速发展的石油工业为沥青路面构筑提供了丰富的材料,使得修筑沥青路面较为方便。

沥青路面就是用有机胶结的沥青材料做结合料黏结矿料修筑面层并与各类基层和垫

层组成的路面结构。它适用于各种交通量的道路,由于混合料呈黑色,故又称黑色路面。

1. 沥青路面的基本特征及分类

1)沥青路面的基本特性

由于沥青路面使用沥青结合料,因而增强了矿料间的黏结力,提高混合料的强度和稳定性,使路面的使用质量和耐久性都得到提高。与普通水泥混凝土路面相比,沥青路面有着明显的优点,因而获得越来越广泛的应用。

沥青路面的主要优点:表面平整无接缝、行车舒适、耐磨、振动小;与汽车轮胎的附着力较好,可保证行车安全;有较好的减振性,可使汽车快速行驶时有很好的平稳性;噪声低、不扬尘,比较容易清扫和冲洗;适宜于机械化施工,质量较易得到保证,施工工期短、维修养护简单,适宜于分期修建;沥青材料可以再生利用,有效提高资源利用率。

沥青路面的缺点:弯拉强度较低,其力学强度和稳定性主要依赖于基层和土基的特性;温度稳定性较差;夏季温度高时,强度下降,易出现车辙、推移、波浪等现象,冬季低温时,由于沥青材料变脆而容易导致路面开裂;路面施工受季节和气候影响较大;沥青会老化,沥青结构易出现老化破坏。

2)沥青路面的分类

(1)按强度构成原理可分为密实类和嵌挤类。密实类按最大密实原则设计矿料级配,其强度和稳定性主要取决于黏聚力和内摩阻力,按空隙率大小,分为闭式(小于6%)和开式(大于6%),主要区别是 0.6mm 和 0.074mm 之间颗粒含量不同。这种颗粒的含量闭式较多,而开式含量较少,使得闭式混合料的热稳定性较开式稍差,但水稳性、耐久性好。密实类主要为悬浮式密实结构,按连续级配原理组成的沥青混合料,理论上认为粗集料的间隙被小一级的集料填充,同一级颗粒应有相互接触。而实际上小一级集料必然较多,已经把上一级集料间隙挤开,使上一级集料颗粒处于悬浮状态,常规的 AC 即为此类结构。密实类的特点是耐久性好,热稳定性差。

嵌挤类采用粒径较单一的矿料,强度主要来源是内摩阻力,黏聚力次要。分为骨架空隙结构和骨架密实结构两种,按嵌挤原理依靠集料嵌挤作用形成混合料的强度。沥青碎石混合料 AM 和开级配耗层沥青混合料 OGFC 是典型的骨架空隙结构,沥青玛蹄脂混合料(简称 SMA)是典型的骨架密实结构。嵌挤类的特点是热稳定性好,孔隙率大,耐久性差。

(2)按施工工艺分为层铺法、路拌法和厂拌法。

层铺法:沥青表面处理和沥青贯入式,分层洒布沥青,分层铺撒矿料和碾压的方法修筑面层。该方法的优点是统一设备简便、功效较高、施工进度快、造价较低;缺点是路面成型期较长,需要经过炎热季节行车碾压才能成型。

路拌法:路拌沥青碎石和路拌再生沥青混凝土,在路上用机械将矿料和沥青材料就地拌和摊铺和碾压密实而成的沥青面层。优点是沥青材料分布相对均匀,成型期短;缺点是冷料拌和强度低。

厂拌法:沥青碎石和沥青混凝土,一定级配的矿料和沥青材料在工厂用专用设备加热拌和,送到工地摊铺碾压成型。分热拌热铺、热拌冷铺,区别在于摊铺时混合料温度。优点是矿料精选、除水彻底、沥青稳定、热拌均匀,混合料质量高。

(3)按施工温度分为热拌沥青混合料路面和冷拌沥青混合料路面。

热拌沥青混合料路面:指使用沥青与矿料经加热后拌和的混合料做面层的路面。

冷拌沥青混合料路面:指以乳化沥青或液态沥青在常温下与矿料拌和,并在常温下完成摊铺碾压施工的沥青路面。

(4)按沥青路面材料的技术特点分为沥青混凝土路面、沥青碎石路面、乳化沥青碎石路面、沥青贯入式路面和沥青表面处置路面。

沥青混凝土路面:沥青混凝土路面是指沥青混凝土作面层的路面,其面层可由单层或双层或三层沥青混合料组成,各层混合料的组成设计应根据其层厚、层位、气温和降雨量等气候条件、交通量和交通组成等多方面因素综合考虑确定,以满足对沥青面层使用功能的要求。

沥青碎石路面:沥青碎石路面是指用沥青碎石作面层的路面,沥青碎石的配合比设计应根据工程实践经验和马歇尔实验结果,并通过正式施工前的试拌和试铺进行确定。沥青碎石有时也可用作联结层。

乳化沥青碎石路面:乳化沥青碎石混合料适用于三级、四级公路的沥青面层,也可适用于二级公路的养护罩面以及各等级公路的调平层。国外有用作柔性基层。

沥青贯入式路面:沥青贯入式路面是指用沥青贯入碎(砾)石作面层的路面。沥青贯入式路面的厚度一般为 4~8cm。当沥青贯入式的上部加铺拌和的沥青混合料时,也称为上拌下贯式路面,这种拌和层的厚度宜为 3~4cm,其总厚度为 7~10cm。

沥青表面处置路面:沥青表面处置路面是指用沥青和集料按层铺法或拌和法铺筑而成的厚度不超过 3cm 的沥青路面。沥青表面处置的厚度一般为 1.5~3.0cm。层铺法可分为单层、双层和三层。单层表面处置厚度为 1.0~1.5cm,双层表面处置厚度为 1.5~2.5cm,三层表面处置厚度为 2.5~3.0cm。

沥青玛蹄脂碎石路面:沥青玛蹄脂碎石路面是指用沥青玛蹄脂碎石混合料作面层或抗滑层的路面。沥青玛蹄脂碎石混合料(简称 SMA)是以间断级配为骨架,用改性沥青、矿粉及木质纤维素组成的沥青玛蹄脂为结合料,经拌和、摊铺、压实而形成的一种构造深度较大的抗滑面层。它具有抗滑耐磨、孔隙率小、抗疲劳、高温抗车辙、低温抗开裂的优点,是一种全面提高密级配沥青混凝土使用性能的新材料。

沥青路面的基本分类、作用和操作工艺等见表 5-11。

2. 沥青混凝土路面的材料

1)沥青材料

沥青材料是一种憎水性的有机胶凝材料,是由一些极其复杂的高分子碳氢化合物和这些碳氢化合物的非金属(氧、硫、氮)衍生物所组成的黑色或黑褐色的固体、半固体或液体混合物。

沥青是道路工程中路面应用最广泛的建筑材料。对于沥青材料的命名和分类,目前世界各国尚未取得统一认识。我国按照沥青在自然界中获得的方式不同,可分为地沥青和焦油沥青两大类。

地沥青是由天然产状或石油精制加工得到的沥青材料,按其产源又可分为石油沥青和天然沥青。石油沥青是经过精制加工其他油品后,最后加工得到的产品;天然沥青是石油在自然条件下,长时间经受地球物理因素作用而形成的产物。

焦油沥青是各种有机物(如煤、泥碳、木材等)干馏加工得到的焦油,经过再加工而得到的产品。焦油沥青按其加工的有机物名称而命名,如由煤干馏得到的煤焦油,经过再加工后所得到的沥青,即称为煤沥青。

表 5 - 11　沥青路面的分类

路面类型		强度构成原则	工艺		等级	作用	厚度
沥青表面处置	单层式	嵌挤原则	层铺	冷料、热油、热洒	次高级路面	改善行车条件,承担行车磨耗与大气作用	≤3cm
	双层式	半嵌挤半密实	路拌法	1. 温料、热油、温拌、温铺 2. 冷料、热油、冷拌、冷铺 3. 冷料、冷油、冷拌、冷铺			
	三层式	密实原则	厂拌	1. 热料、热油、热拌、热铺 2. 热料、热油、热拌、冷铺			
路拌	沥青贯入式	嵌挤原则	层铺	冷料、热油、热洒	高级路面	作为计算强度的一个路面结构层	≤3cm
	路拌沥青碎石混合料 路拌沥青砾石混合料 路拌沥青碎石土混合料	密实原则	路拌法	1. 温料、热油、温拌、温铺 2. 冷料、热油、冷拌、冷铺 3. 冷料、冷油、冷拌、冷铺			
厂拌	沥青碎石	嵌挤原则	厂拌	1. 热料、热油、热拌、热铺 2. 热料、热油、热拌、冷铺			
	沥青碎石混合料	半密实半嵌挤					
沥青混凝土	粗粒式 中粒式 细粒式	密实原则					

以上这些类型的沥青,在道路建筑工程中最常用的主要是石油沥青和煤沥青两类,其次是天然沥青。而在实际使用中根据使用性能以及施工要求进行性能改善,得到新种类的沥青材料。道路最常见沥青混凝土路面的沥青材料,包括道路石油沥青、乳化沥青、煤沥青、改性沥青和改性乳化沥青。

(1)粘稠石油沥青:在常温下呈固体、半固体状态,黏结力强,对水、温度和时间的稳定性高,路面使用时间长,加热后易于涂复成稳定的薄膜。但作业温度较低时,初期不易成型,且渗透性较差。石料与基层表面的清洁程度能显著影响石料与沥青面层与基层间的结合,需先在基层上浇洒透层油。

(2)液体石油沥青:在常温下呈液体状态,分快、中、慢凝三种。快凝液体石油沥青经稀释后渗透性好,适应性强,不管老路面或基层是否光滑,有无灰尘都能很好地结合,特别对低温条件下的层铺法表面处置更为适宜。因为这种表面处置层所用的黏结料既要求渗透性好,又要求凝结时间短;中凝液体沥青成型期稍长,需足够的时间才能形成不透水封面的黏结力。用煤油稀释剂能软化原有沥青路面,封闭裂缝,使路面更新。在多数情况下均可使用,更适用于冷湿条件下的作业;慢凝液体沥青黏结力差,易受水破坏,成型期长,用于表面处置层时表面滑溜现象更为突出,故仅用于浇洒透层油及拌和法修筑表面处置。

(3)煤沥青:是由煤干馏的产品——煤焦油再加工而获得的。根据煤干馏的温度不同,可分为高温煤焦油(700℃以上)和低温煤焦油(450～700℃)两类。路用煤沥青主要是由炼焦或制造煤气得到的高温煤焦油加工而得。以高温煤焦油为原料可获得数量较多且质量较佳的煤沥青;而低温煤焦油则相反,获得的煤沥青数量较少,且质量也不稳定。其基本特性是与矿质集料的黏附性较好,但温度稳定性较低,气候稳定性较差,而且含有的有害成分较多,不宜用于城市道路和路面面层。

在实际作业中,常常需要对煤沥青与石油沥青加以鉴别,以便准确应用。最简单的方法是根据沥青材料的颜色、气味、加热或燃烧的气味来区别,如表 5 - 12 所示。

表 5 - 12 石油沥青与煤沥青的简单鉴别

鉴别项目	石油沥青	煤沥青
颜色	黑褐	黑褐至黑
加热后气味	松香味,不刺鼻	臭味,刺鼻
加热或燃烧	烟少,无色	烟多,黄色
溶解性	易溶于煤油或汽油	难溶于煤油或汽油

(4) 乳化沥青:是将黏稠沥青加热至流动状态,经机械力的作用而形成微滴(粒径为 2 ~ 5 μm),分散在乳化剂—稳定剂的水中,由于乳化剂—稳定剂的作用而形成均匀稳定的乳状液,称为沥青乳液。乳化沥青具有很多明显的优越性,主要有以下五个方面:

① 冷态施工,节约能源。乳化沥青可以冷态施工,现场无需加热设备和消耗能源,扣除制备乳化沥青所消耗的能源后,仍然可以节省大量能源。

② 提高道路质量,节约沥青。由于乳化沥青常温下具有较好的流动性,能保证洒布的均匀性,可提高路面修筑质量;此外,乳化沥青与矿料表面具有良好的工作性和黏附性,且在集料表面形成的沥青膜较薄,可以节省沥青的用量,从而降低工程造价。

③ 可延长施工季节,乳化沥青施工受低温多雨季节影响较小。

④ 扩大沥青适用范围。乳化沥青的使用扩展了沥青路面的类型,如稀浆封层等。

⑤ 保护环境,保障健康。由于乳化沥青施工时不需进行加热,减少了有害气体的挥发,不仅减小了环境污染,还避免了劳动操作人员受沥青挥发物的毒害,改善了施工条件。

(5) 改性沥青:是指掺加橡胶、树脂、高分子聚合物、磨细的橡胶粉或其他填料等外加剂(改性剂),经过充分熔合,使之均匀分散在沥青中,或采取对沥青轻度氧化加工等措施,使沥青或沥青混合料的性能得以改善而制成的沥青结合料。随着社会经济的发展,为适应现代等级公路交通密度大、车辆轴载重、荷载作用时间短以及高速和渠化等特点,需对沥青材料进行改善,可改善以下几方面的性能:提高高温抗变形能力,增强沥青路面的抗车辙性能;提高沥青的弹性性能,增强沥青的低温抗裂性和抗疲劳开裂性;改善沥青与石料的黏附性;提高沥青的抗老化能力,延长沥青的使用寿命。如通过在沥青中掺加高聚物类改性剂、微填料类改性剂、纤维类改性剂和硫磷类改性剂能够有效地提高沥青的流变性能;在沥青中掺加无机类材料活化集料表面、掺加有机酸类提高沥青活性以及掺加重金属皂类降低沥青与集料的界面张力,均能有效地改善沥青与集料黏附性。

2) 沥青的技术要求

稠度:沥青材料在特定温度条件下的黏滞、稀稠、软硬的程度称为稠度。沥青的稠度越大,则沥青混合料黏聚力越大,并可以保持矿质集料的相对嵌锁作用。从力学方面的要求来看,稠度是较高的沥青材料,其混合料强度也高;稠度较低,强度也低。

稠度是划分沥青标号的主要依据。在工程技术上,黏稠石油沥青用针入度指标表示,并根据不同性质的路面,使用不同的沥青材料,分别提出具体的沥青针入度和黏度要求。

温度稳定性:沥青材料受热或冷却时,在黏结性上(黏结力)的变化幅度称为温度稳定性。为此要求沥青材料在温度变动下,黏结性的变化幅度要小,高温不发软,低温不变脆。通常黏稠石油沥青具有优良的温度稳定性。

沥青材料的温度稳定性可用软化点与脆点的差值表示,差值越大,温度稳定性越好。

水稳定性:指沥青材料与矿质材料之间的黏结,不因水分侵入而遭受破坏的性能。为防止水使沥青薄膜从矿料表面剥落而破坏其黏结力,要求沥青材料具有高度的表面活性或在沥青材料涂覆矿料时,能在表面生成不溶于水的化合物。如:采用增水性石料(如石灰类岩石)与石油沥青相配合;采用酸性花岗岩类亲水性石料加1%以下的水泥或石灰与石油沥青配合;或用亲水性石料直接与软煤沥青配合等都是提高其水稳定性的有效方法。

大气稳定性(抗老化性):沥青材料的黏性等性质,随时间的增长,受大气和水分等长期作用(主要是氧化、聚合、缩合反应),而逐渐衰退变化的现象称为老化。这种过程,就是沥青的老化过程。老化的结果,会引起路面脆裂、脱皮而破坏。

沥青材料的气候稳定性可根据1mm厚的沥青层,在160℃温度下加热5h后测定其软化点的方法评定;也可用专门仪器——沥青老化仪直接测定。

和易性:和易性指沥青材料涂覆矿料及储存、运送、摊铺混合料的便利性和混合料的可压实性。从作业操作上看,稠度越低,和易性越好。

耐腐蚀性:沥青应具有抗酸、碱、盐浸溶腐蚀的能力。选料时应使其不含水溶性杂质。

3)沥青材料的选用

铺筑路面的沥青材料,要求黏结力大,高温不软化,寒冷不脆裂。

由于沥青材料品种繁多,各种沥青材料所表现出来的各种物理、化学性质不同。不同的工程性质又对沥青材料有不同的要求。所以,应根据路面类型、作业条件、温度、地区气候及矿料的质量和粒径等因素综合考虑,选择合适的沥青材料。当地区气候较冷、作业气温较低、矿料较软或颗粒偏细时,宜采用稠度较低的沥青材料,反之,采用黏度较高的沥青材料;当采用层铺法作业时,沥青粘度宜高些,采用热油冷料拌和法作业时要低一些;机械拌和时可高些。

4)加热

为了满足施工操作上和易性的要求,应对黏稠沥青进行加热;当沥青中含水量超过2%时,应在使用前加热脱水。加热脱水宜用容积较大的油锅,将含水的沥青放于锅中,其数量不超过油锅容积的一半。温度保持在80~90℃之间以免沥青溢锅引起事故,并用油勺做盛起、倒下的重复动作,至水脱净后,再继续加入含水的沥青(应少量,勤加)不断搅拌,以加快脱水速度。

加热后的沥青薄膜能均匀牢固地涂覆在矿料上,使矿料之间具有一定的黏结力,同时混合料摊铺便利,碾压密实,从而提高了路面的强度和稳定性。

加热沥青的温度和时间要适当控制。温度过高,时间过长,沥青材料易变脆;反之,影响到脱水和操作上的和易性。一般加热时间为2~3h,当天加热的沥青,当天用完。加热后至使用的保温时间,对煤沥青及液体石油沥青,不超过2h;对粘稠石油沥青不超过3h。有困难时应采取低温微热保温。在实际作业中,可结合路面类型、施工温度、操作条件等灵活掌握。加热沥青应在作业路段的适中位置和避风处进行。

3. 粗集料

粗集料是指集料中粒径大于 4.5mm(或 2.36mm)的那部分材料,它包括碎石、筛选砾石、破碎砾石、钢渣、矿渣等。高速公路和一级公路沥青路面的粗集料,必须采用碎石或破碎砾石,破碎砾石应符合粒径大于 50mm、含泥量不大于 1% 。粗集料应该洁净、干燥、表面粗糙、形状接近立方体,且无风化、无杂质,并且具有足够的强度和耐磨耗性能。

粗集料按粒径大小不同分为 14 种规格,即 S1~S14,成品碎石按规格生产和使用。粗集料的质量应符合沥青混合料粗集料要求。沥青路面面层或磨耗层所用粗集料应选用坚硬、耐磨、抗冲击性好的碎石或破碎砾石。高速公路、一级公路的粗集料的磨光值应符合要求,以满足高速行车时抗滑、耐磨等路面性能的要求。

沥青与粗集料之间应具有良好的黏附性,如黏附性达不到要求时,可采取提高黏附性的抗剥离措施。

4. 细集料

细集料是集料中粒径小于 4.75mm(或 2.36mm)的那部分材料,沥青面层的细集料可采用机制砂、天然砂、石屑。细集料应洁净、干燥、无风化、无杂质,并应有适当的颗粒级配,其质量应符合要求。

采用河砂、海砂等天然砂作为细集料使用时,其规格应符合规定要求。用水洗法得到的小于 0.075mm 的颗粒含量,对于高速公路和一级公路不得大于 3% ,通常粗砂、中砂质量较好。

采石场破碎碎石时,通过 4.75mm 或 2.36mm 的筛下部分石屑用作细集料时,应杜绝泥土混入。当采用石英砂、海砂及酸性石料机制砂时,应采取抗剥离措施。

5. 填料

粒径小于 0.075mm 的材料称为填料,由于沥青与填料混合而成的胶浆,是沥青混合料形成强度的重要因素。所以,填料必须采用石灰岩或岩浆岩中的强基性岩石等憎水性石料经磨细,并通过 0.075mm 筛孔的矿粉。矿粉要求洁净、干燥,能自由地从矿粉仓流出,其质量必须符合规定的技术要求。有时为提高沥青混合料的黏结力,也可掺加部分消石灰或水泥作为填料,其用量一般为矿料总量的 1%~3% 。

6. 沥青及矿料用量

1)沥青用量

对于层铺法,是以每平方米的沥青重量来控制沥青用量;对拌和法、沥青碎石和沥青混凝土则是以油石比来控制。油石比是沥青用量与矿料用量的重量百分比。在固定质量的沥青和矿料的条件下,沥青与矿料的比例(即沥青用量)是影响沥青混合料抗剪强度的重要因素,在沥青用量很少时,沥青不足以形成结构沥青的薄膜来黏结矿料颗粒,这种混合料铺筑的路面容易出现表处层松散破坏。当沥青薄膜达最佳厚度(亦即主要以结构沥青黏结)时,具有最大的黏聚力,此时的沥青用量称为沥青最佳用量。如继续增加沥青用量,则沥青混合料的内摩擦角逐渐降低,而沥青的黏聚力不再增加,即抗剪强度不再增加,这样不仅浪费了沥青材料,而且反而会降低沥青混合料的性能。

2)沥青矿料用量

沥青路面所用矿料用量合适与否,不仅影响路面的使用质量,还决定着材料是否浪费。特别是沥青表处路面,若按单一石层原则铺筑(石料尺寸与厚度相当,仅用一层单一尺寸的石料将路面铺满)时,经压路机与行车作用后,石料颗粒会移转到最稳定的位置,处置层厚度往往偏薄。因而石料最终定位后的准确用量仅取决于石料大小、颗粒形状与单位重等特性。根据具体作业条件,实际用量应比理论计算值增加 5 ~ 20%。若石料用量不足,将使处置层的平整度受影响,并在路面上出现零星暴露的沥青结合料,以致严重泛油和雨天滑溜。石料用量过多,处置层容易发生脱粒、松散、坑洞、裂缝等破坏,还将产生石料的重迭,影响嵌锁作用,危及处置层的稳定性。沥青碎石和沥青混凝土对矿料用量和矿料级配的要求更加严格。

7. 沥青路面的施工作业

1)沥青表面处置施工

沥青表面处置是指用沥青和集料按层铺或拌和方法施工的厚度不大于 30mm 的一种薄层面层。由于处置层很薄,一般不起提高强度作用。其主要作用是构成磨耗层,保护承重层不遭受行车的破坏;作沥青面层或基层的封层,防止地表水渗入基层或土基,可以提高路面的平整度,改善行车条件,延长路面的使用寿命。

沥青表面处置最典型的做法是层铺法,即将沥青材料与矿质材料分层洒布与铺撒,按浇洒沥青和撒铺矿料的层数分为单层式(厚度 1.0 ~ 1.5cm)、双层式(厚度 1.5 ~ 2.5cm)和三层式(厚度 2.5 ~ 3.0cm)三种。层铺法表面处置按嵌挤原则修筑,使用年限可达10 ~ 15年。

(1)施工准备。沥青表面处置层铺筑之前应做好如下几项准备作业:

① 原路(基层)整修:检查作为表面处置基层的路面是否符合要求,不满足时,应进行整修。原路不符合道路技术标准处,如有平曲线半径小、纵坡大、路基路面宽度不足等,必须按标准加大平曲线半径,降坡,增加路基路面宽度等。对原路表面,需按具体情况采取相应整修措施:有坑槽、搓板的应修补找平;有砂土磨耗层(主要是干旱地区)的应予铲除;强度不足时应按设计要求进行补强;水稳性不良时应将原路翻松掺加石灰等以改善其水稳性,或加铺水稳性良好的基层;个别较为严重的翻浆病害路段应彻底处置。

铺筑沥青表处层前对基层的要求可参见碎(砾)石路面的质量标准。

② 准备材料:矿料按不同粒径的用量,分类堆放于上风向路肩上或若干集中场地上,使用时再运至现场。后者便于矿料管理,减少尘土污染和损失,但增加了装卸车的作业量。

总的矿料需要量根据表面处置类型和作业方法按碎(砾)石路面的质量标准中的单位面积用量计算求得;拌和法矿料可由处置厚度 h、路面宽度 B、处置路面长度 L 及压实系数 K 的乘积求得,即:

$$V = h \times B \times L \times K \qquad (5-4)$$

计算出的矿料用量还应增加初期养护用量及损耗数量。

沥青材料的用量,对于层铺法作业,按单位面积用量计算;拌和法、沥青碎石及沥青混凝土作业时按路面厚度、宽度、路段长度及压实系数求出混合料重量,再乘以油石比求得。此外,还要根据基层情况,确定透层或粘层油用量,并根据运输和存放方法确定损耗量,最后定出沥青材料的类型、标号及数量。

沥青材料的存放应注意分类、防水和泥土污染。

③ 沥青材料的加热:如前述。

④ 作业机械的准备:参见有关机械操作、管理、检验规程。

(2) 构筑作业:层铺法沥青表面处置施工,有先油后料和先料后油两种方法,其中"先油后料"使用较广泛,现以单层式为例说明其工艺程序。

单层式表面处置的作业程序:清扫基层、放样和安装路缘石→洒透层油→洒布主层沥青→铺撒矿料→碾压→初期养护。

(3) 清扫基层:在表面处置层施工前,应将路面基层清扫干净,有条件可用水冲洗(冲洗后要晾干),使基层矿料大部分露出,并保持干燥。

(4) 洒透层油:透层是为使沥青面层与非沥青材料基层结合良好,在基层上洒浇乳化沥青、煤沥青或液体沥青而形成透入基层表面的薄层。作业时,先沿路面边缘线设置挡板或铺宽约 10cm 的土垅,以防沥青外流。浇洒沥青必须均匀,不能出现空白或积聚现象。浇洒沥青后应禁止车辆通行,以使其能充分渗透。

在旧有黑色路面、清扫干净的碎(砾)石路面、块料路面、水泥混凝土路面及大部分骨料露出的泥结碎石路面上进行表处时,可不用透层沥青,但第一次沥青用量须增加 10% ~ 20%。

(5) 洒主层油:在浇洒透层沥青后 4 ~ 8h(不用透层油的路面清扫干净后),即可浇洒主层沥青。用喷布器洒油时,沥青洒布长度应与矿料铺撒相配合,避免沥青洒布后等待较长时间才铺撒矿料。用车洒油时,应根据单位用油量定出洒油汽车排挡和油泵机排挡,速度要均匀。总之,要油量准确,洒布均匀,一旦发现空白或积聚现象,应即补洒或刮匀。

如需分幅洒布时,应保证搭接良好,纵向搭接宽度为 100 ~ 150mm。如果是双层式或三层式沥青表面处置,洒布第二次、第三次沥青,搭接缝应错开。

(6) 铺撒矿料:浇洒主层沥青后,应立即分段定量铺撒矿料。撒料要快、要匀、不重迭、不漏空,并一次撒足。常是随撒随用竹帚扫匀。

(7) 碾压:铺撒矿料后(不必等到全路段铺完),应及时碾压,以使油料在未过度降温前较好地粘住矿料。一般用 6 ~ 8t 轻型压路机碾压,碾压时每次轮迹应重叠宽度约为 30cm,并应从路边逐渐移至路中心,然后再从另一边开始向路中心,以此做为一遍,宜碾压 3 ~ 4 遍。碾压速度开始不宜超过 2km/h,以后可适当增加。

(8) 初期养护:除乳化沥青表面处置应待破乳后水分蒸发并基本成形后方可通车外,其他处置碾压结束后即可开放交通。通车初期应设专人指挥交通或设置障碍物控制行车,使路面全部宽度获得均匀压实,成型前限制行车速度不超过 20km/h。

在初期通车过程中,如发现泛油现象,应及时均匀地铺撒矿料或粗砂。对严重泛油地点,应将沥青、矿料一并刮除,重新修铺;当表面的矿料被行车挤向两侧时,应及时扫回。为了便于初期养护,应在作业期间额外准备矿料或粗砂,用量为 2 ~ 3m³/1000m²。

双层式、三层式表面处置的作业程序和方法与单层式基本相同,只是增加浇洒沥青、铺撒矿料的次数,它们的作业基本程序:

双层式:清底→洒透层油→洒第一层油→撒第一层石料→碾压→洒第二层油→撒第二层石料→碾压→初期养护。

三层式:清底→洒透层油→洒主层油→撒主层矿料→碾压→洒第二层油→撒第二层矿料→碾压→洒面层油→撒面层料→碾压→初期养护。

（9）施工要求：沥青表面处置施工时，应符合下列要求：宜选择在一年中干燥和较炎热的季节施工，并宜在日最高温度低于15℃到来以前半个月结束；各工序必须紧密衔接，不得脱节，每个作业段长度应根据压路机数量、洒油设备等来确定，当天施工的路段应当天完成。除了阳离子乳化沥青外不得在潮湿的矿料或基层上洒油。当施工中遇雨，应待矿料晾干后才能继续施工。

2）沥青贯入式路面的施工

沥青贯入式路面是指在初步压实的矿料（碎石或碎砾石）上，分层浇洒沥青、撒布嵌缝料，或再在上部铺筑热拌沥青混合料封层，经压实而成的沥青面层。

沥青贯入式路面的优点是施工要求机械设备较少，（摊铺碎石层，喷洒沥青）工艺简单，施工进度快，具有较高的强度和稳定性；缺点是表面易渗水，水使沥青从矿料表面的剥离，严重影响质量和寿命，温度高时面层沥青可能下流到基层中，影响面层寿命，沥青用量难于控制准确。

沥青贯入式路面的厚度宜为4~8cm，但乳化沥青贯入式路面的厚度不宜超过5cm。按沥青材料贯入深度不同，贯入式路面可分为深贯入（厚度6~8cm）和浅贯入（厚度4~5cm）两种。

沥青贯入式面层的施工程序：备料→放样和安装路缘石→清扫基底→浇洒透层或黏层沥青→铺撒主层集料→第一次碾压→洒布第一次沥青→铺撒第一次嵌缝料→第二次碾压→洒布第二次沥青→铺撒第二次嵌缝料→第三次碾压→洒布第三次沥青→铺撒封面集料→最后碾压→初期养护。

（1）备料方法同表面处置。

（2）放样和铺砌路缘石：需要安装路缘石时，沿路面边缘按设计标高设桩拉线，开沟埋石，同时培土加高路肩，暂培宽度不小于50cm，并连同路缘石一起夯实。当路肩用其他材料加固时，应按拉线铺平压实，并将内边缘修理整齐，待路面完工后，再按规定高度和横坡度将路肩培至全宽，进而压实。

（3）清扫基底：方法同表面处置。

（4）浇洒透层或黏层沥青：浇洒透层方法同表面处置，黏层是使新铺沥青层与下层表面黏结良好而浇洒的一种沥青薄层，黏层沥青宜用沥青洒布车喷洒，浇洒粘层沥青，用量为$1 \sim 1.2 \mathrm{kg/m^2}$。

（5）铺撒矿料：浇洒粘层沥青后，即可用撒料车或人工铺撒矿料。松铺厚度，可根据压实系数（为1.3）计算并用方木块在现场标定。铺撒时应使矿料的大小颗粒分布均匀。铺完后，应用路拱板检验路拱横坡度。

（6）第一次碾压：矿料铺好后，分稳定、压实两个阶段进行碾压。

稳定阶段，用6~8t压路机以2km/h的行驶速度进行初压，先沿路缘石及修过的路肩一齐碾压，往返两遍后即开始自路面边缘逐渐压至中心线，每次轮迹应重叠约30cm，接着应从另一侧以相同方法压至路中心，以此为碾压一遍。然后检验路拱和纵向坡度，如有不符合设计要求处，应整修后再行碾压，至集料无显著推移为止。

压实阶段，用10~12t压路机进行碾压，每次轮迹应重叠1/2以上，碾压4~6遍至无显著轮迹时为止。

（7）洒布第一次沥青：主层矿料碾压后，即可均匀浇洒第一次主层沥青。由于沥青洒布量大,洒布质量要求高,最好采用自动沥青洒布车进行。

（8）铺撒嵌缝料:主层沥青浇洒后,应立即趁热均匀地铺撒足够的嵌缝料,当使用乳化沥青时,石料撒布必须在乳液破乳前完成。

（9）第二次碾压:嵌缝料扫匀后,立即用 8～12t 压路机碾压,轮迹重叠 1/2 左右,并随扫随压,使嵌缝料均匀嵌入,宜碾压 4～6 遍,如气温高在碾压过程中发生推移现象时,立即停止碾压,待温度稍低时再继续碾压。

（10）第二层、第三层施工。碾压密实后,依上法进行第二次洒油、撒料和碾压。第三次碾压,洒布第三次沥青,铺撒封层料,最后碾压,采用 6～8t 压路机,碾压 2～4 遍即可。

（11）初期养护方法与表面处置相同。

（12）沥青贯入式路面施工要求和沥青表面处置基本相同。

（13）碾压适度在贯入式路面施工中极为重要。碾压不足,碎石不易稳定,造成很大空隙,沥青流失,形成上层"泛油"。碾压过多,石料过分压碎,破坏嵌挤原则,空隙减少,沥青难于下渗,形成泛油。因此应根据矿料的等级、沥青材料的标号、施工温度等因素来确定每次碾压所使用的压路机质量和碾压遍数。

3）沥青混凝土路面的施工

用不同粒级的碎石、天然砂或破碎砂、矿粉和沥青按一定的比例在拌和机中热拌所得的混合料称为沥青混凝土混合料。沥青混凝土路面按其混合料中的集料最大粒径大小,可分为粗粒式(最大公称粒径为 25mm 以上,表示为 AC-25、AC-30);中粒式(AC-16、AC-20);细粒式(AC-10、AC-13);砂粒式(AC-5)和"抗滑表层"(AK-13、AK-16)。根据强度形成机理的不同,沥青混合料分嵌挤型和密实型两类。

沥青混凝土路面有单层式、双层式和三层式之分。单层式一般厚 4～6cm,双层式一般为 7～9cm,其中下层厚 4～5cm,上层厚 3～4cm。

沥青混凝土路面铺筑工艺流程:备料→测量放样→安装路缘石和培肩→清扫下承层→浇洒透层油→沥青混凝土的拌制→沥青混凝土的运输→沥青混凝土摊铺→沥青混凝土碾压→检验、验收→开放交通。

（1）备料:调查试验合格的材料进行备料、矿料分类堆放,矿粉不得受潮,必要时做好料场的硬化和四周的排水。

（2）测量放样:在验收合格的基层上恢复中线,在边线上外侧 0.3～0.5m 处每隔 5～10m 钉边桩进行水平测量,拉好基准线,画好边线。

（3）安装路缘石和培肩:如需安装,方法同前。

（4）清扫下承层:方法同前。

（5）浇洒透层油:方法同前。保证基层坚实、平整、洁净和干燥。

（6）浇洒粘层或透层沥青:方法同前。

（7）拌制:沥青混凝土必须在沥青拌和厂采用间歇式或连续式拌和机拌制。沥青的加热温度以及出厂温度控制在规范对应的范围之内。拌和厂的沥青混合料应均匀一致、无花白料、无结团成块或严重的粗细料分离现象,不符合要求时应废弃。

（8）运输:沥青混凝土在运输过程中要注意保温、防雨、防污染、防沥青与车厢的黏结;混合料从拌和机向运料机装料时,应防止粗细集料离析。沥青混凝土运到现场的温度控制:石油沥青混合料温度不低于 120～150℃;煤沥青混合料温度不低于 90℃。

(9) 摊铺:应尽量采用全路幅铺筑,以避免纵向施工缝。双层式沥青混凝土的上下层应尽量在同一天内铺筑,以免下层污染。如时间间隔较长,下层受到污染时,铺筑上层前应对下层进行清扫浇洒粘层油。摊铺中要注意控制好温度,石油沥青混合料控制在不低于110~130℃,不超过165℃;煤沥青混合料控制在80~120℃。摊铺中要控制好沥青混合料的现场松铺厚度 $H_松$:

$$H_松 = c \times h_实 \qquad\qquad (5-5)$$

式中 $h_实$——符合压实标准的实际压实厚度;

c——压实系数(松铺系数),机械摊铺时为1.15~1.35,人工摊铺时为1.25~1.5。

人工摊铺时应注意不使材料粗细分离,要边摊铺边用刮板刮平。刮平时做到轻重一致,来回刮2~3次达平整即可。

(10) 碾压:压实是沥青路面施工的最后一道工序,良好的路面质量最终要通过碾压来体现。碾压程序:初压→复压→终压。

初压采用60~80kN(6~8t 下同)双轮压路机或60~100kN 振动压路机(静压),紧接摊铺进行,初压2遍左右。初压完成后即刻进行复压,可用100~120kN 三轮压路机和100kN 振动压路机或相应的轮胎压路机压实,直至稳定无明显轮迹为止,一般为4~6遍。终压采用60~80kN 双轮压路机碾压,或用60~80kN 振动压路机(关闭振动装置),清除压中产生的轮迹,以确保表面平整度,一般为2~4遍。碾压速度见表5-13,碾压温度见表5-14。

表5-13 各种压路机碾压速度

最大碾压速度 压路机类型	初压/(km/h)	复压/(km/h)	终压/(km/h)
钢轮压路机	1.5~2.0	2.5~3.5	2.5~3.5
轮胎压路机	—	3.5~4.5	4~6
振动压路机	1.5~2.0(静压)	4~6(振动)	2~3(静压)

表5-14 沥青混凝土的碾压温度　　　　　　　　　(℃)

施工阶段		石油沥青	煤沥青
开始碾压		110~140,不低于100	80~110,不低于75
碾压温度	钢轮压路机	不低于70	不低于50
	轮胎压路机	不低于80	不低于60
	振动压路机	不低于65	不低于50

碾压时压路机不得在新铺的沥青混合料上转向、掉头、左右移动位置或突然制动停在温度高于70℃已经压实过的混合料上。不得先起振后起步,不得先停机后停振。

(11) 开放交通:沥青混凝土路面应在温度不高于50℃(石油沥青)或不高于45℃(煤沥青)后开放交通。

(12) 接缝处理:沥青混凝土路面的各种施工缝(包括纵缝和横缝)都必须紧密严整,接缝前其边缘应扫净、刨齐,刨齐后的边缘应保持垂直。接缝前应对接缝边缘用热烙铁来回烫平,烙铁温度不宜过高。开始时动作要快,以免把沥青烧焦。烫平后先在缝上涂一层宽约 5cm 的粘层油,然后撒上矿粉,并密封边口。双层式路面上下层各自的接缝都应相互错开,不宜处于同一个垂直面上。

4)沥青碎石路面的施工

沥青碎石路面分为单层式和双层式,单层沥青碎石厚度为 4~7cm,双层厚度可达 10cm。沥青碎石路面按矿料最大粒径的不同,可分为粗粒式、中粒式和细粒式三大类。沥青碎石路面按材料施工温度可分为热拌热铺、热拌冷铺、冷拌冷铺等几种。

沥青碎石具有较高的强度和稳定性,它是高级沥青面层之一。可以在中等交通以及重交通道路上用作面层或底面层。我国等级道路上,多数采用沥青碎石混合料作沥青面层的底面层,抗反射(裂缝)能力好,抗永久变形能力强。

沥青碎石路面施工方法及要求,基本上与沥青混凝土路面相同,仅在混合料的松铺系数上有所不同,见表 5-15。

表 5-15　各种压路机碾压速度

种类	机械摊铺	人工摊铺
沥青混凝土混合料	1.15~1.35	1.25~1.50
沥青碎石混合料	1.15~1.30	1.20~1.45

5)施工的安全措施

患皮肤病、眼病、面部和手部有破伤以及对沥青过敏的人员,不得参加沥青的加工作业。

接触沥青的人员,应穿戴防护用品,并用洁净毛巾将颈部围裹,脸部及外露皮肤宜涂抹防护药膏。

沥青加热站距建筑物至少 30m,并应准备灭火器和砂包等防火用品。

工地应备有防暑降温和治灼伤的药品。当被沥青灼伤时,应立即将沾在皮肤上的沥青用酒精等药物洗净,再用过锰酸甲溶液或硼酸水刷洗伤处,然后予以治疗。

施工前应进行安全操作的教育,施工中要经常检查作业安全的情况,防患于未然。

6)检查评定及验收

为确保沥青路面的使用质量,施工中要经常地进行质量检查。沥青路面的质量检查,除基层准备情况的检查外,还有对筑路材料、施工过程和竣工检查。

(1)材料检查矿料。检查矿料的规格、等级、级配,沥青的技术指标。对沥青混合料,检查颜色、拌和质量、均匀度等外观特征;测定沥青用量及物理力学指标(取样试验)。

(2)施工质量检查。对洒铺类沥青路面施工中的检查内容包括:矿料逐层撒铺用量,沥青各遍浇洒用量;洒油的温度与均匀性;碾压程度;沥青贯入深度。对厂拌类沥青路面施工中的检查包括:沥青混合料运到现场后的温度;摊铺时的温度;摊铺的厚度的平整度;碾压时的温度;碾压密实度;接缝的处理情况。

(3)竣工检查。外观要求:表面平整密实,不得有轮迹、松散、裂缝、推挤、泛油、油包、啃边、麻面、坑洼及粗细料集中等现象;接缝应紧密平顺;面层与其他构造应顺接,不得有积水现象。

竣工检查内容及标准见表 5-16。

表 5-16　沥青类路面竣工质量标准与允许误差

检查项目		允许误差	检查频率		检查方法
			范围	点数	
厚度	沥青混凝土沥青碎石	-6mm(-5mm)	全线	10~15	钻孔(随机抽样)
	贯入、上拌下贯	-8mm			
压实度		≮95%(96%)	全线	10(20)~15(30)	钻孔(随机抽样)
平整度	沥青混凝土沥青碎石	≯2.5mm(1.8mm)	100m	10m	3m 直尺(任选或随机抽样)
	上拌下贯	≯4mm			
	贯入	≯4mm			
	表处	≯4mm			
宽度		-5cm 以内	1000m	3	用尺量
中线高度		±20mm	1000m	3	用水准仪
横坡度		±0.4%	1000m	3	用水准仪
沥青用量	沥青混凝土沥青碎石 油石比	±0.5%(±0.3%)	全线	10~15 (20)~(30)	抽提试验(随机抽样)
	贯入表处 总用量	±5%			

注:1. 沥青混凝土标准密度(容量)采用马歇尔稳定仪确定,沥青碎石、贯入式路面标准密度(容重)可通过试验路段确定,一般沥青碎石不小于 2.30g/cm³,沥青贯入式路面不小于 22g/cm³;
2. 括号内数据为等级道路的质量要求或点数

5.3.3　水泥混凝土路面施工

水泥混凝土路面具有承载力大、稳定性好、使用寿命长、日常养护费用少等优点,是等级、重交通路面的主要类型之一。

1. 水泥混凝土路面的分类及特点

1)水泥混凝土路面的分类

水泥混凝土路面是以水泥与水合成的水泥浆为结合料,以碎(砾)石、砂为集料,加适当的掺合料及外加剂,拌和成水泥混凝土混合料,铺筑而成经过一段时间的养护,能达到很高的强度与耐久性的等级路面。水泥混凝土路面包括素混凝土、钢筋混凝土、连续配筋混凝土、预应力混凝土、装配式混凝土、钢纤维混凝土和混凝土小块铺砌等面层板和基(垫)层所组成的路面。

普通混凝土路面又称有接缝素混凝土路面,是指仅在接缝处和一些局部范围(如角隅、边缘)内配置钢筋的水泥混凝土面层,为了防止温度变化引起温缩裂缝,所以面层由纵向和横向接缝划分为矩形板块,它是目前采用最为广泛的一种混凝土路面。

钢筋混凝土路面是指为防止混凝土面层板产生的裂缝缝隙张开,而在板内配置纵向和横向钢筋的混凝土面层。配置钢筋网的目的主要是控制混凝土路面板在产生裂缝后保持裂缝紧密接触,裂缝宽度不会进一步扩展,并非为了增强板体的抗弯抗拉强度而减薄面板的厚度。因此,钢筋混凝土路面主要适用于各种容易引起路面板裂缝的情况。

连续配筋混凝土路面是指为了克服水泥混凝土路面由于横向胀、缩设置变形缝等薄弱环节而引起的各种病害,及改善路用性能采用的一种路面结构形式。这种路面由于纵向配有足够数量的钢筋,以控制混凝土面板纵向收缩而产生的横向裂缝。因此,连续混凝土路面现在施工时完全不设胀、缩缝(施工缝及构造所需要胀缝除外),铺筑而成的路面平整,保证了汽车行驶的平稳性。这类面层由于钢筋用量大、造价高,一般仅用于高速公路及一级公路或交通繁重的道路。

碾压混凝土路面是采用低水灰比混合料,用摊铺机在路基上摊铺成型,用压路机碾压成型的水泥混凝土路面。碾压混凝土路面由于含水率低并通过强烈振动碾压成型,因而强度高、节省水泥、节约用水、施工速度快及养护时间短,有良好的应用前景。但是碾压混凝土因表面平整度难以达到理想的效果,所以不宜用作高速公路以及公路的面层,一般只用于二级以下的公路。

钢纤维混凝土路面是指在混凝土中掺入一些低碳钢、不锈钢纤维或其他纤维,即称为一种均匀而多向配筋的混凝土路面。在混凝土中掺拌钢纤维,可以提高混凝土的韧度和强度,减少其收缩量,相应减少了道路病害,既提高了道路使用寿命又保证了行车舒适性。我国近年来已逐步推广应用,特别适用于地面标高受限制地段的路面,如桥面铺装、城市道路旧混凝土路面的加铺层。

2)水泥混凝土路面的特点

优点:①强度高。混凝土路面具有很高的抗压强度和较高的抗弯拉强度以及抗磨耗能力。②稳定性好。混凝土路面的水稳性、热稳性均较好,特别是它的强度能随着时间的延长而逐渐提高,不存在沥青路面的"老化"现象。③耐久性好。由于混凝土路面的强度和稳定性好,所以它经久耐用,一般能使用 20 ~ 40 年,而且它能通行包括履带式车辆等在内的各种运输工具。④有利于夜间行车。混凝土路面色泽鲜明,能见度较好,对夜间行车有利。

缺点:①对水泥和水的需要量大。每立方混凝土需水泥 300 ~ 400kg、水 160 ~ 180kg,另外还需要大量养护用水。②有接缝。由于材料的特性,一般混凝土路面要设置许多接缝,这些接缝不但增加施工和养护的复杂性,而且容易引起行车跳动,影响行车的舒适性,接缝又是路面的薄弱点,如处理不当,将导致路面板边和板角处破坏。③开放交通较迟。一般混凝土路面完工后,要经过 28d 的潮湿养护,才能开放交通,如需提早开放交通,则需要采取特殊措施。④修复困难。混凝土路面损坏后,开挖很困难,修补工作量也大,且影响交通。⑤噪声大、易扬尘。混凝土路面使用的中、后期,由于接缝、变形(缝隙增大、错台等)而使平整度降低,车辆行驶时噪声较大,且容易扬尘。

鉴于上述水泥混凝土路面的缺点,一般军队公路铺筑水泥混凝土路面的机会相对较少。

2. 水泥混凝土路面的构造

水泥混凝土路面,一般由土基、基层、水泥混凝土板组成。当土基均匀、平整、强度较高时,也可不设基层。混凝土路面的结构如图 5 - 22 所示。

1)路基

路基是路面的基础。没有坚固、密实、均匀、稳定的路基,就没有稳固的路面。路基质量的好坏直接关系到路面的使用品质。理论分析表明,通过刚性面层和基层传到土基上的压力很小,一般不超过 0.05MPa。然而,如果路基的稳定性不足,在水温变化的影响下出现较大的变形,特别是不均匀沉陷,则将给混凝土面板带来很不利的影响。实践证明,由于土基不均匀支承,使面板在受荷时底部产生过大的弯拉应力,将导致混凝土路面产生

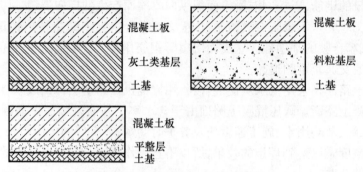

图 5 - 22　水泥混凝土路面结构

破坏。因此,要保证路基有足够的稳定性和强度,路基强度应不小于 20MPa,一般要求路基处于干燥或中湿状况,过湿状态或强度与稳定性不符合要求的潮湿状态的路基必须经过处理。

2)基层

由于水泥混凝土面层的刚度大,路面结构的承载力主要由混凝土面层提供,因此对基层的强度要求不高。混凝土面层下设置基层的目的主要有以下几种:

防唧泥。混凝土面层如果直接设置在路基上,会由于路基土塑性变形量大,细料含量多和抗冲刷能力低而极易产生唧泥现象。敷设基层后,可减轻以至消除唧泥产生。但未经处置的砂砾基层,其细料含量和塑性指数不能太高,否则仍会产生唧泥。

防冰冻。在季节性冰冻地区,用对冰冻不敏感的粒状多孔材料铺筑基层,可以减少路基的冰冻深度,从而减轻冰冻的危害作用。

减小路基顶面的压应力,并缓和路基不均匀变形对面层的影响。

防水。在湿软土基上,铺筑开级配粒料基层,可以排除从路表面渗入面层板下的水分及隔断地下毛细水上升。为面层施工提供方便,提高路面结构承载能力,延长路面的使用寿命。

3)混凝土面板

水泥混凝土面板层直接承受行车荷载和环境(如温度和湿度等)因素的作用,因此水泥混凝土面板层应具有足够的强度、耐久性、表面抗滑和耐磨能力、平整度。

根据理论分析,轮载作用于板中部时,板所产生的最大应力约为轮载作用于板边时的 2/3。因此面板层的横断面应采用中间薄两边厚的形式,以适应荷载应力的变化,一般边部厚度较中部厚约 25%,是从路面最外两侧板的边部,在 0.6 ~ 1.0m 宽度范围内逐渐加厚,见图 5 - 23。但是厚边式路面对土基和基层的施工带来不便,而且使用经验也表明,

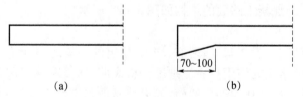

(a)　　　　　　　　　　(b)

图 5 - 23　水泥混凝土路面板横断面

(a)等厚式;(b)厚边式。

...

在厚度变化转折处,易引起板的折裂。因此,目前国内外通常采用等厚式断面,或在等中厚式板边可配 2 根直径 10～16mm 的钢筋,其间距不小于 10cm,钢筋距板边缘不小于 5cm,布置在板中的下部,距板底为 1/4 板厚,并不小于 5cm。为了加强板角,可布置如图 5－24 所示的角隅钢筋,钢筋直径 10～14mm,配置在板的上部。

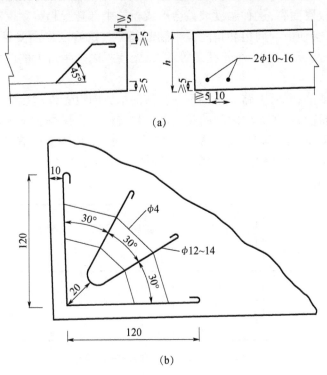

图 5－24　边缘和板角钢筋布置(单位:cm)

(a)板边钢筋布置;(b)板角钢筋布置。

水泥混凝土板的厚度,应根据车辆荷载、交通量、气候变化和水泥混凝土的力学强度(抗压和抗弯强度)等因素而定。根据实践经验,当采用 200～300 号混凝土、抗弯强度为 40～50kg/cm² 时,水泥混凝土路面厚度可参照表 5－17 所列数值选用。

表 5－17　水泥混凝土路面的经验厚度

通车类型	交通量/(辆/昼夜)	路面厚度/cm
特重汽车(如汽－20)		22～24
重型车辆(汽－15)	大于 5000	20～22
中型车辆(汽－10)	3000～5000	17～20
轻型车辆(汽－8)	1000～3000	15～17
极轻型车辆	小于 1000	12～15
仅通过少量小汽车的小区道路		8～12

水泥混凝土路面,一般是单层铺筑。当缺乏品质良好的材料时,也可双层铺筑,上层用较好的材料,做成较高标号的混凝土,厚度不得小于总厚度的 1/3,并不得小于 6cm;下

层使用较差的材料,做成较低标号的混凝土。

4)接缝与填缝材料

混凝土面层是由一定厚度的混凝土板组成,它具有热胀冷缩的性质。由于一年四季气温的变化,混凝土板会产生不同程度的膨胀和收缩。而在一昼夜中,白天气温升高,混凝土板顶面温度较底面高,这种温度坡差会形成板的中部隆起趋势。夜间气温降低,板顶面温度较底面低,会使板的周边和角隅发生翘起趋势。这些变形会受到板与基础之间的摩阻力、黏结力以及板的自重、车轮荷载等约束,致使板内产生过大的应力,造成板的断裂或拱胀破坏。

为避免这些缺陷,混凝土路面不得不在纵横两个方向设置许多接缝,把整个路面分割成许多板块,按接缝与行车方向之间的关系可以将接缝分为纵缝和横缝两大类,如图 5 - 25 所示。在任何形式的接缝处,板体都不可能是连续的,其传递荷载的能力总不如非接缝处。而且任何形式的接缝都不免要漏水。因此,对各种形式的接缝,都应设置相应的传递荷载与防水设施。

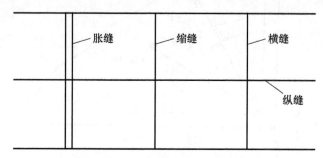

图 5 - 25 水泥混凝土路面的接缝

横向接缝垂直于行车方向,通常有三种:缩缝、胀缝、施工缝。缩缝保证因温度和湿度的降低而产生收缩时沿该薄弱断面缩裂,从而避免产生不规则裂缝。胀缝保证板在温度升高时能部分伸张,从而避免产生路面板在热天的拱胀和折断破坏,同时胀缝也能起到缩缝的作用。另外,混凝土施工中每天完工以及其他原因不能继续施工时,应设置施工缝。施工缝应尽量设置到胀缝处,如不可能,也应做到缩缝处。

胀缝宽度为 20 ~ 25mm。构筑时气温较高,或胀缝间距较短应采用低限;反之用高限。

对于荷载重、交通量大的道路,为使混凝土板能自由伸缩,以保证混凝土板之间能有效地传递荷载,防止形成错台,可在胀缝处板厚的中央设置传力杆(图 5 - 26),传力杆长 40 ~ 60cm,直径 20 ~ 25mm,每隔 30 ~ 40cm 设一根。杆的半段固定在混凝土内,另半段涂以沥青,套上长为 8 ~ 10cm 的铁皮或塑料套筒,筒底与杆端之间留出 3 ~ 4cm 宽的空隙,空隙中填以木屑等弹性材料,以利板的伸缩。

缩缝一般采用假缝形式(图 5 - 27)。所谓假缝,即只在混凝土板上部设缝隙,当温度变化使路面板收缩时,路面板便沿此薄弱断面有规则地自行断裂,并在缝中形成凸凹粗糙的接触表面,可传递荷载。缩缝缝隙宽 3 ~ 8mm,深度为板厚的 1/5 ~ 1/4,缩缝间距一般为 4 ~ 6m(即板长),在昼夜气温变化较大的地区,或地基水文情况不良路段,应取低限值,反之取高。假缝缝隙内亦需浇灌填缝料,以防地面水下渗及砂石进入缝内。

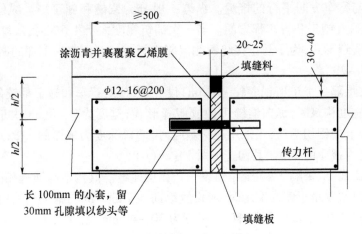

图 5 – 26　胀缝构造图(尺寸单位:mm)

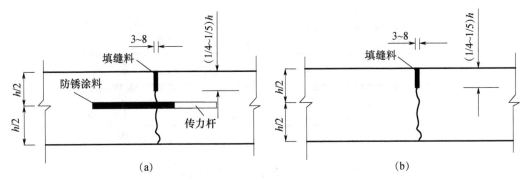

图 5 – 27　横向施工缝构造图构造(尺寸单位:mm)

(a)设传力杆假缝型;(b)不设传力杆假缝型。

　　施工缝也称工作缝,采用平缝的构造形式。缝宽 3 ~ 8mm,在深度 1/5 ~ 1/4 板厚的范围内浇灌填缝料。为利于板间传递荷载,在板厚的中央也应设置传力杆。设在胀缝处的施工缝,其构造与胀缝相同;设在缩缝处的施工缝应采用平缝加传力杆型。遇有困难需设在缩缝之间时,施工缝采用设拉杆的企口缝形式(图 5 – 28)。

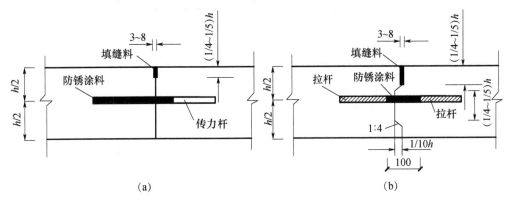

图 5 – 28　横向施工缝构造图构造(尺寸单位:mm)

(a)设传力杆平缝型;(b)设拉杆企口缝型。

纵缝是指与行车方向平行的接缝。纵缝一般分为假缝和施工缝。纵缝间距一般按3～4.5m设置,这对施工和行车都方便。当一次铺筑宽度大于4.5m时,应增设纵向缩缝,纵向缩缝采用假缝形式,为了防止接缝两侧混凝土板被拉开而丧失下部的嵌锁作用,应设置拉杆(见图5-29)。

纵向缩缝,每隔一个车道宽度(3～4.5m)设一道,这对行车和施工都较便利。当双车道路面按全幅宽度构筑时,纵向缩缝可做成假缝形式,宽度为3～8mm,并宜在板厚中央设置拉杆,面板上端锯切槽口,当采用粒料基层时,槽口深度为板厚的1/3;采用半刚性基层时,槽口深度为板厚的2/5。其构造见图5-29(b)。

对多车道路面,应每隔3～4个车道设一条纵向胀缝。其构造与横缝相同。

当一次铺筑宽度小于路面宽度时,应设置纵向施工缝。纵向施工缝采用平缝形式,并在板厚中央设置拉杆,上部应锯切槽口,深度为30～40mm,宽度为3～8mm,槽内灌塞填缝料。当板厚大于20cm时,应在板厚中央设置拉杆,其构造如图5-29(a)所示。

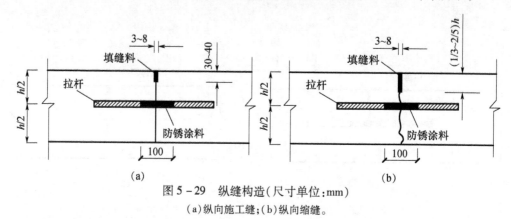

图5-29 纵缝构造(尺寸单位:mm)

(a)纵向施工缝;(b)纵向缩缝。

纵缝与横缝在平面上多采用等间距十字式对缝布置(图5-30),使混凝土板具有90°的角隅,相互垂直正交。这样,纵缝两边的横缝拉成了一直线,减少了横缝错开布置时易导致板产生从横缝延伸出来的裂缝等破坏,且作业方便,路容整齐美观。

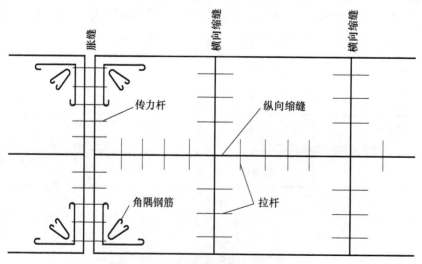

图5-30 水泥混凝土路面接缝布置图

为了减轻共振作用引起的行车跳动幅度,减少机件损耗,缓和伸张时的顶推作用,降低由于频率共振引起司机疲劳的程度,从而提高行车的稳定性,可采用少设胀缝,缩缝间距不等等措施,如按 4m、4.5m、5m、5.5m、6m 的间隔顺序设置。横缝与纵缝可成 70°～80°角的形式布置。

设置接缝是为了保证混凝土路面板在温度和湿度变化时能自由地伸张、收缩和翘曲,使路面长期处于良好的工作状态。所以,要求填缝材料必须有良好的弹性、韧性、温度稳定性以及同水泥混凝土的黏附性,还要耐磨、耐疲劳、不易老化。根据接缝构造和使用要求,接缝的填缝材料分为胀缝下部的预制填缝板(嵌条)和填塞胀缝上部与缩缝的填缝料两大类。

预制填缝板,可使用沥青浸制木板、沥青木屑板、软木板以及沥青浸制油毡等,填缝板应有适当硬度,以免在混凝土振捣过程中变形。

填缝料的种类很多,常用的有聚氯乙烯胶泥类、沥青橡胶类、沥青玛蹄脂类、聚氨脂焦油类、氯丁橡胶类和乳化沥青类等,可根据实际情况选用。

3. 水泥混凝土路面的混合料

修筑路面用的混凝土材料比其他结构物所用混合料要有更高的要求,因为它受到动荷载的冲击、摩擦和反复弯曲作用,同时还受到温度和湿度反复变化的影响。面层混合料必须具有较高的弯拉强度和耐磨性,良好的耐冻性以及尽可能低的膨胀系数和弹性模量。此外,湿混合料还应具有适当的施工和易性,一般规定其坍落度为 0～30mm,工作度为30s。施工时混凝土强度应达到设计要求,通常面层混凝土 28d 的抗压强度应达到 30～35MPa,28d 的抗弯拉强度应达到 4.0～5.0MPa。

1) 水泥

水泥是混凝土的主要材料,它在混凝土中起胶结作用。当采用机械化铺筑路面时,宜选用散装水泥。特重交通、重交通路面宜采用旋窑道路硅酸盐水泥,也可采用旋窑硅酸盐水泥或普通硅酸盐水泥;中等及轻交通路面可采用矿渣硅酸盐水泥;低温天气施工或有快通要求的路段可采用 R 型水泥,此外宜采用普通型水泥。

为了发挥水泥的强度,一般混凝土选用的水泥标号与混凝土标号的比值为 1.5：1～2.0：1,高标号混凝土的比值为 0.9：1～1.5：1。水泥混凝土路面一般使用软练标号为425、525、625 的普通硅酸盐水泥,用量为 300～350kg/m³。双层式混凝土路面的下层可用325 号水泥,用量可降至 270kg/m³。水灰比为 0.40～0.55,最大为 0.6。

2) 粗集料

集料是混凝土中分量最大的组成材料,粒径 5mm 以上者称为粗集料,粒径 5mm 以下者称为细集料。粗集料在混凝土中占有 4/5 的比例,可见其重要性。粗集料应使用质地坚硬、耐久、洁净的碎石、碎卵石和卵石,宜选用岩浆岩或未风化的沉积岩碎石。

高速公路、一级公路、二级公路及有抗(盐)冻要求的三、四级公路混凝土路面使用的粗集料级别应不低于Ⅱ级,无抗(盐)冻要求的三、四级公路混凝土路面可使用Ⅲ级粗集料。有抗(盐)冻要求时,Ⅰ级集料吸水率不应大于 1.0%,Ⅱ级集料吸水率不应大于 2.0%。

路面混凝土的粗集料不得使用不分级的统料,应按最大公称粒径的不同采用 2～4 个粒级的集料进行掺配。卵石最大公称粒径不宜大于 19.0mm,碎卵石最大公称粒径不宜大于 26.5mm,碎石最大公称粒径不宜大于 31.5mm。碎卵石或碎石中,粒径小于 75μm 的石粉含量不宜大于 1% 。

3）细集料

细集料应采用质地坚硬、耐久、洁净的天然砂、机制砂或混合砂,要求颗粒坚硬耐磨,具有良好的级配,表面粗糙有棱角,有害杂质含量少。

高速公路、一级公路、二级公路及有抗(盐)冻要求的三、四级公路混凝土路面使用的砂级别应不低于Ⅱ级,无抗(盐)冻要求的三、四级公路混凝土路面可使用Ⅲ级砂,特重交通、重交通混凝土路面宜采用河砂,砂的硅含量不应低于 25% 。

路用混凝土用天然砂宜为中砂,也可使用细度模数为 2.0 ~ 3.5 的砂。同一配合比用砂的细度模数变化范围不应超过 0.3,否则,应分别堆放,并调整配合比中的砂率后使用。路面混凝土用机制砂还应检验砂浆磨光值,其值宜大于 35,不宜使用抗磨性较差的页岩、泥岩、板岩等水成岩类母岩品种生产基质砂。

4）水

可用一般饮用水。工业废水、污水、沼泽水、pH 值小于 4 的酸性水和硫酸盐含量较多（SO_4 计超过 0.1%）的水,均不允许使用。每立方米混凝土用水为 130 ~ 170kg。

4. 水泥混凝土路面的构筑方法

1）检查

土基的压实度和含水量应事先检验看其是否符合要求。基层标高、几何尺寸、路拱、平整度和压实度,也应进行检验和整修。基层宽度应比混凝土板宽 2cm × 20cm,以便支立模板。为防止浇筑的混凝土底部水分被基层吸去,基层表面应洒水湿润,必要时可在基层表面铺纸或塑料薄膜。

2）放样

水泥混凝土路面施工放样主要分为路面各结构层（基层、面层）的平面放样和高程放样。

根据"路面结构图",计算各结构层边桩至中桩的水平距离,由于路面各结构层的宽度不尽相同,所以需引起大家注意,必须仔细识图。

中桩放样和根据计算的边桩至中桩距离放出边桩位置。

用距离交汇法放样路面边桩及中桩的加桩位置。路面施工时,通常以 10m 桩距设桩,但在实际放样中,只要放出 20m 的中桩,中间 10m 桩位及边桩可以通过距离交会法放出。

除了中、边桩,面层面板要放样摊铺边线的施工桩。

3）立模与设缝

在摊铺混凝土之前,应先将两边模板安装好。木制模板厚度为 4 ~ 8cm,高度与路面厚度相同,顶面刨光。但在弯道和交叉口处,可减薄至 1.5 ~ 3.0cm,以便弯成弧形。用机械摊铺混凝土时,必须采用钢模。对企口式纵缝,模板应做成相应的凸榫形状。如设置拉杆(传力杆),则模板应锯成圆孔,以便拉杆穿过。

安装模板时,按路面设计标高沿纵横方向的放线位置支立模板,模板顶面用准仪检查其标高,不符合要求时予以调整。模板两侧一定距离用铁钎(长道钉)或斜木撑(只限用外侧)等加以固定。铁钎间距,内侧为 1.0 ~ 1.5m,外侧为 0.5 ~ 1.0m。对弯道和交叉口边缘所设置较薄模板的固定铁钎应适当加密,以防止浇筑混凝土时模板变形。摊铺混凝土后,应立即拔出模板内侧铁钎。

模板安好后,用水准仪检查其高度是否准确,板与基层之间是否会漏浆,模板是否稳定,同时应在模板内侧涂刷肥皂水、废机油或其他洗涤剂,以利拆模。

接缝板(条)的设置应有利于作业和便于拆除,还要考虑便于设置板内配筋、拉杆、传力杆等,见图 5-31、图 5-32。

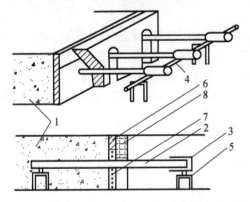

图 5-31　接缝板及传力杆的架设(钢筋支加法)
1—先浇筑的混凝土;2—传力杆;3—金属套筒;4—钢筋;
5—支架;6—压缝板条;7—嵌缝板;8—胀缝模板。

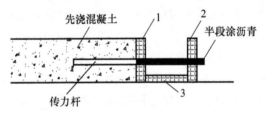

图 5-32　胀缝传力杆的架设(顶头木模固定法)
1—端头挡板;2—外侧定位模板;3—固定模板。

4)混合料的制备

混凝土的拌制取决于配料的准确和拌和均匀,为此,拌制混凝土时要准确掌握配合比,进入拌和机的砂、石料及散装水泥须准确过秤,特别要严格控制用水量,每天拌制前,要根据天气变化情况,测量砂、石材料的含水量,调整拌制时的实际用水量。每拌所用材料均应过秤,精确度对水泥为 ±1.5%,砂为 ±2%,碎石为 ±3%,水为 ±1%,并应按照碎石、水泥、砂或砂、水泥、碎石的装料顺序装料,再加减水剂,进料后边搅拌边加水。

混凝土每盘的搅拌时间应根据搅拌机的性能和拌和物的和易性确定,时间不宜过长也不宜太短。并且搅拌第一盘混凝土拌和物时,应先用适量的混凝土拌和物或砂浆搅拌后排弃,然后再按规定的配合比进行搅拌。每一工班应检查材料配量精确度至少 2 次,每半天检查混合料的坍落度 2 次。拌和时间为 1.5~2.0min。每天拌和前和拌和作业结束后,均应用水冲洗拌鼓部,以免水泥浆粘于鼓壁,影响其作业率,甚至破坏拌鼓。

5)运输

混凝土运输用手推车、翻斗车或自卸汽车,运距较远时,宜采用搅拌运输车运输。运送时,车厢底板及四周应密封,以免漏浆,并应防止离析。装载混凝土不要过满,天热时为防止混凝土中水分蒸发,车厢上可加盖帐布,运输时间通常夏季不宜超过 30min,冬季不宜超过 60~90min,必要时采取保温措施。出料及铺筑时的卸料高度不应大于 1.5m,每天工作结束后,装载用的各种车辆要及时用水冲洗干净。

6)摊铺

运至浇筑现场的混合料,一般直接倒向安装好侧模的路槽内,并用人工找补均匀,有明显离析时应重新拌匀。摊铺时应用大铁钯子把混合料钯散,然后用铲子、刮子把料钯散、铺平,在模板附近,需使用方铲用扣铲法撒铺混合料并插入捣几次,使砂浆捣出,以免发生空洞蜂窝现象。摊铺时的松散混凝土应略高过模板顶面设计高度的 10%。施工间歇时间不得过长,一般不应超过 1h。因故停工在 1h 以内,可将已捣实的混凝土表面用麻袋覆盖,恢复工作时将此混凝土耙松,再继续铺筑;如停工 1h 以上时,应作施工缝处理。施工时应搭好事先备好的活动雨棚架,如在中途遇雨时,一面停止铺筑,设置施工缝,一面操作人员可继续在棚下进行抹面等工作。

7) 捣实

对于厚度不大于 22cm 的混凝土板,靠边角先用插入式振捣棒振捣,再用功率不小于 2.2kW 的平板振捣器纵横交错全面振捣,且振捣时应重叠 10 ~ 20cm,然后用振动梁振捣拖平,有钢筋的部位,振捣时防止钢筋变位。振捣器在第一位置振捣的持续时间应以拌和物停止下沉、不再冒气泡并泛出水泥砂浆为止,不宜过振,也不宜少振,用平板式振捣器振捣时,不宜少于 30s,插入式不宜小于 20s。

当混凝土板较厚时,先插入振捣,再用平板振捣,以免出现蜂窝现象。分两次摊铺时,振捣上层混凝土拌和物时,插入式振捣器应插入下层混凝土 5cm,上层混凝土拌和物的振捣必须在下层混凝土初凝前完成,插入式振捣器的移动间距不宜大于其使用半径的 0.5 倍,并应避免碰撞模板和钢筋。

振捣时应辅以人工找平,并应及时检查模板,如有下沉、变形或松动应及时纠正。对混凝土拌和物整平时,填补板面选用碎(砾)石较细的混凝土拌和物,严禁用纯砂浆。没有路拱时,应使用路拱成型板整平。用振捣梁振捣时,其两端应搁在两侧纵向模板上或搁在已浇好的水泥板上,作为控制路线标高的依据,振捣梁一般要在混凝土面上来回各振捣一次。在振捣过程中,多余的混凝土应随着振捣梁的行走前进而刮去,低陷处应补足振实。为了使混凝土表面更加平整密实,用铁滚筒再进一步整平,效果更好,并能起到收水抹面的效果。

8) 筑做接缝

(1) 胀缝。先浇筑胀缝一侧混凝土,取去胀缝模板后,再浇筑另一侧。钢筋支架在混凝土中不取出。压缝板条使用前涂上废机油,在混凝土震捣后先抽动一下,而后最迟在终凝前抽出。拔出时为确保两侧混凝土不被扰动,应用木板条压住两侧混凝土,再轻轻拔出压缝板并抹平。无论是压缝板拔出后,还是采用切缝机切出缩缝后,都要及时清除缝内遗留的砂块等杂物,而后将缝缘顶角抹成有一定半径($R \approx 0.7m$)的小圆弧,以免通车后被车轮压坏,也为填缝料溢出时保留余地。缝隙内要及时浇灌填缝料。

(2) 横向缩缝。横向缩缝即假缝,可用两种方法筑做:

① 切缝法。在混凝土捣实整平后,利用震动梁将"T"形震动刀准确地按接缝位置震出一条槽,随后将铁制压缝板放入,并用原浆修平槽边。当混凝土收浆抹面后,再轻轻取出压缝板。

② 锯缝法。在硬结的混凝土中用锯缝机锯割出要求深度的槽口。这种方法可保证缝槽质量和不扰动混凝土结构,但要掌握好锯割时间。一般是在混凝土达到设计强度的 25% ~ 30% 时锯缝。

(3) 纵缝。平缝纵缝施工是在已浇筑混凝土板的缝壁上涂刷沥青,然后再浇筑混凝土板;企口纵缝的施工是在已浇筑的混凝土凹榫一边缝壁上涂沥青,再浇筑凸榫一侧混凝土板。

9）整面与拆模

混凝土终凝前必须用人工或机械抹平其表面。人工抹平劳动强度大，质量无法保障，故多采用机械抹面。目前，国产小型电动抹面机可进行粗光和精光抹面，一般情况下混凝土面层仅需粗光即可。为了混凝土表面防滑，最普通的做法是用棕刷顺横向在抹平后的表面上轻轻刷毛。也可用金属丝梳子梳成深 1~2mm 的横槽。也可在未结硬的混凝土表面塑压成槽，或压入坚硬的石屑来防滑。

当混凝土达到一定强度后，即可拆除模板。拆模时间应视气温而定。一般可在混凝土摊铺后 36~72h 进行。拆模时勿使板边和板角损伤破坏，并尽可能使模板完好，以备再用。

10）养护与填缝

（1）养护。进行混凝土的湿治养护是为了防止混凝土中水分蒸发过速而产生缩裂和保证水泥水化过程的顺利进行。养护应在混凝土表面已有相当硬度，用手指轻轻压上没有痕迹，即抹面后约 2h 开始进行。养护一般用湿麻袋、草席或 2~3cm 厚湿砂、锯末覆盖于混凝土表面上，每天均匀洒水 2~3 次。养护时间一般为 14~21d。

近年来，塑料薄膜养护新技术，在水泥混凝土路面构筑中得到推广使用。此法即是在新铺好的混凝土（略微变干的）表面上，均匀喷布预先配好的塑料溶液，使其形成不透水的薄膜粘附于混凝土表面，从而阻止混凝土中的水分蒸发，保证水泥的水化作用。塑料溶液是由 88% 的轻油溶剂、9% 的过氯乙稀树脂（成膜材料）和 3% 的苯二甲酸二丁脂（增塑剂）三者的重量比配制而成。薄膜养护能保证质量，节省兵力，但在初期行车时易引起路面滑溜。

（2）填缝。填缝工作应在混凝土初步结硬后进行。因为这时土、砂、水等很少进入缝内，减少了清缝作业量，而且填缝料与混凝土的黏结良好。所有接缝的上部都须用填缝料封填，以防砂、石、水进入缝内。填缝前缝内杂物要清除干净。填缝料，固体的要加热成液体，然后灌填缝内，与板面齐平；半固体的可不加热，而将其揉搓成条状，嵌挤于缝内并捣实。

混凝土强度达到设计强度 40% 时，允许行人通行；强度达到设计强度 90% 以上时，开放交通。

如果需要提早开放交通，特别是换修损坏路面与冬季施工时，可使用水泥混凝土复合早强剂。即在水泥混凝土中掺加一定数量的三乙醇胺类、硫酸钠盐类的复合早强剂，以加速水泥的水化过程，使混凝土的强度很快达到设计强度。一般路面铺筑后 3~5d 即可开放交通。

为了加快作业速度，应尽可能使混凝土路面构筑全部机械化。根据目前的技术发展，水泥混凝土路面从基础整修、夯实，轨模安装与拆卸，混凝土的拌和、摊铺、捣实与整面，直至切缝、填缝与养护等工序都可使用专门机械进行流水作业。

5. 水泥混凝土路面的质量控制和检查

水泥混凝土路面作业时，为保证作业质量，须做好每一道工序的检查工作：

（1）按规定验收水泥、砂和碎石；测定砂、石的含水量及坍落度，并抽样制作混凝土试件。

（2）检查基层的强度、平整度、密实度、设计标高和横坡度，满足要求后方可铺筑混凝土。

（3）检查磅秤的准确性和材料配量的正确性。

（4）观察混凝土拌制、运输、振捣、整修和筑缝等作业的质量。

（5）每天或每200m³混凝土应浇制两组试件，龄期分别为7d和28d，每铺筑1000~2000m³混凝土增做一组试件，龄期90d，检查验收混凝土板的抗折强度。

施工中应及时测定7d龄期的试件强度，检查是否达到28d龄期强度的70%，否则应查明原因，立即采取措施使混凝土强度达到设计要求。

混凝土路面完工后，验收检查的项目、方法及容许误差如表5-18所示。

表5-18 水泥混凝土路面质量检查方法及验收标准

项次	检查项目		规定值或允许差	检查方法	规定分
1	抗折强度/MPa		在合格标准内	每天或200m³做两组试件	35
2	平整度/mm	等级道路	3	每100m检查2处，用3m直尺连续量3次，取最大三点的平均值	15
		其他	5		
3	相邻板高差/mm	等级道路	2	每条胀缝量两点，每100m抽检纵横缝各一条，量2点	10
		其他	3		
4	纵缝顺直度/mm	等级道路	10	每100m缝长量2处，拉20m拉线量取最大值	10
		其他	15		
5	横缝顺直度/mm		10	同上	5
6	板宽/mm		±20	每100m抽量2处	5
7	板厚/mm	等级道路	±5	每100m抽量2处	10
		其他	±10		
8	纵断面高程/mm	等级道路	±5	每100m用水准仪检查5点	5
		其他	±10		
9	横坡/路拱	等级道路	±0.15%	每100m用水准仪检查3个断面	5
		其他	±0.25%		

第6章　军用机场场道工程施工技术

军用机场是供航空兵部队驻扎和进行作战和训练活动的基地,我国第一个军用机场是 1910 年在北京南苑驻军操场修建的。军用机场按设施和保障条件分为永备机场与野战机场;按跑道所能保障的飞机类型分为特级机场、一级机场、二级机场与三级机场;按所处的战略位置分为一线机场、二线机场与纵深机场(图6-1)。

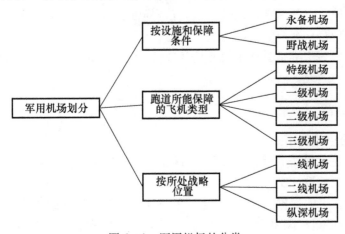

图6-1　军用机场的分类

为保证部队作战和训练不间断的进行,机场必须具有适当的建筑物、设备和空域。完备的军用永备机场通常由飞行场地、机场空域、飞机疏散区、飞机洞库、供战勤保障用的建筑物和设备、供人员办公和居住的营房、交通线路及靶场等部分组成。其中,飞行场地是军用机场的主体,主要供飞机起飞着陆滑跑、滑行及停放等用,它由跑道、土跑道、平地区、端保险道、滑行道和停机坪组成(图6-2)。

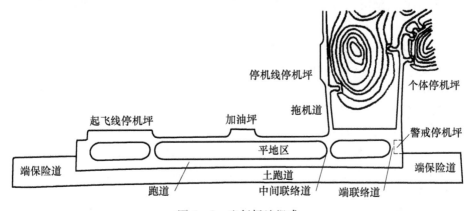

图6-2　飞行场地组成

而机场场道工程则是飞行场地的核心组成部分,因此本章主要介绍军用机场场道工程的施工技术。

6.1 军用机场场道工程施工准备

机场场道工程是国家及军队的大型工程,涉及的范围十分广泛,需要处理复杂的技术问题,耗用大量的人力、物资,动用许多机械设备;施工流动性大,遇到的条件多种多样,影响因素复杂。新建一个永备机场往往要耗资数亿甚至上百亿,能否多快好省地完成施工任务,首先取决于施工准备是否充分细致。

施工准备工作根据其内容和对项目施工的影响程度,可分为施工前准备和施工中准备两个阶段。施工前准备,是指为保证工程顺利开工、连续施工的需要而在工程开工前所做的各项准备工作。它既具有阶段性,又具有全局性,其准备充分与否,对整个项目施工的展开、进度和效益,具有决定性的影响。

机场场道工程施工准备具体来说有技术准备,施工现场准备,劳力、机具设备、材料准备以及施工控制网测设。

6.1.1 技术准备

1. 熟悉与会审施工图纸

施工单位接受工程任务后,应全面熟悉施工图纸、资料和有关文件,参加工程主管部门或建设单位组织的设计交底和图纸会审并作好记录。

施工图纸是施工的依据,在施工前建设单位和施工单位应详细阅读,对整个工程设计做到心中有数,然后组织图纸会审。图纸会审的目的是使建设单位和施工单位的有关人员,进一步澄清设计疑点,消除设计缺陷,统一思想认识,以正确理解设计意图,掌握设计要点,保证按图施工。

设计交底和图纸会审中,着重解决以下几个问题:设计依据与施工现场的实际情况是否一致。设计中所提出的工程材料、施工工艺的特殊要求,施工单位能否实现和解决。设计能否满足工程质量及安全要求,是否符合国家和军队有关规范、标准。施工图纸中土建及其他专业(水、电、通信、供油等)的相互之间有无矛盾,图纸及说明是否齐全。图纸上的尺寸、高程、轴线、预留孔(洞)、预埋件和工程量的计算有无差错、遗漏和矛盾。

2. 现场调查

复查和了解现场的地形、地质、水文、气象、水源、电源、料源或料场、交通运输、通信联络以及城镇建设规划、农田水利设施、环境保护等有关情况。

对于扩(改)建工程,应将拟保留的原有通信、供电、供水、供暖、供油、排水沟等地下设施复查清楚,在施工中要采取保护措施,防止损坏。

3. 编制施工组织计划和施工预算

在熟悉设计资料和施工图纸,详细掌握现场情况后,编制施工组织计划,以便有条不紊地展开工程施工。在此基础上,再编制施工预算,作为施工过程中成本核算的依据。

4. 技术交底

施工单位应根据设计文件和施工组织设计,逐级做好技术交底工作。

技术交底是施工单位把设计要求、施工技术要求和质量标准贯彻到基层以至现场工作人员的有效方法,是技术管理工作中的一个重要环节。它通常包括施工图纸交底、施工技术措施交底以及安全技术交底等。这项交底工作分别由高一级技术负责人、单位工程负责人、施工队长、作业班组长逐级组织进行。

施工组织设计一般先由施工单位总工程师负责向有关大队(或工区领导)、技术干部及职能部门有关人员交底,最后由单位工程负责人向参加施工的班组长或作业人员交底,并认真讨论贯彻落实。

5. 技术保障

对于施工难度大、技术要求高以及首次采用新技术、新工艺、新材料的工程,施工单位应根据工程特点,结合本单位的技术状况,制定相应的技术保障措施,做好技术培训工作,必要时应进行试点,取得经验并经监理单位批准后推广。

6.1.2　施工现场准备

施工现场准备主要应做好以下几项工作。

1. 确定工地范围

建设单位(或施工单位)应根据施工图纸和施工临时需要确定工作范围,及在此范围内有多少土地,哪些是永久占地、哪些是临时占地,并与地方有关人员到现场一一核实(是荒地或是良田、果园等)、绘出地界、设立标志。

2. 清除现场障碍

施工现场范围内的障碍如建筑物、坟墓、暗穴、水井、各种管线道路、灌溉渠道、民房等必须拆除或改建,以利施工的全面展开。

3. 办妥有关手续

上述占地、移民和障碍物的拆迁等都必须事先与有关部门协商,办妥一切手续后方可进行。

4. 做好现场规划

施工单位应按照施工总平面图搭设工棚、仓库、加工厂和预制厂;安装供水管线、架设供电和通信线路;设置料场、车场、搅拌站;修筑临时道路(含铁路专用线)。

5. 做好现场的"三通一平"

所谓"三通一平",就是指路通、水通、电通和场地平整。这项工作一般由建设单位自行负责,也可委托施工单位承包。它是施工单位人员、机械设备、大宗材料进场和工程开工的先决条件。

6. 搞好临时排水

为避免施工场区雨后积水,延迟工程进度和影响质量,必须根据地形条件、道面位置、降雨量、地下水位高低及填挖土方的分布情况,规划全场的临时排水系统。临时排水应和永久排水工程相结合,以便节约工程费用。

6.1.3　劳力、机具设备和材料准备

1. 劳力

场道工程施工需要大量劳力,而且时间相对集中。因此,开工前落实劳力来源、按计划

适时组织进(退)场,是顺利开展施工、按期完成任务、避免停工或窝工浪费的重要条件之一。

目前,机场场道工程施工劳力多为农民工,组建民工队伍时要注重民工素质和民工教育,并签订好施工合同。

2. 机具设备

场道工程施工需要大量的机械设备和运输车辆,其中大、中型机械设备和运输车辆更是施工的主力。施工单位应根据现有装备的数量、质量情况和周密的计划,分期分批地组织进场。其中需要维修、租赁和购置的,应按计划落实,并要适当留有备份,以保证施工的需要。

3. 材料

场道工程施工需要大量材料,除水泥、木材、钢材、沥青等主要由材料主管部门调拨外,绝大部分为地方大宗材料(如砂、石、石灰等)。据统计,材料费一般占场道工程总费用的 2/3 以上,因此,其费用高低直接关系到工程造价。同时,材料的品质、数量以及能否及时供应,也是决定工程质量和工期的重要环节。材料准备工作的要点是品质合格、数量充足、价格低廉、运输方便、不误使用。施工单位应在保证材料品质的前提下,本着就地取材的原则,广泛调查料源、价格、运输道路、工具和费用等,做好技术经济比较,择优选用,同时根据使用计划组织进场,力争节省投资。

6.1.4 机场施工控制网测设

"从整体到局部、先控制后细部"是施工测量必须遵循的原则,而施工控制网的测设是施工测量的第一步。即首先在施工场地上,以原勘测设计阶段所建立的控制网为基础,建立统一的施工控制网,然后根据施工控制网来测设建筑物的轴线,再根据轴线来测设机场建筑物的各个细部。施工控制网不单是施工放样的依据,同时也是变形观测、竣工测量以及将来机场建筑物扩(改)建的依据。

机场场道工程的测量,应根据建设单位所提供的设计测量成果和施工图纸进行。施工测量前,必须对设计测量成果进行复测并验收,证明符合测量的精度要求后,方可作为施工测量的依据。

所有施工测量记录和计算成果均应按工程项目分类装订,并附必要的文字说明。凡隐蔽工程的施工测量资料,应作为隐蔽工程质量检查的附件。施工测量控制桩(网)和场道工程的施工测量资料以及最后的竣工测量资料,应作为工程竣工验收的附件。

1. 布设方案

机场飞行场区位置的控制通常采用方格网控制方法。

主方格网控制桩,通常在机场工程定点勘测时由建设单位委托勘测单位完成。控制桩一般在跑道外侧 10~20m(土跑道上),跑道中心线和滑行道外(或内)侧 10~20m 布设三条轴线,排距为 400~800m。大部分控制桩设在施工区域以外,以便保护。跑道轴线两端延长线上,每端至少设置 2 个控制桩。

为了满足混凝土道面和排水工程放线测量的要求,应对主方格网控制桩进行加密和引测,或根据需要增设主方格网控制桩。此项工作通常在飞行区土方基本平整、道面基层开工之前,由施工单位完成。测设前,施工单位应对主方格网控制桩进行复测验收,证明其符合规定测量精度要求,方可作为施工测量的依据。加密或增设的方格网控制桩的间距一般不宜大于 200m。道面混凝土和排水工程施工用的水准点,埋设在道面外的一侧,每 100m 布设一个,最大视距不大于 70m;其他工程每 160m 布设一个,最大视距不大于 100m。

2. 测量精度要求

机场施工控制测量的等级划分及其应用范围见表 6-1。平面控制测量和高程控制测量应分别符合表 6-2 及表 6-3 的精度要求。

表 6-1 施工控制测量等级划分

项目		等级划分	应用范围
平面控制	一级	二级导线	施工控制桩测量
	二级	三级导线	施工放线定位测量
高程控制	一级	二等水准	施工控制桩测量
	二级	三等水准	施工放线定位测量

表 6-2 平面控制测量精度

平面控制	测角中误差 (″)	测距相对中误差	测回数		方位角闭合差 (″)	相对闭合差
			DJ$_2$	DJ$_6$		
一级	8	≤1/14000	1	3	16$\sqrt{n}$	≤1/10000
二级	12	≤1/7000	1	2	24$\sqrt{n}$	≤1/5000
注:表中 n 为测站数						

表 6-3 高程控制测量精度

高程控制	每千米高差全中误差/mm	水准仪型号	水准尺	观测次数		往返较差、附合或环线闭合差	
				与已知点联测	附合或环线	平地/mm	山地/mm
一级	2	DS$_1$	因瓦	往返各一次	往返各一次	4$\sqrt{L}$	—
二级	6	DS$_1$	因瓦	往返各一次	往一次	12$\sqrt{L}$	4$\sqrt{n}$
		DS$_3$	双面	往返各一次	往返各一次		
注:L 为往返测段,附合或环线的水准路线长度(km);n 为测站数							

3. 控制桩埋设要求

施工控制桩采用永久性的水泥混凝土标石,埋设深度:在南方不小于 80cm;在北方,冰冻线以下不小于 20cm,但埋设总深度不得小于 80cm。埋设高度宜低于完工后的场地标高。控制桩测设后,应妥善保护。

6.2 土方工程

6.2.1 原地面处理

位于施工区域内地面或地下的原有构筑物,凡影响施工和将来使用的,应连同其基础及周围的杂物清除干净。位于道面及其周围 5m 以内的树木、竹林、灌木丛等,应连同树

（竹）根彻底清除。其他部位，当覆土厚度大于 1m 时，需就地锯平，可不去根；当覆土厚度不足 1m 时，则应连根清除。

对施工区域内可能引起沉陷的暗沟、井、坟墓、地窖等坑穴，以及沟塘、水稻田等湿软地段，应先查明情况，详尽登记、标注，然后妥善处理。

对位于道面及排水结构物、其他附属设施等部位的旧房基、树（竹）根、坟墓、沟塘等清除后留下的沟坑的回填，必须沿其周（沟）边开挖成台阶，分层填筑回填，并达到规定的压实度标准。

6.2.2　挖土作业

土方开挖一般应从上到下分层分段依次进行，并挖成一定坡势，以利排水。人工挖土时，不得从坡脚或底部掏挖，防止发生塌方事故。道面部位挖方区的底层，如发现局部有流沙、淤泥、泥炭等劣质土或土层含水量较大不能压实时，应与设计单位协商处理措施，并按设计要求处理。

挖土用作填方时，应在挖土前将树根、草皮、杂物等清除干净。不同类别的土不宜混挖。永久性挖方区的边坡应严格控制，不得超挖。深挖方地段应做到及时放样，经常测量检查，随时修坡。

临时性挖方的边坡，可根据工程地质和边坡的高度，结合当地同类土体的稳定坡度值确定。当挖方经过不同类别的土层或深度超过 10m 时，其边坡可挖成折线型或台阶型。原地面坡度大于 1:5 的挖方段，不宜在挖方上侧弃土；在其下侧弃土时，应将弃土表面整平并向外倾斜，防止地面水流入挖方区。软土地区挖方的两侧均不应弃土。

在可能发生滑坡的地段挖土时，应符合下列要求：宜避开雨季施工。宜按照先整治后开挖的程序施工。不应破坏挖方上侧的自然植被和排（截）水系统，防止地面水渗入土体。不应在滑坡体上部弃土或堆置材料等重物。应按自上而下的顺序开挖，不得先切除坡脚。爆破作业时，应采取措施，减少震动。机械挖土时，边坡坡度应适当减缓，然后再用人工修整。

抗滑挡土墙宜在旱季施工。其基槽宜分段跳格开挖，并要加强支撑，开挖一段，筑好一段；选用透水性较好的土分层回填夯实（在季节性冰冻地区，应采用非冻胀性填料），同时按设计做好滤水或排水设施。

挖方接近设计高程时，应防止超挖。需要按设计高程预留的压实沉降量，应根据压实度标准、土的类别和挖方深度经试验确定。

6.2.3　填土作业

填土前，应按下列规定处理原地面：

道面土基（含宽出道肩 1.0m）部位原地面的草皮、有机质土、植物土及其他杂物必须彻底清除。

其他部位的填土厚度超过 600mm 时，可不铲除原地面草皮，但要割去草秆。

清除过的原地面，碾压密实后方可填土。碾压中如发现显著沉陷或拥包时，应查明原因，妥善处理。

当原地面坡度为 1:10 ~ 1:15 时，填土前应先将表层土翻松 50mm 深以上；原地面坡度陡于 1∶15 时,应将原地面挖成高 200 ~ 300mm、宽不小于 1m 且向内倾斜的台阶(砂土地段可不挖台阶,但要翻松表层),然后方可填土。

道面土基的填料应符合下列规定:

填料中不得混有草皮、树根、垃圾等杂物。腐植质土、泥炭、有机质土等劣质土及冻土不得用于道面土基。

液限大于 50、塑性指数大于 26 以及含水量超过规定的土,不得直接作为土基填料。需要应用时,必须采取满足设计要求的技术措施,经检查合格后方可使用。不同类别的土不应混填。受冻融影响较小的土填在上层,稳定性较差的土填在下层。

填土作业应从低到高分段分层进行。下层填土经平整、碾压达到压实度标准后方可填筑上层。每层填土的松铺厚度,应根据压实度标准、土的类别和机具的压实功能通过试验确定,不得超厚。最后一层的最小压实厚度,不应小于 80mm。

两个填土作业段的接茬部位,宜同时填筑,分层交错搭接,搭接的长度不小于 3m;如不能同时填筑,结合部必须按不陡于 1∶5 台阶搭接。填方区的边坡,应随每层填土逐步形成,不得欠填,压实宽度不得小于设计宽度。

6.2.4　平整与碾压

每层填土都应在碾压前大致平整,消除明显起伏。平整、碾压应随填土作业依次连续进行。一般采用静力式压路机、振动式压路机或冲击式压路机等机械压实(见图 6 - 3)。压实机械的选择应根据场地大小、土的类别及含水量、压实机械效率、压实度要求等因素综合考虑确定。对不便于机械碾压的部位,必须用夯锤(板)或人工夯实,不得遗漏。

| (a) | (b) |

图 6 - 3　机场碾压施工机械
(a)振动平碾机械;(b)冲击碾压机械。

道面土基和土质地带的表层初压完毕,应分别每隔 5 ~ 10m 和 10 ~ 20m 打桩挂线,仔细找平,达到质量标准。需要填补找平的地段,其表层应先刨松 50mm 左右,必要时洒水湿润,整平后碾压密实。

与混凝土道面(道肩)相接处的土质地带高程,宜低于混凝土板面 20mm。经检验合格的地段,应加以保护,控制机械、车辆通行,雨天人员不得踩踏。如搁置时间较长,其表面由于日晒、雨淋或冻融而发生的松软现象,在继续填土或基层施工前,应重新平整压实,必要时应予找平。

6.2.5 场道土方施工程序

1. 飞行区土方工程施工的主要特点

1）平整性和密实性

机场道面土基和土跑道、端安全道等土面区要求有较高的密实度和良好的平整度。我国军用机场一般要求土基压实度达重型击实标准的 0.95 以上,民用机场则要求达重型击实标准的 0.96~0.98 以上。有强度要求的土面区,压实度要求达 0.90 以上。平整度一般要求 3m 直尺检查。最大间隙要求土基不大于 20mm,土面区不大于 50mm。

2）施工场区宽阔

土方工程的分布具有场地的性质,作业面宽阔,而不像公路工程分布那样呈直线形,作业面狭窄,更适合于机械化施工。

3）土方量挖、填平衡

飞行场区挖、填土方量通常是平衡的,不需从场外取土或弃土到场外。

4）受自然因素影响大

由于施工场区宽阔,使得水文地质和气象等自然条件对土方工程施工的影响更大。尤其是南方多雨地区,往往因施工场区积水或地下水位高,土的含水量过大而难以施工,延误工期。北方寒冷地区,春季地面冻融,也给土方工程施工造成困难。

2. 施工准备

场道土方施工的目的是实现设计意图,改变原地面的高程,低的要填、高的要挖,并要使土基达到密实,满足设计要求。土方施工看起来似乎并不困难,但在实际施工时会遇到许多意想不到的问题,例如突然风雨连绵、天寒地冻或遇到复杂的土质等,都将影响施工的顺利进展,有时还会造成返工浪费。其施工准备有土方试验、施工测量和放样、施工现场清除、复核工程量、确定土(石)方作业计划,修正调配方案、搞好临时道路和临时排水等。

3. 基本施工程序

机场土方工程施工属场地平整性质,分两大区域:一是道面土基平整施工;二是土面区平整施工。其施工程序如图 6-4 所示。

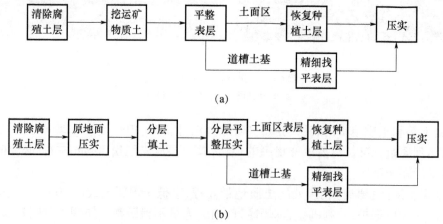

(a)

(b)

图 6-4 机场土方工程施工基本程序
(a)挖方区施工程序;(b)填方区施工程序。

6.2.6　高填方土基施工

水网地带,用细粒土填筑土基高度在 6m 以上,其他地带填土或填石料高度在 20m 以上(见图 6 – 5)时,可按本节要求施工。

图 6 – 5　某机场高填方工程填筑施工现场

高填方土基施工除应符合一般的填方土基施工相关规定外,还应符合下列规定:

(1)应铺筑高填方土基施工试验段,取得经验后全面展开。

(2)按本章 2.2.3 节的规定进行原地面清理、压实后,如基底的承压强度不能满足设计要求,则应与设计单位协商处理措施。

(3)应严格按设计边坡填筑,不得缺填。分层填土表面应设坡向坡脚方向的 1% ~ 2% 横坡。

(4)每层填土厚度、作业段的搭接应符合本章 6.2.3 节的规定。半填半挖一侧,应按设计要求挖好台阶。

(5)如填料来源不同,其性质相差较大时,应分层填筑,不得分段或纵向分幅填筑。有地下水影响时,地下水位以下应采用水稳性高及渗水性好的填料或做成"鱼刺"状排水盲沟。

(6)应严格控制每层填土的压实质量。压实作业宜采用工作质量 12t 以上的重型振动压路机,有条件的宜采用强夯施工。

(7)施工单位必须按设计要求预先制定沉降观测方案,并报监理工程师批准,施工过程中定期进行沉降观测。土基填筑完工后,沉降未达到稳定和设计规定的,不得进行道面结构层施工。

6.2.7　强夯施工

强夯法处理地基是 1969 年由法国 Menard(梅纳)技术公司首先创用的。这种方法是将很重的锤(一般 100 ~ 400kN)从高处自由落下(落距一般为 6 ~ 40m)给地基以强大的冲击力和振动,从而达到提高地基土的强度并降低其压缩性的目的。同时,夯击能(一般能量为 500 ~ 8000kN·m)还可提高土层的均匀程度,减少将来可能出现的差异沉降。

此法在开始时仅用于加固砂土和碎石土地基,经过几十年来的应用与发展,它拓展了应用范围,适用于加固从砾石到黏土的各类地基土。

强夯法由于具有效果显著、设备简单、施工方便、适用范围广、经济易行和节省材料等优点,很快就传播到世界各地。目前已有几十个国家近千项工程采用此法加固地基。在我国,强夯法常用来加固碎石土、砂土、黏土、杂填土、湿陷性黄土等各类地基。它不仅能提高地基的强度并降低其压缩性,而且还能提高其抵抗振动液化的能力和降低土的湿陷性。近年来,山区机场建设过程中,强夯法在大块碎石填筑的高填方地基加固中被广泛采用(图6-6)。

图6-6　强夯法加固大块碎石填筑的高填方地基

强夯施工前必须先进行试夯。

1. 试夯

施工前应按设计单位提供的施工参数及类似工程的施工经验,在现场选点进行试夯,确定夯击能量、夯点布置、单点夯击次数(收锤标准)、夯击遍数与间歇时间等强夯参数及施工工艺。

在同一场地内如土性基本相同,试夯可在一处进行;若差异明显,应在不同地段分别进行试夯。

在试夯过程中,应测量每个夯点每夯击1次的下沉量,及夯坑周边的隆起量。施工的合理夯击次数,应取单击夯沉量开始趋于稳定时累计夯击次数,且这一稳定的单击夯沉量即可用作施工时收锤的控制夯沉量,但应同时满足:

(1)当夯击能量在3000kN·m以内时,最后两击的平均夯沉量不大于50mm;当夯击能量较大时,应不大于100mm。

(2)夯坑周围土基不应发生过大的隆起。

(3)不因夯坑过深而发生起锤困难。

(4)试夯结束后,应按设计要求测试强夯效果。

(5)试夯结果不满足设计要求时,应调整夯击能量或其他参数重新进行试夯,如仍达不到设计要求,可与设计单位协商处理。

2. 强夯施工程序与要求

按设计要求清理、整平强夯区原地面,需要设置垫层的,按要求摊铺垫层。用石灰或打小木桩的办法进行夯点放线定位,其偏差不得大于50mm。测量夯前场地高程。按试夯确定的强夯参数施夯。施工中应有专人监测和记录每一夯实点的夯击能量、夯击次数和每次夯沉量。点夯后形成的夯坑见图 6 - 7。

图 6 - 7　填筑地基初次点夯后形成的夯坑

当第一遍夯完后,应推平夯坑,测量夯后场地高程,再按规定时间间隔进行下一遍夯击,直到将计划的夯击遍数夯完为止。强夯施工过程中或施工结束后,应按设计要求对强夯处理土基的质量进行检验。检验不合格处应进行补夯,或采取其他补救措施,达到试夯或设计规定的指标为止。

3. 强夯施工安全事项

每班作业前必须检查自动脱钩装置、平衡支架、钢丝绳及连接杆件等有无变形和损伤,如有异常情况应及时予以处理。吊车移动和停置的地面应大致平整、坚实。严禁荷锤行走。吊车停置就位时,应检查基坑边坡的稳定性,距离边缘太近要加固。

重锤起吊后严禁人员从吊杆及锤下方通过或紧靠吊车周围站立。当重锤上升接近脱钩高度时,吊车司机注意力要高度集中。重锤脱钩的同时,吊车要停止卷扬。重锤升到规定高度不能脱钩时,指挥人员必须立即发出停车信号,并将重锤缓慢放下,待判明原因后进行处理。重锤上升中途不得急刹车和紧急落锤,以免吊车倾覆。当吊钩还在较大摆动时,挂钩人员不得上锤顶作业。挂钩必须挂牢固、卡紧,并注意检查脱钩钢丝绳等是否有死结或缠绕在其他物件上。

夯击过程中若由于夯坑底部倾斜,需要填土整平时,重锤吊离地面高度不得大于 1m;并要待重锤停稳后方可填土。填土时不得将脚、手及铁锹等伸进重锤底下,防止重锤下落伤人。吊车操作室风挡玻璃前应增设一面钢丝防护网或防护罩。必须保证临近强夯区的房屋建筑及其他设施的安全。当安全距离不能满足要求时,应采取设置隔振沟或其他行之有效的防振或隔振措施。

6.2.8　靶堤、掩体施工

填土前应按本章 6.2.1 和 6.2.3 的有关规定,做好原地面处理。填土及碾压作业应符合 6.2.3 和 6.2.4 的有关规定。

填筑用土宜采用黏土。取土坑的位置与靶堤、掩体坡脚的距离不应小于 5m,并应挖掘整齐,利于排水。边坡应随每层填土逐步形成。当设计无要求时,宜宽填 100 ~ 150mm,然后削坡、修整,拍打密实。

6.2.9 雨季施工

雨季前,应对场区(含借土区)内的防洪、排水设施进行检查、疏浚或加固,保证雨水能及时排出。受洪水威胁的地段,应设值班人员,随时掌握周围水情和汛情通报,配备必要的防洪抢险物资及抽、排水设备(发电机、水泵)等。

应当及时了解天气预报,观察天气变化情况,合理规划作业区间及机动工程。场区(含借土区)的运输道路,可视情况加铺砂砾或其他防滑材料,保证道路畅通。

作业段不宜过长,施工中的挖土、运土、填筑、平整、碾压等工序应紧密衔接,并尽量在雨前碾压完。雨前碾压不完者,应用轻型压路机封压表面,以减少雨水渗入。应及时做好雨中及雨后的现场排水工作。

雨季施工过程中,更应加强对供、配电设施及用电器具等的维护管理,防止因雷击、漏电而发生人员伤亡或设备损坏等事故。

6.2.10 冬季施工

在反复冻融地区,昼夜平均气温在 -3℃ 以下,且连续 10d 以上时,属于土方冬季施工。当昼夜平均气温虽然上升到 -3℃ 以上,但冻土未完全融化时,亦应按冬季施工办理。

冬季到来前,应根据工期要求、气候条件、物资供应及施工力量等情况,拟好冬季施工方案,完成现场清理及临时排水,做好施工机械、车辆、设备和供水设施的防冻准备以及人员的防寒取暖设施和防火工作等。

冬季不得进行道面土基填方作业,土质地带填方施工也宜避开冬季。必要时,挖方作业可在冬季进行。挖土不应一次挖到设计高程,应视当地土的冻结深度预留土层,待春融后开挖修整。已经压实的土基应在入冬前采取有效的保温防冻措施。

6.2.11 特殊土和特殊地区土基施工

1. 软土

常见的淤泥、淤泥质土及其他饱和黏土等软土施工,应根据设计要求修筑土基处理试验段。软土层采取全部换土法时,应换填透水性良好的土;以部分换土法改善时,底层应选用透水性较好的土,基层及面层的施工宜有一定间隔时间,以满足下层软土的负载固结。

采用抛石挤淤、爆破挤淤、超载预压、土工织物、塑料排水板、碎石桩、深层加固等方法处理软土时,可参照 JTJ 017—1996 的规定施工。软土土基处理后,沉降值不满足设计要求时,未经设计单位同意,不得进行道面结构层施工。

强夯加固淤泥与淤泥质土基除应符合本章 6.2.7 的规定外,还应符合下列要求:

(1)出现下列情况之一时应停止夯击:坑周出现明显隆起,如第一击时就已明显隆起则应降低夯击能;有明显侧向位移;后一击夯沉量大于前一击夯沉量。

(2)应在强夯区设置完善的排水系统,及时排除夯坑积水。

2. 湿陷性黄土

土基填土的实际含水量不宜低于最佳含水量,大于100mm的土块必须打碎,严格控制各层填土厚度及压实质量。应按下列规定做好场区防水、排水工作,防止水的浸蚀。

（1）以永久排水工程设计为基础,全面规划临时排水设施的布局、施工及进度等。各种防洪、排水及其配套设施应及早完成,形成排水体系,保证场区排水通畅。

（2）流(经)向场区的河、沟及地下潜流的截流、改道工程,应防止渗漏水,避免形成新的潜流危害。

（3）临时水池及拌和场、预制厂等的供水设施,宜集中设置,与道面土基外缘的距离不宜小于20m,并与排水系统相沟通,做到排水通畅,用后及时拆除,而且按要求回填密实。

（4）严格控制各项工程的施工用水。

（5）所有沟、管、井等供水、排水、防洪设施,应做到严密不漏水。

（6）设专人管理供水、排水、防洪设施,做到经常维护检修,防止堵塞或渗漏。

（7）道槽土方的开挖及填筑应有一定坡向,不得形成积水凹坑。

应按下列规定处理好各类沟坑、陷穴、暗穴,消除湿陷隐患。

（1）应缩短各类沟槽(基坑)的施工暴露时间,防止雨水浸入。各类地下管线的沟槽,宜与土方同步施工,其回填土的压实度必须进行检查验收。

（2）现有的陷穴、暗穴,应视具体情况采用灌砂、灌浆、开挖回填等措施。

（3）处理好的陷穴、暗穴,其土层表面均应用石灰与土质量比例为3:7的石灰土填筑夯实。

（4）陷穴、暗穴的处理范围,应视具体情况而定。宜在道基边外,上侧50m、下侧20m范围内。若陷穴倾向道基,虽在50m以外,仍应作适当处理。对串珠状陷穴、暗穴应彻底进行处置。

采用强夯法施工时,除应符合本章6.2.7的规定外,还应符合下列要求:

（1）土的含水量宜低于塑限含水量1%～3%。在拟夯实的土层内,当土的含水量低于10%时,宜加水至塑限含水量,当土的含水量大于塑限含水量3%时,宜采取措施适当降低其含水量。

（2）强夯后,应在每500～1000m²面积内任选一处,自夯面下5～8m深度内,每隔500～1000mm取土样测定土的干密度、湿陷系数等指标。测试后所留的井坑或孔眼,应分层夯填,达到压实度标准。

（3）检查合格的作业段,应及时平整,表面松散层应予以洒水碾压,符合压实度标准后,再分层回填至设计高程。

3. 膨胀土(胀缩土)

强膨胀土稳定性差,不得作为道面土基的填料;中等膨胀土须经过加工、改良处理后方可作为道面土基的填料;弱膨胀土可根据当地气候、水文情况加以应用。应做好防、排水施工,保持场区土的含水量相对稳定,防止出现含水量过大或时干时湿现象。临时排水沟应在道面土基边缘10m以外设置。

根据膨胀土自由膨胀率的大小,选用工作质量适宜的碾压机具,碾压时应保持最佳含水量;压实土层松铺厚度不得大于300mm;土块应击碎至粒径50mm以下。

局部翻浆地段的换土,应换以与周围相同的土,不得换填砂石或炉渣等粒料。换土接茬处(含填挖结合部)应以斜坡接茬,坡度不宜陡于1:5,坡面原土应刨松。土基开挖后各道工序应紧密衔接,连续施工,分段完成。土基分段完工后,应尽快铺筑基层。当不能及时铺筑时,应采取措施保持土基的初始含水量,避免蒸发或雨淋,必要时可用塑料薄膜等覆盖。

道面(含道肩)周边5m范围内的土质地带应与道面土基同时施工。临坡建筑物,不宜在坡脚挖土施工。必须挖土时,应在取土后立即护砌边坡。采用掺石灰或水泥等措施改善及稳定膨胀土时,应先进行试点,取得经验数据后,再逐步展开。掺拌前,大于25mm的土块要打碎、过筛,拌和要均匀。

施工过程中应定期观测土基高程,作好记录。

4. 盐渍土

应根据盐渍土中盐的类别、含量、分布位置以及地表水和地下水等情况,针对盐—水变化特点及其对工程可能造成的危害,在施工中分别按设计规定进行处理。

在盐渍土地区修建机场,道面设计通常采取换土或设置隔离层等措施。要求道面土基(含宽出道肩周边5m)设计面以下80cm深度内,无论是挖方段或填方段,均不得有强盐渍土或过盐渍土。在施工过程中,一般应采取下列防治措施:

(1)施工前,应对场区盐渍土的类别、分布情况进行详细调查,做到心中有数。并针对盐渍土的类别、分布位置以及地表水和地下水等情况,在施工中采取相应措施。

(2)做好防、排水工作,使场区不积水,防止增加土中的含水量。

(3)道面土基填方用土,必须经过化验,其含盐量超过设计允许值时,不得使用。对不同含盐量的盐渍土,经过掺拌符合要求时,也可用作填方。

(4)对于伸入道坪土基内的砂沟、潜流等,应采取隔断措施,防止水流潜入土基。

(5)采用卵石、碎石等材料作隔离层时,应符合下列规定:铺筑隔离层前,应压实基底;材料中的植物根茎及其他杂物应拣净;在隔离层上下各做一层粗砂或石屑反滤层,防止因细颗粒渗入而堵塞隔离层;道面土基每个作业段从原地面清除到铺筑隔离层,应力求连续作业,一次完成。

5. 岩溶地区

(1)应依据场区的工程地质图等勘察资料,对其溶洞、清沟、石芽、暗河、落水洞等的部位、形态、大小、深浅、延伸方向以及有无水流、充填物等基本情况逐一予以复查和编号登记,按其设计方案及各自特点分别采取措施处理。

(2)对于无补给水源的干枯溶洞、溶沟、竖井等,其中浅而径面较大者,应彻底挖除其充填物,用细粒料充填密实或用片石混凝土填至基岩面;深而径面较小者,可采用钢筋混凝土盖板封盖,上部用细粒料充填密实或用片石混凝土填至基岩面。

(3)对无补给水源的有水溶洞、溶沟等,应先抽(排)出积水,然后按径面大小及深浅情况,按上述"(2)"的相关规定进行处理。

(4)对于有活水的地下沟、河、井、洞等,可采取引排或改道等措施截断水流,然后根据其径面大小及深浅情况,按上述"(2)"的规定处理。不应不加区别而一律填堵。对高出基岩部分的石芽,应予炸除。

(5)石质地段的填挖接合部应按设计要求处理,防止不均匀沉陷。

6. 季节性冰冻地区

应根据场区土质、地下水位、毛细水作用高度、气温及冻结深度等基本情况,采取措施,抑制冻胀,达到整体(胀缩)稳定。尽量使道面土基冻深范围内的土质均匀。局部地段土质杂乱或有强冻胀土时,应更换与周围相同的土,严禁回填砂石或炉渣等粒料。

换土回填部位的接茬,应妥善处理。如回填与周围相同的土时,可采取台阶接茬;如不相同,应采取斜坡接茬,其坡度不宜大于 1 : 5,坡面的原土应刨松,以利结合。

力求道面土基冻深范围内的水分大体相同。如在施工中发现地下潜流,其水分可能集聚在道面土基冻深范围内而引起不均匀冻胀者,应与设计单位研究,采取措施予以隔断或排出。

应严格控制施工用水,防止水流入道面土基过多而引起冻害。对于特殊土和特殊地区土方施工中采取的各种处理措施(包括原因、部位、面积、深度等),均应作好记录备查。

6.2.12　施工质量控制

为保证压实质量,应按规定检查土基的密实度。取样检验数目应符合表 6 - 4 的规定。土基及土面区竣工高程和平整度应符合表 6 - 5 规定。

表 6 - 4　土基及土面区压实质量检测频率要求

项目	检测频率	检测方法	标准值
土基	每层 1000 m^2/点	环刀法、灌砂法、灌水法、原位测试	不低于设计值
跑道端安全区,升降带平整区	每层 1000 m^2/点	同上	同上
其他土面区	每层 2000 m^2/点	同上	同上

表 6 - 5　土基及土面区平整度及高程检测要求

项目		频数	检测方法	标准值/mm
土基	高程	10m×10m 方格网控制	水准仪	+10, -20
	平整度	每 1000 m^2/点	3m 直尺(最大值)	≤20
跑道端安全区,升降带平整区	高程	20m×20m 方格网控制	水准仪	+30
	平整度	每 2000 m^2/点	3m 直尺(最大值)	≤50
其他土面区	高程	20m×20m 方格网控制	水准仪	+50
	平整度	每 5000 m^2/点	3m 直尺(最大值)	+50

6.3　机场道面基层工程

基层是机场道面结构层中的承重部分,主要承受飞机或其他荷载(如牵引车、加油车等)的竖向力,并把由道面板传下来的荷载应力扩散到垫层或土基(见图 6 - 8)。通过设置基层可以增加面层的结构强度,减轻冰冻的危害,减轻唧泥现象,缓和土基不均匀变形对道面板的影响,同时

图 6 - 8　机场道面基层示意图

可以加快面板施工。

6.3.1 基层的分类

机场道面水泥混凝土(或沥青)面层与土基之间的过渡层通常称作基层。基层按其成型机理分为嵌销型基层和半刚性基层两大类;按其结构层次又分为下基层、中间层和上基层,习惯上把下基层称作底基层,中间层和上基层称作基层。

1. 嵌销型基层

嵌销型基层指符合规定颗粒组成范围要求的松散集料,通过摊铺、碾压,集料颗粒排列紧密,相互嵌销获得结构强度的结构层。这类基层分为级配砾石、级配碎石和填隙碎石三种结构类型。

2. 半刚性基层

半刚性基层即稳定土基层,指符合规定颗粒组成范围要求的集料掺入足够的黏结料(如水泥、石灰等),和水一起拌和得到的混合料,经摊铺、碾压、养护形成的具有规定强度的结构层。这类结构层的强度除集料间的嵌销作用外,主要靠结合料和集料间的物理化学反应后形成的胶结作用。

半刚性基层集料按照土中单个颗粒(指碎石、砾石和砂颗粒,不指土块或土团)的粒径大小和组成,将土分为三类:①细粒土,颗粒的最大粒径小于10mm,且其中小于2mm的颗粒含量不少于90%;②中粒土,颗粒的最大粒径小于30mm,且其中小于20mm的颗粒含量不少于85%;③粗粒土,颗粒的最大粒径小于50mm,且其中小于40mm的颗粒含量不少于85%。

半刚性基层结合料主要采用石灰、水泥。按其结合料的不同分为水泥稳定类、石灰稳定类和综合稳定类三种类型。

6.3.2 级配碎(砾)石基层

1. 材料要求

1)级配要求

级配砾石指粗细砾石集料和砂各占一定比例的混合料,一般只用于道面的底基层。砾石的最大粒径不应超过40mm(方孔筛)。

级配砾石的颗粒组成及塑性指数应符合《民用机场飞行区土(石)方与道面基础施工技术规范》(MH 5014—2002)的相关规定,同时级配曲线应接近圆滑。

级配碎石指粗、细集料和石屑各占一定比例,且颗粒组成符合密实级配要求的混合料。

级配碎石可以由预先筛分成几个大小不同粒级碎石组配而成,也可用来筛分碎石(指控制最大粒径后,采用各类坚硬的岩石、漂石,由碎石机轧制的未经筛分的碎石料)和石屑组配而成。其颗粒组成和塑性指数应满足级配的规定。未筛分碎石用作底基层时,其颗粒组成和塑性指数应符合《民用机场飞行区土(石)方与道面基础施工技术规范》(MH 5014—2002)的相关规定。

2)其他技术指标

碎(砾)石中的扁平、长条颗粒的总含量应不超过20%,碎(砾)石中不应有黏土块、植物等有害物质。

压碎值指标主要包括：

（1）级配碎石用作道面基层时，石料压碎值应不大于 26%；用作底基层时，石料压碎值应不大于 30%。

（2）级配砾石用作道面底基层时石料的压碎值应不大于 30%。

2. 施工方法

级配碎（砾）石基底施工有路拌法和厂拌法两种方法。

6.3.3　填隙碎石基层

用单一尺寸的粗碎石做主骨料，经摊铺碾压形成嵌销作用，并以石屑填充碎石孔隙，通过碾压密实而形成的结构层，称作填隙碎石基层。填隙碎石只宜用作Ⅱ级以上机场道面的底基层，可用于Ⅲ级以下机场道面的基层。

1. 材料质量要求

1）主骨料

用作主骨料的粗碎石可以用具有一定强度的岩石和漂石轧制，也可以用稳定的矿渣轧制（矿渣的干密度的质量应比较均匀，干密度 $\geqslant 960\text{kg/m}^3$）。碎石中的扁平、长条颗粒含量不应超过 15%。碎石的压碎值用作基层时，不大于 26%；用作底基层时，不大于 30%。

碎石的最大粒径：用作底基层时，不应超过 80mm；用作基层时，不应超过 60mm（均指圆孔筛）。

2）填隙材料

填隙材料宜采用石屑。由于石屑含有一定量的石粉，使石屑在撒铺、洒水、碾压密实后，表面产生板结，从而提高结构层的稳定性。在缺乏石屑时，也可以用细砂砾或粗砂作为填隙材料，但其效果比石屑要差得多。

2. 施工方法

1）施工程序

填隙碎石基层施工的工艺流程如图 6 - 9 所示。

2）干法施工

①初压；②撒捕填隙料；③碾压；④重复第②～③步，直至全部孔隙被填满为止；⑤最后在表面洒少量水，用 12～15t 压路机碾压 1～2 遍。在碾压过程中，不应有任何蠕动现象。

3）湿法施工

①粗碎石层表面孔隙全部填满后，立即洒水，直到饱和；②终压；③干燥。

6.3.4　半刚性基层

1. 强度形成机理及缩裂特性

1）石灰稳定类混合料强度形成机理

土中掺入消石灰或生石灰粉（图 6 - 10），加水拌和后，会发生一系列的物理和化学反应，使土的工程性质发生变化。初期表现为土的结团、塑性降低、最佳含水量增大和最大

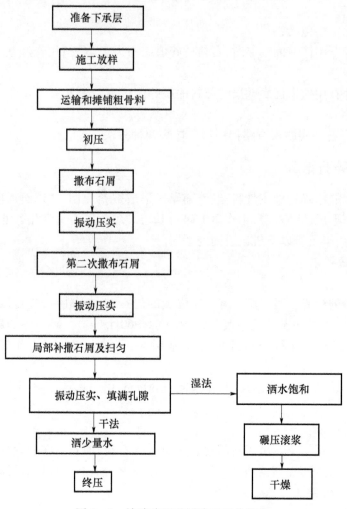

图 6-9　填隙碎石基层施工工艺流程

密实度减小等;后期变化主要表现在结晶结构的形成,从而提高土的强度和稳定性。

(a)　　　　　　　　　　　　　　　(b)

图 6-10　石灰稳定土基层

石灰加入土中发生的物理与化学反应主要有离子交换、$Ca(OH)_2$ 的结晶、碳酸化和火山灰反应。其结果使黏土胶粒絮凝,生成晶体 $Ca(OH)_2$、$CaCO_3$ 和含水硅、铝酸钙等胶结物,这些胶结物逐渐由胶凝状态向晶体状态转化,致使石灰土的刚度不断增大,强度与水稳性不断提高。

影响石灰土的强度与水稳性的主要因素有土质、石灰的质量与剂量、养护条件与龄期等。

2)水泥稳定类混合料强度形成机理

水泥加入土中并加水拌和后,水泥中的各个成分($3CaO \cdot SiO_2$、$2CaO \cdot SiO_2$、$3CaO \cdot Al_2O_3$、$4CaO \cdot Al_2O_3 \cdot Fe_2O_3$、$CaSO_4$)与土中的水发生强烈的水解和化学反应,同时从溶液中分解出 $Ca(OH)_2$,并形成其他水化物。水泥与水反应所生成的各种水化物可继续硬化,在土中形成水泥石骨架。所生成的 $Ca(OH)_2$ 积极地与土发生各种反应。

当水泥稳定粗类土、中类土和砂(土中粉类、粘类含量少)时,胶结类似于水泥混凝土的凝结、硬化现象,只是水泥并没有填满土颗粒间的间隙,胶结作用主要靠硅酸钙和铝酸钙与矿质颗粒表面的结合。

当水泥稳定土时,水泥的各种水化物生成后,有的自行继续硬化形成水泥石骨架,有的则与土中粉粒和粘粒发生相互作用,其作用形式有离子交换及团粒化作用、硬凝反应、碳化作用。水泥稳定土是水泥石的骨架作用与 $Ca(OH)_2$ 的物理化学作用的结果,后者使黏土微粒和微团粒形成稳定的团粒结构,而水泥石则把这些团粒包裹和连接成坚强的整体。

影响水泥稳定土强度和稳定性的主要因素有土质、水泥成分与剂量、水等。

3)综合稳定类混合料强度形成机理

(1)石灰和粉煤灰、水泥和粉煤灰(以下简称二灰)稳定类:二灰稳定类包括二灰、二灰土、二灰砂、二灰砂砾、二灰碎石等。对于砂性土和粗、中粒土,采用二灰稳定比单纯采用石灰或水泥稳定的效果显著提高。

粉煤灰是人工火山灰材料,含有活性的氧化硅和氧化铝,属低钙灰范畴,本身很少或没有黏结性。但是当它以细分散的状态与水和消石灰或水泥混合时,在常温下就能发生火山灰反应。这种反应是在水泥(或石灰)水化析出的 $Ca(OH)_2$ 吸附到粉煤灰颗粒表面的时候开始的,首先生成水化硫铝酸钙,随后生成水化铝酸钙,随着时间的继续,还会生成水化硅酸钙,它们都具有良好的胶结作用。

由于粉煤灰系空心球体,所以掺入粉煤灰后,混合料的最佳含水量增大、最大干密度减小。尽管如此,其强度、刚度和稳定性均有不同程度的提高,尤其是抗冻性有较显著的改善,而温度收缩系数比单纯的石灰(或水泥)土有所减少。这对抗裂有重要意义。

粉煤灰是一种缓凝物质。由于粉煤灰表面能低,难以在水中溶解,导致石灰粉煤灰土混合料体系中火山灰反应相当缓慢,这是此类混合料后期强度高、早期强度低的根本原因。

(2)水泥、石灰综合稳定类:在水泥稳定土中,由于水泥和水的数量均比在水泥混凝土中的数量要少得多,再加上土又是一种分散度极高的材料(与砂、石料相比),它能强烈地与水泥水化的产物发生各种反应,从而破坏了水泥正常水化与硬化的条件,致使水泥不能充分发挥自身应有的作用。为了改善水泥在土中的硬化条件,提高水泥稳定效果,常常在掺加水泥的同时掺加少量其他添加剂。

石灰是水泥稳定土中最常用的添加剂之一。在水泥稳定之前,先往土中掺入少量的石灰,使之与土粒之间进行离子交换和化学反应,为水泥在土中的水解的硬化创造良好的条件,从而加速水泥的硬化过程,并可减少水泥用量。掺加石灰还可扩大水泥稳定土的适用范围。一些不适于单独用水泥稳定的土(如酸性黏土、重亚黏土等),若先用石灰处理,可加速水泥土结构的形成。此外,由于石灰可吸收部分水并改变土的塑性性质,故用水泥稳定湿土(比最佳水量高4%~6%)时,先用石灰处理,能获得良好的稳定效果。

4)缩裂特性

半刚性基层的缺点是抗变形能力低,在温度或湿度变化时易产生收缩开裂。

(1)干缩特性:半刚性基层混合料经摊铺、碾压后,由于蒸发和混合料内部发生水化作用,混合料的水分会不断减少。由于水的减少而发生的毛细管作用、吸附作用、分子间力的作用、材料矿物晶体或凝胶体间层间水的作用和碳化收缩作用等会引起混合料产生体积收缩,当收缩量较大时,就会导致基层开裂。

半刚性基层混合料产生体积干缩的程度与下述因素有关:结合料的类型和剂量、被稳定土的类别(细粒土、中粒土、粗粒土)、粒料的含量、小于0.5mm的细土含量和塑性指数、小于0.002mm的粘粒含量和矿物成分、混合料含水量等。研究结果表明,在相同环境和最佳含水量状态下,各种半刚性基层按其干缩系数的大小排序:同一稳定类,稳定细粒土>稳定粒料土>稳定粒料;稳定细粒土类,石灰稳定土>水泥稳定土和水泥石灰稳定土>石灰粉煤灰稳定土;稳定粒料土(中粒土、粗粒土),石灰稳定类>石灰粉煤灰稳定类>水泥稳定类。

(2)温缩特性:半刚性基层混合料温缩性的大小大致与其干缩性的大小有相同的规律,即稳定细粒土的温缩系数明显大于稳定中粒土和稳定粗粒土的温缩系数;石灰粉煤灰稳定土的温缩系数明显小于石灰土的温缩系数;稳定粒料土的温缩系数明显大于不含细土的粒料的温缩系数,而且中粒土、粗粒土中细土含量越多,混合料的温缩系数越大。但水泥稳定粗(中)粒土的温缩系数大于石灰粉煤灰稳定粗(中)粒土的温缩系数。

(3)抗裂特性:半刚性基层的抗裂性能采用温缩抗裂系数与干缩抗裂系数来评价。

各类半刚性基层的抗裂性能按其温缩抗裂系数的大小排序:石灰粉煤灰砂砾>石灰粉煤灰>石灰砂砾>水泥砂砾>石灰土。按干缩抗裂系数的大小排序:石灰粉煤灰>石灰粉煤灰砂砾>水泥砂砾>石灰砂砾>石灰土。其收缩开裂,对于含土较多的材料以干缩为主;对于含集料较多的材料以温缩为主。干缩主要发生在竣工后初期阶段,当基层上铺筑面层以后,基层的含水量一般变化不大,此时其收缩转化为以温缩为主。

半刚性基层的类型与配比的选择,应根据当地的自然条件与基层所处的环境来确定。在条件可能时,应优先用石灰粉煤灰稳定类基层。试验表明,石灰粉煤灰稳定砂砾(碎石)类的集料含量约75%时,抗干缩与温缩能力均较强,可适用于不同地区,主要是解决早强不足的问题;水泥稳定砂砾碎石类,水泥含量5%~6%时,具有较强的抗干缩能力,适用于温差不大的地区。石灰砂砾类,抗干缩和温缩能力都较差,宜采用水泥石灰综合稳定,以部分水泥代替部分石灰,提高其抗干缩能力,减轻缩裂。

2. 半刚性基层材料的要求及混合料组成设计

半刚性基层材料由集料和结合料组成。集料指粗粒土、中粒土、细粒土,起骨架作用;结合料指水(气)硬性胶凝材料,起胶结作用。由半刚性基层材料的强度形成机理和缩裂特性可知,半刚性基层材料的品质、混合料组成设计对半刚性基层的强度和水稳性起关键作用。因此,在工程施工中要严格控制原材料质量,搞好混合料配合比设计。

1) 材料的质量要求

集料。机场道面半刚性基层常用集料包括级配碎石、未筛分碎石、级配砂砾、砂砾土、碎石土等粗、中粒土,细粒土一般用作底基层的垫层。

结合料。机场道面常用的结合料有石灰、水泥、粉煤灰。一般粉煤灰中 CaO 和 MgO 含量都很低,自身不具有胶凝性,所以,粉煤灰不能单独作为胶凝材料使用,通常与石灰或水泥混合使用。

2) 混合料组成设计

半刚性基层混合料组成设计的内容包括:根据设计强度指标,通过试验确定集料与结合料的比例、结合料剂量、混合料最佳含水量和最佳干密度。

混合料配合比设计一般步骤为:根据集料颗粒分析结果,确定是否需要掺配其他集料及其掺配比例;确定集料与结合料的配合比例;确定混合料最佳干密度和最佳含水量;强度试验;根据强度试验结果、考虑经济性,从中确定一个最佳配比。

3. 半刚性基层施工

半刚性基层施工分厂拌法和路拌法两种工艺。厂拌法指混合料在中心站集中拌和后,运到施工段摊铺碾压成型;路拌法指混合料直接在作业段上拌和、摊铺、碾压成型的工艺方法。

1) 厂拌法施工

(1) 混合料拌和:半刚性基层混合料拌和主要采用强制式水泥混凝土搅拌机或专用厂拌稳定土拌和机。强制式水泥混凝土搅拌机拌和基层混合料的工作方法类似于水泥混凝土混合料拌和,集料、结合料和水按每罐配比,分别计量进入搅拌机并拌和,前一罐拌和均匀吐料后,再拌下一罐(图6-11)。

图6-11　厂拌法施工

混合料拌和时,结合料应略大于设计配比用量。一般石灰或水泥宜多加0.5%左右,粉煤灰宜多加2%左右。混合料含水量应比最佳含水量大1%~2%。

(2) 混合料摊铺:基层混合料宜采用沥青混凝土摊铺机、水泥混凝土摊铺机或稳定土摊铺机摊铺。在没有上述摊铺设备时,也可采用人工摊铺。

（3）碾压：整型后，当混合料处于最佳信含水量1%时，即可进行碾压。碾压一般按先轻后重的次序进行，即先用轻型压路机（6～8t）或履带式推土机初压1～2遍，再用15t以上轮胎压路机或10t以上振动压路机碾压至规定的密实度为止。压路机的碾压速度，头两遍以采用1.5～1.7km/h为宜，以后用2.0～2.5km/h。碾压进程中如表面水蒸发得快，应及时补洒少量的水，保持表面湿润，如出现"弹簧"、松散、起皮等现象，应及时翻开重新拌和。水泥稳定土基层碾压终止时间不得超过混合料的规定延迟时间（指混合料加水拌和至碾压结束的持续时间），以免降低基层的强度。

（4）接缝处理：主要有纵缝施工和横缝施工。

纵缝施工：半刚性基层施工宜采用全断面推进式铺筑方法，避免纵向接缝。在必须分幅施工时，纵缝必须垂直相接，不应斜接。分幅施工时可在纵向支立模板，做成平直缝，模板的高度应与结构层厚度相同。

横缝施工：每工班（天）应采用连续铺筑方法，尽量减少横向施工缝。每天施工结束时，为便于压路机碾压作业，施工段末端可做成斜面，下一段施工时，再将斜坡铲除，修成垂直缝；或者在施工段末端设置模板外侧再铺混合科，做成斜面，以便压路机作业，下次施工时将模板外侧的混合料清除，拆模后继续铺筑混合料。

（5）养护：每一段碾压完成后应及时养护。底基层养护可直接采用洒水的方法，上基层可采用覆盖麻袋或直接铺找平层，洒水养护、每天洒水次数视气候条件而定，以保持表面经常湿润为准。养护时间不宜少于7d，在养护期间应封闭交通，禁止机动车辆通行。任何时候，均禁止履带式施工车辆在基层上通行。

2）路拌法施工

（1）摊铺。先按规定的虚铺厚度摊铺整平集料，然后洒水闷料，闷料时间视集料中细粒土含量多少而定；最后按计算好的间隔摆放、摊铺结合料（石灰、水泥、粉煤灰等）。

（2）拌和。定土拌和的机械设备主要有自行式稳定土拌和机、农用耕作机或平地机。在拌和过程中，应及时检查混合料的含水量。现场混合料含水量宜较其最佳含水量大0.5%～1%。如果混合料的含水量不足，应补充洒水，边洒水边拌和。

（3）整型。混合料拌和均匀后，立即用平地机（或人工）初步整平和整型，然后用履带式拖拉机或轻型压路机快速碾压一遍，以暴露潜在的不平整，最后再用人工按边长8～10m方格挂线精细找平和整型。

碾压、接缝、养护等工序同厂拌法施工。

6.4 道面水泥混凝土工程

6.4.1 水泥混凝土道面

1. 水泥混凝土道面的组成和工作情况

水泥混凝土道面是机场道面的主要类型，其组成可分为道面和土基两部分，道面通常由水泥混凝土面板（又称面层）、基层、有时还有垫层所组成（图6-12）。道面的主要作用可以归纳为两个方面：一是直接承受机轮荷载，并把荷载传布到比飞机轮胎与道面接触面积大得多的基层表面上去；二是直接承受自然因素的作用。

图6-12 水泥混凝土道面

当飞机和车辆在水泥混凝土道面上行驶或停放时,道面受到不同种类的荷载作用。这些不同种类的荷载有静荷载、动荷载(包括瞬时荷载、冲击荷载、震动荷载等)、水平荷载及重复荷载。另外,道面板还暴露在大自然中,因此,还反复受到冷热、干湿、冻融、风雨等作用。这些荷载和自然因素对道面将产生不同的影响。

2. 水泥混凝土道面的优缺点

与其他道面相比较,水泥混凝土道面的优点:强度高,耐久性好,使用年限长,被广泛用在机场道面和高速公路上;有良好的平整度,对油类的侵蚀和高温破坏的抵抗力较强;表面粗糙度好,特别是在下雨时道面板经防滑处理(刻痕)后,仍能保持较高的粗糙度,确保飞行安全。我国对水泥混凝土道面已积累了丰富的施工经验,拥有配套的机械设备和专业的施工队伍,水泥和砂石资源也较丰富。

水泥混凝土道面的缺点:水泥混凝土道面铺筑后,需经较长时期(2~3周)的养护方可使用;施工时间较长,耗费的人力、物力较大;道面板接缝较多,板面和板角是道面板的薄弱部位,容易损坏;接缝影响行车的平顺(图6-13);损坏后修补工作比较费事,修补后的道面质量也不如原来的整体强度高。

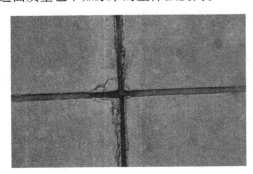

图6-13 水泥混凝土道面接缝处损坏情况

6.4.2 水泥混凝土组成材料及混合料配合比设计

普通混凝土由水泥、砂、石和水组成。在混凝土中,砂、石起骨架作用,称为骨料;水泥与水形成水泥浆,包裹在骨料表面并填充其空隙,在混凝土中起润滑(硬化前)和胶结(硬化后)作用。

1. 组成材料要求

1) 水泥

（1）品种选择。机场道面混凝土应选用收缩性小、耐磨性强、抗冻性好的硅酸盐水泥或普通硅酸盐水泥(简称普通水泥)，水泥的强度、物理性能与化学成分应符合 GB 175—1999 的规定。有条件时，应优先选用符合 GB 13693—92 标准的道路硅酸盐水泥。

水泥的碱含量($Na_2O + 0.658K_2O$)应不大于 0.6%。当水泥的碱含量大于 0.6%时，应进行碱—集料反应试验，合格后方可使用。

当水泥供应条件受限制时，除跑道外，其他道面可采用矿渣硅酸盐水泥，但应严格控制其用水量，适当延长搅拌、拆模及后筑混凝土板(简称后筑块，俗称填仓，下同)铺筑间隔的时间，加强养护工作，且不得用于低温施工。

（2）质量控制。水泥进场时，必须附有产品合格证和质量化验单，对其品种、强度等级、代号、包装、数量、出厂日期等均应进行检查，并应对不同厂家、不同品种、不同强度等级或同一厂家(同品种同标号)每进场 1000～2000t 进行一次抽样检验，不合格者不得使用。

没强度等级、品种、厂牌的水泥，应分别储存、堆放，不得混合使用。

先出厂或先进场的水泥应先使用，出厂期超过三个月或受潮的水泥，必须经过检验合格才可使用，混有杂质或已结块变质的水泥，不得使用。

运装散型水泥的罐车及储存罐，应专罐专用，不同品种、强度等级、厂牌的水泥，不得混装，如需运输或储存另一种水泥时，必须将原罐内残留水泥清除干净，防止发生质量事故。

2) 细集料

细集料可采用天然河砂、海砂、山砂，经设计单位同意也可采用人工机制砂。应优先采用河砂。道面混凝土应选用清洁、坚硬、耐久、级配良好且不含超过有害含量限度的垃圾、泥土、有机质及盐类等杂质的粗、中砂。当无法就地取得中、粗砂时，也可采用含泥量小于 3%的细砂，但配制混凝土时应采取减少砂率、适当增加水泥用量、加强初期养护等技术措施。

质量控制。工程开工前，应对料源进行细致的调查，并进行抽样检验。要求砂子的级配应符合规定，砂子的含泥量及有害物质含量应符合规定，砂的坚固性用硫酸钠溶液法检验，试样经 5 次循环后，其质量损失应不大于 8%。施工中，对于料源不同的砂或同一料源的砂每进场 2000～3000m³时，均应分别进行抽样试验，不合格者不得使用，或经技术处理、鉴定合格后方可使用。

3) 粗集料

粗集料应采用碎石或机轧砾石，质地应坚硬、耐久、耐磨、洁净，符合规定的级配，最大粒径应不超过 40mm(图 6-14)。碎石和水泥胶结牢固，并且品质稳定，混凝土强度变异小，故应优先采用碎石。当采用碎卵石时，由于卵石种类很多(同一料源可能有几十种以上)，矿物成分也比较复杂，故施工中应加强对进场材料品质的检验，注意材料品质的变异情况和混凝土强度的变异值况。尤其是当所选用水泥碱含量较大($Na_2O + 0.658K_2O > 0.6\%$)时，采用碎卵石或卵石作混凝土骨料更应慎重，因为正常的碱—骨料反应检验难以代表总体情况。

图 6 – 14　碎石（砾石）

严塞地区道面混凝土粗集料不应选用卵石，因为卵石表面光滑，与水泥石的胶结强度比碎石低，混凝土抗冻耐久性差。

质量控制。粗集料的品质要求包括级配、针片状颗粒含量、含泥量、强度、坚固性、有害物含量等指标。碎石或机轧砾石，颗粒级配应按 5～20mm、20～40mm 两级规格控制。颗粒粒径应采用圆孔筛，也可使用方孔筛，但应符合相应的换算系数。碎石的坚固性用硫酸钠溶液法检验，在一般条件地区及最冷月平均温度为 −5～−15℃地区，试样经 5 次循环后质量损失应不大于 5%；在最冷月平均温度低于 −15℃地区，5 次循环后的质量损失应不大于 3%。粗集料进场前应对各项指标进行抽样检验，合格后方可进场。

有害物含量限度。硫化物及硫酸盐（折算成 SO_3）含量按质量计不大于 1%。泥土含量不大于 1%。粗集料中不得含有蛋白石、玉髓、鳞石英等活性二氧化硅物质和石灰块、土块、树皮、草根等杂物。卵石有机物质含量用比色法试验时颜色不得深于标准色。施工中，对于料源和规格不同的石料，或同一料源和规格相同的石料，每进场 4000～5000m³ 时，均应分别进行抽样试验，不合格者不得使用，或经技术处理、鉴定合格后方可使用。

4）水

符合国家标准的生活饮用水，均可拌制道面混凝土。

当使用非饮用水时，应进行水质检验，水质指标符合下列要求：用待检水配制的混凝土 8d 的抗折强度不得低于用符合国家标准的饮用水拌制的对应混凝土抗折强度的 90%；用待检水和饮用水试验所得的混凝土初凝时间差、终凝时间差不得大于 30min，其初、终凝时间尚应符合国家标准的规定。待检水的化学分析指标应符合规定。水中不得含有影响水泥正常凝结和硬化的有害杂质，如油、糖、酸、碱、盐等；硫酸盐含量（按 SO_4^{-2} 计）应小于 2.7g/cm³；pH 值应大于 4；含盐量应小于 5mg/cm³。

5）添加剂

为了提高混凝土拌和物的和易性，以及提高混凝土的耐久性，通常在混凝土拌和物中掺入外加剂。道面混凝土掺加的外加剂，除其品质应符合国家现行《混凝土外加剂应用规程》和《混凝土外加剂应用技术规范》的有关规定外，其品种及含量应根据施工条件和使用要求通过水泥混凝土混合料配合比试验选用；为了防止产生碱集料反应，不宜选用含钾、纳离子的外加剂,采用时应进行专门试验。

6) 钢筋

钢筋的品种、规格应符合国家现行规范、标准的有关规定。每批钢筋应附有出厂试验证明书(或出厂质量检验单),若无证明书或对钢筋质量有怀疑时,应做拉力和冷弯试验。钢筋应严格按品种、规格、钢号、批号等分别存放,不得混杂,并应避免锈蚀、污染钢筋,宜架离地面30cm以上存放,并适当予以遮掩。钢筋应平直,无局部曲折。表面应洁净、无损伤,油渍、漆污和铁锈等应在使用前清除干净。有颗粒状或片状老锈的钢筋不得使用。

7) 掺合料—粉煤灰

粉煤灰属活性的混凝土掺合料,将其掺入混凝土中,能够取代水泥,并以细颗粒充当细骨料的填料,对新拌混凝土能起到减水作用,明显增强粘聚性,减少泌水,改善混凝土内部结构性能,明显提高混凝土强度,尤其是后期强度,还能增加混凝土的抗腐蚀能力和耐久性。各种混合水泥不得掺用粉煤灰,不得使用湿排或潮湿粉煤灰,禁止使用已结块的湿排干燥粉煤灰。

8) 骨料的碱活性检验

碱活性骨料是指能与水泥或混凝土中的碱发生化学反应的骨料。当骨料中含有某些碱活性矿物成分时,在水的参与下,将与水泥或混凝土中的碱发生化学反应,使混凝土膨胀开裂破坏。这种反应表现为碱—硅酸盐反应和碱—碳酸盐反应两种机理。

碱—骨料反应引起的破坏往往需要经过若干年之后才会出现,少则3~5年,多则十几年,一旦出现,将对道面使用产生较大危害。这类损坏多出现在混凝土板的边角部位和表层5~10cm范围内;混凝土表面呈枝状或地图状裂缝,裂缝中有褐灰色及黑色充填物;雨后及傍晚或早晨常从裂缝中析出白霜状物和白乳状小球;表面鼓起,撞击有松动感;损坏严重的表层混凝土剥落,断裂面被白霜包裹。

为了避免机场道面混凝土出现这类破坏,工程施工中应对混凝土所用骨料进行碱活性检验。

碎石或卵石进行碱活性检验时,首先应采用岩相法检验碱活性石料的品种、类型和数量(也可由地质部门提供)。若石料中含有活性二氧化硅时,应采用化学法和砂浆长度法进行检验;若含有活性碳酸盐石料时,应采用岩石柱法进行检验。

砂子直接采用化学法和砂浆长度法进行检验。

经上述检验,骨料判定为有潜在危害时,属碱—碳酸盐反应的,不宜作混凝土骨料。如必须使用,应以专门的混凝土试验结果做出最后评定。潜在危害属碱—硅酸盐反应的,应采取相应的措施后方可使用。

2. 混合料配合比设计

道面混凝土配合比设计是根据混凝土的设计抗折强度、耐磨、耐久性以及拌和料的和易性等要求和经济合理的原则,在冰冻地区还应满足抗冻性的要求,通过试验和必要的调整确定混凝土单位体积中各种组成材料的用量。

6.4.3 模板支设

模板是新浇混凝土成型用的模型。要求它即能保证结构和构件的形状和尺寸的准确;具有足够的强度、刚度和耐久性;装拆方便,能多次周转使用;表面光滑平整,接缝严密。模板系统包括模板、支撑和紧固件。模板选材和构造的合理性,以及模板制作和安装的质量,都直接影响混凝土结构和构件的质量、成本和施工进度。

模板按其所用材料,主要分为木模板、钢模板两大类。道面混凝土板的模板应优先选用钢模板;异形板及弯道边板的模板,可采用木模板。模板按道面板分仓形状可分为矩形模板和六角形模板,按道面板结构又分为企口缝模板和平口缝模板。

1. 模板加工

1)钢模板

通常可选用 4～6mm 厚钢板冲压制成,也可采用槽钢加木企口条制成。槽钢加木企口条可根据道面板厚度和槽钢规格采用两种组合形式:①在槽钢安装企口的部位上打眼,用铁丝将木企口条固定在槽钢上;②用两块槽钢拼装时,可在上下两块槽钢的中间夹木企口,形成阳企口,木企口条通过螺栓固定在上下两块槽钢上。

钢模板加工的长度一般为 2～4m,高度可比混凝土板厚度小 5mm。其允许偏差为:

高度:±1mm;

长度:±3mm;

企口位置及各部尺寸:±1mm;

两垂直边所夹角:90°±0.5°;

顶面竖向弯曲:小于 1mm;

直线度:小于 2mm。

2)木模板

木模板应选用质地坚实、变形小及无腐朽、扭曲、裂纹的红白松或杉木制作。木模板的厚度通常为 4～6cm(弯道部分为 2～3cm),高度可比混凝土板厚小 5mm,长度宜为 3～5m。模板内侧和顶面要刨光。为了便于拆模并提高木模板的利用率,模板顶面可用厚度为 4mm 的扁钢或 40mm×4mm 的等边角钢加固,内侧(含企口)可加钉厚度为 0.5～0.75mm 的镀锌铁皮。木模板加工的允许偏差为:

高度:±2mm;

长度:±5mm(混凝土连续铺筑者,可不作要求);

企口位置及各部尺寸:±2mm;

顶面竖向弯曲:小于 2mm;

顶面横向弯曲:小于 10mm。

2. 模板支设

支模前,应对基层(含地平层)的质量高程和平整度进行检查,不合格者不得支模,经修正检验合格后,方可支模。应对模板的规格、平直状况、接头以及钢模的附件进行仔细检查,不合格者不得使用。

应根据混凝土分块图的平面位置与高程,将模板支立准确,连接紧密、平顺,不得有离缝、前后错位和高低不平等现象。模板支立后应预固定,在旧道面和半刚性基层上进行道面施工时,宜用预制的混凝土块顶撑或用钢钎固定,模板的连接处更应加强。固定装置应在模板的外侧,并低于模板顶面约 2cm(便于施工操作)。必要时,模板内侧也可用钢钎临时固定,在混凝土混合料振捣前拔出。

模板与基层(含找平层)接触面不得有裂缝,如有,应堵严,以防漏浆。模板的内侧应涂刷隔离剂(如废机油等),以利拆模。

(1)支模的允许误差平面位置:±5mm;高程:±2mm;直线性:±5mm(用20m长线拉直检查,量最大值)。

(2)模板支设方案。模板的支设方案要根据混凝土浇筑顺序而定。目前混凝土浇筑以纵向连续浇筑为主,其优点是工作面长,循环次数少,便于组织机械化施工,在飞机滑跑方向上混凝土板间高差小,利于飞行,还可以延长道面的使用寿命;缺点是在填块(补格)浇筑时,排水困难,尤其是在南方多雨季节施工,往往因积水不能排除而影响施工,甚至会影响基层的稳定。

纵向连续浇筑方法常采用"支一行,空三行"或"支一行,空一行"的支模形式。

6.4.4　水泥混凝土道面板施工

机场水泥混凝土道面板施工,作业面积大,操作工序多,质量要求高,露天施工,受自然因素影响大,施工情况极其复杂,尤其是混凝土道面板的表面,不仅质量问题突出,而且外观要求也很高。混凝土道面板成形后,一旦发现混凝土板块有缺陷,除做局部或整板刨除处理外,一般情况下,缺陷难以弥补。即使进行处理,其道面质量也要受一定的影响。因此,一次成形,搞好混凝土道面板的施工质量尤为重要。

影响水泥混凝土道面板施工质量的因素很多,原因也很复杂。就其内因而言,原材料是主要因素,就其外因而言,混凝土的配合比设计、搅拌、运输混合料、铺筑、振捣、做面、切(灌)缝以及养护等工序都对混凝土质量会产生很大影响。所以,要想得到优质的混凝土道面板,首先要把好原材料这一关,还要严格按照施工及验收规范的要求执行各步骤。

1. 工具检查

混凝土混合料铺筑前,应对模板的位置、高程、支撑,隔离剂的涂刷,传力杆支架的固定、钢筋的绑扎,找平层的平整以及作业棚、养护棚和各种工具的配备进行全面的检查。一般可以通过试打发现问题,及时改进。

2. 混合料拌和与运输

1)拌和

如因停电或机械发生故障,需要应急配制少量混凝土混合料时,方可采取人工拌和。

2)配料

为保证配料的准确,投入搅拌机的混合料数量,应按混凝土施工配合比(由工地试验室提供)和搅拌机的容量计算确定。

投入搅拌机的砂、石料必须准确过秤,每班开工前,磅秤应检查校正。当后台为人工上料时,要经常清除底盘上面与侧面存留的散料,及时排除盘下积水。

散装水泥必须过秤。以袋装水泥计算时,应抽查袋装质量。

严格控制含水量。每班开工前或作业过程中,应测定砂、石含水量,由工地试验室根据砂、石含水量的变化情况,调整用水量和砂、石数量。

混凝土混合料中掺外加剂(如减水剂、早强剂、缓凝剂等)时,应由专人负责,提前配制溶液,使用时必须搅拌均匀,测出比重,按规定掺用量准确投入。

混凝土的材料,必须按质量比计量配制,投料允许偏差:水泥为±1%;水为±1%;砂和石料为±2%;外加剂为±1.5%。

每台班开拌第一罐混合料时,应增加 10～15kg 水泥及相应的水与砂(考虑粘罐损失一部分砂浆),并适当延长搅拌时间。

搅拌台(站)的后台采用自动上料时应注意以下事项:推土机推料应行使在砂、石堆上,不准推入泥土。停驶时不得停在土质地段上。使用皮带运输机运料,自动过秤称料时,应设专人看管,负责校秤和维修。

3. 拌和及运输

1) 投料顺序

搅拌机的进料顺序,通常为石子、水泥、砂或砂、水泥、石子,使拌和时减少水泥飞散。进料后边搅拌边加水。掺外加剂时,应设专人负责,提前配制溶液。使用时,搅拌均匀,测出密度,按规定用量随水投入搅拌机。

2) 搅拌时间

搅拌时间指自全部材料投入搅拌筒至混合料拌和均匀开始卸料为止,连续搅拌的最短时间。其长短据搅拌机类型、混凝土配合比不同而异,施工时应通过现场试拌确定。JQ1000 型搅拌机拌和道面混凝土的时间一般取 90s。

搅拌时间不能超过规定时间的 3 倍。因为,搅拌时间过长,导致粗骨科的破碎和离析,使和易性变差,而且有时还使加气混凝土的空气量发生变化。因此,不管什么理由,当混凝土不能排出时,为了不超过规定搅拌时间的 3 倍,应当暂时停止搅拌。但应时常转动搅拌机,以免混凝土吐出困难。

3) 注意问题

每班搅拌第一回时,由于搅拌机筒要吸附一部分水泥砂浆,应多加 10～15kg 水泥及相应的水与砂,并适当延长拌和时间。每班结束或停止工作后,搅拌机筒要及时加水与石料转动清洗。

每罐混合料卸净之前,不得向搅拌筒内投入新料。

拌和过程中,如机器发生故障,必须切断电源,停机修理;如故障排除时间或停电时间超过 0.5h 时,应先将搅拌筒内混合料清除干净,再清洗搅拌机。

4) 拌和料运输

混合料运输工具的选择取决于混凝土搅拌站的规模。当采用小型搅拌机分散搅拌时,通常采用 1t 轻便小翻斗车运输;对于大型集中搅拌站均采用自卸汽车(3.5～8t)运输混合料。

运输混合料应注意下列问题:

混合料从搅拌机出料后,应及时运往铺筑地点,途中的运输时间不宜过长,应保证有足够的时间使初凝以前完成抹面。严禁用额外加水或其他方法来改变混凝土混合料的稠度。

运输道路应保证车辆运行平稳,以免运输途中产生离析现象。不得采用已明显离析的混凝土混合料。运输工具应不吸水、不漏浆,保证混合料到达使用地点具有设计要求的配合比和流动性。

要经常清洗车箱内外粘附的残浆剩渣。车辆进入铺筑地段及卸车时,不得碰撞模板、传力杆支架及先筑板边角,也不得直接将混凝土混合料倒在传力杆支架和模板上。为防止混合料离析,卸料高度不宜超过 1.5m,超过时,宜加设溜槽。

6.4.5 道面混凝土板铺筑

1. 铺筑前的准备

铺筑道面混凝土板的作业,是一项多工种的流水作业(图6-15)。为了铺筑符合要求质量的混凝土板,各个操作环节应成为一个整体均衡连续地进行。重要的是要做好铺筑前的各项准备工作。

在进行混凝土铺筑前,除了应做好传力杆加工、钢筋网绑扎、机具加工安装、道路平整、劳动力组织等工作外,还应做好以下几项准备工作:

(1)复测模板的平面位置与高程,检查其稳定和支撑情况,清除模板内杂物,洒水湿润模板(指木模板)。

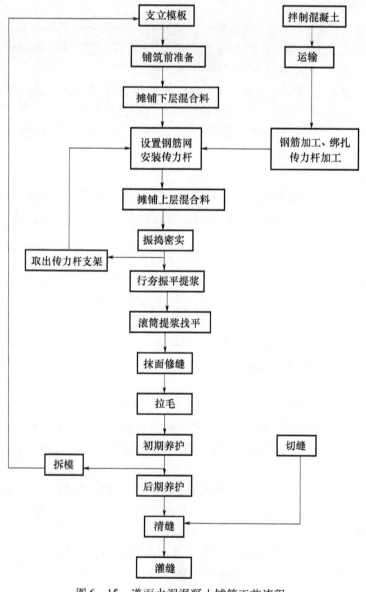

图6-15 道面水泥混凝土铺筑工艺流程

第 6 章　军用机场场道工程施工技术

（2）平整、压（夯）实找平层，并洒水湿润。

（3）用基层找平材料（砂或石屑）或水泥砂浆堵严模板与基层接触面的缝隙，以免漏浆。

（4）在模板内侧涂刷隔离剂，以利拆模。两边先筑块，侧壁未刷沥青的应立即刷沥青。

2. 钢筋网的安设

道面板设有钢筋网，或板边缘、角隅用钢筋加强时，钢筋网及边缘、角隅钢筋可按下述程序和方法安设。

（1）单层钢筋网应于底层混凝土混合料摊铺振捣后安设。钢筋网片就位后，方可继续摊铺上层混合料。

（2）双层钢筋网的上下两层网片，宜分先后两次安设。下层网片可垫以间距不小于80cm 的水泥砂浆预制块，也可先摊铺大于保护层厚度的混合料，振实整平并使之达到保护层厚度后再安设；上层网片待预定高度的混凝土混合料振实找平后安设。厚度小于25cm 的钢筋混凝土板，上两层钢筋网片也可用架立钢筋扎成骨架，一次安设就位。

（3）混凝土板的边缘、角隅钢筋，宜先在该处摊铺一层混凝土混合料，振实至钢筋设置部位时安设。钢筋安设稳定后，方可继续摊铺作业。

3. 摊铺混合料

混合料卸入模板内，接着就是用铁锹将混合料均匀地铺在模板内。摊铺时，先边角，后中间，且边角处应采用扣锹的方法，使较细的混合料贴边，以防止振捣后，出现蜂窝麻面；其次要控制好虚铺厚度，一般可高出设计厚度 10% 左右，以保证震捣沉降后，刚好达到设计厚度，禁止抛掷和搂耙，以免混合料产生离析现象（图 6 – 16）。

图 6 – 16　摊铺混合料

设计厚度不大于 22cm 的道面板，可一次铺筑；厚度大于 22cm 的道面板，用平板振动器振实时，须分两次摊铺，分别振实，下层摊铺为总厚度的 3/5。上下两层摊铺要紧密衔接，上层混合料的摊铺须在下层混合料初凝前完成。若用插入式振动器振实，可一次铺筑。

每班结束或因故停工设置的工作缝，须与分仓接缝的位置一致，每班摊铺多余的混合料不得随意铺垫于混凝土板底层。

4. 振实

当混合料按要求摊铺好后，要立即进行充分振捣，使混凝土密实。道面混凝土振捣机具有平板振动器、插入式振动器和多棒式混凝土振实机（图 6 – 17）。目前多以平板式振

· 171 ·

动器为主,板的边角及企口部位,辅以插入式振动器振捣。

分层摊铺的混合料,应分层振捣,但上层的振捣必须在下层的混凝土初凝前完成。

(a)　　　　　　　　　　　　　　　　(b)

图 6 - 17　振捣

(a)插入式振动器;(b)平板式振动器。

5. 做面

做面工序通常分为提浆整平、抹面和表面抗滑处理。

1) 提浆整平

提浆整平作业通常分为行夯作业(图 6 - 18)、滚筒作业(图 6 - 19)两道工序或采用混凝土三辊整平机。

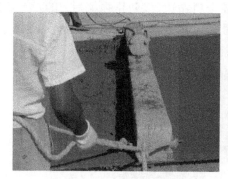 

图 6 - 18　行夯作业　　　　　　　图 6 - 19　滚筒作业

2) 抹面

提浆整平作业完毕,再进行抹面作业,使表面密实、平坦。为缩短混凝土的抹面时间,防止板面裂缝,一搬宜采用木抹或塑料抹,尽量少用钢抹。抹面的遍数一般以三遍为宜,第一遍用木抹,以揉压泛浆、压下露石、消除明显的凹凸为主,使表层水泥砂浆厚度达 3 ~ 5mm,并分布均匀;第二遍用木抹或塑料抹,以挤出气泡,将砂子压入表面,消除砂眼,使表面密实为主,同时挂线找平,检查平整度;第三遍用塑料抹或钢抹,着重于消除板面残留的各种不平整印迹,进一步提高表面的密实性,亦能加快表面水分蒸发,便于提早拉毛。

3) 表面抗滑处理

道面混凝土表面抗滑施工工艺有:刻槽、拉槽、压槽、拉毛(图 6 - 20)等。刻槽工艺系指采用大功率的带自动行走装置的普通混凝土切割机装上一组刀片,在混凝土道面表面切割。刻槽是在混凝土达到一定强度后进行;拉槽、压槽、拉毛是在混凝土处于塑性状态时进行。根据设计粗糙度标准及气候特点,选择适宜的施工方法。

抗滑纹理应垂直飞机的滑行方向,纹理应均匀。

（a）　　　　　　　　　　　　（b）

图 6 - 20　表面抗滑处理

（a）刻槽;（b）用棕毛刷拉毛。

6. 接缝施工

混凝土板的接缝,按其功能分为胀缝和缩缝;按其构造型式分为传力杆缝、拉杆缝、企口缝、平缝和假缝等多种。

1）传力杆缝

传力杆应采用光面钢筋制作,切断前要拉直除锈,打平端部毛茬,长度偏差不得超过10mm。在其略大于二分之一长度上,通常应均匀涂刷一层沥青,厚度为 0.5～1.5mm。

传力杆应按设计要求安装,并与接缝侧壁保持垂直,与板面和道坪中心线保持平行。其端部的上下左右偏差,不得大于 10mm。

2）拉杆缝

设置于道面纵向的拉杆缝,通常为企口加拉杆型或平缝加拉杆型;设置于跑道两端横向的拉杆缝,通常为假缝加拉杆型。拉杆应采用螺纹钢筋制作,并按其设计位置保持与板侧壁垂直,与板面平行,其尺寸、间距及边距等均应符合设计要求。

施工方法:①设置于跑道的纵向拉杆缝安装。根据拉杆的设计位置在纵向模板上放样钻眼;在模板支立准确后,混凝土混合料摊铺前,将拉杆穿入,用填塞物堵住孔眼孔隙,以防漏浆和影响拆模,亦可在混凝土混合料摊铺后振捣前,将拉杆穿入模板孔眼,用锤将其砸入混合料中。在铺筑过程中应设专人看管,随时注意调正拉杆位置,防止偏移。②跑道两端横向拉杆的施工方法同传力杆缩缝施工。

3）企口缝

企口缩缝。通常以企口模板铺筑成型,做面时用"L"形角抹将混凝土板边缘修成小弧型。拆模后在缝壁上刷 1～2mm 沥青,与后筑板隔开,构成企口缩缝。

企口胀缝。通常以防腐处理过的胀缝板钉在企口模板上。拆模时,将胀缝板附着于先筑板的侧壁上,随即打弯钉尖。

4）平缝

平缝通常以不带企口的模板铺筑成型。其胀、缩缝的施工方法和要求同企口缝。

5）假缝

假缝通常设置于道坪纵向连续铺筑的横向接缝,以其上部切缝和下部自由断裂而形成。假缝采用切缝机切割,刀片多为金刚石。

假缝的切割深度由设计确定,一般为混凝土板厚的 1/4 ~ 1/3。为防止混凝土板产生不规则断裂,减少刀片的磨损,宜在最短时间(混凝土浇筑成型到切缝时不损坏边角混凝土的最短时间)内切割。假缝的最短开始切割时间应根据施工的气温和混凝土的强度通过试验确定。碎石混凝土宜在抗压强度达到 5.5 ~ 7MPa 时切缝;卵石混凝土宜在抗压强度达到 9MPa 时切缝。在没有试验数据时,可参考下述经验掌握切缝时机:混凝土铺筑成型后达 190 ~ 240 小时;或用手指甲在混凝土道面上划痕,如不出现沟痕,只出现灰白色的划迹,且指甲被磨损,即可切缝。

6.4.6 混凝土养护及灌缝

1. 混凝土养护

为保证已浇筑的混凝土有适宜的硬化条件,防止发生不正常的收缩裂缝,混凝土在浇筑后一定时期内,必须保持充分的湿度。这个工作通常称作养护。养护方法有遮挡、覆盖湿治和喷涂化学剂。

1）遮挡养护

遮挡养护主要指混凝土凝结前,为防止混凝土表面水分过分蒸发产生龟裂等不良现象或降雨冲刷表面而进行的养护工作。通常采用加盖养护棚的方法,或刮大风时在迎风面架立挡风设施。

2）覆盖湿治养护

混凝土表面开始凝结时(用手指按压无痕迹),即可撤除养护棚和挡风设施,覆盖湿治养护材料,开始湿治养护(图 6 – 21)。常用的湿治养护材料有砂、塑料布、草袋或麻袋、无纺布等。

图 6 – 21　覆盖湿治养护

3）化学养护方法

化学养护方法是在浇筑成型后的混凝土表面喷涂化学溶液(养护剂),溶液风干后在混凝土表面形成一层防水膜,从而起到保水养护的作用。目前,国内采用的化学养护剂主要有:石蜡乳液、水玻璃为主的水溶液或固体粉末、溶剂型树脂溶液或水乳液、SC-90型养护剂。

2. 灌缝

1) 填缝材料

填缝板设置于道面胀缝内,应能适应道面混凝土板的膨胀和收缩,具有施工时不变形、复原率高和耐久性好等性能,并满足其技术要求。

为了防止雨水自板缝渗入土基引起土基失稳,以及避免砂、石等硬物落入板缝,在混凝土胀伸时引起板边局部挤压破坏,应在接缝内填入封缝材料。封缝料应具有与混凝土板缝壁黏结能力强、弹性好、拉伸量大、不溶于水、不渗水、高温时不流淌、低温时不脆裂和耐久性好等性能。

机场跑道、滑行道、联络道、停机坪等部位的封缝材料,应采用聚氨脂、硅酮类材料;道肩等次要部位的灌缝材料,可以采用聚氯乙烯胶泥、橡胶沥青等。封缝材料质量应符合规定。

2) 灌缝

为了便于灌缝,应用切缝机加宽纵横向缩缝的缝槽,缝槽宽度一般为8~10mm,槽深30~40mm。

灌缝前,彻底清除和运走缝槽内存留的泥砂、细石及水泥砂浆等杂物,用空压机或清缝机将缝底、侧壁上的粉尘吹净。

清缝机结构简单,可自行加工。清缝机前面用电机带动钢丝轮刷,后面安装一个电动鼓风机,工作时,钢丝轮刷高速旋转,将缝槽内砂、石、尘土等杂物清除,同时鼓风机进一步将缝槽吹干净。

当缝槽深度大于3cm时,下部可填入多孔柔性衬底材料。填缝料顶面,夏季宜与混凝土板面平齐,春秋季节宜略低于板面。

灌缝后,要清除混凝土板上的黏结物,检查缝槽的封填状况,处理缺陷。

6.4.7 旧混凝土道面面层施工方法

旧道面加盖水泥混凝土面层有隔离式、直接加盖式和结合式等三种类型。隔离式指新旧道面结合处设有隔离材料(如油毡),可以相对滑动。直接加盖式指旧道面表面清扫干净后直接加铺新道面,新旧道面自然结合。结合式指旧道面表面进行凿毛处理、涂刷黏结剂后铺筑新道面,使新旧道面完全结合成一整体。

1. 旧道面处理

在加铺新道面之前,应普查旧道面的使用状况,并针对问题和依据设计要求,对旧道面进行必要的处理。处理工作包括以下内容:①对旧道面的基础沉陷、板块悬空等基础失稳问题进行处理;②对损坏板进行整修;③清除旧道面表面上的杂物;④旧混凝土板表面凿毛(指结合式类型)。

1) 旧道面基础沉陷处理

道面板基础沉陷为局部范围,一般采用开挖处理方法。若为大面积沉陷脱空,而混凝土板状态较好,可采用灌浆法加固。

灌浆法加固方法:用凿岩机在失稳的混凝土板上钻孔,孔径4cm,孔深以钻头触及基底下的土层为止,孔位及个数根据混凝土板脱空程度定为5~10个,一般为5个(板中及四角各 1 个)。灌浆采用水泥净浆或水泥砂浆。注浆一般先注中孔,观察其他孔,对冒出浆液的孔,即行堵塞。当达到设计的灌浆压力后,不吸浆状态稳压 5min,停止灌浆。拔出注浆器的同时,需把中孔堵塞住,对个别未冒浆的角点观察孔,进行补注。

2)旧道面板缺陷修补

旧道面板缺陷主要指混凝土板边角损坏。修补程序和方法如下:先用切缝机将修补周边切割成规则形状,切割深度 3~5cm。用风镐凿除修补范围内的混凝土,凿深至断裂面下 2~3cm 为宜,但最少深度不宜小于 8~10cm。用钢丝刷清除结合面上的混凝土石渣和粉尘。洒水充分湿润周边旧混凝土。在结合面上刷水泥浆后,铺筑混凝土。最后进行养护。

3)旧道面板凿毛

用结合式方法加盖新道面时,应将旧混凝土板表面全部凿毛,凿毛深度一般取为混凝土粗骨料最大粒径的 1/3~1/2,并不宜小于 10mm。目前国内还没有好的凿毛工艺方法,主要为人工用大锤、钢钎凿毛。

2. 加厚层施工程序与要求

1)隔离式加厚层施工要求

当采用砂、石屑等松散材料做隔离层时,必须按设计要求进行有害物质含量检验,防止新铺混凝土面层产生化学腐蚀。

当采用油毡做隔离层时,应检查油毡的宽度、厚度及单位面积质量。油毡铺贴应与混凝土板连续铺筑的方向一致,纵横错接宽度宜为 10cm;不得将混凝土混合料挤入油毡搭接缝内,以保证加厚层混凝土的厚度。破损的油毡,要及时处理。

隔离层在模板支立好后敷设。

2)直接加盖式道面施工要求

旧混凝土板上的沥青、油渍、橡胶和污垢等可采用高压水、化学剂或凿除等方法,将其清除干净。

新旧混凝土板应予对缝。当出现错缝时,其误差不宜大于 3cm,并只在错缝部位铺贴宽度为 30cm 左右的一毡一油。

铺混合料前,应将旧道面上的粉尘、杂物清扫干净,并洒水充分湿润混凝土板。

当施工气温较高或昼夜温差较大时,混凝土浇筑宜在下午 4 点左右至次日上午 10 点左右的时间区段内进行,次日晚 12 点前应将连续浇筑的混凝土板缝切完,以防止新铺混凝土道面产生反射裂缝。

3)结合式道面施工程序、要求

按设计要求将旧道面混凝土板凿毛。

清除旧混凝土板面的碎石屑和松动的碎渣,用高压空气吹去粉尘,并洒水充分湿润旧混凝土板。

在已充分湿润而无明水的旧混凝土板上涂抹一层配合比为 1:1,厚度为 2~3mm 的水泥浆(或设计指定的其他黏结材料)。

铺筑混凝土。采用连续浇筑方法时,应采取措施,防止产生反射裂缝。

6.4.8 低温施工

道面混凝土在室外昼夜平均气温连续 5d 低于 5℃时的施工,属于低温施工。低温施工只宜用于少量收尾工程或战备急需工程。

在低温施工前后,应密切注意气象预报,以防气温骤降而使混凝土遭受冻害。

临冰冻前,道面混凝土的抗压强度不得低于设计强度的30%。

宜根据气温情况掺入适量的早强剂或引气剂,提高混凝土的早期强度及抗冻性。

混凝土混合料的拌和、运输与铺筑应符合下列要求:

(1)混凝土搅拌台(站)应搭设暖棚或采取其他挡风保温设施。

(2)气温在0℃以下或混合料的铺筑温度低于5℃时,应将水加热后搅拌。如水加热仍达不到要求时,应将水和砂、石料同时加热,其加热温度为:混合料不超过35℃;水不超过60℃;砂石不超过40℃。加热搅拌时,水泥应最后投入。水泥不得加热。

(3)搅拌时间应比正常施工气温条件下的搅拌时间延长50%。

(4)混凝土混合料搅拌时,不得使用带有冰雪及冰团的砂石料;摊铺时,基层不得有冰冻和存留冰雪,模板和钢筋上的冰雪要清除。

(5)混凝土混合料的拌和、运输和铺筑等工序应紧密衔接,尽量缩短其间隔时间,必要时,运料过程中应予以覆盖。

混凝土养护应符合下列规定:

(1)混凝土必须采取保温养护措施,保温养护的时间不应少于28d。养护期间,应始终保持混凝土板最低温度不低于5℃。

(2)企口模板的最早拆模时间为96h,平缝模板为72h。拆模后应立即将混凝土板侧壁严密覆盖,保温养护。

低温施工时,应测定水和砂石料、拌和料及混凝土板的温度。

(1)水和砂石料投入搅拌机前及拌和料出料时的温度测定,每台班不少于3次。

(2)混凝土板养护过程中,最初两昼夜内应每隔6h测温一次,以后每昼夜不少于2次,测温时间应在每日的3~4时及13~14时之间。

(3)道面测温孔应交错布设于模板附近或板中。其数量应满足测温需要,孔深应大于100mm,孔内灌煤油,孔口用棉花或木塞堵住。测温时,温度计应与外界冷空气隔离,在孔内停留3min以上。

(4)全部测温孔应统一编号,做好测温记录,并标记在平面图上,以便与试件强度参照比较。

(5)测温工作结束后,测温孔应用水泥砂浆填堵。

6.4.9 风天、雨期施工

应根据当地气象资料和当日的天气预报,掌握好风天、雨期的基本规律,应避免在大风、大雨天施工。

风天施工应符合下列规定:

(1)风力达到五级时不宜施工,六级时必须停止施工。

(2)在混凝土混合料运输及铺筑过程中,应采取覆盖措施,在作业面的迎风面采取洒水防尘等措施。

(3)被大风刮到混凝土混合料上的尘土和杂物,在抹面作业时应仔细予以清除。

(4)混凝土混合料的运输、摊铺和做面等工序的作业时间应适当加快,并尽量缩短其间隔时间,及早养护。

(5)混凝土板的粗糙度要求较大者,宜避开刮风、干燥天气作业,拉毛作业宜尽早进行。

雨期施工应符合下列规定:

(1)配备足够的防雨棚和塑料布。

(2)如遇阵雨,铺筑作业应予停止。对已铺筑部分,宜及时盖上塑料布或防雨棚。应采取措施,防止高侧邻板上的雨水流入,冲走砂浆。

(3)雨停后,未完工部分,如混凝土混合料尚未凝结,可继续作业,表面被雨水冲走砂浆的,应使用原浆填补,不得另调砂浆或补撒水泥;如混凝土混合料已凝结,而振捣、做面作业尚未完成,应刨去凝结部分,重新铺筑。

(4)应周密安排道面混凝土的铺筑计划,避免或减少基层积水。

(5)混凝土混合料的运输及各种电器设备,应配有防雨设备。

(6)及时调整混凝土用水量,保证水灰比不受影响。

6.4.10 高温施工

混凝土拌和料摊铺温度等于或高于 35℃ 时的施工,属于高温施工。

高温施工时,除按本章有关规定执行外,还应符合下列要求:应避开中午高温时间铺筑混凝土,在早晚时间安排施工。搅拌台(站)应设遮阳棚,供水管线宜埋在地表以下或在管上覆土。当混凝土混合料运距较远,混合料水分蒸发较快时,运输车辆应采取覆盖措施。

应缩短一次连续铺筑的长度,并缩小作业面,各道工序应紧密衔接。抹面、拉毛作业宜在作业棚内进行。作业完毕,应及时覆盖养护材料,洒水养护。混凝土板面出现"假凝",当采取钢抹插破假凝面或用振捣棒插振、蒙盖塑料布及养护棚等措施均无效果时,应将假凝的混合料刨除重新填补混凝土混合料。

6.4.11 施工机具及劳力配备

我国机场道面水泥混凝土主要采用机械拌制、人工铺筑混合料的施工方法。混合料通常采用 JQ1000 型强制式搅拌机集中拌和,每台搅拌机可供 2 个作业队铺筑道面,每个作业队可参考标准配备机具及相应的劳动力。

6.4.12 道面混凝土施工质量控制

为了保证道面混凝土施工质量,做到防患于未然,避免或减少返工损失,应对施工的全过程进行质量控制。

混凝土试打是质量控制的一项重要内容,一般在技术交底以后,混凝土正式开工前10～20d 内进行。试打的目的是进行岗位练兵、培训技术骨干、检验新工艺、新技术的使用效果。并应通过试打全面检查劳动组织、机具和工具配备、模板支立、工序衔接、操作要领、水电技术保障以及运输混合料的车况和路况等。

另外,对道面混凝土施工质量通病的原因应进行分析。机场道面混凝土施工过程中,常见的质量问题有:"掉边掉角";表面网状、条状或环状裂纹;板体断裂;蜂窝、麻面等。

针对这些原因来进行分析,并制定预防措施。

跑道完成后应进行摩擦系数测定,测定值应符合相关规范的规定。

6.5　道面沥青混凝土工程

沥青面层分为贯入式、表面处置式和沥青混合料等三种结构类型。贯入式沥青面层指在初步压实的碎石(或破碎砾石)上,分层浇洒沥青、撒布嵌缝料,或再在上部铺筑沥青封层,经压实而成的结构层。表面处置式沥青面层指分层浇洒沥青、撒布集料、碾压成型的结构层。沥青混合料面层指矿料和沥青通过按一定比例掺配,经过热拌、摊铺、碾压成型的结构层。贯入式和表面处置式的强度和稳定性都较低,在机场工程中主要用于飞行场区的低等级路面(如围场路)及防吹坪、道肩等次要构筑物的面层。机场沥青道面面层则应采用沥青混合料。

6.5.1　沥青混合料的分类和强度机理

沥青混合料是沥青和集料按一定比例掺配,通过热拌方法制备的混合料。沥青混合料分为沥青混凝土和沥青碎石两大类。沥青混凝土指由适当比例的粗集料、细集料及填料组成的符合规定级配的矿料,与沥青拌和而制成的混合料,属密实型或半密实型沥青混合料。这类沥青混合料的结构强度受温度的影响较大。沥青碎石指主要由粗集料组成,少量细集料、填料(或不加填料)与沥青拌和而成的混合料,它受自然因素(温度)的影响较小。

沥青混凝土混合料根据集料最大粒径的不同,分为粗粒式、中粒式、细粒式和砂粒式;按标准压实后的剩余空隙率还可将其分为Ⅰ型(密实型,剩余空隙率为3%~6%,城市道路为2%~6%)和Ⅱ型(半密实型,剩余空隙率6%~10%)。

沥青混合料的强度由两部分组成,一是矿料之间的嵌挤力与内摩阻力;二是沥青与矿料之间的黏结力。影响混合料的黏结力的主要因素有:沥青与矿料的性质、沥青用量及矿料的比表面积。

6.5.2　沥青混合料组成材料要求

沥青混合料由沥青和矿料组成。矿料为粗集料、细集料和填料的总称。

1. 粗集料

粗集料指经加工(轧碎、筛分)而成的粒径大于2.36mm的碎石、破碎砾石、筛选砾石、矿渣等集料。

粗集料应洁净、干燥、无风化、无杂质,具有足够的强度、耐磨耗性及良好的颗粒形状。机场道面沥青面层的碎石不宜采用鄂式破碎机加工。抗滑表层使用的粗集料应尽量选用坚硬、耐磨、抗冲击的碎石或轧制砾石,要求:石料磨光值>46%,道瑞磨耗损失<13%,石料冲击值≤20%。采用轧制砾石时,5mm以上颗粒中至少有两个破裂面以上的含量应不小于50%。

碱性石料易于沥青黏结,热稳定性好,应尽量采用碱性石料。不得不使用酸性石料时,宜使用针入度较小的沥青,并采取抗剥离措施。通常在沥青中掺加胺类表面活化抗剥离剂,也可用水泥或消石灰作为填料的一部分,但用量不能超过矿料总重的2%。

2. 细集料

细集料指天然形成或经加工(轧碎、筛分)而成的粒径小于2.36mm的天然砂、机制砂及石屑等石料。细集料用来填充粗集料的孔隙,提高沥青面层的密实度,其质量应符合下列要求:视密度≥2.50(t/m³);坚固性(>0.3mm部分)≤12%;泥土含量≤3%;塑性(<0.4mm部分):无。

砂应具有良好的级配,级配要求同水泥混凝土用砂。酸性岩石的人工砂或石屑不宜用于机场沥青道面。

3. 填料

填料指在沥青混合料中起填充作用的粒径小于0.075mm的矿物质粉末。一般选用石灰岩或岩浆岩中强基性岩石等增水性石料经磨细而得到的矿粉。

矿粉不仅在沥青混合料中起填充作用,而且能与沥青起化学吸附作用,提高沥青混合料的热稳定性、抗剪强度和抗变形能力。另外,由于矿粉有很大的比表面,就相应增大了矿粉与沥青的分界面,矿粉与沥青接触后,沥青在矿料表面形成沥青薄膜,称为结构沥青。如果集料是通过结构沥青相互黏结的,则颗粒间的黏结最牢。试验表明,马歇尔稳定度随填料不同而变化,其中以消石灰粉、方解石粉和石灰石粉最好。矿粉应干燥、洁净、无团粒,其质量技术要求应符合相应技术规定。

4. 沥青

1)沥青的性能

沥青是一种黑色黏结料。在常温下,它从固体到半固体的粘度变化范围很大;当充分加热时,沥青将被软化直至变成液体。因此,通过热拌方法可以把它涂覆在集料颗粒上,冷却后,可以把集料颗粒胶结在一起。

2)机场道面沥青技术标准

机场道面沥青面层应采用道路石油沥青,其性能应符合我国现行规范有关重交通道路石油沥青的技术标准。当采用国产沥青,其技术性能达不到规范或设计要求时,可在沥青中掺加橡胶粉或聚乙烯等材料对沥青进行改性,使之符合使用要求。

3)改性沥青

所谓改性沥青,也包括改性沥青混合料,按照我国《公路沥青路面施工技术规范》(JTJ 032—94)及《公路改性沥青路面施工技术规范》(JTJ 036—98)的定义,是指"掺加橡胶、树脂、高分子聚合物、磨细的橡胶粉或其他填料等外掺剂(改性剂),或采取对沥青轻度氧化加工等措施,使沥青或沥青混合料的性能得以改善而制成的沥青结合料"。用于改性的基质沥青,应采用机场道面石油沥青或重交通道路石油沥青。改性沥青按照改性剂的不同,一般将其分为三类:热塑性橡胶类、橡胶类和树脂类。

根据沥青改性的目的和要求选择改性时,可作如下初步选择:为提高抗疲劳开裂能力,宜使用橡胶类、热塑性橡胶类或热塑性树脂类改性剂。为提高抗低温开裂能力,宜使用橡胶类或热塑性橡胶类改性剂。为提高抗变形能力,宜使用热塑性树脂类、热塑性橡胶类改性剂。为提高抗水损害能力,宜使用各类抗剥落剂等外掺剂。

我国《公路改性沥青路面施工技术规范》(JTJ 036—98)规定的聚合物改性沥青技术要求,是在我国改性沥青实践经验和试验研究的基础上提出的。

改性沥青的生产方法主要有母体法、直接投入法、机械搅拌法、胶体磨法和高速剪切法。

6.5.3　沥青混凝土配合比

1. 沥青混凝土混合料的技术指标

机场沥青道面的上面层、中面层及下面层应采用沥青混凝土混合料铺筑,沥青碎石混合料仅适用于过渡层及整平层。沥青混凝土混合料配合比设计以马歇尔试验为主,并通过车辙试验对抗车辙能力进行辅助性检验;沥青碎石混合料配合比设计应根据以往的实践经验经过试拌试铺论证决定,马歇尔试验结果仅供参考。

机场道面沥青混凝土混合料的抗车辙能力检验应达到下列要求:在温度 60℃、轮压 0.7MPa 条件下进行车辙试验的动稳定度应不小于 800 次/毫米。

2. 混合料配合比设计方法、步骤

通过配合比设计,确定沥青混合料的材料品种、矿料的级配及配合比例、沥青用量。配合比设计通常按下述方法、步骤进行。

（1）矿料配合比设计。

（2）确定沥青用量。

（3）水稳性与抗车辙能力的检验。

（4）生产验证。

6.5.4　透层和粘层

为使沥青面层与非沥青材料基层结合良好,在基层上浇洒沥青材料而形成的透入基层表面的沥青材料薄层,称为透层。为加强在道面的沥青层与沥青层之间、沥青层与水泥混凝土面层之间的黏结而洒布的沥青材料薄层,称为粘层。机场沥青面层下的级配砂砾、级配碎石基层和各类半刚性基层上必须浇洒透层沥青。在下列情况之一时,应浇洒粘层沥青:双层式或三层式热拌热铺沥青混合料道面在铺筑上层前,其下面的沥青层已被污染;旧沥青道面层上加铺沥青面层;水泥混凝土道面上铺筑沥青面层;与新铺沥青混合料接触的其他构筑物的表面。

透层和粘层材料通常采用洒布型乳化沥青或液体石油沥青。透层宜采用慢裂的乳化沥青或中、慢凝液体石油沥青。粘层宜采用快裂的乳化沥青或快、中凝液体石油沥青。

粘层和透层油通常采用沥青洒布车或手提式沥青洒布机喷洒,局部可用人工涂刷或浇洒。

6.5.5　沥青混凝土混合料拌和与运输

1. 拌和设备

1）拌和设备的组成

沥青混凝土拌和设备由主机和辅助设备两大部分构成。

主机通常包括以下几大部分:冷料供给机组;干燥机组;热料升运筛分机组;计量系统;拌和机组;石粉供给系统;沥青供给系统;控制系统。

辅助机械设备主要包括沥青的熔化设备、除尘设备、成品仓库、燃油供给设备、装载

车、叉车、粉缶车及沥青乳化设备等。

2）拌和设备的分类

按安装形式分为：固定式，拌和设备固定在搅拌厂，不能拆迁；可搬式，拌和设备被分成几个主要机组，分别安装在几辆特制平板车上，在工地可以在短时间内进行一些简单的拆拼，就能方便地转移到新工地重新使用；移动式，拌和设备被安装在平板拖车上，可随施工地点转移，而不需拆装。

按拌和方式分为：间歇式，每盘拌和前分别计量各种材料的重量，一盘拌好出料后再拌一盘。间歇式的最大特点是能准确地控制混合料的级配和油石比，避免沥青在拌和过程中老化；连续式，烘干及拌和在同一鼓中进行，边烘干石料、边拌和、边出料。连续式的最大优点是设备结构较简单，生产率高；但混合料级配和油石比的精确度较低，沥青在拌和过程中易老化，拌和质量波动较大。

3）机场道面沥青混料拌和设备的选择

机场沥青混凝土道面工程要求拌和机生产出的混合料配比准确、和易性好。另外，由于机场分散在全国各地，多数机场远离大、中城市，施工流动性大。因此，宜选用强制间歇式的便于转场使用的拌和设备。在条件不具备需要使用连续式拌和设备时，必须考察其是否具有能严格控制集料级配及油石比的先进设备，否则不能用于机场道面沥青混合料生产。

我国制造的 LB – 1000 型强制间歇式沥青混凝土拌和机，产量大（120～160t/h），性能好，拆迁安装比较方便，是目前国内等级公路和机场沥青道面工程使用较多的一种机型。

2. 混合料拌和

1）间歇式拌和设备的拌和作业

间歇式拌和设备是先把集料干燥和加热，然后经过筛分计量后，在一个单独的拌和机内一批批地把集料与沥青拌和，前一批未吐出不得进入下一批料，其工艺过程为：冷料机喂口将放在冷料斗内的冷集料配量后，送到皮带输送机或斗式提升设备上，再送往烘干机烘干加热；集尘器将烘干机（及振动设备）内排放的大量粉尘、废气通过排气管排出；经过烘干和加热的集料由热料提升机送往筛分设备筛分成不同规格的粒度后，分别暂存于不同的热斗中，需要时将热集料、矿粉按规定的顺序先后送往称量箱称量；与此同时，先将热沥青结合料储存罐中的热沥青，泵送到沥青称量桶内称量；将计量好的热集料和矿粉倒进拌和机拌和，随后，加入沥青充分拌和；最后将拌和好的混合料卸入待运卡车或送往成品储存罐中。

2）滚筒式拌和设备的拌和作业

滚筒式（亦称连续式）拌和设备生产热拌沥青混合料的工艺过程比较简单。它与间歇式拌和设备的主要区别在于：在滚筒式拌和设备中，集料不仅在滚筒中烘干和加热，而且也与沥青拌和，中间不再经过二次筛分，混合料级配只取决于冷料仓冷料的进料配比。拌和时，冷料连续不断地从烘干筒的一端进入烘干筒烘干加热，并与沥青拌和，拌和好的混合料从另一端连续不断地吐出，进入贮料仓保温待用。

3. 混合料的运输

沥青混合料宜用自卸卡车运至工地，装料前车厢底板及周壁应涂油水混合液薄层

（柴油：水 = 1 : 3），以防粘料，但不得有游离油水积聚在底部。

运输车辆上应覆盖设施以保温、防雨及防止污染环境。

应配备足够的运输车辆，以保证拌和厂的均衡生产和摊铺机的连续作业。决定所需运输车辆数量时应考虑的主要因素有：车辆的载重量、运距、路途运输时间、拌和厂的生产能力和摊铺机的生产率等。

混合料运至摊铺地点的温度不宜低于 130℃。

6.5.6　沥青混合料铺筑

沥青道面铺筑主要机械为沥青混合料摊铺机和压路机。准备工作有机械器具的准备和检修、测量放线。

1. 混合料摊铺

1）一般要求

沥青混合料宜采用大型摊铺机摊铺（摊铺宽度不宜小于 6m），以便减少纵向接缝，摊铺机应有自动找平和初步振实装置。在不能使用机械的狭小地方，弯道、边角、曲率半径很小的曲线段亦可采用人工摊铺。

沥青混凝土道面宜全断面推进施工。施工时应采用两台摊铺机平行梯队作业，以保证纵向施工缝采用热接方式。横向施工接缝要求尽量减少。每日施工结束时，沿道面横断方向只留一条冷接施工缝。

严格控制混合料摊铺温度，一般要求摊铺温度不低于 120℃（改性沥青混合料温度应适当提高）。

应对运到工地的每一车沥青混合料进行观察检查和温度的测量，如其温度不在规定的范围内或观察发现问题时，应通知拌和厂采取纠正措施。

沥青混合料的摊铺厚度为沥青混凝土设计厚度乘以松铺系数。混合料的松铺系数随施工方法而异，可由试验段确定。一般机械摊铺时松铺系数为 1.15 ~ 1.35；人工摊铺时松铺系数为 1.25 ~ 1.50；细粒式沥青混合料取上限，粗粒式沥青混合料取下限。

2）摊铺作业

摊铺机进入开始施工的位置后，先将传感器对准基准线，然后将其熨平板落到与未碾压的摊铺层同厚的木垫块上，并按照这一厚度将调节螺旋调节固定好。如果是从已铺筑好的面层上继续摊铺时，则木垫块的厚度应为摊铺层松铺厚度与压实厚度之差。加热熨平板，使其与混合料同温，并在其底部涂刷油水混合物薄层。

运送混合料翻斗车将料准确地投入储料斗内，当混合料至少有熨平板高度的 2/3 时，即可开机摊铺。摊铺机一边推动汽车向前行驶，继续向储料斗内投料，一边进行摊铺工作。

摊铺机摊铺速度应与拌和厂生产速度协调一致，而且摊铺机还必须得到连续充足的混合料供应，以便保证摊铺机能够均衡连续操作，如果摊铺机的摊铺速度超过了拌和厂混合料的生产速度，并不能给摊铺作业带来什么益处。摊铺速度过快，会使摊铺机经常停机待料。倘若等待时间过长（在寒冷气候中有可能仅数分钟），摊铺机就会冷却，随后重新启动摊铺机，新摊铺的混合料与已冷却的混合料连接，则要影响道面的平整度。

当已铺完第一车沥青混合料后，应立即检查摊铺机各部件工作是否正常，未经碾压的表面是否一致,表面平整度、横坡和厚度是否达到标准。发现问题,及时调整。

在摊铺过程中应不断地将粘附在料斗边板上的沥青混合料进行松碎并摊入流动的沥青混合料内,否则将冷却聚结成半冷状态的凝块,摊铺到道面上后将形成不均匀一致的表面结构。

采用两台摊铺机进行梯队联合作业时,两台摊铺机的间距相隔宜为 20～40m。

3) 人工摊铺作业

在摊铺混合料之前,事先设置模板。模板既可成为摊铺厚度的基准,压实时又可防止混合料向外侧挤出。

接触混合料的工具应加热,并涂油水混合液。

沥青混合料一般应卸在铁板上,其卸料地点应尽可能接近摊铺地点。摊铺时应采取扣锹摊铺,不得扬锹远甩,以免造成粗细集料离析。

边摊铺边用刮板整平,刮平时做到轻重一致,往返刮 2～3 次达到平整即可。要防止反复搬料、反复刮平引起混合料离析。

在摊铺到临时样桩处时,要及时移去样桩。在摊铺刮平过程中要随时检查摊铺厚度、平整度、横坡,发现不符合规定之处及时整修。

不应踩入正在摊铺中的混合料上进行操作,即使需要进入摊铺好了的部分进行整修,也应铺上踏板再踩上去进行操作。

2. 沥青混合料压实

对于一定的沥青混合料和摊铺厚度,影响混合料压实的主要因素有碾压机具、侧向限制、碾压程序、碾压温度和碾压速度等。

沥青混合料的碾压应注意以下几点:

(1) 混合料摊铺后,必须紧跟着在尽可能高的温度状态下(一般混合料温度在 165℃以上)开始碾压,不得等候。应遵循"紧跟、慢压、高频、低幅"的原则,即压路机必须紧跟在摊铺机后面碾压,碾压速度要慢,要均匀。除必要的加水等短暂歇息外,压路机在各阶段的碾压过程中应连续不间断地进行。同时也不得在低温状态下反复碾压,以防止磨掉石料棱角或压碎石料,破坏集料嵌挤。碾压温度应符合规范要求。

(2) 沥青道面的初压采用振动静压。每次碾压应直至摊铺机跟前,初压区的长度通过计算确定以便与摊铺机的速度匹配,一般不宜大于 0.20m。初压速度控制在 1.5～2.0km/h,最高不超过 5km/h,初压遍数一般为 1～2 遍,以保证尽快进入复压。

(3) 沥青路面的复压应紧跟在初压后进行,SMA 沥青混合料使用振动压路机振动碾压,AC 沥青混合料采用轮胎式压路机碾压。碾压速度控制在 2.5～4km/h,最大不超过 5km/h,复压遍数不少于 3～4 遍。

(4) 终压采用重吨位压路机紧接在复压后进行静压,以消除轮迹。终压速度控制在 2.5～4km/h,最大不超过 5km/h。终压遍数通常为 1 遍。若复压后已无明显轮迹或终压看不出明显效果时可不再终压。

(5) SMA 路面应防止过度碾压,在压实度达到 98% 以上或者现场取样的空隙率不大于 6% 后,宜中止碾压。如碾压过程中发现有沥青玛蹄脂部分上浮或石料压碎、棱角明显磨损等过碾压的现象时,碾压即应停止,并分析原因。

(6) 为了防止混合料粘附在轮子上,应适当洒水使轮子保持湿润,水中可掺加少量的清洗剂。但应该严格控制水量以不粘轮为度,且喷水必须是雾状的,不得采用自流洒水的压路机。

（7）压路机碾压过程中不得在当天铺筑的路面上长时间停留。

3. 低温施工措施

在低温（5℃以下）季节铺筑热混合料时,由于难于获得要求的密实度,从而会减少使用年限,因此应当避免。但当不得已而在5℃以下的气温施工时,施工现场要根据具体情况综合采取下列几种措施,以保证压实到所要求的密实度。

（1）要建立能够改善运输中的保温方法的摊铺后迅速碾压的放工体制。其次是适当提高混合料的拌和温度,一般为 170～180℃。

（2）运料卡车应设有保温设备,要求混合料运到现场的温度最好不低于160℃。

（3）摊铺时注意下列各点:摊铺机的刮平器要不断加热;工作中断后重新摊铺混合料时,已经铺筑好的道面的端部 20～30cm 处要盖上热混合料或用其他合适的方法加热。盖上的热混合料在续铺时应铲去。在刮大风时,应设置移动式的防风栏。

（4）在压实过程中应注意下列几点:在可能进行的最小碾压范围内,随着混合料的摊铺,立即开始碾压;为防止压路机粘着混合料,可用喷雾器喷上薄层轻油;为了减少初期碾压所出现的发丝状裂纹,可采用前后轮同时驱动、线压力小的两轮压路机;复压尽可能使用胶轮压路机,它对愈合初压时出现的发丝裂纹有较好的效果。

4. 雨季施工措施

（1）注意气象预报,加强工地与沥青拌和厂的联系。现场要缩短施工段,各工序衔接要紧凑。

（2）准备好运输混合料卡车的苫布和工地摊铺地点的覆盖物等防雨设备。

（3）下雨或基层潮湿时,均不得摊铺沥青混合料。对未经压实却遭雨淋的沥青混合料,应全部清除,更换新料。

6.5.7　旧道面加铺沥青面层不停航施工技术

1. 旧道面处理技术措施

使用若干年后的旧水泥混凝土道面必然存在一些损坏和污染现象,为了使新老道面更好地黏结在一起,避免旧道面的损坏及其板缝反射到新道面上,通常在加铺新的沥青面层前应对旧道面采取下列技术措施。

1）修补旧道面

旧道面的损坏类型主要有:掉边掉角、裂缝、错台、鼓起、板底脱空、填缝料老化。工程上通常采取以下修补措施:

道面板边、板角脱落（俗称掉边掉角）的修补。清除板边角破损的水泥块,用高压空气吹净待修处后涂刷粘层油,然后视修补厚度的大小摊铺热拌细粒式沥青混凝土或沥青砂,并用大锤或小板锤击实混合料,面积较大时可用压路机碾压。

裂缝处理。裂缝宽度大于5mm 时,用压缩空气吹净后灌入聚氯乙烯胶泥或其他防水材料,防止雨水渗入土基。

失稳板块的处理。用一台重型压路机以不大于5km/h 的速度在旧道面上碾压一个单程,将压路机下出现活动的板块用油漆予以标记,标记应尽可能靠近混凝土板转动的部位。对失稳板块通常采取灌浆法加固或破碎法更换道面板。对于错台、鼓起、破损严重的道面板,应打掉损坏板块,并视其损坏原因,对基础作相应处理,然后铺筑新的混凝土板。为了不影响飞行,通常采用预制钢筋混凝土板更换。

接缝处理。铲出鼓出道面板的填缝料,更换已老化、损坏的填缝料。

2)防裂层施工

旧水泥混凝土道面加铺沥青道面如何防止沥青道面产生反射裂缝,是沥青盖被施工中应当重视的一个问题。下面主要介绍三种较为普遍采用的应力消散夹层(俗称防裂层),即改性沥青防水毡、无纺纤维布及废橡胶沥青等作为防裂层的施工方法。

(1)改性沥青防水毡。

材料要求:改性沥青防水毡是采用高分子聚合物改性后的沥青与玻纤编织布或化纤非织布加工而成的一种新型防水材料,它具有抗拉强度大,延伸率高,120℃不变形,150℃不流淌,50℃不龟裂,对水泥混凝土板有良好的黏结力,施工方便等特点。

施工机具和材料:①石油液化气、乙炔;②专用喷火器或汽油喷灯;③压板及切刀。

施工方法:首先将油灯摆正对齐(薄膜面向下),然后用喷火器烘烤一端油毡底面,当烘烤到薄膜溶化,毡底有光泽并有一层薄的发黑的融层时,再用脚采压油毡,使之与旧道面粘牢。在卷与卷的接头和结合部均搭接5~10cm。在纵横交叉处,可不裁断,也可用熔融压粘法使上下层与混凝土板黏结在一起,以形成整体。

施工注意事项:①烘贴油毡时,应使油毡边沿溢出少量的改性沥青,并用抹刀抹压使油毡周边牢牢地黏结在道面上;②烘烤时间不宜过长,防止烧化胎体材料;③旧道面表面应清洁、无浮砂;④烈日下施工时液化气罐应装在盛有水的水桶中,以免出现爆炸事故。

(2)无纺纤维布。

材料要求:用于防裂层的无纺纤维布(俗称土工布)应具有以下特性:质量300g/m²,厚度1.5mm,耐高温200℃以上,抗拉强度≥700N/5cm,顶破强度≥210N/cm²,断裂延伸率40%以上。

施工方法:先在清洁、无浮砂的旧道面上涂刷粘层油,粘层油可用热铺快凝液体沥青,要求涂刷均匀,厚约0.5mm;然后铺贴土工布,边铺边踩压密实。土工布应铺平顺,粘牢,接头和结合部应搭接5~10cm,周边必须粘贴紧密。

注意事项:粘层油洒布和沥青混合料摊铺温度应为土工布耐高温度数的80%左右。

(3)橡胶沥青混凝土。

材料要求:橡胶沥青系采用高剂量的废橡胶粉(一般为沥青用量的25%)、以沥青作为橡胶的分散剂制备成的一种新结合料。废橡胶粉的细度以30~100目为最佳,其防裂性能及热稳定性能都为最好。

目前,橡胶沥青混合料制备工艺有两种:

第一种是先配制橡胶沥青,然后按制备普通沥青混合料的方法制备橡胶沥青混合料。在橡胶沥青的配制过程中,要求油温控制在115~125℃之间待用;最好是随配随用,如遇特殊情况施工中断时,橡胶沥青应降温至70℃以下保存,以免降低其橡胶的"有效"弹性性质。

第二种是橡胶粉类似于矿粉一样直接掺入到热矿料中再和沥青拌和成沥青混合料,其拌和时间应根据矿料级配、橡胶粉用量、拌和机性能等因素通过试验确定。

橡胶沥青混合料铺筑的施工工艺和普通沥青混凝土道面的铺筑工艺无多大差异,只是要求严格控制压实厚度和施工温度。压实厚度不宜大于6cm,不能小于1cm,否则不易压实。初压温度宜比普通沥青混合料的初压温度略高20~30℃。

2. 不停航施工措施

机场水泥混凝土道面加铺沥青道面通常要求在不停航条件下施工,它不同于在正常条件下施工的特点是:保证飞行安全,施工速度要求快,夜间作业,每工班作业时间被限定。下面根据不停航施工特点,阐述不停航施工的一般技术措施。

1)铺筑方式

加铺层采用分层全断面推进式施工方式。为了减少横向接缝,跑道每工班各层施工长度一般不宜小于80~100m。每段先从中间向两侧摊铺,以便让跑道中部的加层首先满足飞行最小宽度要求,避免天气突变或机械故障而影响飞行。中间层每层尽可能铺筑厚一些,一般应保持有7~8cm的压实厚度;面层可薄一些,以减少横向接缝,但不宜小于3.5cm,太薄骨料易压碎,不易压实。纵向施工缝采用热接方式,热接温度不小于100℃。铺筑宜从主飞行方向往次飞行方向推进,以利飞行的起降和接茬不被破坏,不允许跳跃式地分段施工。

2)施工程序

加厚层施工程序如图6-22所示。

旧道面修补、接缝处理及表面清洗均应超前混合料铺筑若干天;防裂层和粘层油应超前一天施工;测量放线应提前将跑道的中线和边线以及各摊铺带的坡度等控制点预先标在道面上,在混合料铺筑之前半小时,放出摊铺机作业控制线(基准线);摊铺机、压路机应在放摊铺基准线、临时照明及铣刨临时接坡等准备工作完成前调整完毕并到位,在开放飞行前2小时铺筑完预定的作业段;铺筑完后立即清除道面上黏结的碎粒和污物,并打扫干净,所有机械、设备、工具等物全部退场到指定的安全地带。

3)夜间施工照明措施

夜间加层施工,应在整个工作范围内设置临时照明设备,要求主要施工部位达到1.5m范围内的烛光亮度。一般可配备两台移动的柴油发电机,沿跑道两侧或滑行道一侧每隔20m左右设一组可移动的高桅(用活动三角支架)碘钨灯,每组灯具配两个1000W的灯管,另设活动灯(轻型支架)5只,随工作需要调剂使用,并充分利用施工机械照明进行作业。测量、质量检查、记录、指挥等人员应配有手电。在车辆进出场道路上及转弯处均需安置

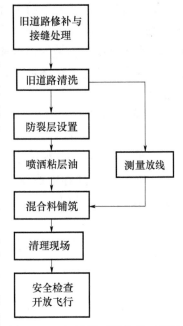

图6-22　加厚层不停航施工程序

路灯,确保行车和行人安全。此外,工地应配有专业电工值班,随时检查安全用电情况。

4)临时接坡

每工班沥青混合料加层施工的末了,必须在全幅范围内做一临时接坡,以使当班完成的加厚层同其底层道面结合起来,保证第二天的正常飞行。临时接坡应做得平顺,过陡会

影响飞行安全,过缓则增加工程量并造成材料的浪费,一般临时接坡的坡度控制在 1.0% ~ 2.0% 。临时接坡应用竖立的拉线控制施工。沥青混凝土摊铺机的自动控制应在厚度减至约 2.0cm 时关掉,然后用人工做出逐渐减薄的坡脚。接坡段应用与同层相同的混合料,摊铺完后将坡脚表面粗一些的骨料清除,然后再碾压密实。摊铺底层时,临时接坡的坡脚线宜设在贴缝油毡上,这样可以使热沥青混合料与油毡较好地黏结在一起,从而不仅使接头的坡脚整齐,且能有效地防止坡脚被飞机喷气气流吹起。摊铺中(上)层时,临时接坡的坡脚处应先在底层道面上铣刨一条宽 1.0m、深约 3cm 的凹槽,以便临时接坡的坡脚与底层很好地结合在一起,防止坡脚被吹起。

下一班继续施工时,必须将临时接坡的坡顶铣刨掉,刨宽 $B \geq h/i$ 为宜,使沿跑道轴线方向的刨槽底坡为零或更小些,即刨成楔形。图中 h 为铣刨深度,其值不宜小于 3 ~ 4cm; i 为临时接坡的坡度。凡是用铣刨机处理的坡段,除将粒料扫除外,还需用空压机将粉尘吹掉,并涂上一层快凝稀释液体沥青,以保证上下两层沥青混合料紧密结合。由于每工班作业时间受限制,临时接坡的铣刨处理应在 1h 以内完成,以免耽误混合料铺筑作业时间。

5)涂刷临时中线

铺筑跑道上的中间加层时,每天开放跑道前,应在跑道中线处刷约 30cm 宽的临时白色线条于上一班加层的跑道部分,以利飞行。

6)开放飞行前的安全检查

工程指挥部应在开航前 1h 内组织有关各方检查当班完成的施工段是否能开航,其条件是:铺筑后的沥青层碾压密实,平整度好,临时接坡顺直,表面 3cm 以下温度不大于 60℃。道面上没有黏结的碎粒和污物,清扫干净。所有施工机械、设备、工具等退至安全地带。经检查满足上述条件后,由飞行单位代表在通航安全检验单上签字,并通知机场通航。

3. 施工组织

1)现场指挥机构

完善的组织机构是保证施工正常进行、确保工程质量和飞行安全的先决条件。因此在工程开工之前,应在工地设立工程指挥部。工程指挥部通常由以下几方面的代表组成:甲方(或上级主管部门)、乙方(施工单位)、机场飞行单位、工程监理单位、设计单位等。

2)机械设备及人员的组合

根据前述施工方法和要求,考虑在不停航条件下施工,施工机械设备及其辅助施工人员的组合参见表 6-6。

表 6-6 施工机械设备及其辅助施工人员组合

序号	设备名称	性能要求	数量/台	用途	辅助人员
1	拌和设备	间歇式,≥100t/h	—	混和料拌和	约 20 人
2	摊铺机	铺宽≥6m,自动找平	2 ~ 3	摊铺混合料	5 人/台
3	钢轮压路机	6 ~ 8t	2	初压	指挥压路机、负责压实质量 1 人,其他工 1 人
		8 ~ 10t	2	终压	
	振动压路机	8 ~ 10t	2	复压	
	轮胎压路机	9 ~ 16t	1	复压	

（续）

序号	设备名称	性能要求	数量/台	用途	辅助人员
4	撒布车（机）	—	1	粘层油	3
5	铣刨机	德 SF500C 或 SF100C	1～2	铣刨临时接坡	6
6	装载机	—	1	清除废料及碎渣等	—
7	平地机	—	1	清除粘附在道面上的粒料	—
8	发电机	24～30kW	2	夜间照明	2
9	空压机	—	1	吹除铣刨处粉尘	3
10	洒水车	—	1	压路机加水、道面降温	—
11	卡车	≮8t		运送混合料	—

6.5.8　施工质量控制

机场道面沥青混凝土施工质量控制包括所用原材料的质量检验、铺筑试验段、施工过程中各道工序的检查验收及工程竣工验收等内容。

道面沥青混合料正式铺筑前,应根据工程特点、结合现场实际和施工机械设备等条件,铺筑试验段。通过铺筑试验段,进行岗位练兵,培训技术骨干,确定:沥青混合料的生产、运输与现场铺筑的配合;现场施工机械(摊铺机、压路机等)的配合和组合;摊铺机或人工摊铺的松铺系数;纵、横缝的结合处理;开始碾压及碾压过程中的合适温度;碾压程序和遍数等施工方案和施工技术问题。

沥青混凝土道面施工,应遵循工程质量第一的方针和全面质量管理要求,采取切实有效的措施,不断提高施工质量管理水平。建立健全"企业自检、施工监理、政府监督"的质量保证体系,完善的技术岗位责任制及质量检查和验收制度,对施工全过程的质量进行检查、控制,达到所要求的质量标准,确保工程质量。

沥青混凝土道面施工必须实行监理制度。监理单位应制定监理大纲和细则,按照相关规定进行质量检查与认定,凡质量不合格的工程一律不得签收。

在施工过程中施工单位应做好自检工作,并接受有关职能机构的检查。主要工序完成或隐蔽工程完工后,均应组织中间验收,做好记录。未经验收合格后,不准进行下道工序施工。凡不符合规范规定和设计技术要求的分项工程,必须进行补救或返工,直至合格为止。工程竣工验收后应按国家及行业的有关规定,编制完整的竣工资料档案,报送归档。

施工过程中施工单位应按质量要求对施工全过程进行有效的质量控制和检查。在工地现场应设试验室并配相应的质检人员,试验室应有完善的设备、场所和公用设施。在施工过程中对各种材料、成品半成品应按规定进行检验与抽样检查。检查项目与频度应符合表 6-7 与表 6-8 的规定。材料质量应符合本章规定的质量指标要求。当检查结果达不到规定要求时,应增加检测数量,查找原因,作出处理。

表6-7 施工过程中材料质量检查

材料	检查项目	检查频度
粗集料	外观(石料品种、针片状颗粒、含泥量、颜色均匀性等)	随时
	颗粒组成	必要时
	压碎值	必要时
	磨光值	必要时
	洛杉矶磨耗值	必要时
	含水量	施工需要时
	松方单位重	施工需要时
细集料	颗粒组成	必要时
	含泥量	必要时
	含水量	施工需要时
	松方单位重	施工需要时
矿粉	外观	随时
	<0.075mm 含量	必要时
	含水量	必要时
石油沥青	软化点	每台班1次
	针入度	每台班1次
	延度	每台班1次
	含蜡量	每批一次
乳化沥青	黏度	抽查,每批一次
	沥青含量	抽查,每批一次

注:1. 表列内容是在材料进场时已按"批"对材料进行了全面检查的基础上,日常施工过程中质量检查的项目与要求;试验记录作为工程竣工资料;

2. "必要时"是指施工企业、监理、质量监督部门、业主等各个部门对其质量发生怀疑,提出需要检查时;或是根据商定的检查频度

表6-8 沥青面层施工过程中工程质量的控制标准

项目		检查频度	单点检验质量要求	检测方法
外观		随时	表面平整密实,不应有泛油、松散、裂缝、粗细料集中现象,不得有轮迹、推挤、油丁、油团、离析、花白料、结团成块现象	目测
接缝		随时	所有接缝应紧密平顺,应保持铺层新老段的连续黏结	目测,有3m直尺测量
施工温度	出厂温度	每车一次	符合本章的规定	温度计测量
	摊铺温度	每车一次		
	开始碾压温度	随时		
	碾压终了温度	随时		
矿料级配筛分抽提后矿料级配曲线		各台班一次	矿料重量的精确度应在指示的级配范围重量±1%以内	拌和厂取样用抽提后的矿料筛分

（续）

项目		检查频度	单点检验质量要求	检测方法
沥青用量		每2台班一次	±0.3%	拌和厂取样离心法抽提（用射线法沥青含量测定仪随时检查）
马歇尔稳定度、流值、空隙率		每台班一次	符合本章规定	拌和厂取样成型试验
压实度		每2000m²钻孔1~2个检查	符合设计要求	现场钻孔试验为准，尽量利用灯坑钻孔试件，用核子密度仪随时检查
平均纹理深度		每2000m²一处	符合设计要求	用填砂法
高程		纵向每隔10m测一横断面，测5个点	+5mm −3mm	用水准仪
平整度	上面层	随时	不大于3mm	用3m直尺检查连续丈量10次以最大间隙为准随机取点
	中面层	随时	不大于5mm	
	底面层	随时	不大于5mm	
宽度		纵向每隔100m用尺量3处	不小于设计宽度	用尺量
长度		跑道全长	不小于设计长度	用经纬仪
横坡度		纵向每100m检测3个断面	±0.3%	用水准仪或断面仪
摩擦系数		跑道上面层全长取3个值（纵向）	符合设计要求	摩擦系数仪
厚度	总厚度	每2000m²测一点	−3mm	钻孔取样
	上面层厚度	每2000m²测一点	−3mm	钻孔取样

在工程进行中，施工单位不得擅自改变材料的料源、质量规格或加工方法，以免影响沥青混凝土的均匀性。工程进行中若发现供应的材料不均匀或质量有变化，或不符合原来所批准的沥青混凝土混合料矿料级配与配合比，监理单位有权指令暂时停工，应及时查找原因，直至各项技术指标符合质量要求，方可再行开工。

监理单位必须检查施工设备的运行情况，核实材料的重量、比例和性质，对拌和的均匀性、拌和温度、出厂温度及各料仓的用量进行检查，取样进行马歇尔试验，检测混合料的矿料级配和沥青用量。如果抽查结果不符合设计要求，应及时停工，会同施工单位查找原因、分析问题，在问题未获改正前不允许其恢复生产。

摊铺时应严格按设计高程（考虑压实系数）进行摊铺，保证设计坡度与厚度要求。对已压实的沥青混凝土，测量钻孔试件的厚度，要求符合规定的误差。表面压实后用3m直尺检查沥青混凝土表面平整度。

热拌沥青混合料标准密度的确定方法有马歇尔试验密度、最大理论密度和铺筑试验段钻芯取样的平均密度等三种，一般都是取马歇尔试验密度为标准密度。

6.6 机场排水工程

6.6.1 一般规定

施工前,应根据"先场外、后场内""先下游、后上游""分段施工、分段完成"等原则,安排好与其他工程的施工顺序,尽量避免相互干扰。

按照沟、管断面设计及土质等情况,确定开槽宽度与深度。在地表放出开挖边线或设置龙门板,在拐弯、变坡与变截面等处设置控制桩。施工过程中,应及时检测中线和高程。

构筑物混凝土和水泥砂浆砌体的湿治养护时间不得少于 7d。穿过道面的排水管涵不得有渗漏现象。

6.6.2 材料要求

1. 垫层材料

采用天然级配砂砾、未筛分碎石、石灰土等材料敷设垫层时,其品质和级配要求应符合本章 6.3.2 的有关规定。

2. 水泥混凝土(以下简称混凝土)、钢筋混凝土、水泥砂浆的组成材料

(1) 水泥可使用强度等级为 32.5、32.5R、42.5、42.5R 的硅酸盐水泥、普通硅酸盐水泥或矿渣硅酸盐水泥。

(2) 水泥的品质必须符合现行的 GB 175—1999 或 GB 1344—1999 的规定。

(3) 砂应符合下列要求:强度等级大于或等于 C30 的混凝土,砂的质量应符合本章6.4.2 节的规定;强度等级小于 C30 的混凝土和建筑砂浆,砂的含泥量应小于 5%、泥块含量应小于 2%。

碎石或砾石应符合下列要求:强度等级大于或等于 C30 的混凝土,碎(砾)石应符合本章 6.4.2 的规定;强度等级小于 C30 的混凝土,碎石压碎值应小于 30%,砾石压碎值应小于 16%。

(4) 水、钢筋应符合本章 6.4.2 节的有关规定。

3. 片石、块石

(1) 片石的中部厚度应不小于 150mm,块石形状要大致方正,厚度不小于 200mm;

(2) 水成岩抗压强度应不小于 40MPa,火成岩抗压强度应不小于 60MPa;

(3) 应不含易风化、水解的石料或其他杂质。

4. 模板

(1) 宜用钢模板。钢模板应按多种规格尺寸设计和加工,以便于组合多用。用后应及时清除粘浆和修整,妥善存放,防止锈蚀。有严重缺损或变形者,不得使用。

(2) 木模板所用的木材,可根据当地材源情况选用,但腐朽、劈裂、结节多、扭曲、过分潮湿或易变形者,不得使用。

6.6.3 沟槽(基坑)开挖

1. 沟槽(基坑)开挖型式

(1) 地下水位低于槽底者,可开直槽而不加支撑,开槽深度应不超过表 6-9 的规定。

（2）开槽深度大于表6-9的规定时,宜采用梯形槽,槽的边坡不应大于表6-10规定。

表6-9 直槽开挖深度要求

土壤类别	开挖沟槽深度/m
沙土	1.00
亚沙土和亚黏土	1.25
黏土	1.50
坚硬的黏土	2.00

表6-10 梯形槽边坡要求

土壤类别	放坡坡度(高:宽)	
	槽深1~3m	槽深3~5m
砂土	1:0.8	1:1.0
亚砂土	1:0.5	1:0.7
亚黏土	1:0.4	1:0.5
黏土	1:0.3	1:0.4

（3）开槽深度大于5m时,宜采用混合槽。其上部在条件允许时,可采用无支撑的梯形槽;下部应采用有支撑的直槽。槽壁边坡一般采用1:0.05(即20:1)。

2. 挖土与堆土

（1）沟槽宜从出水口向上游方向开挖。开槽后,如不能立即进行下道工序施工,槽底应按设计高程预留150~200mm,待下道工序开始前开挖与修整。

（2）人工开挖沟槽时,应控制好槽底高程和宽度,防止超挖。

（3）机械开挖沟槽时,应按设计高程预留100~200mm,用人工清挖。

（4）挖出的土方要妥善堆在沟槽的一侧或两侧,与槽边的距离应在1m以上,高度不超过1.5m,边坡不大于1:1,并不得压盖测量标志。

（5）运输车道或施工机械与槽边的最小距离,应符合表6-11的规定。

表6-11 运输车道或施工机械与槽边的最小距离

项目	马车或1t小翻斗车	施工机械或汽车	吊车
与槽边的最小距离/m	2	3	4

（6）人工开挖混合槽时的留台宽度,梯形槽与直槽之间不宜小于0.8m,直槽之间宜为0.3~0.5m。

（7）沟槽开挖过程中,应经常检查沟壁的稳定性,如发现裂缝、沉陷或撑木走动,必须立即停工处理。

（8）严禁掏洞式开挖。

3. 沟槽特殊情况的处理

（1）沟槽开挖中,如发现坑穴、枯井、溶洞、涌泉等情况时,可按本章6.2.2节及6.2.11节的有关规定处理。

（2）槽底超挖深度小于150mm者,应用原土回填夯实;超挖深度大于150mm者,可用原土、石灰土等回填夯实。均应达到压实度标准。

（3）槽底已达设计高程,因含水量过大而无法夯实时,道坪(含道肩或加宽部分)部位的管、沟土基可掺石灰夯实;其他部位的管、沟土基,可在不扰动的土基上直接铺筑垫层。

（4）槽底出现地下水时,应及时抽排。在非冻害地区,可回填砂石料处理;在冻害地区,宜用低标号水泥混凝土、煤碴等材料处理。

（5）因排水不良而导致槽底扰动的土壤,可按下列方法处理:扰动深度小于100mm时,可铺砂石料找平夯实;扰动深度达 100～300mm 时,可填卵石或块石,以砾石或碎石填充空隙。

（6）当地下水位高于槽底而产生流沙时,可按下列方法处理:在沟槽两侧打入板桩,再挖集水坑抽水,降低地下水位。必要时,可用井点系统降低地下水位;当流沙现象较轻,槽底土壤扰动深度较浅时,可边挖土边用粗砂或砂砾石回填并夯实,或用块石挤入扰动土壤,挤入深度可为0.3～0.6m,块石间的缝隙用砂砾石填充,找平夯实。

6.6.4　盖板沟及盲沟

1. 垫层敷设

（1）铺筑前,应按设计进行测量放样。

（2）垫层敷设应平整密实。

2. 现浇混凝土、钢筋混凝土工程

1）支模

模板的支立应达到位置和尺寸准确、拼接紧密、支撑牢固,不得漏浆、跑模。支立模板与安设钢筋要密切配合。有碍绑扎钢筋的模板,应于钢筋安设以后支立。支立模板的允许偏差和检验方法,应符合表6-12的规定。

表 6-12　支立模板质量标准

项目	质量标准或允许偏差/mm	检验频度	检验方法
中心线位置	10	沟、管,每20m长;井,每个检查1处	用经纬仪、拉线和尺量
净空尺寸	±5		尺量
盖板顶高、墙高	+0,-5		水准仪
基础宽、厚、墙厚	+8,5		尺量
盖板厚、长、宽	±3		尺量
模板垂直度	0.5%		吊线或尺量
预留孔尺寸和位移	±5		尺量
注:表列规定也适用于井、管的模板			

2）钢筋加工与安装、浇筑混凝土

钢筋应按设计规格、尺寸下料,绑扎前应除去钢筋铁锈和油渍;浇筑混凝土前,对垫层、模板、钢筋、温度缝、流水槽孔及模板隔离剂的涂刷应全面检查,模内的泥土等杂物要全部清除,合格后方可浇筑混凝土;浇筑时,混凝土混合料的自由倾落高度超过1.5m时,应以溜槽或串筒进料,防止混合料离析;浇筑过程中,不得碰撞或踩踏模板与钢筋,搭设跳板不得以模板为支架,并应及时检测模板的高程和位置,防止钢筋和模板位移;沟底板和沟墙宜一并浇筑,并应从分水处向下游逐段延伸;浇筑作业宜分段、对称、分层进行,并符合下列要求:

分段:按伸缩缝分段,伸缩缝的位置准确;一段完成后,再转入下一段。

对称:两侧沟墙同时浇筑,进度基本一致,防止模板偏移。

分层:使用插入式振捣器振捣时,每层松铺厚度不超过300mm;人工捣固时,每层厚度不超过200mm。在振捣上层时,务必插入下层约50mm深,防止漏振或漏捣。

每段混凝土的浇筑要连续进行,如必须间断时,其间断最长时间应按水泥混凝土的初凝时间及硬化条件确定。气温在20℃以下时,间断时间不应超过1.5h。

3)拆模

当能保证混凝土表面不受损坏时,方可拆除模板。非承重的侧墙模板最早拆模时间可参照表6-13规定。

表6-13　非承重侧墙模板的最早拆模时间

昼夜平均气温/℃	混凝土成型后最早拆模时间/h
<15	72
15~20	60
20~25	48
25~30	36
>30	24
注:承重模板和内模的拆除时间,应根据实地情况按表中规定适当延长	

3. 砌体工程

石料在使用前应清除表面的泥土、水锈等杂质,并用水湿润。砌筑砂浆强度应符合设计要求;应具有适宜的和易性和流动性,其稠度以标准圆锥体沉入度表示,宜为40~70mm,水灰比不宜大于0.65。砌筑砂浆的配合比设计按JGJ/T 98—1996执行。

砌筑应满足下列要求:

(1)砌筑前,沟槽(多为直槽)应仔细修整,而且必须复查沟底尺寸和高程。

(2)块(片)石沟墙从混凝土沟底砌筑时,其混凝土强度应达到5MPa以上。

(3)沟底和沟墙都采用浆砌块(片)石时,宜一次砌成。如分开砌筑,应在沟底和沟墙连接处每隔一定距离立一块石桩或预埋钢筋头以加强结合。砌筑前,石桩或钢筋头要用水冲洗干净,保持湿润。

(4)应采用挤浆法砌筑。石料必须分层卧砌、上下错缝、内外搭接。砂浆应饱满,不留空洞。砌体的第一层及转角处、交叉处和洞口处,应用较大较平整的石料砌筑。

(5)在砌筑过程中,不得将块(片)石直接抛掷于沟底。

(6)块(片)石砌体的砌筑高度,每天不宜超过1.2m。

(7)施工中断时,已砌好的石层空隙要用砂浆和小石填满,避免石块松动;砌体的临时间断处,宜留阶梯形接茬。

(8)沟底表面和沟墙顶面、内表面力求平整。

(9)沟墙顶部可较设计高程低10~20mm,以利沟肩或盖板安装时用砂浆找平、座实。

伸缩缝、沉降缝施工应符合设计要求。墙面宜勾平缝。勾缝前,应将墙面黏结的砂浆和缝内松散砂浆、杂物清扫干净,并洒水湿润。沟底流水面应用水泥砂浆抹平,厚度不宜小于20mm。

6.6.5　混凝土、钢筋混凝土圆管

订购或自制的混凝土、钢筋混凝土圆管和砂浆管,必须符合设计要求及国家现行有关

标准、规范要求。圆管的槽底开挖宽度可按表 6-14 确定。

表 6-14 圆管槽底开挖宽度要求

项目	圆管内径/mm					
	100~200	250~350	400~450	500~600	700~800	900~1000
圆管外径/mm	200~300	370~470	560~610	660~780	900~1000	1120~1240
槽底宽度/m	0.9	1.1	1.3	1.5	1.8	2.0

混凝土及钢筋混凝土基础表面要粗糙,或在基础上留出凹槽,或按设计要求埋设短钢筋头,使基础和管座紧密连接。

管节安装应符合下列要求:

(1)基础强度达到 5MPa 以上,高程经检查合格,方可下管。

(2)管节安装前,应进行外观检查,发现裂缝、保护层脱落、空鼓、接口掉角等缺陷,使用前应修补并经鉴定合格后,方可使用。

(3)应以机械下管为主。缺乏机械或管径较小时,亦可用人工下管。下管时,要精心作业,不得撞坏基础和管壁,并应随时检查槽壁有无崩塌现象,保证作业安全。

(4)稳管时,应将管内清扫干净,管端靠紧,并及时检查和校正管位,使管节内底高程符合设计规定。调整管节中心及高程时,必须垫稳,两侧设撑杠,不得发生滚动。

(5)管位稳定后,先将管端洗刷干净,用水泥砂浆和小石将接头的缝隙嵌实填平。埋设于道坪下面的圆管(管径通常 700mm 以上),其接头内缘应勾平缝。

(6)以水泥砂浆抹带作刚性接头时,应在管座施工后进行。砂浆标号应达到 M7.5以上,带宽 100~200mm,厚度 30mm。抹带完工后,必须立即覆盖草帘或草袋,湿治养护3d 以上。

(7)以三毡四油作柔性接头时,应在管座施工前进行。要在接头充分干燥后,先刷一层冷底子油,再用三毡四油包裹。油毡带宽 200mm,其搭接长度不少于 100mm,里外两层油毡的搭接应错开,表面可撒一层干热砂保护。

(8)圆管与井壁的空隙,采用柔性接头时,以浸过沥青的油麻束塞紧,井壁内外侧以沥青或石棉水泥嵌实;采用刚性接头时,可用水泥砂浆填塞密实。

管座混凝土浇筑应符合下列要求:

(1)管座混凝土浇筑前,对基础和管壁上的泥土等杂物要仔细清扫、刷洗,对接茬钢筋的污物要清除。

(2)管座混凝土的浇筑与混凝土盖板沟基本相同,但应先将基础表面洒水湿润,在圆管的两侧同时进行浇筑和振实,防止位移。管座各作业段应连续浇筑,如必须间断时,可在间断处设置施工缝。在浇筑过程中,应经常检查管位和高程,防止偏移。

采用有管盲沟时,应符合下列要求:

(1)管道顺直,接口对正。如设计无具体要求,管口之间应留 20mm 空隙,用宽 150~200mm、厚 20mm 的海草或四层棕片包裹。

(2)圆管位置经检查合格后,渗水材料的填筑应对称拍实,其中砂、石料要洁净。

6.6.6 回填土

沟、管、井等构筑物养护期满,经检验合格,其混凝土强度达到 10MPa 以上时,方可回

· 196 ·

填土。回填土前,应清除槽内木片、草袋、垃圾等杂物,并要排除积水。回填土作业不宜在雨、雪天进行。

回填土作业应符合下列要求:

(1) 回填土应自上游向下游进行,道面下管、涵两侧应采用 3:7(质量比)灰土回填,其他部位宜采用与构筑物周围相同的土回填。

(2) 自槽底至管顶以上 500mm 范围内及盖板沟两侧、井壁四周的回填土,应同时对称、均匀、分层填筑;分段回填时,应留阶梯形接茬。

(3) 回填土的压实度应达到所在部位道面土基的相应标准和设计要求。

6.6.7　土明沟

1. 土明沟开挖

沟槽开挖有人工和机械两种方法。当沟槽宽度较大,挖土较深时,可采用机械施工。常用机械有反铲挖土机。机械开挖沟槽时,为防止扰动槽底土壤,可按设计高程预留 7.0~30cm,用人工清挖。

沟槽开挖宜从下游往上游进行,以利排水。开挖沟槽时,应经常检查沟底标高,避免超挖,如果出现超挖,应用原土回填夯实。

2. 明沟边坡及加固

为了防止土明沟的边坡和底部被流水冲刷、坍滑,常用铺草皮或铺石的方法加固。

1) 草皮加固

草皮加固主要适用于水流速度小、淹没时间短、气候温和、潮湿,能就近取得与场区土壤生长条件相适应的草皮的工程。

加固边坡所用的草皮,应用新鲜、密实、多根的草皮,不允许用干枯的草皮,禁止用泥炭田或沼泽地的草皮。铺前应将边坡表面掘松、整平。草皮尺寸(宽×长)一般为 20cm × 30cm, 25cm ×40cm,30cm ×50cm 等,厚度为 5~10cm。草皮敷设主要有平铺、层铺两种方法。

平铺是将草皮底面直接铺贴在土面上,适用于水流速度不大于 1.2m/s 的土明沟加固。敷设时,每块草皮的侧边应切成斜面,以便压缝并使接头紧密。草皮自坡脚向上逐行敷设,并逐排错缝。必要时可采用柳条等灌木(或竹)桩固定草皮。

层铺,亦称叠铺,是从坡脚向上草皮一块块重叠敷设。它较平铺式牢固,适用于加固水流速度不大于 1.8m/s 的土明沟。敷设时,上下两层应错缝,亦可用小木(或竹)桩固定。

当土明沟的沟底宽度 <1cm,纵坡小于 5% 时,沟底不得用草皮加固,而用 9~10cm 厚的碎石或砾石加固。

2) 铺石加固

铺石视水流速度的大小、边坡坡度的不同可做成单层、双层等不同形式。单层铺砌的允许流速为 2.5m/s,双层铺砌的允许流速为 3.5m/s。

铺砌前,要检查验收沟槽。要求沟槽表面平整、密实。然后放样、挂线,再铺 5~10cm 的砂砾石或碎石垫层。垫层应分段自下而上敷设,每段 10m 左右,两侧用样板控制高度,要求撒匀、扒平。垫层铺好一段砌石一段。

　　用块石铺砌时,应大面向下,放稳、嵌紧,尽量缩小缝隙。砌体的较大空隙,应用碎石填塞、砂浆加固,并保证灰浆饱满。砌石应上下交错,不允许有通缝。

　　用卵石铺砌时,应选用扁平形状的卵石,蛋形的卵石不易砌稳。铺砌时,应将卵石的最长方向与铺砌方向垂直,卵石间的缝应相互错开,并咬挤紧密。在边坡坡面,同一层卵石应取大小均匀的卵石,竖直铺砌成人字形。底平面可以砌成和水流方向平行的纵砌,也可以砌成与水流方向垂直的横砌,不能无排列地乱砌。

第7章 坑道工程施工技术

7.1 概　述

坑道工程是指利用自然岩土层作防护层的工程,在我国,习惯上将构筑在山体内的这类工程称为坑道工程,是军队工程建设的组成部分。坑道工程具有隐蔽性强、防护性能好、节约建设用地、热稳定性好等优点,在地下指挥所、通信、人员和武器掩蔽所、战备物资库、医院、实验室以及地下人防工程等应用最为广泛,特别是在防护工程中被大量使用。但与同类地面工程相比,地下工场造价高,施工难度大。

7.1.1 坑道工程的特点

1. 坑道工程类型

坑道工程主要包括指挥中心、人员掩蔽部、飞机库、舰艇库、大型后方仓库、通信设施、火炮掩体等。

地下的平面布置形式,主要有窑洞式、通道式、平行通道式(又称房间式)、垂直通道式(又称串联式)、梯式和棋盘、集中式、混合式等。

窑洞式的最大特点是洞体短(一般不超过100m),每个坑道相互独立,每条洞体仅有一个入口,在战时使用不够安全,也不利于通风。因此常用于仓库或小型的人员掩蔽部。

通道式的特点是坑道结合通道呈隧道形式布置,但由于其相互贯通,干扰较大,因此多用于地下交通道、临时掩蔽、贮存单一品种的仓库或规模小、有自然通风要求的独立的地下建筑。

平行通道式的布置可以减少相互干扰,形状简单、接头少、管线集中,但坑道跨度要求大,适用于地质条件好、洞体平缓、内部房间较多的地下建筑。

垂直通道式的特点是洞内房间沿通道作盲洞式或葡萄式布置,因此坑道跨度较平行通道式小,坑道可灵活布置,但洞体岔洞多,管线转弯交叉多,通风较困难。此种形式多适于地质条件差,对于某些内部有防护、防火、防爆、防渗漏、隔声等特殊使用要求的房间,如水库、空调机房、扩散室或油库、冷藏库等也常采用此种布置。

梯式和棋盘式的特点是坑道呈纵横双向布置,中间仅保留围岩稳定所必需的岩柱,因此坑道集中、平面紧凑,且各坑道之间联系方便,但洞体交叉口多、通风和施工较为复杂。这种类型多用于规模较大的地下工厂或仓库等建筑。

集中式的特点是以大空间的地下大厅为中心,根据使用要求用多向通道与地下各部分取得联系。但地下大厅跨度大、边墙高,施工和通风都比较复杂,适于大型地下建筑或有特殊生产工艺需要的地下工厂或仓库。

混合式的特点是综合上述各形式根据实际需要组合而成,它能发挥各种形式的优点,适合于不同的地质条件和使用要求。但在同一浇筑段内类型不宜过多,以免造成结构复杂,施工困难。

按构筑形式分坑道工程与地道工程,在我国,习惯上将构筑在山体内的这类工事称为坑道工事(图7-1),将构筑在平坦地形地面下的这类工事称为地道工事(图7-2)。在建筑形状上可分为坑道(或地道)式与硐室式,坑道(或地道)式是指长度较大、径向尺寸相对较小的地下工程,结构型式有直墙拱顶形、马蹄形和圆形。按坑道断面尺寸间的相对比例不同,可采用大跨度、高边墙和普通型坑道的形式,其跨度和长度依使用要求确定。硐室式是指长度相对较短、径向尺寸较大的地下工程。按空间位置不同,又有平洞、斜洞和竖井之分,坑道工程中最普遍的型式为平洞。按用途可分为指挥所坑道、战斗坑道、屯兵坑道、救护所坑道、弹药物资坑道、交通坑道和其他特殊用途的坑道。按工程性质可分为野战坑道和永备坑道。永备坑道与野战坑道相比,一般有较厚的自然防护层,采用石料、混凝土等坚固耐久的建筑材料被覆,内部有较完善的通风、照明、工作和生活等设施,对核、化学,生物武器和常规武器所产生的综合杀伤破坏因素,通常采取较全面的集体防护措施。

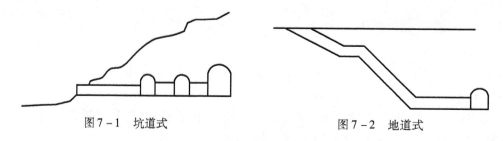

图7-1　坑道式　　　　　　　　　　图7-2　地道式

坑道工程尽管分类方法繁多,但从施工角度来看,最主要的是所处位置的介质、空间位置和形状,因为它们直接决定着施工方案与方法、施工工艺与设备的选择。在岩石中开挖的工程,围岩比较稳定,支护比较容易,开挖较为困难,需用爆破法或岩石掘进机法破岩;在土中则相反,支护困难破岩易,可用人工或机器开挖(如挖掘机、盾构机),必要时还要采取特殊的施工方法,如降水、冻结、注浆等;在水中修建随道则需用沉管法。在立井(又叫竖井)、斜井、平洞中施工,尽管支护方式类似,但所用设备及其设备的布置则有较大差别。坑道(地道)式和硐室式两者在支护上有不同的要求,在开挖方式的选择上有一定差异,如硐室式工程无法使用掘进机施工。

2. 坑道工程的组成

典型坑道(地道)工程一般由口部、主体两部分组成;按受荷载特征分为头部、动被复段和静被复段,如图7-3所示。

坑道工程口部基本组成包括坑道工程最里面一道密闭门以外部分的出入口、进出路和用于进风、排风、给水、排水和电缆进出的管线沟(井)。口部不仅是人员、装备器材进出工程的通道,也是通风、给排水、供油、供电、通信等管线与外部相通的部位,因此是防护的重要点,大部分甚至全部的防护设备、建筑设备都在口部。包括防冲击波的防护门、防护密闭门、防爆波活门、扩散室、防护密闭阀门、防爆波井;防生化、核辐射的密闭门(阀门)、防毒通道、通风滤毒设备、洗消设备。

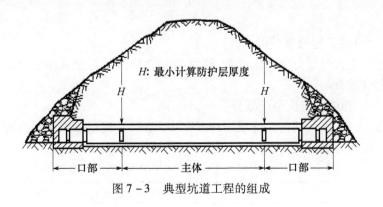

图7-3　典型坑道工程的组成

7.1.2　坑道工程的围岩性质

坑道工程作为地下工程,其施工的作业对象主要是岩石或土,所以岩(土)体的各种物理力学性质及其赋存条件,直接影响地下工程开挖时围岩的稳定性。为正确进行工程的设计和布局,合理选择地下工程的开挖方法和支护方式,保证地下工程施工及运营安全,须对围岩岩石(土)强度及稳定性进行分析。

1. 岩石和土

岩石和土可总称为岩土。

岩石是经过地质作用形成的由一种或多种矿物组成的天然聚合体,所以矿物是组成岩石的细胞,岩石的性质很大程度上取决于它的矿物成分。按其成因,岩石分为岩浆岩、沉积岩和变质岩三大类,不同类型的岩石,其物理力学性质是不一样的,地下工程施工方法、施工设备选择中经常需要考虑的岩石物理性质有岩石的密度、硬度、耐磨性、孔隙比、水胀性、水解性、软化性等;力学性质有岩石的抗压、抗拉、抗剪强度指标以及弹性、塑性、流变性。

地下工程中更大范围内的岩石组成了岩体,岩体可由一种或多种岩石组成。因此,岩体也可以看作是由岩块组成的地质体。岩体的性质除决定于岩块性质外,很大程度上受其结构的影响。在地壳岩石形成过程中,地质构造作用以及其他漫长的大自然作用破坏了岩体的完整性和连续性,产生了许多裂隙、节理、断层以及溶洞等。人们常常把节理、裂隙、断层和沉积岩与由沉积岩变质的变质岩在生成过程中形成的层理和层面统称为结构面,把由结构面切割出的完整块体称为岩块,因此,岩体又可以认为是由岩块和结构面组成的复杂地质体。

地下工程中遇到的大多是沉积岩。沉积岩是由沉积物经过压紧、胶结等作用而形成的岩石,通常把这些固结性岩石称为基岩,把覆盖在基岩之上的松散性沉积物称为表土,如黄土、黏土、砂土等。按地质年代,表土层又分第三纪、第四纪冲积层,第四纪冲积层是极不稳定的地层。在基岩和表土之间,成岩作用不够充分的那部分岩层通常称为基岩风化带。

风化后的岩石或土体还会受到水、风、冰川等的动力作用,经冲刷、搬运后沉积在一起,形成新的土体,经长期的高压、脱水、固结后,又会形成岩石。因此,岩石和土的区别只是颗粒胶结的强弱。土的胶结力比较弱,因此,土的成分对土体的物理力学性质影响很大。

2. 岩石(土)的工程强度分级

岩石和土的工程强度分级方法很多,这里简要介绍按岩石饱和单轴抗压强度和岩石坚固性系数划分的方法。

1)按岩石饱和单轴抗压强度划分

我国公路、铁路、水利部门的隧道设计规范中,给出了根据岩石单轴饱和抗压强度大小划分的岩石强度等级,见表7-1。

表7-1 按岩石单轴抗压强度划分的岩石强度等级 （MPa）

基岩类型	划分指标及等级				
公路隧道	>60	30~60	15~30	5~15	<5
	坚硬岩	较坚硬岩	较软岩	软岩	极软岩
	硬质岩			软质岩	
铁路隧道	$Rc>60$	$30<Rc\le60$	$15<Rc\le30$	$5<Rc\le15$	$Rc\le5$
	极硬岩	硬岩	较软岩	软岩	极软岩
	硬质岩			软质岩	
水工隧道	$Rb>60$	$30<Rb\le60$	$15<Rb\le30$	$5<Rb\le15$	
	坚硬岩	中硬岩	较软岩	软岩	
	硬质岩			软质岩	

2)按岩石坚固性系数划分

前苏联 M. M. 普罗托吉雅可诺夫子1926年提出用"坚固性"这一概念作为岩石工程分级的依据。普氏认为,岩石的坚固性在各方面的表现是趋于一致的,难破碎的岩石用各种方法都难于破碎,容易破碎的岩石用各种方法部易于破碎。因此,他建议用一个综合性的指标"坚固性系数f"来表示岩石破坏的相对难易程度:$f=Rc/10$。

通常称f为普氏岩石坚固性系数(简称普氏系数),Rc是岩石饱和单轴抗压强度(MPa)。该法因方法简明、便于使用而得到广泛应用。根据f值的大小,将岩石分为十级共15种(见表7-2)。

表7-2 岩石坚固性分级表

级别	坚固性程度	岩石	f值
I	最坚固的岩石	最坚固,最致密的石英岩及玄武岩,其他最坚固的岩石	20
II	很坚固的岩石	很坚固的花岗岩类,石英斑岩,很坚固的花岗岩,硅质片岩,坚固程度轻I级岩石稍差的石英岩,最坚固的砂岩及石灰岩	15
III	坚固的岩石	致密的花岗岩及花岗岩类岩石,很坚固的砂岩及石灰岩,石英质矿脉,坚固的砾岩,很坚固的铁矿石	10
IIIa	坚固的岩石	坚固的石灰岩,不坚固的花岗岩,坚固的砂岩,坚固的大理岩,白云岩,黄铁矿	8
IV	相当坚固的岩石	一般的砂岩,铁矿石	6
IVa	相当坚固的岩石	砂质页岩,泥质砂岩	5

（续）

级别	坚固性程度	岩石	f 值
V	坚固性中等的岩石	坚固的页岩,不坚固的砂岩及石灰岩,软的砾岩	4
Va	坚固性中等的岩石	各种不坚固的页岩,致密的泥灰岩	3
VI	相当软的岩石	软的页岩,很软的石灰岩,白垩,岩盐,石膏,冻土,普通泥灰岩,破碎的砂岩,胶结的卵石及粗砂砾,多石块的土	2
VIa	相当软的岩石	碎石土,破碎的页岩,结块的卵石及碎石,坚硬的烟煤,硬化的黏土	1.5
VII	软岩	致密的黏土,软的烟煤,坚固的表土层	1.0
VIIa	软岩	微砂质黏土,黄土,细砾石	0.8
VIII	土质岩石	腐殖土,泥煤,微砂质黏土,湿砂	0.6
IX	松散岩石	砂,细砾,松土,采下的煤	0.5
X	流砂状岩石	流砂,沼泽土壤,饱含水的黄土及饱含水的土壤	0.3

3. 围岩与围岩压力

围岩,顾名思义就是地下工程开挖后所形成的空间周围的岩体,围岩既可以是岩体,也可以是土体。未经人为开挖扰动的岩(土)体称为原岩。当在原岩内进行地下工程开挖后,周围一定范围内岩体原有的应力平衡状态被打破,导致应力重新分布,引起附近岩体产生变形、位移,甚至破坏,直到出现新的应力平衡为止。所以,理论上又将开挖后隧道周围发生应力重新分布的岩体称为围岩,最新分布的应力称为二次应力。

如果在出现新的应力平衡之前已经对围岩进行了支护,则围岩的变形和破坏就会引起支护结构应力和位移的变化,甚至破坏支护结构。岩体力学中把由于开挖而引起的围岩或支护结构上的力学效应统称为广义的围岩压力。围岩压力的大小不仅与岩体的初始应力状态、岩体的物理力学性质和岩体结构有关,同时还与工程性质、支护结构类型及支护时间等因素有关。显然,当围岩的二次应力不超过围岩的弹性极限时,围岩压力将全部由围岩自身来承担,地下工程也就可以不加支护而在一定时期内保持稳定。当二次应力超过围岩的强度极限时,就必须采取支护措施,以保证地下工程的稳定,此时,围岩压力是由围岩和支护结构共同承担的。可见,作用在支护结构上的压力仅仅是围岩压力的一部分。因此,把作用在支护结构上的这部分围岩压力称为狭义的围岩压力。通常所说的围岩压力多指狭义围岩压力。

围岩压力按其来压方向分为顶压、侧压和底压;就其表现形式可分为松动压力、变形压力、冲击压力和膨胀压力等。由于开挖而引起围岩松动或坍塌的岩体以重力形式作用在支护结构上的压力称为松动压力;开挖必然引起围岩变形,支护结构为抵抗围岩变形而承受的压力称为变形压力;冲击压力是围岩中积蓄的大量弹性变形能受开挖的扰动而突然释放所产生的压力,包括岩爆、岩震等;膨胀压力是岩体遇水后体积发生膨胀而产生的压力,其大小取决于岩体的性质和地下水的活动特征。

对围岩的理论研究表明,围岩本身具有一定的自承载能力,充分发挥围岩的自承载能力,会大大降低地下工程支护成本。地下工程开挖后,适当控制围岩的变形,对工程的维护具有重要意义。

4. 围岩的稳定性分级(类)

围岩稳定性分级(类)目前尚不统一,包括国家标准以及军工部门、煤炭、公路及铁路交通、水工等部门等行业均制定有各自的围岩分级（类）标准。

国家标准《工程岩体分级标准》（GB 50218—94）中关于坑道围岩的分类标准的方法是根据岩体基本质量的定性特征和岩体基本质量指标 BQ 两者相结合的方式，总共分为Ⅰ～Ⅴ级，围岩自稳能力依次降低。《锚杆喷射混凝土支护技术规范》（GB 50086—2001）中根据围岩完整程度、岩石强度指标、岩体声波指标、岩体强度应力比多个指标对围岩级别同时判定，共分为Ⅰ～Ⅴ级。

军队部门根据岩质类型、岩体结构特征以及毛洞围岩的稳定性，按照初步分类与详细分类两步法对围岩进行分类，也分为五类及相应的亚类。

煤炭系统根据锚喷支护设计与施工的需要，按照煤矿岩层的特点，制定了适用于煤矿井巷工程的围岩分类，共分为Ⅰ～Ⅴ类。

我国公路和铁路隧道设计规范根据岩石坚硬程度和岩体的完整程度两个基本因素，对围岩的稳定性进行了分级。公路隧道设计规范的分级标准基本上与国家标准一致；铁路隧道设计规范考虑了地下水、初始地应力以及隧道洞身的埋藏深浅情况对围岩分级的修正，共分为Ⅰ～Ⅵ级。

水工隧洞的围岩根据围岩总评分与围岩强度指标分为Ⅰ～Ⅴ类。

7.2 坑道工程开挖

国防工程施工是按照国防工程设计图纸，具体组织施工的过程。它是国防工程建设的主要环节，涉及坑道掘进、支护被复、土建装修、设备安装、系统调试、竣工验收及遗留问题处理等阶段。国防工程施工具有任务集中、建设周期长、经费投入大、质量要求高、施工组织困难等特点。因此，应该周密计划、精心组织、加强管理、确保质量和安全。

根据长期的工程实践，决定和影响地下工程施工方法、特别是成洞方法的主要因素如下：

（1）坑道围岩的性质。地下建筑是在围岩中获得使用空间的，所以，不同性质的围岩，例如，是软弱的土质地层还是坚硬的岩石地层，不言而喻，形成坑道的工艺和方法是完全不同的。此外，地下建筑是位于水下、山体内或市区街下，以及它们的埋置深度不同，也对成洞的方法有着重大影响。

（2）坑道的体型特征。坑道的体型特征包括坑道的断面形式、断面尺寸大小，以及坑道的平面和立体布置形式等要素。例如，即使都为平洞，有的洞型单一，又为等断面，在平面布置上也较简单，各类交通隧道和输水隧道即属此类。但绝大多数其他类型的地下建筑则由于用途不同，坑道在平面及立体布置上往往较复杂，洞型也有变化，不等跨，不等高，一般通道部分断面较小，主坑道部分断面又较大。此外，有的坑道其断面尺寸间的相对比例还很悬殊，形成大跨度或高边墙的洞型等。这些不同体型的坑道，其施工的方法也千差万别。

（3）施工条件。包括拥有的施工技术装备和施工技术水平等。

以上因素中，前两项反映了影响施工方法的客观方面的因素，后一项反映了主观方面的条件。由此应予看到：地下建筑没有一个通用的、定型不变的施工方法，需因工程的主客观方面的条件，即因围岩性质、坑道体型和施工条件的不同而异。

7.2.1　坑道工程成洞方法的分类

坑道工程建筑类型很多,工程特点各异,相应的成洞方法也不同(图7-4)。根据目前的技术条件,采用的成洞方法概括有以下几类:

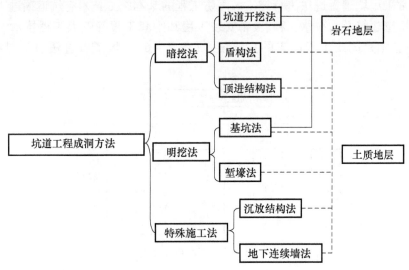

图7-4　坑道工程成洞方法

暗挖法是不扰动上部覆盖层而修建地下建筑的方法。其中坑道开挖法,又称矿山法,用于岩石地层;盾构法及顶进结构法适用于土质地层。

明挖法是挖除其上的覆盖层,拟建的地下建筑物由地下施工变为露天施工,最后再回填覆盖。岩石地层中的地下建筑当埋深很浅时,也可采用明挖法施工。

如图7-5所示,开挖坑道,按破岩方式和成洞方式的不同又可分为不同的种类。

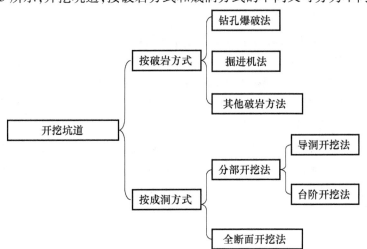

图7-5　开挖坑道的方法

当前,地下建筑的开挖,在岩质地层中主要是采用钻孔爆破法,掘进机法在我国已有一定的应用,其他破岩方法如高压水射流、激光、超声、热力破岩等物理破岩方法,以及使岩体软化、溶解的化学破岩方法,尚处在进一步的研究和试验中。

7.2.2 坑道工程的基本施工顺序

指挥防护工程、通信工程以及重型武器装备掩蔽工程等重要国防工程多修建在岩石地层中,通常采用坑道掘进法进行施工。国防工程的基本施工技术有坑道掘进工程、坑道支护工程、坑道建筑及防排水工程、设备安装工程和配套工程等五大工程技术,其中坑道掘进和支护技术是国防工程施工的主要技术(图7-6)。坑道掘进法通常包括以下各工序。

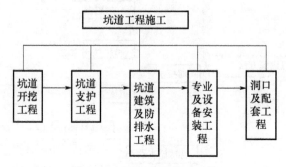

图7-6 坑道工程施工工艺

坑道开挖工程:就是根据工程设计,在岩体内进行开挖成洞的作业,以获得符合使用要求的坑道空间。

坑道支护工程:系为了增强围岩的稳定,保证坑道在长期使用条件下的安全。根据支护的型式不同,坑道支护工程有喷射混凝土、锚杆、喷锚、整体式衬砌、装配式衬砌工程类。

坑道建筑及防排水工程:包括①洞内衬套及房屋;②分隔坑道平面或空间的墙和维护结构工程;③防排水工程;④设备基础工程;⑤地面工程;⑥各类坑、池、管沟工程;⑦门窗、粉刷、油漆等装修工程。防排水工程中,有的工程项目和内容,如衬砌背部的排水盲沟等,则需要在支护工程阶段进行。

专业及设备安装工程:包括生产工艺设备、运输设备、动力、照明、通风、供热、给水、排水、消防、通信、信号等管线设施;以及消波、密闭、滤毒、洗消等三防设施;防震、隔音、防腐等专业工程;人员生活及公用设施的设备安装工程。

洞口及配套工程:包括洞门、洞口护坡、泄洪排水,道路以及洞外必需的配套工程。

由于坑道工程建筑类型多,使用要求不同,工程的组成并不一定都包括上几项。或者,每项工程包含的具体内容不尽相同。上述几项工程中,前三项及第五项属于土建工程,第四项为专业及设备安装工程。在土建工程中,只有开挖工程及支护工程两项才是形成坑道空间的主体工程。

7.2.3 坑道工程开挖

坑道开挖是岩石地下建筑施工中的一项主导工程。在当前的技术条件下,钻孔爆破法是开挖岩石坑道的常规方法。它主要由钻孔、爆破、出碴三项施工过程所组成。这三项施工过程因直接改变着作为劳动对象的岩石,控制和决定着开挖工程的进度和工期,所以,它们又称为基本作业。

等完成上述三项基本作业后,开挖的坑道就向前推进一段。完成这三项基本作业,即称为一个开挖循环(或掘进循环),每向前推进一段的长度,就叫做一循环开挖进尺,简称循环进尺。

开挖工程中除上述三项主要作业外,还有如临时支护、测量、供气、供水、工作面通风、防尘等。这些作业因多不直接改变劳动的对象——岩体,系为主要作业创造正常工作条件或为改善劳动条件的,本身占用的有效工时不长,所以通常把这些作业称为辅助作业。

钻孔爆破法的作业内容如图 7-7 所示。

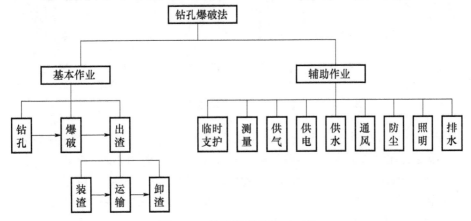

图 7-7　钻孔爆破法施工工艺

1. 钻孔爆破法的基本作业

钻孔在坑道掘进施工中是工时消耗最多、劳动强度最大的基本作业。合理选择钻孔方式和使用钻孔设备,对于缩短钻孔时间、加快掘进速度具有重要作用。钻孔的机具设备主要有气动凿岩机、风钻台车、钻杆和钻头等,现在还发展有联合掘进技术等。常用工业爆破炸药有硝铵炸药和硝化甘油类炸药。起爆炸药的装置有火雷管和电雷管。装碴机械有铲斗式、蟹爪式、立爪式装碴机,装运(卸)机和短臂挖掘机等。要改善岩石坑道掘进技术落后状态,提高劳动生产率,加快工程进度,缩短工期,减轻劳动强度,改善作业条件,必须实现掘进工程机械化,首先是对那些劳动强度大、占用工期长的基本作业或关键性施工过程实现机械化。其中,钻孔和出碴的机械化对加快掘进工程进程具有决定性的意义,通常将钻孔和出碴作业采用的机械相配套,使其生产率相互协调和适应,使从钻孔到出碴的主要过程均由机械完成。

1)钻孔作业

钻孔爆破是开凿岩石地下工程中最基本的施工作业方法。钻孔爆破的要求是:形状尺寸符合设计要求;矸石块度大小适中,便于装岩;掘进速度快,钻眼工作量小,炸药消耗量最省;有较好的爆破效果,表面平整,超欠挖符合要求,对围岩的震动破坏小。

(1)炮眼定位。

掘进坑道时要用中线指示其掘进方向,用腰线控制其坡度。每次钻眼前都要测定出坑道的中线,以便确定出掘进轮廓线,并按爆破图表标出眼位。这样才能保证掘出的断面符合设计要求。

坑道中心线的测定有三点延线法和激光指向法。

三点延线法：坑道施工时，准确的中线必须由专门的测量人员用经纬仪测量确定，一般在坑道或隧道内，每掘进 30~40m 应延设一组标准中线点。中线点均应固定在顶板上，挂下垂珠指示坑道的掘进方向。如果方向不改变，掘进工人即可用"三点延线法"延长中心线，并以此在工作面上布置炮眼，如图 7-8 所示。图中点 1、2 为已确定的中线点，3 点为待测点。测定时，一人持灯站在 1 点，按"三点成一线"原理，即可确定出 3 点的位置，同时将中线画在工作面上。

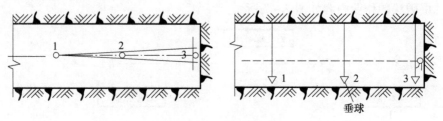

图 7-8　三点延线法

激光指向法：在坑道中安置激光指向仪指示掘进方向。激光指向仪一般悬吊在顶板锚杆上，尽量安装在坑道的中心，如图 7-9(a) 所示。当偏离中心时，测量人员必须给出偏离值，如图 7-9(b) 所示。掘进时，施工人员根据工作面上投光点的位置即可确定出坑道中心和炮眼的位置。激光指向仪距离工作面一般不超过 500m，随着工作面的推进，要定期向前移动指向仪并重新安装和校正。

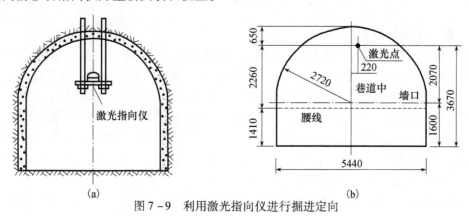

图 7-9　利用激光指向仪进行掘进定向
(a)激光指向仪安装方法；(b)利用激光点确定坑道轮廓。

坑道的坡度需用腰线测定。

腰线点一般设在坑道无水沟侧墙上，高出底板或轨道面 1.0m。腰线点应成组设置，每组 2~3 个点，每隔 30~40m 设置一组。在主要坑道中，需用水准仪定出腰线，或者先用半圈仪延长腰线，掘进一定距离后用水准仪进行校正。次要坑道可用半圆仪定腰线。半圆仪测量方法如图 7-10 所示。测量时需 3 人同时操作，一人将线索按在后面的已知点上，第二人操作半圆仪(又叫度尺)，第三人持线索的另一端在工作面。半圆仪上有角度刻线和垂球，由第二人按坑道的倾角指示第三人调整绳的高度，使半圆仪上的垂线所对应的角度正好与坑道的倾角相同，然后由第二人用白漆延线索画出腰线。根据腰线的位置可确定出拱形坑道的拱基线高度或者坑道顶板的高度位置（腰线距坑道顶板、底板的高度须标注在掘进断面图中）。

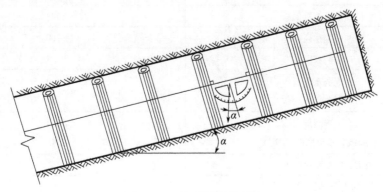

图 7-10　坑道腰线的测定

曲线坑道掘进方向的测定有：

等分圆心角法：将曲线圆心角分为若干中心角为 α_1 的等份，求出每等份的弦长和弦转角，按弦长和弦转角从曲线起点用经纬仪或线交会法逐点标定曲线坑道的中心。施工操作时，可自行制作一种叫做曲线规尺的简易工具，如图 7-11 所示，图中 b 为等分中心角 α_1 所对应的弦长，$a = b^2/r$，r 为巷道的曲线半径。使用方法如图 7-12 所示，将规尺的 A、B 点与坑道底板的已知 A、B 重合，则 C 点即为所确定的中线点，然后再以 B、C 点为基准，确定出下一中线点，以此类推。在找第一个曲线点时，A、B 点必须是在直线段上，且 B 点位于曲线的起点。曲线规尺须用不易变形的木材制作。

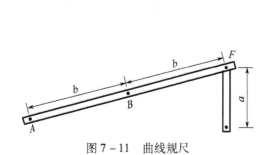

图 7-11　曲线规尺　　　　　　图 7-12　曲线规程防线法

定弦法：选定固定弦长，求出所对应的圆心角及弦转角，然后用与等分圆心角法相同的方法标定坑道中心。

为保证掘进的方向，应注意爆破参数的选择和炮眼的布置。掏槽眼应适当往外侧偏移，且外侧炮眼适当加深。周边孔沿轮廓线调整的范围和掏槽孔的孔位偏差不宜大于 ±50mm，其他炮孔的孔位偏差不宜大于 ±100mm。

近年来，我国已生产有多种坑（隧）道的定向、炮孔布置等仪器，如 Ty-B 型布孔仪、隧道自动导向定位系统、TMS Tunnel Scan 隧道扫描系统等，都是比较先进的地下工程施工的定向、布孔、控制坑道规格的仪器设备，有条件时应尽量采用。

坑道掘进允许偏差见表 7-3。

表 7 - 3　坑道掘进允许偏差

项目	允许偏差/mm
口部水平位置偏移	100
口部标高	±100
毛洞坡度	
毛洞宽度 （从中线至任何一帮）	+100 -20
毛洞高度 （从腰线分别至底部、顶部）	+100 -30
预留孔中心线位置偏移	20
预留洞中心线位置偏移	50

（2）钻孔机具及作业。

用于开挖地下工程的钻孔设备种类较多,按其支撑方式分主要有手持式、支腿式和台车式;按冲击频率分有低频(2000 次/分)、中频和高频(2500 次/分以上)三种;按动力分有风动、电动、液压三种。手持式凿岩机目前我国已不采用,电动凿岩机由于不防爆和对硬岩适应性较差而选用较少,使用最普遍的是风动凿岩机(见表 7 - 4)。液压凿岩机近年来得到迅速发展,它与凿岩台车相配合,使用数量在逐渐增加。以凿岩台车为基础研制的凿岩机器人也已有样机问世。

表 7 - 4　常用风动凿岩机技术特征表

型号	机重 /kg	冲击频率 /(次/分)	冲击功 /J	扭矩 /(N·m)	耗风量 /(m³/min)	钻孔直径 /mm	最大钻深 /m	备注
YT - 23	23	2100	59	>14.7	<3.6	34 ~42	5	
YT - 24	24	1800	>59	>12.7	<2.9	31 ~42	5	
Yf - 26	26	2000	>70	>15.0	<3.5	34 ~ t3	5	气腿式
YTP - 26	26	2600	>59	>17.6	<3.0	36 ~45	5	
YT - 28	26	2100	>75	>18.0	<3.3	34 ~42	5	
YSP - 45	44	2700	>69	>17.6	<5.0	35 ~42	6	向上式
YG - 40	36	1600	103	37.2	5	40 ~50	15	
YG - 80	74	1800	176	98.0	8.1	50 ~75	40	导轨式
YGZ - 90	90	2000	196	117.0	11	50 ~80	30	

气腿式风动凿岩机简称风动凿岩机或气腿式凿岩机,根据不同行业的习惯,又叫风锤、风钻或风枪。风动凿岩机的结构和操作方式如图 7 - 13 所示。气腿式凿岩机一般都为中低频凿岩机,较硬岩石中使用时,应选冲击功、扭矩相对较大些的机型。

使用气腿式凿岩机可多台凿岩机同时钻孔,钻孔与装岩平行作业,机动性强,辅助工时短,便于组织快速施工。工作面凿岩机台数主要根据坑道的施工速度要求、断面大小、岩石性质、工人技术水平、压风供应能力和整个掘进循环劳动力的平衡等因数来确定。按坑道宽度来确定凿岩机台数时,一般每 0.5 ~0.7m 宽配备一台;按坑道断面确定凿岩机台数时,在坚硬岩石中,常为 2.0 ~2.5m² 配备一台;在中硬岩石中,可按 2.5 ~3.5m² 配备一台。

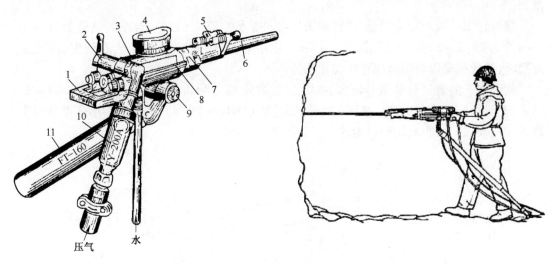

图 7 - 13 YT - 23 型凿岩机外形图及操作方式
1—主机;2—钎子;3—水管;4—压风软管;5—气腿;6—注油器。

为使钻孔速度加快,要使钻孔机具保持良好的工作状态,操作工人要进行培训,提高操作技术,加强组织管理,采用定人、定机、定位、定任务、定时间的钻工岗位责任制。钻孔前应做好各项准备工作,测量人员应给出准确的掘进方向。钻眼时应保证孔位准确。

掘进工作面同时使用风、水的设备较多,并且拆卸、移动频繁。为提高钻孔工作效率和各工序互不影响,必须配备专用的供风、供水设施,并予以恰当的布置。一般情况下,工作面风、水管路的布置如图 7 - 14 所示。它的主要特点是在工作面集中供风、供水,将分风、分水器设置在坑道两侧,这样既方便了钻眼工作,又不影响其他工作。分风、分水器通过集中胶管与主干管连接,便于移动,并分别采用滑阀式和弹子式阀门,使风动设备装卸方便。

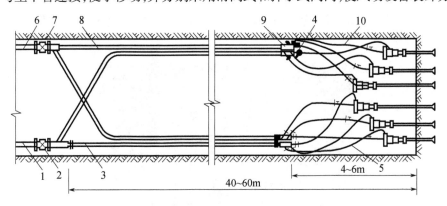

图 7 - 14 工作面风、水管路布置
1—压风干管;2—压风总阀门;3—供风集中胶管;4—分风器;5—供风小胶管;
6—供水干管;7—供水总阀门;8—供水集中胶管;9—分水器;10—供水小胶管。

凿岩台车是将一台或多台液压凿岩机连同推进装置安装在钻臂导轨上,并配以行走机构,使凿岩作业实现机械化,并具有效率高、机械化程度高、可打中深孔眼、钻孔质量高等优点。近十几年来,隧道施工机械化水平不断提高,台车式钻车得到了越来越多的使用。

　　凿岩台车一般由行走部分、钻臂和凿岩推进机构三部分组成。台车的钻臂数目可为1~4个,常用2~3个,一次钻深为2~4m。使用时,需根据断面大小、岩石硬度、施工进度要求、其他配套设备等情况进行优化选择。

　　我国生产的凿岩台车型号较多,按其行走方式可分为轨轮式(如 DGJ-2、CGJ-2、CGJ-3 型)、胶轮式(如 CTJ-3 型)和履带式(如 CIH10-2F 型);按其结构形式可分为实腹式和门架式。实腹式轮胎行走的台车如图7-15所示。

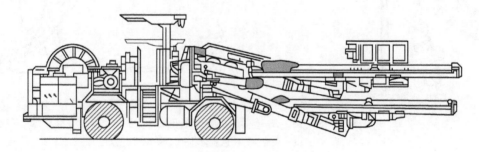

图7-15　凿岩台车外形图

　　轨轮式适用于中小型断面,易与装岩设备发生干扰。门架式适用于大型断面隧道,装岩设备可从门架内进出工作面,两者干扰少,有利于快速施工。

　　凿岩机器人是一种将信息技术、自动化技术、机器人技术应用于凿岩台车中的先进凿岩设备。20世纪70年代末,芬兰、法国、美国、日本、挪威等近20个国家开始了凿岩机器人的研究。国内,1986年原中南工业大学开始从事再现式凿岩机器人的实验室研究工作,1998年通过国家"863"计划正式立项,2000年成功开发出了国内第一台计算机控制凿岩台车样机(图7-16)。该机整机长17180mm,宽4415mm,高5540mm,重达40t,伸出长度达10多米,其功能和性能达到了国际先进水平,适用在高度8.5m、宽度12.0m 的隧道施工。

图7-16　门架式二臂隧道凿岩机器人外形

　　该机为门架式二臂隧道凿岩机器人,整机基本结构由液压凿岩机、推进器、钻臂、辅助臂、司机室、门架式机架、行走系统、电缆卷筒、电机电气控制、供水和供气系统、液压系统、操作面板以及控制系统组成。它能完成自隧道断面形状,炮孔布置的 CAD 到车体定位后的坐标转换计算,多个钻臂(机械手)的防干涉控制、孔序规划、自动移位控制、炮孔钻凿过程控制等一系列旨在使隧道开挖炮孔钻凿时间最短,而爆破后断面形状精度最高的自动化作业,是一种复杂庞大的,有一定自适应能力的作业过程控制系统。

隧道凿岩机器人对操作工人的熟练程度要求不高;可以改善作业环境;不必在工作断面画爆破孔;可精确控制炮孔深度、角度和位置,获得精确的隧道断面轮廓,减少超挖与欠挖,提高隧道施工质量,提高经济效益;可以减少对围岩的机械破坏,从而节省支撑工程的费用;通过优化钻孔布置,达到单位进尺炸药消耗量最少和炮孔利用率最高,获得较好的爆破进尺和破碎块度;根据凿岩过程中自动记录的凿岩穿孔速度数据,预测岩层条件和破碎带,从而预先确定开挖参数、支护工作量以及是否需要加固,并准确确定钻头修磨周期和设备维修周期;通过计算机自动定位、定向,减少钻车和钻臂定位时间;通过计算机控制实现凿岩过程各输出参数的最优匹配,从而使穿孔推进速度或效率达到最优,钻头、钻杆、钻车的机械损耗大大减小。世界各地隧道工程现场使用得到的数据表明:计算机控制凿岩超挖可减少 10% ~ 15%,一次爆破进尺可提高 10% 以上,生产率提高 15% ~ 30%,钻头寿命提高 27% 以上,钻进成本降低 25% 以上。

钎杆和钎头是凿岩的工具,其作用是传递冲击功和破碎岩石。钎头和钎杆连成一体的称为整体钎子,分开组合的称活动钎子,工程中多用活动钎子,如图 7 – 17 所示。冲击式凿岩用的钎杆为中空六边形或中空圆形,圆形钎杆多用于重型钻机或深孔接杆式钻进。

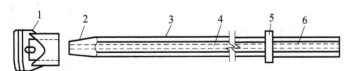

图 7 – 17　活动钎子

1—活功钎头;2—锥形梢头;3—钎身;4—中心孔;5—钎剪;6—钎尾。

活动钎子由活动钎头和钎杆组成,两者用锥形连接,即用钎杆前部的锥形梢头与钎头上的锥窝楔紧连接。钎杆分钎梢、钎身、钎肩和钎尾四个部分。钎杆后部的钎尾插入凿岩机的转动整筒内,是直接承受冲击力和回转力矩的部分。钎肩起限制钎尾进入凿岩机头长度的作用,并便于卡钎器卡住钎子,防止钎子从机夹内脱出。钎杆中央有中心孔,用以供水冲洗岩粉,钎身断面形状为六边形,故称其为中空六角钢钎子。

活动钎子可提高钎杆的利用率,钎头修磨时可减少钎杆搬运量,并有利于专门工厂研制高质量的硬质合金钎头,以适用不同岩性和凿岩机对钎头的不同需要。

钎头是直接破碎岩石的部分,其形状、结构、材质、加工工艺等是否合理都直接影响凿岩效率和本身的磨损。钎头的形状较多,但最常用的是一字形、十字形和柱齿形钎头,如图 7 – 18 所示。成品钎头镶有硬质合金片或球齿。一字形钎头结构简单,凿岩速度较高,应用最广,适用于整体性较好的岩石。十字形钎头较适用于层理、节理发育和较破碎的岩石,但结构复杂,修磨困难,凿岩速度略低。挂齿钎头是一种新发展起来的钎头,排碴颗粒大,防尘效果好,凿岩速度快,使用寿命长,适用于磨蚀性高的岩石。一般气腿式凿岩机用钎头直径多为 38 ~ 43mm;台车多用直径为 45 ~ 55mm 的钎头。

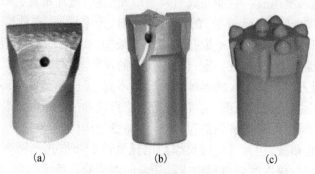

图 7 - 18　活动钎头结构示意图

(a)—一字形;(b)十字形;(c)柱齿形。

2) 爆破作业

坑道的施工方法及掘进方案确定后,如何实施爆破,并保证获得良好的爆破效果,是坑道形成的关键。通常是通过采取掏槽、布孔、起爆等一系列的技术措施,有效地控制围岩应力在岩石中的分布和传布,使爆破效果符合预期的要求。通常,坑道爆破的步骤和程序如图 7 - 19 所示。

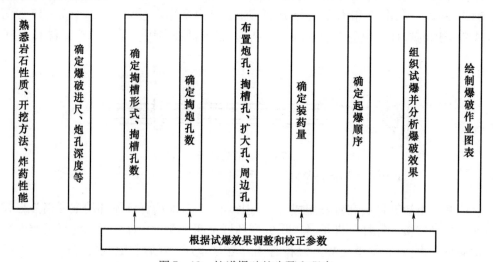

图 7 - 19　坑道爆破的步骤和程序

(1) 掏槽形式。在全断面一次开挖或导坑开挖时,只有一个临空面,必须先开出一个槽口作为其余部分新的临空面,以提高爆破效果。先开的这个槽口称为掏槽。掏槽的好坏直接影响其他炮眼的爆破效果。因此,必须合理选择其形式和装药量。

掏槽形式分为斜眼和直眼两类。每一类又有各种不同的布置方式,常用的掏槽方式见图 7 - 20。斜眼掏槽的特点是:适用范围广,爆破效果较好,所需炮眼少,但炮眼方向不易掌握,孔眼受坑道断面大小的限制,碎石抛掷距离大。直眼掏槽的特点是:所有炮眼都垂直于工作面且相互平行,技术易于掌握,可实现多台钻机同时作业或采用凿岩台车作业;其中不装药的炮眼作为装药眼爆破时的临空面和补偿空间,有较高的炮眼利用率;矸石抛掷距离小,岩堆集中;不受断面大小限制。但总炮眼数目多,炸药消耗量大,使用的雷管段数较多,有瓦斯的工作面不能采用。

锥形掏槽:爆破后槽口壁角锥形,常用于坚硬或中硬整体岩层,根据孔数的不同有三眼锥形和四眼锥形(图 7-20(a)、(b)),前者适用于较软一些的岩层。这种掏槽不易受工作面岩层层理、节理及裂隙的影响,掏槽力量集中,故较为常用。但打眼时眼孔方向较难掌握。

楔形掏槽适用于各种岩层,特别是中硬以上的稳定岩层,因其掏槽可靠,技术简单而应用最广。它一般由 2 排、3 对相向的斜眼组成。槽口垂直的为垂直楔形掏槽(图 7-20(c)),槽口水平的为水平楔形掏槽。炮眼底部两眼相距 200~300mm,炮眼与工作面相交角度为 60°左右。断面较大,岩石较硬,眼孔较深时,还可采用复楔形(图 7-20(d)),内楔眼深较小,装药也较少,并先行起爆。在层理大致垂直,机械化程度不高、浅眼掘进等情况下,采用垂直楔形较多。

单向掏槽适用于中硬或具有明显层理、裂隙或松软夹层的岩层。根据自然弱面的赋存情况,可分别采用底部(图 7-20(e))、侧部(图 7-20(f))或顶部掏槽。底部掏槽中炮眼向上的称爬眼,向下的称插眼。顶、侧部掏槽一般向外倾斜,倾斜角度为 50°~70°。

平行龟裂掏槽(图 7-20(g))。炮眼相互平行,与开挖面垂直,并在同一平面内。隔眼装药,同时起爆。眼距一般取 $(1~2)d$(d 为空眼直径)。适用于中硬以上、整体性较好的岩层及小断面坑道(或导坑)掘进。

角柱式掏槽是应用最为广泛的直眼掏槽方式,适用于中硬以上岩层,各眼相互平行且与工作面垂直。其中有的眼不装药,称为空跟。根据装药眼、空眼的数目及布置方式的不同,有各种各样的角柱形式,如单空孔三角柱形(图 7-20(h))、中空四角柱形(图 7-20(i))、双空孔菱形(图 7-20(j))、六角柱形(图 7-20(k))等。

螺旋式掏槽(图 7-20(l)),所有装药眼都绕空眼呈螺旋线状布置。按 1、2、3、4 号孔顺序起爆,逐步扩大槽腔。这种方式在实用中取得较好效果。优点是炮眼较少而槽腔较大,后继起爆的装药眼易将碎石抛出,空眼距各装药眼(1、2、3、4 号眼)的距离可依次取空眼直径的 1~1.8 倍、2~3 倍、3~3.5 倍、4~4.5 倍。遇到难爆岩石时,也可在 1、2 号和 2、3 号眼之间各加一个空眼。空眼比装药眼深 30~40cm。

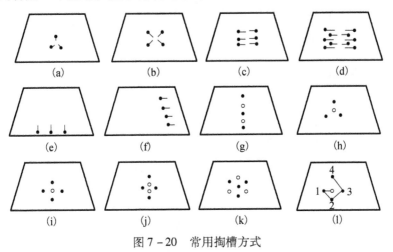

图 7-20 常用掏槽方式

（2）爆破参数。炸药消耗量包括单位消耗量和总消耗量。爆破每立方米原岩所需的炸药量叫单位炸药消耗量,每循环所使用的炸药消耗量总和为总消耗量。单位炸药消耗量与炸药性质、岩石性质、断面大小、临空面多少、炮眼直径与深度等有关。其数值大小直接影响着岩石块度、飞散距离、炮眼利用率、对围岩的扰动以及对施工机具、支护结构的损坏等,故合理确定炸药用量十分重要。

单位炸药消耗量(q)可根据经验公式计算或者根据经验选取,也可根据炸药消耗定额确定。经验公式有多种,此处仅介绍形式较简单的普氏公式:

$$q = 1.1K \sqrt{f/S} \qquad (7-1)$$

式中　q——单位炸药消耗量,kg/m^3;

　　　f——岩石坚固性系数;

　　　S——坑道掘进断面面积,m^2;

　　　K——考虑炸药爆力的修正系致,$K=525/P$,P 为所选用炸药的爆力。

按定额选用时需注意,不同行业的定额指标不完全相同,施工时需报据工程所属行业选用相应的定额。

单位炸药消耗量确定后,根据断面尺寸、炮眼深度、炮眼利用率即可求出每循环所使用的总炸药消耗量。确定总用量后,还需将其按炮眼的类别及数目加以分配(按卷数或质量)。掏槽眼因为只有一个临空面,药量可多些;周边眼中,底眼药量量多,帮眼次之,顶眼最少。扩大开挖时,由于有 2~3 个临空面,炸药用量应相应减少,两个临空面时减少40%,三个临空面时可减少60%。

炮眼数目主要与挖掘的断面、岩石性质、炸药性能、临空面数目等有关。目前尚无统一的计算方法,常用的有以下几种:

根据掘进断面面积 S 和岩石坚固性系散 f 估算

$$N = 3.3 \sqrt[3]{fS^2} \qquad (7-2)$$

根据每循环所需炸药量与每个炮眼的装药量计算

$$N = \frac{qS\eta m}{\alpha p} \qquad (7-3)$$

式中　N——炮眼数目,个;

　　　q——单位炸药消耗量,kg/m^3;

　　　S——掘进断面面积,m^2;

　　　η——炮眼利用率;

　　　p——每个药卷的质量,kg;

　　　m——每个药卷长度,m;

　　　α——炮眼的平均装药系数,取 0.5~0.7。

按炮眼布置参数进行布置确定即按掏槽眼、辅助眼、周边眼的具体布置参数进行布置,然后将各类炮眼数相加即得。

（3）炮眼深度。炮眼深度指炮眼眼底至临空面的垂直距离。炮眼深度与掘进速度、采用的钻孔设备、循环方式、断面大小等有关。循环组织方式有浅眼多循环和深眼少循环两种。深孔钻眼时间长,进尺大,总的循环次数少,相应辅助时间可减少。但钻眼阻力大,钻速受影响。我国常用眼深为 1.5~2.5m。

根据经验,炮眼深度一般取掘进断面高(或宽)的 0.5 ~ 0.8 倍;围岩条件好及断面小时,对爆破夹制力大,系数取小值。也可根据所使用的钻眼设备确定,采用手持式或气腿式凿岩机时,炮孔深度一般为 1.5 ~ 2.5m;使用中小型台车或其他重型钻机时,孔深一般为 2.0 ~ 3.0m;使用大型门架式凿岩台车时,孔深可达 4 ~ 5m。另外,还可按日进度计划确定,如下式:

$$l = \frac{L}{Nn\eta\eta_1} \qquad (7-4)$$

式中　l——炮眼深度,m;

　　　L——月或日计划进尺,m;

　　　N——每月用于掘进作业的天数,按日进度计算时,$N=l$;

　　　n——每日完成的掘进循环数;

　　　η——炮眼利用率,0.85 ~ 0.9;

　　　η_1——正规循环率,0.85 ~ 0.9;按日进度计算时,$\eta_1=1$。

(4)炮孔直径。对钻眼效率、炸药消耗、岩石破碎块度等均有影响。合理的孔径应是在相同条件下,能使掘进速度快、爆破质量好、费用低。采用不耦合装药时,孔径一般比药卷大 5 ~ 7mm。目前,国内药卷直径有 32mm、35mm、45mm 等几种,其中 32mm 和 35mm 的使用较多,放炮孔直径多为 38 ~ 42mm。最近几年,煤矿试验成功了"三小"(小直径炮孔,小直径药卷,小直径锚杆)作业,炮孔直径为 32mm,药卷直径为 27mm,取得了良好的技术经济效果。

(5)炮眼布置。按其用途和位置不同,掘进工作面的炮眼分为掏槽眼、辅助眼和周边眼三类。各类炮眼应合理布置。合理的炮眼布置应达到较高的炮眼利用率,块度均匀且符合大小要求,岩面平整,围岩稳定。炮眼布置的方法和原则有以下几点:

首先选择掏槽方式和掏槽眼位置,然后布置周边眼,最后根据断面大小布置辅助眼。掏槽眼一般布置在开挖面中部或稍偏下,并比其他炮眼深 10 ~ 20cm。帮眼和顶眼一般布置在设计掘进断面轮廓线上,并符合光面爆破要求。在坚硬岩石中,眼底应超出设计轮廓线 10cm 左右,软岩中应在设计轮廓线内 10 ~ 20cm。底眼眼口应高出底板水平面 15cm 左右;眼底越过底板水平面 10 ~ 20cm,眼深宜与掏槽眼相同,以防欠挖。眼距和抵抗线与辅助眼相同。辅助眼在周边眼和掏槽眼之间交错均匀布置,圈距一般为 65 ~ 80cm,炮眼密集系数一般为 0.8 左右。周边眼和辅助眼的眼底应在同一垂直面上,以保证开挖面平整。

扩大爆破时,落底可采用扎眼或抬眼(即眼孔向断面内下斜或上斜钻进),刷帮可采用顺帮眼。炮眼布置要均匀,间距通常为 0.8 ~ 1.2m。石质坚硬时,顺帮眼应靠近轮廓线。

扩大开挖时,最小抵抗线 W 一般为眼深的 2/3,圈距与 W 相同,眼距为 1.5W。当坑道掘进工作面进入曲线段时,掏槽眼的位置应往外帮适当偏移,同时外帮的帮眼要适当加深,并相应增加装药量,这样才可以使外帮进尺大于内帮,达到坑道沿曲线前进的目的。

(6)装药结构与填塞。装药结构指炸药在炮眼内的装填情况,主要有耦合装药、不耦合装药、连续装药、间隔装药、正向起爆装药及反向起爆装药等。

不耦合装药时,药卷直径要比炮眼直径小,目前多采用此种装药结构。间隔装药是在炮眼中分段装药,药卷之间用炮泥、木棍或空气隔开,这种袋药爆破震动小,故较适用于光面爆破等抵抗线较小的控制爆破以及炮孔穿过软硬相间岩层时的爆破,若间隔较长不能保证稳定传爆时应采用导爆索起爆。正向起爆装药是将起爆药卷置予装药的最外端,爆轰向孔底传播,反向装药与正向装药相反。反向装药由于爆破作用时间长,破碎效果好,故优于正向装药。

在炮孔孔口一段应填塞炮泥。炮泥通常用黏土或黏土加砂混合制作,也可用装有水的聚乙烯塑料袋作充填材料。填塞长度约为炮眼长度的1/3,当眼长小于1.2m时,填塞长度需有眼长的1/2左右。

(7)起爆与起爆安全。起爆方法有电起爆和非电起爆两类。电起爆系统由放炮器、放炮电缆、连接线、电雷管组成,非电起爆有火雷管法、导爆索法和非电导爆管法等。目前常用的是电雷管、火雷管和导爆索雷管起爆法。

起爆顺序一般为:掏槽眼、辅助眼、帮眼、顶眼、底眼。

起爆顺序及间隔时间,火雷管起爆时采用导火索的长短或点燃的先后来控制;电雷管起爆时用延期雷管控制。延期雷管有秒延期和毫秒延期之分,毫秒延期雷管由于延期时间短,能量集中,从而可提高爆破效果。

放炮前,非有关人员应撤离现场。火雷管起爆时应有充裕时间保证点炮人员安全退避。用电雷管起爆时,要认真检查电爆网路,以免出现瞎炮,即由于操作不良、爆破器材质量等原因引起的药包不爆炸。出现瞎炮时应严格按照规定的方法处理。瞎炮处理完毕之前,不允许继续施工,处理瞎炮应由专人负责,无关人员撤离现场。

(8)光面爆破。为了减少超挖,减轻爆破对围岩的扰动,获得既符合设计要求又平整、稳定的围岩,降低工程成本,掘进施工中应采用光面爆破。

光面爆破是目前应用广泛的爆破技术。即沿隧道设计轮靠线布置间距较小、相互平行的炮眼,控制每个炮眼的装药量,采用不耦合装药,同时起爆,使炸药的爆炸作用刚好产生炮眼连线上的贯穿裂缝,使爆破面沿周边眼崩落出来,达到周边光滑的效果。为搞好光面爆破,应采取以下技术措施:

合理布置周边眼。周边眼布置参数包括眼距 E 和最小抵抗线 W,两者既相互独立又相互联系。E 值与岩石的性质有关,一般为40~70cm,层节理发育、不稳定的松软岩层中应取较小值。W 值与 E 值相关,两者的比值 m($m=E/W$,称周边炮眼密集系数,隧道中称相对距离)一般为0.8~1.0,软岩时取小值,硬岩和断面大时取大值。

合理选择装药参数。根据经验,周边眼的装药量约为普通装药量的1/3~2/3,并采用小直径药卷、低密度、低爆速炸药。装药结构采用不耦合装药或空气柱装药。小直径药卷在孔中可连续装填,也可用导爆索连接、分段装药。

精心实施钻爆作业,炮眼应相互平行且垂直于工作面,眼底要落在同一平面,开孔位置准确,都落在设计掘进断面轮廓线上。炮眼偏斜角度不要超过5°。内圈眼与周边眼应采用相同的斜率钻眼。

采取一些特殊的措施和新技术,如切槽法、缝管法、聚能药包法等。

全断面一次爆破时,应按起爆顺序分别装入间隔为25ms的毫秒延期电雷管。大断面坑道采用分次开挖时,可采用预留光面层的方法,分次爆破。

合理的光面爆破参数应由现场试验确定,设计时可参照表7-5选用。

表 7 - 5　周边眼光面爆破参数

岩石类别	爆破方式	眼距(E) /mm	抵抗线(W) /mm	炮眼密集系数 /(E/W)	装药密度 /(kS/m)
硬岩	全断面一次爆破时	550～650	600～800	0.8～1.0	0.3～0.35
	预留光面层时	600～700	700～800	0.7～1.0	0.2～0.3
中硬	全断面一次爆破时	450～600	600～750	0.8～1.0	0.2～0.3
	预留光面层时	400～500	500～600	0.8～1.0	0.10～0.15
软岩	全断面一次爆破时	350～450	450～550	0.8～1.0	0.07～0.12
	预留光面层时	400～500	500～600	0.7～0.9	0.07～0.12

注:炮眼深度1.0～3.5m,炮眼直径40～50mm

光面爆破的效果,可按下列标准检验:①残留炮孔痕迹应在开挖轮廓面上均匀分布,炮孔痕迹保存率:完整岩石等于或大于80%,较完整和完整性差的岩石不小于50%,较破碎和破碎岩石不小于20%。②相邻两孔间的岩面应平整孔壁不应有明显的爆震裂隙。③毛洞局部超挖尺寸不得大于150mm,且其累计面积不得大于毛洞总面积的15%。

(9)清撬。清撬这一工序十分重要。它是在爆破后将已完全松动,但尚未掉落的石块撬下来。以往是用人工举着长钢钎去撬,劳动强度很大,又非常危险。目前,设备较好的工地,或者用液压锤去敲打,或者用正反向挖土机的挖斗去扒、去刮,总之用钢铁设备,在远距离操作,这样比较安全。

一般开挖一个循环后,要清撬半小时,清撬过度,形成不必要的超挖,浪费人力物力;清撬不够,造成局部掉块坍落,容易造成事故。因此,这个工作常由有经验的工人掌握。在软弱破碎围岩中,围岩本身就不甚稳定,越撬掉块越多,这个工作有时更难掌握,只能将十分危险的撬除,紧接着立刻喷混凝土,一层不够,再加一层,然后加锚筋,加钢筋网再喷,务必使围岩尽快稳定住。

台阶开挖时,清撬工作相对轻松,只要把边帮上松动危岩撬下来即可。一般也用机械设备来进行,比较方便安全。

3)出碴作业

现代地下工程中出碴的设备各式各样,归结起来为两大类,一种是装卸设备,一种是运输设备。

最常用的装车设备有两种,一种是侧卸式轮式装载机。它和普通常见的装载机类似,但有几个明显的特点,一是正向装碴之后,侧向卸碴;二是功率大,斗容量大,一般大中型工程常用的斗容量达6m³之多;三是转弯半径小,活动灵活。以上特点都是为了适应地下工程的特点,适合在狭小的场地,用较少的设备,较高速度地完成任务。与装渣机配套的一般常用自卸卡车,系无轨运输。

另一种常用的装载设备为蟹爪式扒料机,或气动式翻斗装料机。这两种装渣机都可以配合斗车一类的有轨运输工具。蟹爪式扒料机前面有两个大扒子,可将石渣扒到中间的皮带运输机上,皮带运输机将石碴传送到后面的运输车斗中去。气动式翻斗装料机前面是一个装斗,装上石碴后,迅速往后面翻倒,装到运输车上去。其设备尺寸较小,生产率不如蟹爪式扒料机。

常用的运输设备也是两大类。一类是无轨运输,即自卸卡车之类,其载重量视工程规模而定,8~25t不等。在坑道中场地较狭窄,如何使卡车调头是一个重要的问题。一种办法是选用朝两个方向都可以驾驶的特制翻斗车;一种办法是离掌子面不远处设置一个调头的转盘,卡车开上转盘,转盘转180°,卡车退至掌子面,装好石碴后正向开出洞去,转盘随工作面不断延伸,也向前移动;再一种办法是在一定距离处,开挖汽车调头用的丁字岔洞或将洞加宽,以便汽车调头,当然这要额外增加开挖量,甚至衬砌回填量。对于大型地下厂房来讲,由于坑道宽敞,一般汽车调头不会成为严重的问题。

无轨运输最大的好处是比较灵活,坡度可以陡到10%,甚至再陡一些,但缺点是汽车排出废气多,CO、NO等都是有害气体,因此通风条件要好;再者是设备贵、损耗大,尤其是轮胎,磨损更快,要有充足的备品,不断更换。

另一类运输工具是有轨运输,最轻便的是轨距为610mm的小斗车,每车装载0.6m³,可以好几个车连成一列,由电瓶车或小柴油车拖动,这种方式目前只在小型工地上运用,生产率较低。一般大中型工地采用有轨运输时多用特制的大型出碴车,车身长,高度矮,容量可达10~20m³,车厢底部为一可动的履带,在车身一端装料,由于履带同步转动,很快就将全车身装满。斗车、出碴车运碴至洞外后,如何卸碴也必须安排周密。一种是有专门的转架,连车带碴翻转过来,将石碴倒入下部的料斗中,料斗下面有自卸卡车接着往近处转运。一种是有专门的叉车,也是将车带碴叉起来翻倒到弃碴场上。倒料装置各式各样,都是比较方便的。

有轨运输的优点是废气排出量少,尤其是用电瓶车,是比较干净的。但缺点是不够灵活,要不断延伸轨道,维护轨道;再有就是坡度不能太大,常用坡度均在1‰~3‰以下。因此,多用于平直坡小的坑道中,而在大型地下厂房中很少采用。

4)通风

通风的目的是排走洞内因为爆破产生的废气,以及由于施工机械、人员等其他原因产生的废气,并向洞内提供新鲜的空气。通风还能降低洞内的闷热程度,改善施工环境。

爆破后产生的有害气体主要为CO,其次为NO等氮氧化合物。柴油机排放的有害气体主要为NO等氮氧化合物,均以NO_x代表之,其次也有SO_2、CO_2等。其他有害气体还有H_2S(硫化氢)、CH_4(甲烷)等,洞内空气中CO的浓度不允许超过50ppm。NO_x的浓度不允许超过25ppm。CO_2的浓度要小于5000ppm,H_2S要小于10ppm,CH_4要小于1.5%。氧气浓度应为18%。

爆炸后,为了排除废气所需通风量可用下式计算:

$$Q = \frac{KP}{\alpha \tau} \tag{7-5}$$

式中　Q——所需通风量(m^3/min);

　　　P——一次爆破产生的CO气体(m^3);

　　　α——CO的容许浓度(50ppm);

　　　τ——所需通风时间(通常为10~20min);

　　　K——通风系数,采用压入空气式时,可用0.4。

一次爆破所产生的CO量,决定于这次爆破总装药量及所装炸药的类型。一般硝铵炸药每公斤爆炸后可产生有害气体CO为6~10L,NO_x为1~2L。

施工机具作业时所需通风量按洞内作业机具的数量及种类而定。装碴机类每一额定功率应通风 $2.75\text{m}^3/(\text{min}\cdot\text{kW})$，工作效率一般为 $0.2\sim0.3$。汽车及其他机具则相应为 $1\text{m}^3/(\text{min}\cdot\text{kW})$，效率为 $0.4\sim0.5$。

作业人员呼吸所需通风量为每人 $3\text{m}^3/\text{min}$。

根据一次爆破所需通风量及施工机具所需通风量两者中的大者，加上作业人员所需通风量，即可定出通风总量。

通风量还应使洞内风速不小于 0.3m/s，以便控制洞内粉尘。

坑道的主要通风方式有两种。一种是压入式，新鲜空气从洞外用鼓风机一直送到工作面附近。一种是吸出式，用抽风机将混浊空气由洞内排向洞外。前者风管为柔性的管壁，一般是加强的塑料布之类；后者则需用刚性的排气管，一般是薄钢板卷制而定。我国大多数工地均采用压入式。如果鼓风距离太长，可用几台轴流风机串联接力。根据通风量的要求、通风管路长短及直径，可以选择风机的规格。

对于大型地下坑道，通风设计更为复杂，不仅要计算通风量，选择通风设备，更重要的是要组织好气流方向，不要产生死角、回流区，一般要布置一些通风竖井、斜井。

大型地下坑道一般从下部坑道进风，从上部坑道出风，在天气晴朗时，这样像烟囱一样的排风效果是不错的。但在阴冷潮湿的季节，高处冷空气下沉，低处热空气要上升，有可能堵塞在竖井或斜井中，使得整个地下工程系统通风效果极为恶化，因此，最好在竖井、斜井中装设排风设备，加以改善。

5）其他辅助作业

地下坑道开挖中还有许多重要的辅助工作。喷锚支护是保证安全的重要措施，将做专门的介绍。排水、照明、机修都是必要的，缺一不可。风、水、电供应也是必需的。

坑道若是上坡掘进，一般采用明沟自流向外排水。如果是下坡掘进，就要用水泵向外排水。一般设一移动的集水箱，掌子面上的水，用小型潜水泵排入集水箱，再用集水箱上的泵经比较永久固定的排水管道排至洞外。

照明、机修、风、水、电均有专人负责，随开挖掘进向前延伸。

2. 开挖阶段的坑道稳定与临时支护

地下工程施工一般包括掘进、支护和安装三个大的环节，其中掘进和支护两个工序关系密切，必须正确而又及时予以支护，掘进工作才能正常进行。因此，合理地选择支护形式、正确地组织施工十分重要。

由于永久支护一般工作量较大，质量要求高，在组织快速施工时，有时因围岩稳定性较差等原因，为保证工作面的安全往往需要进行临时支护。一般永久支护由设计单位提供图纸和参数，而临时支护则由施工单位选定。但由于地下地质、水文等因素在设计时难以准确估计，往往设计与实际条件出入较大，所以永久支护也要随着所穿过岩层的条件变化而变化，才能取得较好的技术经济效果。

在岩体中掘进坑道，将改变围岩的应力状态，降低围岩的强度。当围岩变形发展过大或发展过快时，会造成围岩失稳，通常表现为围岩向洞内持续过大的挤压、张裂破坏、沿结构面的滑动，甚至大规模的塌方、冒顶等。此外，在石灰岩结构的山体中掘进时，常会遇到溶洞、裂隙、淤泥和积水等，必要时应进行临时支护。

坑道掘进阶段稳定性较差的部位一般是拱部、坑道口、坑道交叉部位、岩墙或岩柱、围岩呈大面积平板状的部位,以及岩体破碎带、岩性变异带和宽大软弱面附近。掘进过程中应结合工程具体条件对围岩变形进行监测,掌握围岩的稳定状况。为了约束和控制围岩的变形,增强围岩的稳定,防止塌方,保证施工作业的安全,一般采用以下几种临时支护方法。

(1)喷混凝土支护。喷混凝土支护适用于坚硬或中硬岩层,但节理裂隙发育、可能局部掉石而坑道整体稳定的工程。根据坑道跨度,喷层厚度为 3~10cm。喷层最小厚度不应小于最大骨料粒径的 2.5 倍。

(2)锚杆支护。锚杆支护适用于裂隙发育,易引起大块危岩的中硬以上岩层。若再配合喷混凝土,可防止表面小块掉石和剥落。对于松软岩层及有膨胀性的岩层,需再配合喷混凝土及钢筋网联合应用。

(3)钢支撑。钢支撑的形式有钢支柱、钢框架、钢拱架及无腿钢支撑等。钢支撑一般采用 16~20 号工字钢、槽钢、8~18kg/m 的钢轨及其他型钢制作;钢支柱主要是支承孤立危岩;钢框架多用于导洞支护;钢拱架可单独使用,也可以与喷锚支护联合使用,用于围岩稳定性较差坑道。无腿钢支撑适用于侧壁稳定、拱部稳定性较差的围岩。

(4)木支撑。木支撑的形式主要有排架支撑、拱形支撑、无腿支撑等。木支撑多使用圆木。当围岩稳定性较差时,也可用钢木混合结构支撑。

超幅员支撑。支撑时要尽量在幅员之外进行,以不影响通道交通和被复空间为宜。

1)坑道开挖的围岩稳定问题

整体岩层在未开挖之前是处于应力平衡状态的。但是在坑道开挖后和坑道掘进时,这种平衡状态就要遭到破坏。当围岩应力还低于围岩强度时,只能使围岩发生弹性变形,围岩仍然是处于稳定状态。当围岩的应力超过围岩强度,使围岩的变形发展过大和发展较快时,即认为围岩失稳。围岩失稳常表现为岩石向坑道内挤入、张裂破坏、沿结构面滑动、塌方等。

围岩的变形是个动态过程。即随着开挖的进展,形成的空间逐渐增大,围岩逐渐暴露,围岩的应力也相应改变,而围岩的强度则由于扰动范围增大反遭到进一步削弱或降低,导致围岩变形的因素的不断变化和相互影响。故在各开挖阶段,围岩应力与围岩强度间具有不同的矛盾性质,也就决定着围岩变形或围岩稳定的量(大小和程度)和质(稳定与否)的变化。

围岩的稳定问题或围岩的变形与围岩暴露的持续时间有密切关系。实验资料表明,若其他条件相同,围岩变形的大小和发展趋势因岩石性质不同而异,参见图 7-21。对于破碎、软弱的岩层,如不进行支护,则随着暴露时间的增加,变形也不断发展,若进行支护后,围岩的变形可逐渐减少,并渐趋于稳定,如图 7-22 所示。支护完成时间的早和晚,直接影响围岩变形的大小。

由上可知,在开挖阶段,围岩稳定与否是关系到施工安全和工程进度的大问题,特别在围岩稳定性较差的情况下,围岩的稳定问题更是开挖阶段施工上的主要矛盾,因此必须认真地加以对待,把维护和保证围岩稳定作为指导开挖作业的一项重要原则,贯穿到有关技术措施中去。

由于坑道各部位围岩应力、强度、变形条件等的不同,各部位围岩稳定的程度也不同。一般说来,同一坑道中拱部较侧墙易于失稳。坑道跨度越大,拱部稳定问题越突出。其次在坑道交岔、接头、相邻的坑道间壁以及岩层破碎或有大面积平板状的部位,都属于稳定性较差者,在施工中应特别加以注意,必要时应制定可靠的技术措施,以保证薄弱部位的稳定,来求得坑道的整体稳定,万万不可粗心大意。

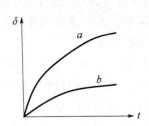

图 7 - 21　不同性质围岩的变形

δ—围岩变形;t—围岩暴露时间;

a—破碎、软弱围岩;b—完整坚硬围岩。

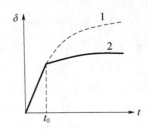

图 7 - 22　支护与围岩变形的关系

δ—围岩变形;t—围岩变形时间;

1—不支护;2—支护后;t_0—支护完成时间。

2）临时支护的作用和类型

在岩层中开挖坑道,有多种维护围岩稳定的技术措施,这里仅介绍开挖阶段维护围岩稳定的一项重要措施——对坑道进行临时支护。

临时支护的作用一般来说是:阻止围岩塑性变形的发展,增强围岩的稳定;承受脱落岩块的重量,防止塌落,保证施工作业的安全。

对临时支撑的基本要求如下。

支护及时:对需要支护的地段和部位,必须及时支护,以减少围岩暴露时间,使能尽快地控制围岩的变形,防止围岩进一步松动和破坏。地下工程中采用的"新奥法",其重要措施之一就是在开挖后迅速喷一层薄混凝土,及时控制围岩的变形,再进行出碴等作业,获得了很好的效果。

支护可靠:临时支护的结构,必须有足够的强度、刚度和稳定性。

结构简单:构造简单、实用,安装和拆除均方便,占用断面净空少,不影响其他作业。

工料经济:取材方便,容易加工,用料节省,成本低廉。

从目前各类支护形式和交护效果来看,地下工程支护主要可分为两大类。第一类为被动支护形式,包括木棚支架、钢筋混凝土支架、金属塑钢支架等;第二类是积极支护形式,即以锚杆支护为主,旨在改善围岩力学性能的系列支护形式,包括锚喷支护、锚网支护,锚梁支护、锚索支护、锚柱支护等。预应力锚索支护技术是近几年发展起来的一种主动支护方法,能够对地下工程围岩及时提供较大的主动锚固约束作用,控制范围大,支护效果好。

锚喷支护是一种作用原理先进、施工简单、施工速度快,经济有效和适应性强的地下工程支护技术,已在各类地下工程中得到了广泛应用,并形成了一套比较完善的支护体系。目前存在的问题是喷混凝土粉尘高,施工质量不易检查和支护理论尚待探讨等问题。

按变形特征不同,临时支护可分为刚性支护和柔性支护两类。前者适用于坚硬岩层,呈脆性破坏状况,如各类刚性框架支护。后者适用于软弱岩层,呈塑性破坏状况,如可缩性支护、钢筋网喷混凝土支护等。总之,这类支护的特点就是支护的刚度与围岩的变形性质要相适应,才可有效地约束围岩的变形。

按支撑材料不同,可分为钢支撑、木支撑、钢筋混凝土支护、喷锚支护等。

常用的临时支护有喷射混凝土支护、锚杆支护、钢支撑、木支撑等。本节仅介绍锚杆支护,喷射混凝土支护将在 7.4 节叙述。

锚杆是用金属、木质、化工等材料制作的一种杆状构件。锚杆支护是首先在岩壁上钻孔,然后通过一定施工操作将锚杆安设在地下工程的围岩或其他工程体中,即能形成承载结构、阻止变形的围岩拱结构或其他复合结构的一种支护方式。

棚式支架是在地下工程围岩外部对岩石进行支撑,它只是被动地承受围岩产生的压力和防止破碎的岩石冒落。锚杆支护则是通过锚入围岩内部的锚杆改变围岩本身的力学状态,在围岩中形成一个整体而又稳定的岩石带,利用锚杆与围岩共同作用,达到维护坑道稳定的目的。所以,它是一种积极防御的支护方法,是地下工程支护技术的重大变革。

实践证明,锚杆支护效果好,用料省,施工简单,有利于机械化操作,施工速度快。但是锚杆不能封闭围岩,防止围岩风化;不能防止各锚杆之间裂隙岩石的剥落。因此,在围岩不稳定情况下,往往需配合其他支护措施,如挂金属网、喷射混凝土等,形成联合支护形式。

下面分别介绍锚杆的作用原理、结构类型、支护参数设计、锚杆施工等内容。

(1)锚杆作用原理。

锚杆的作用就是提高围岩的抗变形能力,并控制围岩的变形,使围岩成为支护体系的组成部分。锚杆的作用原理,比较公认的有悬吊作用、组合梁作用、挤压加固拱作用、三向应力平衡作用。

悬吊作用理论认为是通过锚杆将不稳定的岩层和危石悬吊在上部坚硬稳定的岩体上,以防止其离层滑脱,如图 7-23 所示。利用悬吊理论进行锚杆支护设计时,锚杆长度可根据坚硬岩层的高度或平衡拱的拱高确定。悬吊理论直现地揭示了锚杆的悬吊作用,但若顶板中没有坚硬稳定的岩层或顶板软弱岩层较厚、围岩破碎区范围较大,势必无法将锚杆锚固到上面的坚硬岩层或未松动岩层时,悬吊理论就不适用了。

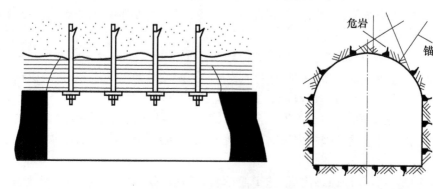

图 7-23 锚杆的悬吊作用

组合梁作用是指把层状岩体看成一种梁(简支梁),没有锚固时,它们只是简单地叠合在一起。由于层间抗剪能力不足,各层岩石都是各自单独地弯曲。若用锚杆将各层岩石锚固成组合梁,层间摩擦阻力大为增加,从而增加了组合梁的抗弯强度和承载能力,如图 7-24 所示的试验模型较好地诠释了这种作用,但当顶板较破碎、连续性受到破坏、层状性不明显时,组合梁也就不存在了。

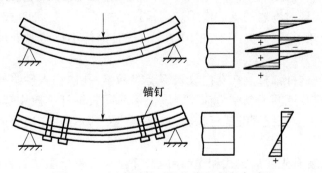

图 7 - 24 组合梁前后的挠度和内应力对比

锚杆的挤压加固作用认为,对于被纵横交错的弱面所切割的块状或破裂状围岩,在锚杆挤压力作用下,在每根锚杆周围都形成一个以锚杆两头为顶点的锥形体压缩区,各锚杆所形成的压缩区域彼此重叠,便形成一条拱形连续压缩带(组合拱)。

三向应力平衡作用:地下工程的围岩在未开挖前处于三向受压状态,开挖后围岩则处于二向受力状态,故易于破坏而丧失稳定性。锚杆安装以后,相当于岩石又恢复了三向受力状态,从而增大了它的强度。

上述锚杆的支护作用原理在实际工程中并非孤立存在,往往是几种作用同时存在并综合作用,只不过在不同的地质条件下某种作用占主导地位。

(2)锚杆种类及安装方法。

锚杆种类繁多,形式不一,分类方法也各不相同,一般按锚固形式、锚固原理和锚杆材料分类较常见。按锚固形式分有端头锚固和全长锚固两大类,锚固力集中在岩体内一端的锚杆,称为端头锚固锚杆;锚固力分布在岩体内全长范围的锚杆,称为全长锚固锚杆。常用的端头锚固式锚杆有金属倒楔式、金属楔缝式、快凝水泥式、树脂药包式、胀壳式等;全长锚固式锚杆有金属砂浆式、水力膨张式、吹胀式、管缝式、树脂药包式、内注浆式等。

按锚固原理分,锚杆有机械锚固、黏结式锚固和自锚固三种;按材料分有金属锚杆、木质锚杆和化工材料锚杆,工程中以金属锚杆为多。

为了能满足围岩变形的需要,近些年研制出了具有一定伸长量、可拉伸让压的锚杆,如可控式金属伸长锚杆、管缝式可拉伸锚杆、锯齿型胀壳让压锚杆、套管摩擦式伸长锚杆、孔口弹簧压缩式伸长锚杆、蛇形伸长锚杆、杆体伸长锚杆等。

下面介绍部分不同形式的锚杆。

木质锚杆有木锚杆和竹锚杆,如图 7 - 25 所示。木锚杆杆体直径一般为 38mm、长1.2～1.8m。锚杆安装到位后,一般在孔口的锤击作用下,内楔块劈进锚杆体杆端的楔

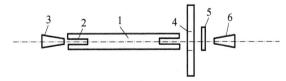

图 7 - 25 木锚杆和竹锚杆结构

1—杆体;2—楔缝;3—内楔块;4—垫板;5—加固钢圈;6—外楔块。

缝,使杆体楔缝两翼与孔壁挤紧而产生锚固力,然后装上垫板,再将外楔块锤入杆尾楔缝,将锚杆固定,从而实现对围岩的支护作用。木锚杆结构简单、易加工、成本低,安装方便,但其强度和锚固力较低,锚固力一般在 10kN 左右,对锚杆不作防腐处理,其服务年限只有 1 年左右。

金属灌浆锚杆:这种锚杆是在孔内放入钢筋或钢索,孔内灌入砂浆或水泥浆,利用砂浆或水泥浆与钢筋、孔壁间的黏结力锚固岩层。钢筋灌浆锚杆一般用螺纹钢或废旧的钢丝绳制作。这是一种全长锚固的锚杆,其特点是不能立即承载,在破碎围岩处不宜使用;用砂浆锚固时,锚固力不大。

灌浆锚杆的安装有先灌后锚式和先锚后灌式两种,可根据灌浆材料和杆体材料的不同选择。采用钢筋锚杆时,先灌后锚或者先锚后灌都可,采用钢索时一般用先锚后灌法。

对于灌浆水泥应选用 42.5 级以上的普通硅酸盐水泥。灌注砂浆时,要用干净的中粗黄砂,水泥、黄砂配合比采用 1∶2 或 1∶2.5,水灰比以 0.38 ~ 0.45 为宜。灌注水泥浆时,水灰比可为 0.5 ~ 0.8。灌注水泥浆宜用于下向锚孔(不需止浆),如底板锚杆。

钻孔时,要按设计要求确定锚杆孔的位置、孔向、孔深及孔径。孔径应大于锚杆直径 15 ~ 20mm,以保证锚杆与孔壁之间充填一定数量的砂浆。灌浆前应用高压风将孔眼吹净。

先灌后锚施工时,先将注浆管插入到孔底,在注浆的同时将注浆管缓缓地拔出,待注浆管距孔口 200 ~ 300mm 时,即可停止注入,然后插入锚杆至孔底,将砂浆挤满钻孔。孔在拱顶部时,为防止钢筋下滑,可在孔口用木楔临时固定。

金属倒楔式锚杆由杆体、固定楔、活动倒楔、垫板和螺帽组成。固定楔和活动倒楔都是铸铁的,固定楔与钢杆体的一端浇注在一起,杆体另一端车有螺纹,杆体直径为 14 ~ 22mm。安装时把活动倒楔(小头朝向孔底)绑在固定楔下部,一同送入锚杆眼的底部,然后用专用的锤击杆顶住活动倒楔进行锤击,直到击不进去为止。最后套上垫板并拧紧螺帽。拧紧螺帽后,杆体便会给围岩一个大小相同、方向相反的挤压力,以抑制围岩的变形或松动。所以,拧紧螺帽是保证锚杆安设质量的重要措施。

这种锚杆是端头锚固型,理论上可以回收复用,安装后可以立即承载,结构简单,易于加工,设计锚固力为 40kN 左右。常用于围岩较破碎、需要立即承载的地下工程。

锚固剂黏结锚杆:多为端头锚固型,其原理是在孔内放入锚固剂,利用锚固剂把锚杆的内端锚定在锚孔内。根据所使用的锚固剂不同,分为树脂锚杆、快硬水泥锚杆和快硬膨胀水泥锚杆三种。树脂锚杆由杆体和树脂锚固剂组成,锚固剂被制成圆卷状,外用塑料包装,内装树脂黏结剂填料和固化剂,树脂填料和固化剂之间用塑料纸隔开,使用时,先将锚固剂药卷放入孔内,再用专用风动工具或凿岩机将锚杆推入锚孔,边推进边搅拌,在固化剂的作用下,将锚杆的头部黏结在锚杆孔内,然后在外端装上盖板,拧紧螺帽即可。它凝结硬化快,黏结强度高,在很短时间内(5min 内)能达到很大的锚固力。树脂药卷直径有 23mm、28mm、35mm 等几种,长度有 300mm、350mm、500mm、600mm 等,按凝固的快慢分有超快(12 ~ 40s)、快速(41 ~ 90s)、中速(91 ~ 180s)和慢速(180s 以上)等,这是目前使用较多的锚杆。以往用的杆体为圆钢,在其前端头制成麻花状,便于搅拌树脂药卷和增大锚固力。这种杆体加工麻烦,成本高,目前已改为螺纹钢筋作杆体,靠钢筋上的螺纹直接起到搅拌和增大锚固力作用,而且外端头也不再车螺纹,利用钢筋本身的螺纹配上相应的螺帽即可,加工和使用十分方便。

树脂锚固剂成本较高,有关单位研制了快硬水泥锚杆和快硬膨胀水泥锚杆。这种锚杆的杆体结构与树脂锚杆相同,只是用水泥卷代替了树脂卷。快硬水泥卷的使用方法与树脂药卷基本相同,只是使用前需先将水泥卷在水中浸泡 2 ~ 3min,这种锚固剂在 1h 后锚固力可达 60kN。快硬膨胀水泥卷内装有快硬膨胀水泥,结构为空心卷,使用时先将水泥药卷穿到锚杆上,再浸水 2 ~ 3min,将其送入锚孔,用冲压管压实,而后套上垫板,紧固螺母即可。水泥药卷材料来源广,锚固力较高,成本约为树脂锚固剂的 1/4。

管缝式锚杆:又称开缝式或摩擦式锚杆,由美国詹姆斯·斯特科于 1972 年发明。它是采用高强度钢板卷压成带纵缝的管状杆体,用凿岩机强行压入比杆径小 1.5 ~ 2.5mm 的锚孔,为安装方便,打入端略呈锥形。由于管壁弹性恢复力挤压孔壁而产生锚固力,属全长锚固型自锚式锚杆。

我国于 20 世纪 80 年代初引进这种锚杆,杆体材料为屈服应力大于 350MPa 的 16Mn 和 20MnSi 钢,管壁厚 2.0 ~ 2.5mm,管径 38 ~ 41.5mm,开缝为 10 ~ 14mm。由于锚固力大(60kN 以上),结构简单,制作容易,安装方便,质量可靠,因而迅速在全国推广。

这类全长自锚式锚杆还有水力(或压气、爆炸力)膨胀式、螺栓式等,如图 7 - 26 和图 7 - 27 所示。膨胀式是利用高压水或高压风或炸药爆炸的张力将瘪合的卷筒胀开,使其与孔壁密贴压实而产生锚固力;螺栓式锚杆是锚杆体本身带有螺纹,在旋转式安装机的作用下,利用螺纹在孔壁上切出沟槽面产生锚杆力的无锚固剂锚杆。

图 7 - 26　水力膨胀式锚杆

图 7 - 27　螺栓式锚杆

中空注浆锚杆:这是一类可用于注浆的锚杆。在破碎岩体中施工时,为了加固围岩,利用锚杆进行注浆,形成锚注支护形式。这类锚杆形式较多,如普通式、自进式、半自进式、胀壳式、组合式等。自进式锚杆在强度很低和松散的地层中钻进后不需退出,并可利用中空杆体注浆。自钻式锚杆价格较高,其推广应用受到一定限制。胀壳式中空锚杆是在钻孔完成后安设,前头带有可张开的钢质锚头,锚头在锚杆顶紧状态下张开,与孔壁贴合;外端有塑料止浆塞,防止注浆时漏浆。注浆锚杆的锚杆也可使用树脂锚固剂进行锚固,其锚杆方法与树脂锚杆相同。

锚索:近些年来,锚索在地下工程中得到了较多的应用,当围岩破碎范围大,普通锚喷支护难以控制围岩变形时,使用锚索可收到良好效果。地下工程用锚索一般为由多根高强钢丝组成的单股钢绞线,如图 7 - 28 所示。锚索直径为 28 ~ 32mm,长度为 5 ~ 15m,用树脂锚固剂锚固,锚固长度在 1m 以上。锚索一般布置在地下工程的顶部,在跨度 3 ~ 6m 的拱形坑道里,每排布置 3 ~ 5 根,每隔 3 ~ 5m 布置一排。

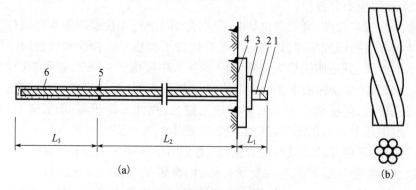

图 7 – 28　锚索结构图

(a)锚索锚固方式;(b)钢绞线结构。

1—钢绞线;2—锚具;3—垫板;4—钢托板;5—挡片;6—树脂;

L_1—张控端;L_2—自由端;L_3—锚固端。

锚索的安装步骤为:

第一步:用锚索钻机钻孔。钻头一般为旋转式,钻杆每节长 1 ~ 1.5m,用丝扣联结。

第二步:将树脂药卷装入锚孔内,用锚索将药卷推至孔底。

第三步:用锚索机旋转锚索,并向孔内推进,将孔内的树脂药卷绞碎。

第四步:装上托盘、锚具和张拉器,进行张拉,给锚索施加预应力。

第五步:达到预定顶应力要求时,卸载,锚头自动将锚索锁住。

第六步:用切割器将露出孔外的多余锚索切去。

化工材料锚杆:从目前看,利用化工材料制作的锚杆主要有普通 PVC 塑料锚杆、双抗(抗静电、阻燃)塑料锚杆、塑料胀壳式锚杆、玻璃纤维强化塑料锚杆(玻璃钢锚杆)、TKM 型全螺纹纤维增强树脂锚杆等。这类锚杆的重量较轻,易于切割,节约钢材,成本低,抗腐蚀,使用范围广,锚固力能够满足要求,尽管目前使用尚不普遍,但是值得今后大力推广应用。

(3)锚杆支护技术参数。

锚杆支护技术参数主要包括锚杆的直径、锚杆的长度、锚杆的间排距、锚杆的安装角度、锚固力等,其中长度、间排距为主要参数。锚杆支护参数的确定方法有经验法、理论计算法、数值模拟法和实测法等,目前应用较多的是经验法和计算法。

锚杆直径 d 主要依据锚杆的类型、布置密度和锚固力而定,常用锚杆直径为16 ~ 24mm。

锚杆长度:依据国内外锚喷支护的经验和实例,常用锚杆长度为 1.4 ~ 3.5m。对于跨度小于 10m 的硐室,锚杆长度 L 取以下两式中的较大者:

$$L = n\left(1.1 + \frac{B}{10}\right) \tag{7 – 6}$$

$$L > 2S \tag{7 – 7}$$

式中　L——锚杆长度,m;

　　　B——硐室跨度,m;

　　　n——围岩稳定性系数,对于稳定性较好的 Ⅱ 类岩石(按锚喷支护围岩分类,下同),$n = 0.9$;对于中等稳定的Ⅲ类岩石,$n = 1.0$;对于稳定性较好的Ⅳ类岩石,$n = 1.1$;对于不稳定的Ⅴ类岩石,$n = 1.2$;

S——围岩中节理间矩。

在层状顶板中,按悬吊作用,锚杆的长度为:

$$L = KH + L_1 + L_2 \qquad (7-8)$$

式中　K——安全系数,一般取 2;

H——软弱岩层厚度(或冒落拱高度),m;

L_1——锚杆锚入稳定岩层的深度,一般取 $0.23 \sim 0.25$m;

L_2——锚杆外露长度,一般取 0.1m。

锚杆间距 D 取以下两式中较小者:

$$D \leqslant 0.5L \qquad (7-9)$$
$$D < 3S' \qquad (7-10)$$

式中　S'——围岩裂隙间距;

D——锚杆间距,一般为 $0.8 \sim 1.0$m,最大不超过 1.5m。

依据地质条件,按照选定的排距,锚杆通常按方形或梅花形布置,方形布置适用于较稳定岩层,梅花形适用于稳定性较差的岩层。

锚杆支护参数设计还可以根据锚杆锚固力的大小,参照锚杆材质、锚固方式、锚杆结构及长度、锚杆直径以及坑道硐室支护要求而定。

(4) 锚杆支护施工。

锚杆施工要求:

锚杆应均匀布置,在岩面上排成矩形或菱形,锚杆间距不宜大于锚杆长度的 1/2,以有利于相邻锚杆共同作用。

锚杆的方向,原则上应尽可能与层面垂直布置,或使其与岩面形成较大的角度;对于倾斜的成层岩层,锚杆应与层面斜交布置,以便充分发挥锚杆的作用。

锚杆眼深必须与作业规程要求和所使用的锚杆相一致。

锚杆眼必须用压气吹净扫干孔底的岩粉、碎渣和积水,保证锚杆的锚固质量。

锚杆直径应与锚固力的要求相适应,锚固力应与围岩类别相匹配,保证锚杆有足够的锚固力。

锚杆施工机械主要是钻孔机械、安装机械、灌浆机械等,应根据具体的岩层条件和锚杆种类选择合适的施工机具。

地下工程的断面较小、锚杆较短时,一般使用气腿式凿岩机钻孔,锚索孔一般采用旋转式专用锚索钻机。锚杆的安装,不同的锚杆有不同的安装方式和机具,如风钻、电钻、风动扳手、锚杆钻机等。树脂或快硬水泥锚杆的推进,一般用手持式风动锚杆钻机。锚杆孔深度大时,需使用专用锚杆打眼安装机(图 7-29)。

锚杆质量检测包括锚杆的材质、锚杆的安装质量和锚杆的抗拔力检测。材质检测在实验室进行。锚杆安装质量包括锚杆托盘安装质量、锚杆间排距、锚杆孔深度和角度、锚杆外露长度和螺帽的拧紧程度以及锚固力。其中有的应在隐蔽工程检查中进行。锚杆托盘应安装牢固、紧贴岩面;锚杆的间排距的偏差为 ± 100mm,喷浆封闭后宜采用锚杆探测仪探测和确定锚杆的准确位置;锚杆的外露长度应不大于 50mm。

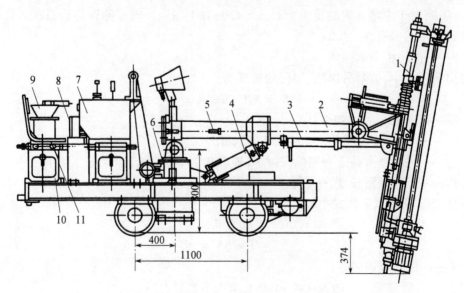

图 7-29 MGJ-1 型锚杆的打眼安装机

1—工作机构;2—大臂;3—仰角油缸;4—支撑油缸;5—液压管路系统;
6—车体;7—操作台;8—液压泵站;9—注浆罐;10—电气控制系统;11—座椅。

  锚杆质量检测的重要项目是锚固力试验,锚固力达不到设计要求时,一般可用补打锚杆予以补强。锚杆抗拔力采用锚杆拉力计进行检测,检测方法如图 7-30 所示。试验时,用卡具将锚杆紧固在千斤顶活塞上,摇动油泵手柄,高压油经高压胶管到达拉力计的油缸,驱使活塞对锚杆产生拉力。压力表读数乘以活塞面积即为锚杆的锚固力,锚杆的位移量可从随活塞一起移动的标尺上直接读出,其位移量应控制在允许范围内,各种锚杆必须达到规定的抗拔力。

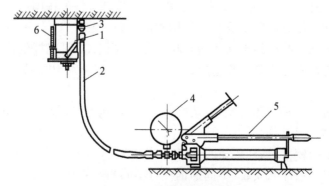

图 7-30 锚杆锚固力检测

1—空心千斤顶;2—高压胶管;3—胶管接头;4—压力表;5—手摇油泵;6—标尺。

7.3 坑道工程开挖方案

  合理的坑道掘进技术的基本要求:保证安全施工,符合工程质量和建设工期要求;有利于增强和维护围岩的稳定性;充分利用坑道空间,实行多点、多面、多工种平行流水作业,力求快掘进、早导通;施工干扰少,能改善劳动条件,提高工作效率;有利于推广新工艺、新技术,充分发挥机械设备能力;节约材料,降低工程成本。

开挖的程序,是先从切口开始,而后进行洞体的开挖。水平坑道洞体的开挖方法,基本上可分为:分部开挖和全断面开挖两大类。除围岩稳定性较好而断面又不太大并有相应的掘进设备,可采用全断面开挖法外,通常都采用分部开挖法,即先挖导洞,然后依一定顺序分块分段开挖。

本节分别就水平坑道、竖井和特殊用途的坑道,介绍几种典型开挖方案。

(1)侧墙掘进的方法多采用马口掘进法,即在掘进侧墙时,每次掘进段不宜过长,且需分段间隔进行,分段长度一般为4~8m。当围岩很差,不仅拱部围岩而且侧墙围岩也很破碎,拱座很难成型时,则采取先墙后拱法。即先掘进下部两侧导洞,随即衬砌下部边墙,并采取分段跳格掘进的方法,分段长度一般为4~8m。当围岩稳定性较好时,可采取全断面掘进法。此法的特点是整个掘进断面一次成型,工作面宽敞,通风、运输方便,施工组织简单,施工进度快。但要求施工机械化水平较高,需具备大型及高效率的钻机及装碴、运输机械,而且各工序间要紧密配合,否则极易影响正常作业。此法适用于围岩坚硬、质匀、稳定、少水的工程。局部欠稳的危岩,则采用锚杆或喷混凝土支护。

(2)斜洞掘进。斜洞倾角小于10°时,可视为水平坑道掘进;倾角大于45°时,同竖井掘进方法。为方便出碴,一般宜采用自下而上的掘进方法。根据围岩性质和断面大小,斜洞也可为全断面一次掘进或分部掘进。向上掘进、断面小于10m^{2}时可全断面一次掘进成型;断面大于10m^{2}或断面高度大于3m时,可设拱部导洞,贯通后再自下而上落底。向下掘进斜洞,可采用全断面法或下台阶法,钻孔与出碴应为单行作业。

(3)竖井掘进。竖井掘进的关键是快速钻孔和快速出碴。钻孔采用手持式凿岩机,有条件时可采用吊架悬挂凿岩机作业。出碴采用抓岩机配合吊桶、井架提升、自动翻斗卸碴的方法。爆破采用毫秒爆破和控制轮廓爆破技术全断面一次爆破成型,或采用深孔自上而下分段爆破成竖井,先反井、后扩大掘进竖井的施工方法,以及全断面深孔爆破掘进竖井的新技术。采用全断面自下而上分段爆破,全断面一次爆破成竖井,效率高、成井快。

7.3.1　切口、导洞开挖

坑道口掘进。坑道口一般位于坡脚,该处岩体往往风化严重,较为破碎,完整性差,而坑道口又是地下坑道施工的咽喉,坑道口的安全和畅通,对能否顺利施工关系极大。

此外,坑道口的掘进又系露天作业,受自然气候影响大,若坑道口工程拖延,坑道掘进就不能及时开始,延误工期。对此,坑道口掘进的基本要求是:既要保证坑道口围岩及仰坡、边坡的稳定,又要有利于尽快进坑道。当山体坡度较缓,坡积层很厚,岩石风化严重时,一般切口工程量巨大,此时可采用小切口、先戴帽方法。当山坡较陡,岩体坚硬,风化轻微时,一般切口工作量不大,可采用大切口方法。

导洞掘进。根据坑道分部掘进的需要,在坑道断面上首先掘进的面积较小的那部分叫做导洞。导洞的幅员大小要根据掘进方法和围岩的坚硬系数而定,尽量采用经济断面。导洞的基本作用是为坑道掘进创造工作面,以便进一步扩挖最后形成符合设计要求的坑道空间。导洞掘进的主要要求是实现快速掘进。通常的快速掘进方法是采用浅眼多循环的方法。

1. 切口

切口是坑道开挖的起点。由于洞口多位于山坡处,岩体往往风化破碎,完整性差。如果对切口注意不够或开挖方法不当,会造成切口土石方量过大,甚至引起洞口坍塌,严重影响施工任务的完成。

切口应按下列要求进行:满足岩石稳定和保证施工安全的情况下,切口应力求短小;切口开挖后应保证边坡的稳定性;切口要有利于尽快进洞;对不妨碍施工作业的地物和地貌,应尽量保存下来,作为天然伪装。

满足上述要求通常采用的措施和方法有:山坡上的危石应先清除或加固;根据地形对洞口上方一定范围内,应挖截水沟以排除地表水;合理确定切口的形状和大小;采用多钻孔、少装药的爆破方法;坑口部分应及时支撑,边坡应依具体情况采用锚杆、喷混凝土或锚、喷联合加固措施;切口工程量大时,尽可能避开雨季施工等。竣工前应对切口部位采用现地土石等材料恢复原地形地貌,杜绝出现明洞、明堑等。

工程实践表明:对于大跨度坑道的洞口合理确定切口形式和大小至关重要。切口有大、小两种方案。大切口方案是口部一次开挖到设计断面。这种方法工作单一,作业干扰较少。但开挖作业量大,占用工期长,如遇不良地质更不能及时进洞。小切口方案是按导洞位置,分层分别切口,保证了导洞尽快掘进,待内部工程整体完工后,最后再按设计标桩切口,处理口部。部队施工作业人员的评价是:"小切口,先戴帽,石方少,进洞早,防塌防滑好安全,既可靠,省工又省料"。因此,当岩层风化严重,山体坡度较缓,为赢得工期,可采用小切口方案,如图 7－31 所示为下导坑进洞方式。如岩层坚硬,山坡较陡,可采用大切口方案。

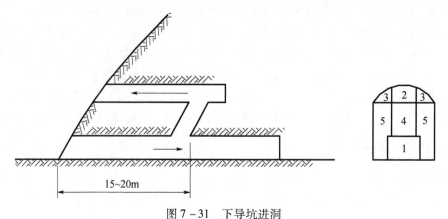

图 7－31　下导坑进洞

切口作业程序和内容可参见框图 7－32。

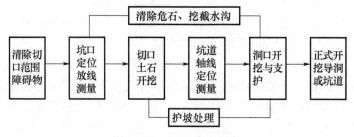

图 7－32　切口作业程序

2. 导洞

1）导洞的作用和特点

按分部开挖方案,在坑道断面上首先开挖的、面积较小的那部分叫做导洞。它的基本作用是:展开作业面,为坑道主体部分的快速施工创造条件;先头掘进可用以探明、查实地质和水文地质状况,以便及时变更施工方案;用来敷设各种施工管线,便于施工通风、排水、运输和施工测量等。

导洞开挖作业面狭窄,且为独头掘进,通风较困难,污浊空气不易排除,劳动条件差,工效较低。但导洞断面较小,围岩稳定问题不很突出,施工安全较有保障。导洞的掘进速度,对于整个工程的开挖速度、完工期限有着决定性影响。因此,如何在围岩稳定较有保障的条件下实现快速掘进,争取在施工场地未布置就绪之前,提前进行导洞掘进,是整个开挖方案的基本要求。

2）导洞的位置

将坑道断面划分为若干部分,首先开挖哪一部分,是确定开挖方案的关键问题。导洞位置的选择,应符合下列要求:便于开创和增加作业面;对围岩扰动破坏较小;便于通风、排水和运输,不移动或少移动各种施工管线和设备;扩大断面时,便于钻孔和装磴;便于临时支撑、被复和测量放线等。

通常导洞的位置如图 7－33 所示。对高大坑道可分层布置导洞(图 7－34)。大跨度坑道在拱部设置多个导洞(图 7－35)。

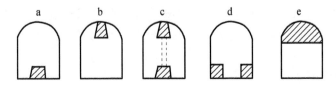

图 7－33　导洞布置示例

a—下导洞;b—上导洞;c—上、下导洞;d—侧导洞;e—拱部扩大导洞。

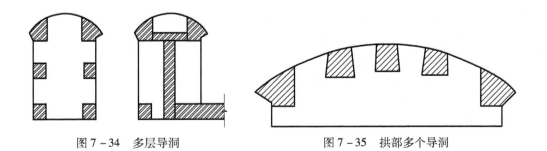

图 7－34　多层导洞　　　　　　　图 7－35　拱部多个导洞

此外,为了满足施工运输、通风、排水和展开兵力、早日完工的需要,还可在坑道断面之外增设辅助导洞。布置辅助导洞应考虑一洞多用(开挖、被复、安装都可利用)、长度尽量短以及工程完工后利用的可能性。辅助导洞的布置型式可见图 7－36。

3）导洞断面形状和尺寸

导洞断面形状应根据围岩性质和导洞所在位置确定,通常有梯形、弧形、矩形等。

导洞的尺寸应在满足使用要求的前提下,愈小愈好。主要考虑运输量的大小及要求

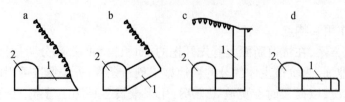

图 7 - 36 辅助导洞的型式

1—辅助导洞;2—坑道主体;

a—水平横导洞;b—斜导洞;c—竖洞;d—平行导洞。

通行的能力,装、运机械设备的外型尺寸,各种管线布置和临时支护型式,行人安全等。

采用轨道运输时,人行道宽为 0.7m(双轨运输时,不设人行道),安全距离为 0.2m。单线导洞宽一般为 2~2.5m,双线导洞宽一般为 3~3.5m。导洞高度由装碴运输机械和作业要求来定,一般为 2.2~3m。在最后确定导洞尺寸时,还应综合考虑围岩的稳定情况。

7.3.2 水平坑道的开挖

围岩稳定性较差时,水平坑道的掘进方法有上导洞法、上下导洞法、拱部双侧导洞和拱部多导洞法等。其共同点是先掘进拱部,并及时进行支护,以保证下部作业时的安全。当坑道跨度较大时,应采取分段跳格掘进的方法,即掘进一段,随即支护一段。

影响坑道开挖方案的主要因素是工程地质和水文地质条件、坑道断面的形状、大小和坑道长度以及施工条件等。为叙述方便起见,把跨度 6m 以下称为小跨度坑道;大于 6m 称为大跨度坑道。

1. 小跨度坑道开挖

当跨度较小、地质条件较好,或者地质条件虽较差、但稳定性较好,可采用全断面一次开挖或台阶开挖。

1) 全断面一次开挖法

这种方法是整个坑道断面一次开挖成型,具有作业面较宽敞通风、运输较方便、施工进度较快、工序集中、施工组织较简单等优点。但要求有较高的机械化水平,各工序间要紧密配合,否则会影响正常作业。

由于坑道围岩较稳定,开挖和被复可平行进行,施工干扰少。此法适用于围岩坚硬、质匀、少水的工程,局部欠稳的工程可采用喷混凝土或锚杆支护。

2) 台阶开挖法

台阶开挖有三种形式,即正台阶法、反台阶法和侧台阶法。

(1) 正台阶法(图 7 - 37)。其做法是:上部断面 1 一次开挖,台阶宽度以 3m 为宜然后依次开挖下部断面 2 和 3。根据坑道长度和岩石条件,上部断面 1 全长开挖完成或分区段开挖后支撑拱部,保证了下部作业的安全。其优点是:钻孔不要搭脚手架,可展开多机作业,当上部断面贯通后,易于通风排烟;施工步骤简单,钻孔和出渣平行作业时间长,进度快并能均衡施工;开挖下部断面时,临空面多,爆破效率高,可节约爆破材料,降低工程成本。缺点是:上、下断面同时作业,组织不好则相互干扰。上部断面先挖完再开挖下部断面,则需要两次敷设管线,使工程费用增高,正台阶法可用于稳定而坚硬的岩层,拱部不需要临时支护的坑道。

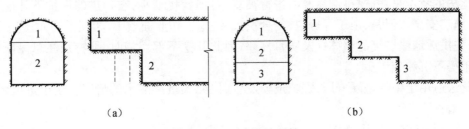

图 7 – 37　正台阶法开挖
(a)二步台阶开挖；(b)三步台阶开挖。

（2）反台阶法（图 7 – 38）。下部断面 1 开挖后，再开挖上部断面 2。这种方法适用于稳定而坚固的岩层，不需要临时支护的坑道。其特点是：由下向上扩挖，爆破效率高，进度较快；如各部断面积确定得恰当，可实现上部断面钻孔蹬渣作业，但装碴时应保证碴堆始终留有一定高度；当先掘通 1 再开挖 2 时，它有两个单独的掘进循环，因此所需工期较长。如两个断面梯次开挖，各作业必须配合紧密，否则会影响整个循环作业。

（3）侧台阶法（图 7 – 39）。这种方法是按坑道宽度分成左右台阶，对每边台阶都全断面开挖。两边台阶可超前数米或数十米，同时进行开挖。

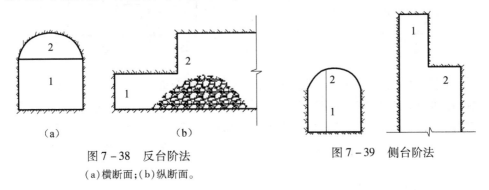

图 7 – 38　反台阶法
(a)横断面；(b)纵断面。

图 7 – 39　侧台阶法

此法适用于稳定、坚硬岩层，其特点是：导洞断面小，支护容易，施工安全；运输线路敷设后，开挖断面 2 时，可不拆除；当地质条件变差，不能连续扩大断面时，可采取分段跳格开挖，边开挖、边喷混凝土支护的方法，易变更开挖方法，能确保施工安全。

2. 大跨度坑道开挖

对于大跨度坑道，在围岩稳定性较好的情况下，随着钻孔机械、装碴机械、毫秒雷管、光爆、锚喷技术和装备的不断完善，逐渐向全断面一次开挖法发展，或者在保证围岩稳定条件下，采取减少断面的分部，增加一次开挖的面积，从而加快掘进速度。

在围岩稳定性较差的情况下，则采用导洞开挖法，以控制围岩暴露面的大小和暴露时间，使围岩应力不致增长过大，来达到维护围岩稳定的目的。这类开挖方法要解决的主要矛盾，是如何保持围岩稳定的问题。属于这类方法有先拱后墙法和先墙后拱法两种，下面介绍几种典型方案。

1）上导洞先拱后墙法

施工顺序见图 7 – 40，开挖上导洞 1，进行拱部断面扩大 2，被复拱圈Ⅲ，开挖下部断面中间部分4,跳格开挖侧墙部分5,被复侧墙Ⅵ。

此法的特点是:开挖拱部后及时进行被复,对围岩扰动小;在顶拱的保护下开挖下部断面,施工安全。但是,由于开挖、被复分块太多,施工作业面较小,相互干扰大,施工进度较慢;先拱后墙法被复的整体性及防水性差,因此开挖下部墙槽时,须特别注意保证拱部被复不得下沉和变形。

此法适用于中等坚硬岩层,裂隙虽较发育,但无大量渗漏水的情况。由于进度慢,坑道不宜太长。

2)上下导洞先拱后墙法

此法由上导洞法演变得来,施工顺序是(见图7-41):开挖下导洞1,然后开挖上导洞2(两作业面相距应在20m以上),隔一定距离开挖连通上下导洞的漏斗井。扩大拱部断面3,被复拱圈Ⅳ,开挖中央部分5,开挖侧墙6,被复侧墙Ⅶ。

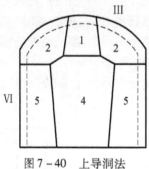

图7-40 上导洞法

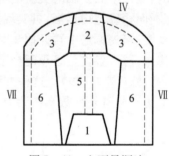

图7-41 上下导洞法

与上导洞法相比,此法的特点是:①有两个导洞,作业面多,并有漏斗井相连通,使通风、运输、排水等条件有改善;②适于组织平行流水作业,干扰少,施工进度较快;③当地质条件改变时,有两个导洞,改变其他开挖方案较易;④多挖一个导洞,存在开挖成本提高的缺点。但是因作业较方便,存在总工期缩短和总工程造价降低的可能性,故应综合分析再作结论。

3)多导洞先拱后墙法

如图7-42所示,2拱部有5个平行导洞(导洞的数量依坑道跨度大小而不同),其施工顺序是:开挖导洞1,并相继开挖导洞2和3;分段跳格扩挖4与被复拱部Ⅴ,分段长度一般取4~8m,开挖后应立即被复;清除核心部分岩石6;被复侧墙和构筑地坪。

这种开挖方法的特点:①拱部导洞多,可开展多工序的平行流水作业,开挖进度较快,但导洞多也使工程费用较高;②被复拱部时,可利用核心部分作立模,灌注混凝土的作业平台,节约材料、兵力,作业安全;③每隔30m,各导洞间挖一斜联络洞,有利于通风、排烟;④清除核心石碴时,可采用

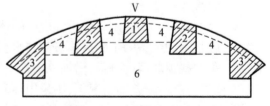

图7-42 多导洞开挖法

大型机械出碴和运输,有利于加快施工速度;⑤被复作业始终应紧跟扩挖作业之后进行,确保围岩的稳定性;⑥进行爆破作业时,要注意拱脚岩石稳定和不致破坏混凝土结构,必须尽量采用光面爆破或预裂爆破等方法。

4）先拱后墙法的拱部开挖方法

前述几种先拱后墙法的开挖方案在扩挖拱部时,为维护拱部围岩的稳定,多采用分段跳格开挖法。其实质就是变大跨度为小跨度,变大面积为小面积,减少了围岩的暴露面积,避免围岩应力过度集中和增长过大。跳格开挖的基本方案有小跳格和大跳格两种(图7-43):

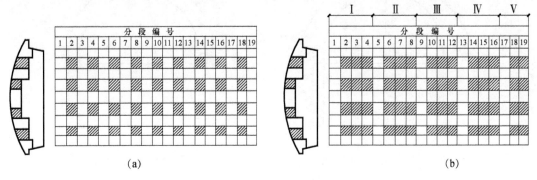

图7-43　拱部分段跳格扩挖方案
(a)小跳格方案;(b)大跳格方案。

（1）小跳格开挖。是从洞外向洞内扩,扩一段留一段,如遇地质不良也可隔两段或三段扩一段。在开挖好的区段,间隔一定距离后可依次进行被复。这种开挖方法,被复始终在开挖作业之后,不交叉作业,干扰少。但被复面与爆破作业面之间有一段距离,使该段围岩暴露时间过长。

（2）大跳格开挖。大跳格开挖法,即把整条坑道分成若干大段（Ⅰ、Ⅱ、Ⅲ、Ⅳ）,每个大段又分若干小段（①②③④……）。按①、⑤、⑨等小段依次扩挖一段,被复一段,再按②、⑥、⑩等段依次进行扩挖与被复。这种方法的特点是缩短了拱部围岩的暴露时间,作业比较安全。石质较差时,扩一段被复一段较稳妥可靠,但出现交叉作业,会产生扩挖和被复的干扰,因而对施工组织和技术保障提出了较高的要求。

5）先拱后墙法侧墙部分的开挖

开挖侧墙部分时,关键问题是如何保证已成拱圈的稳定,防止其下沉、变形和开裂。首先,拱圈结构要有足够的强度,方可开挖侧墙部分岩石。其次,在开挖时,不得使一整段拱圈的拱脚悬空,并且在开挖后立即灌筑侧墙。常用的方法有:对角跳挖法(图7-44)和大小马口交错法(图7-45)。其开挖顺序是先挖马口1,并立即被复侧墙,待混凝土强度达到70%以后,再按2.3顺序开挖和被复。拱圈的分段线应在1.2马口的中部。

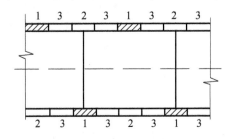

图7-44　对角跳挖法

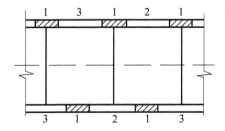

图7-45　大小马口交错法

当岩层破碎或坑道跨度较大时,还须采取加固拱脚的措施与上述马口开挖方法配合应用。拱脚加固措施有:大拱脚法(图 7 - 46),即加大拱脚承载面积并使之传载;给基岩拱脚下设卧梁(图 7 - 47),用以承受拱脚悬空时产生的弯矩。

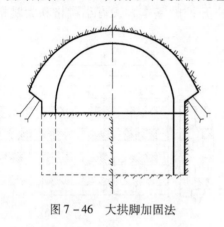
图 7 - 46　大拱脚加固法

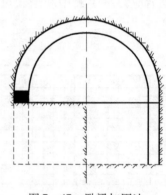
图 7 - 47　卧梁加固法

6)侧导洞先墙后拱法

当地层松软不足以承受拱脚传来的压力时,不能采用先拱后墙法,而要先构筑侧墙,为拱脚提供承载基础。这是侧导洞先墙后拱法的基本出发点和特征。

施工顺序如图 7 - 48 所示,开挖下部两侧导洞 1,并立即被复下部侧墙 Ⅱ;当侧墙 Ⅱ 混凝土达到设计强度后,开挖第二层侧导洞 3,并立即被复侧培 Ⅳ;开挖上导洞 5;分段跳格扩挖拱部 6;被复拱圈 Ⅶ;当拱圈混凝土达到设计强度后挖核心 4;最后开挖坑道底部,灌筑地坪。

这种方法导洞多,工程费用高,施工进度慢。但在松软地层中,仍是开挖大跨度坑道的一个较安全的基本方法。

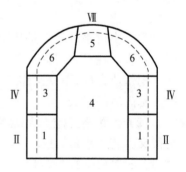
图 7 - 48　侧导洞先墙后拱法

7.3.3　特殊体型坑道的开挖

常见的特殊体型坑道有立式油库、地下电站厂房等。它们的共同特点是不仅跨度大,而且高度比跨度更大。同时开挖工程量集中,给施工带来了复杂性。

1. 立式油库(油罐)的开挖

立式油库的罐体为圆柱形,罐帽为削球形,其底板依地质条件有平板和反球形底板两种。每个油罐的容积一般在 500 ~ 10000m³ 以上,故罐体直径和高度都较大。由于罐帽和罐体为穹顶圆柱状结构,对围岩的稳定较为有利,除非是极不好的地质状况,一般围岩的整体稳定是较易得到保证的。故开挖方案主要随油罐容积大小而不同。

1)下导洞反井法开挖

此法适用于中、小型油罐的开挖(容积≤5000m³),其施工顺序如图 7 - 49 所示。开挖下部洞 1;由下向上开挖反井 2,反井 2 也可是倾斜的,但竖井出碴较便;挖水平导洞 3;沿拱脚开挖环形导洞 4 及扩挖 6;被复罐帽 5 和 7,若岩石整体性好,则罐帽可一次挖好,再一次被复;若岩石较破碎且罐帽直径较大时,则可分几次进行跳格开挖和被复;再依次开挖罐体 9~20 和被复罐体 11~21。

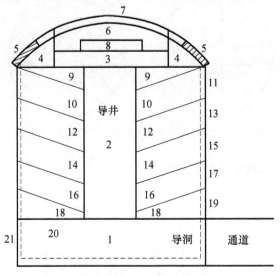

图 7-49　下导洞反井法

采用这种方法时,开挖反井和被复罐帽等作业条件差,通风排烟、运输被复材料均很困难,工效较低。

2）上下导洞法开挖

上下导洞法的开挖顺序如图 7-50 所示。开挖上下导洞 1;由下向上开挖反井 2;扩大罐帽部分 3、4;被复罐帽 5;分部扩挖罐体 6;被复罐壁 7 和罐底 8。

此法的特点是:增设上导洞可提前开挖罐帽部分,有利于缩短工期;上下导洞贯通后有利于通风排烟,改善了作业条件;它可以用上导洞输送被复用料,下导洞出碴,可以大大提高构筑速度,此法适用于群罐或工程量较大的工程。

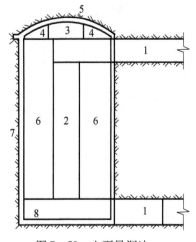

图 7-50　上下导洞法

3）罐帽和罐体的扩挖

罐帽的扩挖要符合设计要求的形状、轮廓尺寸,才能使围岩的整体稳定得到保证。因此罐帽开挖质量要求高,施工技术难度大。首先应保证罐帽中心位置和高程的准确控制,然后从罐顶中部开始向四周扩挖。在坚硬岩层中用爆破法开挖时,炮孔布置在靠近罐帽中心范围,可用径向布孔方式,在接近罐帽边沿部分,宜用切向布孔,并采用光爆方法以提供整齐、准确的开挖轮廓。在稳定性较差的围岩中扩挖罐帽时,可采用"十"字或"米"字形扩挖法(图 7-51),并立即被复。待混凝土达到一定强度后,再开挖罐帽的其余部分。

罐体扩挖是在罐帽已被复好的情况下进行的。故施工较安全,上下导洞已贯通,作业条件有所改善。扩挖时要尽量利用临空面多、炮孔布置较灵活的特点,采用深孔和多孔微

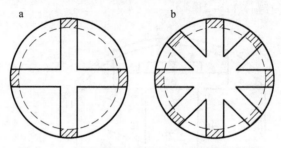

图 7-51 围岩稳定性较差情况下的罐帽扩挖法

差爆破技术,以提高爆破效果和加快开挖速度。

7.3.4 竖井开挖

有些坑道为了向地面输送物资、通行人员、通风以及其他使用要求(如导弹发射井)等,需要构筑竖井;当坑道轴线较长,为缩短工期,在一定地形条件下,也需构筑辅助竖井。

竖井的断面形状主要有圆形和矩形,也有椭圆形的。圆形的结构受力条件好,围岩的整体稳定较易得到保证,通风阻力小。矩形则相反,只有在岩层坚硬而稳定和断面尺寸较小时才用矩形。

竖井施工作业面小,运输、通风排烟、排水较困难,另外,开挖中极易发生掉小石块现象,要特别注意安全防护。竖井施工的关键问题是快速钻孔爆破和快速出碴。其开挖有以下几种基本方法。

1. 全断面自上而下开挖

1)普通开挖法

采用手持凿岩机钻孔,毫秒爆破和控制轮廓爆破技术全断面一次爆破成型。出碴可用抓岩机装碴、吊桶、井架提升,斗车或汽车运碴。遇有局部岩层不稳定时,可采用喷混凝土或喷、网联合支护。

这种方法出碴、通风、排烟、排水均较困难,若机械化不配套时,工效低,进度慢,劳动强度大。故此法适用于下部水平坑道未打通之前,或者深度不大、围岩稳定性较差的竖井。

2)深孔自上而下分段爆破法

采用深孔钻机,一次钻出符合竖井深度的全部炮孔,然后自上而下分段爆破成井。

钻孔后,用砂将炮孔下部填满,留出一个爆破段(2~3m)进行装药爆破、出碴,爆下一段时,利用压气将炮孔内填的砂吹出2~3m,再装药爆破出碴,直到最后成井。此法对钻孔质量要求严格,孔位、孔距要准确,孔深要一致,炮孔要相互平行。还要讲求爆破技术,装药及爆破作业应准确无误。国外多用于无水平坑道的浅竖井工程。

2. 先反井后扩大的开挖法

在井底的水平坑道挖好后,采用反井的施工方法即可利用水平坑道作出碴运输道。它比由上而下的普通开挖法工效高,进度快。

反井施工可采用拆卸式临时作业台,钻孔、装药都在临时作业台上进行。临时作业台由插入井壁约30~50cm的钢筋托架支撑。每次爆破前,作业台应拆除。此法的缺点是:

人员靠爬梯上下不便,作业台拆搭频繁,准备时间长,作业时间短,通风、排烟困难,进度慢,使用高度受限制。

另外,在构筑反井前,先用深孔钻机,在竖井中央钻一直径 10~15cm 的钻孔直达井底,作为穿钢丝绳和引入风、水管用。竖井顶部有卷扬机、钢丝绳通过钻孔下到井底,用以悬挂吊罐,吊罐即活动作业台。爆破时放下吊罐,推入掩蔽间内。同时,吊绳提升离开爆破作业面(>2m)。爆破后降下吊绳重新提升吊罐进行下一循环作业。这种方法不仅大大节约脚手料,并可大大减少出碴用工,使掘进速度加快。但要注意控制爆破后作业人员进入作业面的时间,以确保安全。

扩挖是在反井打通后自上而下进行,这就改善了通风、排烟等作业条件,利用反井落碴,经平坑道出碴。井上应盖有安全伞,以防落石伤人。

3. 全断面深孔爆破一次成井法

全断面深孔爆破一次成井是项新技术。它对钻孔的质量要求较高,爆破技术和工艺复杂,还要求:进行周密的爆破方案设计,进行现场试验,以校正爆破参数;换算竖升一次爆破后的落碴,水平坑道有无足够的补偿空间;更细致地准确装药,装药后应反复检查线路。为使可靠起爆,要敷设两套起爆线路;主体爆破一般采用周边预裂,断面分块龟裂,分层抛碴爆破的方案。因此对起爆顺序有严格要求,这也是成井的另一关键。

这种成井方法工效高、成井快,但需要有好的钻孔设备和爆破技术。它适于井底水平坑道大,有足够补偿空间,而高度为 20~30m 内的竖井。

7.4 坑道工程支护

坑道支护是继掘进之后国防工程施工中的另一项主导工程技术。对坑道进行支护,是为了保持围岩的稳定,防水、防渗、隔潮,以保证坑道的正常使用。当围岩稳定性较差时,支护工程通常是紧跟掘进面与其平行作业,甚至交叉作业,以减少围岩暴露时间,及时支护围岩。当围岩稳定性较好时,支护可在全洞掘进工作基本结束后再进行。

7.4.1 锚喷支护施工

喷锚支护或称锚喷支护,是将一定配比的混凝土,用压缩空气以较高速度喷射到坑道岩面上,形成混凝土支护层的一种支护形式。习惯上将喷混凝土支护、锚杆支护、锚杆喷混凝土支护、钢筋网混凝土支护和钢筋网锚杆喷混凝土支护都称为喷锚支护。

1. 喷锚支护结构施工技术

锚杆、喷混凝土、锚杆喷混凝土、钢筋网喷混凝土和锚杆钢筋网喷混凝土等,都是国防工程中加固坑道围岩常用的支护形式,统称为喷锚支护结构。对于地质条件较好的围岩,可先打锚杆或设钢筋网,再喷射混凝土;对于比较破碎、松软或受水和空气作用易蚀变潮解的岩层,在掘进后应立即喷上混凝土,或先喷一薄层混凝土作为临时支护,随后再加设锚杆或钢筋网、加喷一定厚度的混凝土,使其成为永久性支护结构。根据现有资料,喷锚支护结构与现浇混凝土衬砌相比,可减薄衬砌厚度 1/2~2/3,节省混凝土 40%,减少出碴量 20%,节约全部模板和临时支护材料,节省劳动力 40%,降低成本 30%,提高支护速度 1 倍以上。

（1）喷射混凝土工艺。喷射混凝土的工艺过程一般由供料、供风和供水三个部分组成。喷射混凝土借助压缩空气来输送混合料，风压适当是保障喷射混凝土质量的关键。一次喷射厚度应根据喷射效率、回弹损失、混凝土颗粒间的凝聚力和喷层与岩面间的黏结力等因素确定。一般规定：混凝土中掺有速凝剂时，一次喷射厚度，墙为 7～10cm，拱顶为 5～7cm；不掺速凝剂时，墙为 5～7cm，拱顶为 3～5cm；拱顶与墙之间的曲面上一次喷层厚度在顶和墙的厚度之间变化。混凝土喷完后 2～4 小时内应开始喷水养护，喷水养护时间一般不少于 10 天。

（2）砂浆锚杆安装。灌浆锚杆是在锚杆和钻孔壁之间灌入水泥砂浆或化学浆液，借以把锚杆体与孔壁岩石胶结成整体，使锚杆起到加固围岩的作用。常用的灌浆锚杆有普通钢筋砂浆锚杆、螺纹钢筋砂浆锚杆和楔缝式砂浆锚杆。灌浆方法有风动灌浆、真空压力灌浆和简易灌浆等。砂浆锚杆安装的工艺流程如图 7-52 所示。

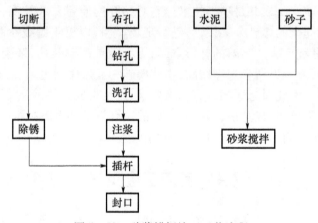

图 7-52　砂浆锚杆施工工艺流程

2. 预应力锚索施工技术

预应力锚索可以调整洞体围岩的应力，使坑道周边的拉应力区上移，提高坑道围岩的稳定性。目前采用的预应力锚索有涨壳式钢纹线预应力锚索、涨壳式高强度钢丝束预应力锚索和二次灌浆预应力锚索等。预应力锚索不仅可应用在稳定性较差地层中的大型国防工程，而且还可用来加固边坡和坝体等。预应力锚索的施工过程：一是钻孔。钻孔直径一般为 80～130mm，深度可达 60m。二是锚索的组装与推送。根据钻孔深度、孔径和内锚固段长度，将钢绞线、定位止浆环、排气管和溢浆管等，按一定要求进行组装与绑扎。钢绞线的切割长度等于钻孔深度加上外露长度减去溢浆段长度。推送锚索一般用人力，推送时需逐次接长灌浆管。三是内锚固段灌浆。把锚索推送到预定位置后，应尽快向内锚固段灌浆。四是浇筑孔口混凝土垫墩。为张拉和传递压力，必须浇筑孔口混凝土垫墩。浇筑时先把定位管插入钻孔中，调整好方位并予固定，然后设立模板，灌注用早强水泥拌制的混凝土。五是锚索张拉。张拉前，先将活动垫板和外锚塞安装好，然后安装张拉千斤顶。六是张拉段灌浆。钢绞线张拉后，即可向张拉段灌浆，以保护钢绞线，并永久保持预应力。其灌浆工作与锚固段基本相同。七是外锚固段处理。当张拉段灌注的砂浆达到一定强度后，把露出外锚圈的钢绞线多余部分切断，然后再喷上混凝土或浇筑混凝土墩帽，防止钢件锈蚀。

3. 树脂锚杆施工技术

树脂锚杆是以高分子合成树脂为黏结剂,把锚杆杆体与孔壁岩石连结成整体的一种新型锚杆,它具有承载快、锚固快、锚固力大、安全可靠、操作简便、劳动强度小和有利于加快掘进速度等优点。按其安装方式,有药包式和现场灌注式。药包式树脂锚杆的施工方法,是把树脂及其辅助材料预制成锚固剂(即药包),然后把锚固剂送进锚杆孔内,再插入锚杆,并随即用机械转动杆体,同时逐渐向孔内推送,锚杆将锚固剂药包搅破,使其发生化学反应。凝固后的树脂即把杆体与钻孔周围的岩石紧密地黏结在一起,最后在锚杆尾部安装垫板,拧紧螺母,锚杆就能起稳定围岩的作用。现场灌注式树脂锚杆,又分压力灌注和无压力灌注两种形式。其施工方法是直接用小型注浆泵把树脂和辅助材料注入锚杆孔内,使锚杆与孔壁岩石黏结。

1)喷射混凝土作用原理

(1)充填黏结作用。

高速喷射的混凝土充填到围岩的节理、裂壤及凹凸不平的岩石中,把围岩黏结成一个整体,大大提高了围岩的整体性和强度。

(2)封闭作用。

当坑道围岩壁面喷上一层混凝土后,完全隔绝了空气、水与围岩的接触,有效地防止了风化、潮解引起的围岩破坏和强度降低。

(3)结构作用。

靠喷射混凝土与围岩之间的黏结力及其自身的抗剪力,形成一个共同受力的承载结构,且喷射混凝土层将锚杆、钢筋网和围岩黏结在一起,构成一个共同作用的整体结构,从而提高了支护结构的整体承载能力。

2)喷射混凝土材料

喷射混凝土材料主要由水泥、砂子、石子、水和速凝剂组成,一些特殊的混凝土,尚需掺入相关材科,如喷射纤维混凝土需掺入纤维材料等。

水泥:喷射混凝土对所用水泥的基本要求是凝结快,保水性好,早期强度增长快,收缩较小。因此,应优先选用普通硅酸盐水泥。在没有普通硅酸盐水泥的条件下,也可根据工程实际选用矿渣硅酸盐水泥或火山灰硅酸盐水泥,水泥的强度等级一般不得低于32.5MPa,不得使用受潮或过期结块的水泥。

砂子:应采用坚硬耐久的中砂或粗砂,细度模数应大于 2.5,含水率以控制在 5% ~ 7% 为宜,含泥量不得大于3%。细砂会增加喷射混凝土的干缩变形,且易产生大量粉尘,一般不宜采用。

石子:又叫瓜子片,应采用坚硬耐久的卵石或碎石。石子的最大粒径与混凝土喷射机的输料管直径有关,目前最大粒径采用 20mm,一般不超过 15mm。为减少回弹量,大于15mm 粒径的颗粒控制在 20% 以下。石子的含泥量不得大于 1%。

水:水中不应含有影响水泥正常凝结与硬化的有害杂质,不得使用污水及 pH < 4 的酸性水和含硫酸盐量按 SO_4^{2-} 计算超过水重 1% 的水。

速凝剂:掺入速凝剂的目的在于防止喷层因重力作用而流淌或坍落,提高喷混凝土在潮湿岩面或轻微含水岩面中使用的性能;增加一次喷射混凝土厚度和缩短喷层之间的喷射间欺时间;提高早期强度以及时提供稳定围岩变形所需的支护抗力。

速凝剂种类繁多,我国从 1965 年以来已陆续生产出十几种牌号的速凝剂。这些速凝剂按形状可分为粉状和液体两类。目前国内使用固体粉状速凝剂为多,如红星 I 型、711 型、阳泉 II 型、782 型、J85 型等。

速凝剂的掺量为多少,应在使用前做速凝效果试验。一般要求初凝应在 3 ~ 5min 范围内,终凝不应大于 10min。速凝效果与水泥品种、速凝剂掺量、水灰比、施工温度等有关。加入适量的速凝剂,可大大提高喷射混凝土的早期强度,但后期强度却略有降低,且加大了混凝土的收缩。因此,在满足施工条件下,应尽量少掺速凝剂,并拌和均匀。一般掺量为水泥重量的 2.5% ~4%。

喷射混凝土配合比:配合比是指每立方米喷射混凝土中,水泥、砂、石子所占比例。为了减少喷混凝土时的回弹量,与普通混凝土相比,其石子含量要少得多,且粒径也小,而砂子含量则相应增大,一般含砂率在 50% 左右效果较好,一般喷射混凝土的配合比如下:

喷砂浆时,水泥:砂子为 1:(2 ~ 2.5),水灰比为 0.4 ~ 0.55。

喷射混凝土时,水泥:砂:石子为 1:2:2 或 1:2.5:2,水灰比为 0.4 ~ 0.5。

3)喷射混凝土机具

喷射混凝土施工设备主要包括喷射机、上料机、搅拌机、喷射机械手等。其中最主要的设备是混凝土喷射机。国内混凝土喷射机种类较多,按喷射料的干湿程度分有干喷机、潮喷机和湿喷机三类,干喷机的粉尘太大,现已被淘汰,潮喷机应用较少,目前广泛使用湿喷机。

(1)干式混凝土喷射机。

干喷机是最早使用的混凝土喷射机,曾用过螺旋式、双罐式等,由于这两种喷射机机体高大、笨重,已被转子式所代替。转子式喷射机体积小、重量轻,结构简单,使用和移动方便。转子 II 型是早期干式喷射法的主要设备,其结构如图 7 - 53 所示。经多次改进,现已有 V 型以上的产品,该机工作时,其转子体即旋转体由传动系统带动不断旋转,随旋转

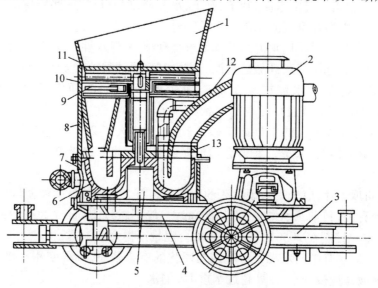

图 7 - 53　转子 II 型混凝土喷射机

1—料斗;2—电机;3—车架;4—减速箱;5—主轴;6—转子体;7—下座体;8—上座体;
9—拨料板;10—定量板;11—搅拌器;12—出料弯管;13—橡胶结合板。

体转动的拨料板,将料斗中的干料连续拨入旋转体料腔内。旋转体是这类喷射机的核心,转体上有 14 个料杯,当旋转体上的料杯转至主送气管下时,干料即被转入料杯,当料杯旋转到出料弯管口时,料杯内的干料在压缩空气作用下被输送出去,如此循环不已,即可达到连续供料喷射的目的。

（2）潮式混凝土喷射机。

潮式混凝土喷射机也多属转子型,如 PC5B 型混凝土喷射机,其结构如图 7 - 54 所示。该机采用了防粘转子,综合了国内外喷射机的优点,体积小、重量轻、作业时粉尘少、回弹率低、易损部件寿命长、使用维修方便,尤其采用了分体式防粘转子,转子不黏结、不堵塞,可进行潮式作业,作业环境好,劳动强度低。该机的生产能力为 $4 \sim 5 m^3/h$,功率为 4kW,重 560kg。其他机型还有 PC6B 型、HPC - V 型等。

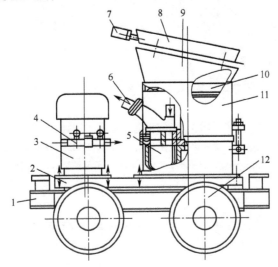

图 7 - 54　PC5B 型混凝土喷射机

1—车架;2—减速箱;3—电动机;4—气路系统;5—防粘转子;6—输料系统;
7—振动器;8—振动筛;9—料斗;10—拨料盘;11—座体;12—行走机构。

（3）湿式混凝土喷射机。

湿式喷射的主要目的是减小粉尘。目前国内已有多种产品,北京矿冶研究院研制的 SPZ - 6 型湿式喷射机喷射能力为 $6 m^3/h$,骨料最大直径 25mm,既可用于湿喷也可用于干喷,是一种高速、高效的新型喷射机,可用于煤炭、冶金、铁路、水电等行业的地下工程施工。隧道施工中使用的 TK - 961 型湿喷机可喷射钢纤维混凝土。

（4）喷射混凝土机械手。

喷射混凝土时,粉尘多,回弹量大,劳动条件差,人工喷射时劳动强度大,不利健康,遇到高、大断面的地下工程时,还要搭设临时工作平台,费工费时,故应尽量采用机械手进行喷射作业。图 7 - 55 为 HJ - I 型简易机械手,工作时由工人调整手轮、立柱高度和小车位置,喷嘴的摆动由电动机、减速器通过软轴带动。简易型机械手主要靠人力操作,喷射高度和距离受到一定限制,在大断面中可使用液压型机械手,如 PHs - 3、MK - Ⅱ、GPG - 1型等,全部动作液压驱动,喷头的最大扬高可达 7.5m。

目前的喷射机械手大多为轨轮式,施工时需占用轨道,在掘喷顺序作业时使用较宜。

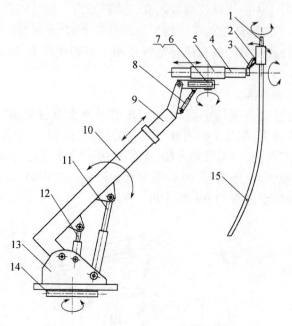

图 7－55　喷射混凝土机械手原理图

1—喷枪;2—喷枪转动马达;3—喷枪调姿驱动油缸;4—手腕;5—水平臂;6—小臂;7,14—同步油缸;
8,12—小臂平衡油缸;9—伸缩臂机构;10—基臂;11—俯仰油缸;13—回转机构;15—料管。

5）其他机械

其他机械还有搅拌机、上料机、压风机、压水泵等,可根据情况选用。

4. 混凝土喷射工艺

1）混凝土喷射方法

喷射混凝土施工,按喷射方法可分为干式喷射法、潮式喷射法和湿式喷射法三种。

干式喷射法的施工工艺如图 7－56 所示,砂子、石子预先在洞外(或地面)洗净、过筛,按设计配合比混合,用运输车辆运到喷射工作面附近,再加入水泥进行拌和,然后人工(喷射量大时最好采用机械)往喷射机上铲装干料进行喷射。速凝剂可同水泥一起加入并拌和,也可在喷射机料斗处添加,水在喷嘴处施加,水量由喷嘴处的阀门控制,水灰比的控制程度与喷射手操作的熟练程度有直接关系。

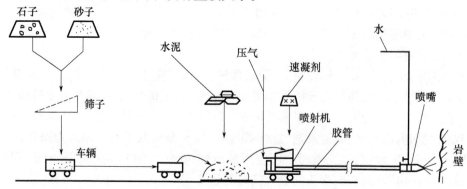

图 7－56　干喷法喷射混凝土工艺流程图

干喷法的缺点是粉尘太大,回弹量也较大。因此,为改善干喷法的缺点,又出现了潮式喷射法。潮式喷射是将集料预加少量水,使之呈潮湿状,再加水拌和,从而降低上料、拌和和喷射时的粉尘,但大量的水仍是在喷头处加入。潮喷的工艺流程与干喷法相同,喷射机应采用适合于潮喷的机型。

湿喷法基本工艺过程与干喷法类似,其主要区别有三点:一是水和速凝剂的施加方式不同,湿喷时,水与水泥同时按设计比例加入并拌和,速凝剂是在喷嘴处加入;二是干喷法用粉状速凝剂,而湿喷法多用液体速凝剂;三是喷射机不同,湿喷法一般需选用湿式喷射机。

湿喷混凝土的质量较容易控制,喷射过程中的粉尘和回弹量都较少,是应当发展和推广应用的喷射工艺,但湿喷对湿喷机的技术要求较高,机械清洗和故障处理较困难,对于喷层较厚、软岩和渗水坑道,不宜采用湿喷混凝土施工工艺。

2）施工准备

施喷前应做好的准备工作主要包括以下两个方面。

施工现场的准备:应清理施工现场,清除松动岩块、浮石和墙脚的岩渣,拆除操作区域的各种障碍物,用高压风、水冲洗受喷面。

施工设备布置:做好施工设备的就位和场地布置,保证运输线路、风、水、电畅通,保证喷射作业地区有良好的通风条件和充足的照明设施。

3）喷射作业

为了减少喷射混凝土的滑动或脱落,喷射时应按分段(长度不应超过 6m)分片、自下而上、先墙后拱的顺序操作。喷射作业前,应进行喷射机试运转。喷射作业开始时,喷射机司机应与喷射手取得联系,先送风后开机,再给料;喷射结束时,应待喷射机及输料管内的混合料喷完后再停机、关风。喷射机供料应保持连续、均匀,以利喷射手控制水灰比。

喷射正常作业时,料斗内应存有足够的存料,喷射作业结束或因故停止喷射时,必须把喷射机及输料管内存料清理干净,以防其凝结在机械、管路中形成隐患。正常喷射作业时,喷头应正对受喷面呈螺旋形轨迹均匀地移动,以使混凝土喷射密实、均匀和表面光滑平顺。

为了保证喷射质量、减少回弹量和降低喷射中的粉尘,作业时应正确控制水灰比,做到喷射混凝土表面呈湿润光泽、无干斑或滑移流淌现象。

喷射作业时,要解决好一次喷射厚度和喷射间歇时间问题。喷层较厚时,喷射作业需分层进行,通常应在前一层混凝土终凝后方可施喷后一层。若终凝 1h 以后再进行二次喷射时,应先用压气、压水冲洗喷层表面,去掉粉尘和杂物。

5. 喷射混凝土的主要工艺参数

喷射混凝土的工艺参数主要包括工作压力、水压力、水灰比、喷头方向、喷头与受喷面的距离及一次喷射厚度等。

1）工作压力

工作压力是指喷射混凝土正常施工时,喷射机转子体内的气压力。气压掌握是否适当,对于减少喷射混凝土的回弹量、降低粉尘、保证喷射混凝土质量、防止输送管路堵塞等都有很大的影响。

控制气压就是要保证喷头处混凝土的喷射速度稳定在一个合理的范围内。为了降低粉尘和回弹,通常采用低压喷射。一般混合料水平输送距离为30~50m条件下,喷射机的供气压力保持在0.12~0.18MPa为宜。

进料管内径为50mm时,喷射机的工作气压可参照下列经验公式确定:

水平输料,输料管长度在200m以内,喷射机的压力为:

空载压力(MPa)=0.001×输料管长度(m)

工作压力(MPa)=0.1+0.0013×输料管长度(m)

向上垂直输料时,要求工作压力比水平输料时大,高度每增加10m,工作气压增加0.02~0.03MPa。

2)水压

为了保证喷头处加水能使随气流迅速通过的混凝土混合料充分湿润,通常要求水压比气压高0.1MPa左右。

3)水灰比

水灰比对减少回弹、降低粉尘和保证喷射混凝土质量有直接关系。混合料加水是在喷头处瞬间实现的,理论上最佳水灰比为0.4~0.5,但实际上全靠喷射手的经验(主要靠目测)加以控制、调整。根据经验,如果新喷射的混凝土易粘着、回弹量小,表面有一定光泽,则说明水灰比适宜。

4)喷头方向

喷头喷射方向与受喷面垂直,并略向刚喷过的部位倾斜时,回弹量最小。因此,除喷岩帮侧墙下部时,喷头的喷射角度可下俯10°~15°外,其他部位喷射时,均要求喷头的喷射方向基本上垂直于围岩受喷面。

5)喷头与受喷面的距离

喷头与受喷面的最佳距离是根据喷射混凝土强度最高、回弹最小来确定的,最大为0.8~1.0m。一般在输料距离30~50m、供气压力0.12~0.18MPa时,最佳喷距为喷帮300~500mm,喷顶450~600mm。喷距过大、过小,均可引起回弹量的增大。

6)一次喷射厚度及间隔时间

喷射混凝土应有一定的厚度,当喷层较厚时,喷射作业需分层进行。一次喷射厚度应根据岩性、围岩应力、裂隙、坑道规格尺寸以及与其他形式支护的配合情况等因素确定,通常应做到表7-6的要求。

表7-6 一次喷射厚度 (mm)

喷射部位	掺速凝剂	不掺速凝剂
边墙	70~100	50~70
拱部	50~70	30~50

分层喷射时,合理的间隔时间应根据水泥品种、速凝剂种类及掺量、施工温度和水灰比大小等因素确定,一般对于掺有速凝剂的普通硅酸盐水泥,温度在15~20℃时,其间隔时间为15~20min;不掺速凝剂时为2~4h。

6. 喷射混凝土质量检测

喷射混凝土质量检测包括强度和厚度检测两方面。

1）喷射混凝土强度

喷射混凝土强度等级，一般工程不低于 C15，重要工程不低于 C20。检查喷射混凝土强度时，应就地提取喷混凝土试件（块），以做抗压强度试验。对特殊要求的重点工程，可增做抗拉强度与岩面的黏结力、抗渗性等相应试验。抗压强度不应低于标准值，最小值不低于标准值的 85%。强度不符合要求时，应查明原因，采取加厚等措施予以补强处理。

喷射混凝土强度检验可采用喷大板切割法、直接喷模法、取芯点荷载法及拉拔法等。取芯点荷载法和拉拔法是在混凝土喷层上直接取芯或钻孔，能比较真实地反映喷混凝土的实际强度，应推广采用。

取芯点荷载法可采用 ZQH6 型混凝土取样钻机与 HQC40 混凝土强度检测仪；拉拔法常用仪器有 PL-1 型喷射混凝土强度检测仪、HL138 型混凝土拉拔仪等。

2）喷射混凝土厚度

喷射混凝土厚度不小于 30mm，不大于 200mm。喷层厚度在喷混凝土凝结前可采用针探法检测，凝结后用凿孔尺量法或取芯法检测。要求喷层厚度不小于设计值的 90%。

7.4.2　锚喷联合支护

锚喷支护是指以锚杆和喷射混凝土为主体的一类支护形式的总称，根据地质条件及围岩稳定性的不同，它们可以单独使用也可联合使用。联合使用时即为联合支护，具体的支护形式依所用的支护材料而定，如锚杆＋喷射混凝土支护，称锚喷联合支护，简称锚喷支护；锚杆＋注浆支护，简称锚注支护；锚杆＋钢筋网＋喷射混凝土支护，简称锚网喷联合支护等。

联合支护在设计与施工中应遵循以下原则：

（1）有效控制围岩变形，尽量避免围岩松动，以最大限度地发挥围岩自承载能力。

（2）保证实现围岩、喷层和锚杆之间具有良好的黏结和接触，使三者共同受力，形成共同体。

（3）选择合理的支护类型与参数，并充分发挥其功效。

（4）合理选择施工方法和施工顺序，以避免对围岩产生过大扰动，缩短围岩暴露时间。

（5）加强现场监测，以指导设计与施工。

下面介绍几种常用的联合支护形式。

1. 锚喷支护

锚喷支护是同时采用锚杆和喷射混凝土进行支护的形式，适用于Ⅲ、Ⅳ类围岩和部分Ⅱ类围岩，它能同时发挥锚杆和喷射混凝土的作用，并且能取长补短，两者合一，形成了联合支护结构，是一种有效的支护形式，得到了广泛应用。

2. 锚网喷支护

锚杆、金属网和喷射混凝土联合形成的一种支护结构。金属网的介入，提高了喷射混凝土的抗剪、抗拉及其整体性，使锚喷支护结构更趋于合理。因此，在较为松软破碎的围岩中得到广泛应用，一般金属网的网格不小于 150mm×150mm，金属网所用钢筋直径多为 5~10mm。为便于挂网安装，需提前将钢筋网加工成网片，网片长宽尺寸各为 1~2m。

施工时,先将锚杆装入锚孔内,再铺金属网,用锚杆垫板压紧金属网。网片间须用钢丝绑扎结实,网片的搭接长度不小于200mm。网片固定后再进行喷射混凝土,金属网与岩面之间的间隙以及金属网保护层的厚度都不应小于30mm。如果岩面平整度较差,可先初喷一层混凝土后再敷设金属网,以保证喷射混凝土支护效果。

3. 锚喷钢架支护

对于松软破碎严重的围岩,其自稳性差,开挖后要求早期支护具有较大的刚度,以阻止围岩的过度变形和承受部分松弛荷载,此时,就需要采用刚度较大的钢拱架支护。另外,在浅埋、偏压坑道,当早期围岩压力增长快,需要提高初期支护的强度和刚度时,也多采用钢拱架支护。

钢拱架的整体刚度较大,能很好地与锚杆、钢筋网、喷射混凝土相结合,构成联合支护,受力性能较好;钢拱架的安装架设比较方便。

钢架的纵向间距一般不宜大于1.2m,两榀钢架之间应设置直径为20～22mm的钢拉杆。钢架如与钢筋网喷射混凝土联合使用,应保证钢架与围岩之间的混凝土厚度不小于40mm。钢架的截面高度,应与喷射混凝土厚度相适应,一般为10～18cm,最大不超过20cm,且要有一定保护层。钢架通常是在初喷约4～5cm厚的混凝土之后才架设。为架设方便,每榀钢架一般分为2～6节,并应保证接头刚度。节数应与坑道净空断面大小及开挖方法相适应。

钢拱架可用型钢或格栅钢架制作,型钢多用槽钢、工字钢、钢管或钢筋制作。型钢拱架重量大,消耗钢材多,在坑道工程中的初次支护中多用格栅钢架,格栅钢架一般与锚喷支护联合采用。格栅钢架由钢筋焊接而成,受力性能较好,安装方便,并能和喷射混凝土结合较好,节省钢材,优点较多,其构造如图7-57所示。

钢筋格栅钢拱架采用钢筋现场加工制作,技术难度不高,对坑道断面变化的适应性好。

格栅钢架的主筋直径不宜小于22mm,材料宜采用20MnSi或A3钢,联系钢筋可按具体情况选用。

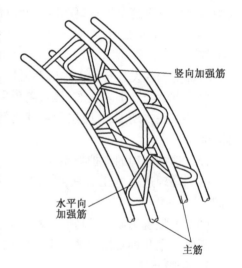

竖向加强筋
水平向加强筋
主筋

图7-57 格栅钢架构造

4. 钢筋网壳锚喷支护

钢筋网壳锚喷支护是安徽理工大学在格栅钢架基础上开发研制的一种适用于高地应力软弱、膨胀、破碎岩体的一项新型支护技术,其结构是用钢筋在地面焊接成板壳结构,外表面制成一层钢筋网,内部是立体纵横交叉的钢筋网架支撑着外层钢筋网。每块构件的两端焊有带螺栓孔的连接板,每架支架由数块构件对头拼装,用螺栓连接。使用时是一架紧接一架安装,架间不留间隔。安装前,先进行锚杆支护,然后架设网壳板块,最后喷射混凝土。每棚支架可为4～6片,每片宽0.8～1.0m,厚度100～150mm。

5. 锚注喷射混凝土支护

这是在破碎软岩中应用的一种支护结构,即在掘进后先利用内注式注浆锚杆及喷射混凝土进行锚喷初次支护,滞后工作面一定距离再进行注浆二次支护。

锚注支护技术利用锚杆兼作注浆管,实现了锚注一体化。注浆可改善更深层围岩的松散结构,提高岩体强度,并为锚杆提供可靠的着力基础,使锚杆与围岩形成整体,从而形成多层有效组合拱,即喷网组合拱、锚杆压缩区组合拱、浆液扩散加固拱,提高了支护结构的整体性和承载能力。

锚注支护施工工艺的关键是注浆参数的确定与控制。对于节理、裂隙发育、断层破碎带等松散围岩注浆,一般采用单液水泥浆,也可掺加一定量的水玻璃等外加剂。采用水泥—水玻璃液浆时,宜选用42.5级以上普通硅酸盐水泥,水玻璃浓度45Be,用量为水泥重量的3%~5%,水灰比0.8~1.0,注浆压力1.0~1.5MPa,最大注浆压力为2.0MPa。

注浆时采用同一断面上的锚杆自下而上先帮后顶的顺序进行,为了提高注浆效果,可采用隔排初注、插空复注的交替性作业方式。

7.4.3　连续式衬砌支护

连续式支护分砌筑式和浇注式。砌筑式主要指用料石、砖、混凝土或钢筋混凝土块砌筑而成的地下支护结构形式。浇注式是指在施工现场浇注混凝土而形成的支护结构形式。

1. 砌筑式支护

1) 石材支架

石材支架的主要断面形式是直墙、拱顶。它由拱、墙和基础构成。使用料石砌筑拱、墙(壁)时,一般均采用拱、壁等厚;使用混凝土砌拱、料石砌壁时,一般拱、壁不等厚。

石材支架的施工,多数情况下是在掘进后先架设临时支架,以防止未衬砌段坑道的顶、帮岩石的垮落。临时支护可用锚喷或金属拱形支架形式。

砌筑式支护的施工顺序如下:

(1) 拆除临时支架的架腿。

(2) 砌基础。基础挖出后,将沟内积水排净,挂好中线、腰线,在硬底上铺50mm厚砂浆,然后在其上砌筑料石基础。

(3) 砌筑侧墙。砌筑料石墙时,垂直缝要错开,横缝要水平,灰缝要均匀、饱满。在砌筑时,应用矸石充填壁后空隙。砌筑混凝土墙时,必须根据坑道的中线、腰线组立模板,然后分层浇灌与捣固。

(4) 砌拱。首先拆除临时支架,然后立碹胎、搭工作台,再进行拱部砌筑。碹胎可由14~16号槽钢或钢轨弯制而成。模板可用8~10号槽钢或木材制作。砌拱必须从两侧拱基向拱顶对称进行,使碹胎两侧均匀受力,以防碹胎向一侧歪斜。砌拱的同时,应做好壁后充填工作。封顶时,最后的砌块必须位于正中。

砌筑完毕后,要待拱达到一定的强度后才能拆除碹胎和模板。由于砌筑石材支架劳动强度很大,效率低,承载能力低,坑道中现已很少使用。

2) 大型混凝土预制块砌筑支护

(1) 大型高强钢筋混凝土弧板支架。

大型高强钢筋混凝土弧板支架(简称高强弧板支架)是安徽理工大学专门为矿山高地应力、松软、破碎、膨胀地层的软岩巷道支护而研制的,混凝土强度等级可达C100,弧板块在地面预制,在巷道工作面组装,每圈由4~5块组成,每块厚200~300mm,宽300~500mm,弧板两端为平接头,中间垫入厚20~30mm的木垫板做压缩层。前后圈各弧板支架的接头缝相互错开500mm。弧板壁后用塑料编织袋灰包充填密实。灰包材料为粉煤灰、石灰和水泥的混合物,充填前要浸水,以便充填后固化。高强弧板支架适用于圆形断面,由于重量较大(10kN左右),需要由专门的机械手安装。

（2）钢筋混凝土管片支护。

钢筋混凝土管片衬砌是城市地铁盾构隧道中广泛使用的一次衬砌支护形式,隧道贯通后在其内再用现浇混凝土进行二次衬砌,国防工程中使用较少。

2. 现浇混凝土衬砌施工

现浇混凝土支护是地下工程中应用最为广泛的支护形式,在隧道工程中通常称为模筑混凝土衬砌。现浇混凝土衬砌施工的主要工序有:准备工作、拱架与模板架立、混凝土制备与运输、混凝土灌注、混凝土养护与拆模等。

混凝土衬砌分为素混凝土和钢筋混凝土衬砌两大类,其结构形成分为贴壁式和离壁式两种。在围岩坚固稳定的地段要尽可能采用离壁衬砌,以提高工程的防潮除湿效果。其主要作业包括模板、钢筋和混凝土三个方面。

衬砌施工开始前,应进行场地清理,进行中线和水平施工测量,检查开挖断面是否符合设计要求,然后放线定位、架设模板支架或架立拱架等。同时,准备砌筑材料、机具等。

1) 拱架与模板工程

模板工程技术。在毛洞掘进完成后,为了构筑一定形状的混凝土或钢筋混凝土衬砌,必须先架设由模板和支撑系统组成的临时性结构物。模板的作用是承受新浇筑混凝土产生的荷载和施工过程中的其他荷载,使浇筑的混凝土按照设计要求准确成型。因此,模板结构必须有足够的强度、刚度和稳定性;应尽量做到定型化、工具式和通用性的要求;要能重复多次使用;表面应光滑平整,接缝严密,加工及安装尺寸要准确;要少占净空,便于混凝土施工和运输作业等。模板浇筑混凝土的施工流程如图7-58所示。

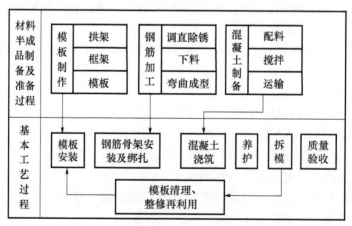

图7-58 模板浇筑混凝土的施工流程

在整体式衬砌施工中,平均浇筑一立方米混凝土所耗用的木材约为0.058m³,而木模板约占0.04~0.05m³。模板工程的费用约占现浇衬砌全部造价的20%~25%。因此,搞好模板设计,使结构既经济合理又安全,对确保工程质量是十分重要的。当前模板技术的发展很快,如钢模、木模、滑模等,制定施工方案时,应尽量采用新技术、新工艺。模板结构计算与设计的基本步骤如图7-59所示。

图7-59　模板结构设计的基本步骤

模板安装的要求,一是准,即保证结构各部分的形状、尺寸和相对位置准确;二是稳,即立柱、拱架架设要直,支撑要牢固,结构整体稳定,模板不能有位移;三是密,即接缝严密,防止漏浆;四是平,即表面平整,确保衬砌的外观质量;五是全,各种预埋件和预留孔框要齐全,不能漏项。

在地下防护工程的模板工程中,由于防护门的安装对门框墙的垂直度要求很高,施工单位应与防护门生产厂家密切配合,在支模时注意不得使用大模板,门框模板支好后施工单位应作复核,若有偏差则需由施工单位会同防护门安装厂家及时对门框墙垂直、水平作调正,控制在允许偏差以内后再浇筑砼。对于临空墙、门框墙的模板安装,其固定模板的对拉螺栓上严禁采用套管、砼预制件等,如图7-60所示。

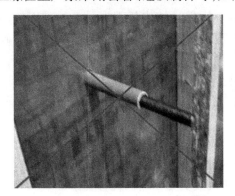

图7-60　临空墙、门框墙的模板安装禁采用套管、砼预制件

砌筑拱架的间距应根据衬砌地段的围岩情况、坑道等地下工程的宽度、衬砌厚度及模板长度确定,一般可取1m,最大不应超过1.5m。

模筑衬砌施工中,根据不同施工方法,可使用衬砌模板台车或移动式整体模架,并配备混凝土泵车或混凝土输送器浇注衬砌。中、小长度坑道可使用普通钢模板或钢木混合模板。

当围岩压力较大时,拱(墙)架应增设支撑或缩小间距,拱架脚应铺木板或方木块。架设拱架、墙架和模板,应位置准确,连接牢固。

坑道施工立墙架时应做好以下工作:立墙架时,应对墙基标高进行检查;砌施工时,其中线、标高、断面尺寸和净空大小均须符合隧道设计要求;模筑衬砌的模板放样时,允许将设计的衬砌轮廓线扩大50mm,确保衬砌不侵入坑道建筑限界;衬砌的施工缝应与设计的沉降缝、伸缩缝结合布置,在有地下水的坑道中,所有施工缝、沉降缝和伸缩缝均应进行防水处理。

（1）模型板结构。坑道模型板结构的形式,主要由坑道断面形状、跨度、材料来源、荷载大小、开挖方案、施工条件等因素决定。下面介绍几种模板结构的例子。具体应用时,要依工地实际条件决定。

①木拱架式模型板。这种模板具有结构简单、架设方便的优点,适用于小跨度坑道。②钢拱架模板,用型钢制成的肋条式模型板。这种形式的结构应用也很方便,它用槽钢、工字钢或废钢轨弯成弧形做支撑结构,模板置于拱架之上,即可灌筑混凝土。③三铰拱钢拱架模型板,其拱架由两个半桁架联接成三铰拱,桁架可由角钢、钢筋焊成,拱脚处用拉杆相连。它可整架吊装。结构简单,装拆方便,节省材料,净空较大。④移动式模型板——钢模台车。钢模台车由模板、台车和螺旋传动三部分组成。模型板由工字钢、槽钢作拱肋,上铺 5mm 钢板作外壳。母套模板纵长 6m,由三个拼接段组成,每段 2m,分拱顶模板、拱腰模板、拱脚模板、侧墙模板和折叠模板五块。模板块之间用螺栓铰接,可以转动,便于拆摸。每个拼接段中间拱肋两侧设有连接铰座,与侧向丝杠相连。基脚千斤顶承受全部模板和混凝土重量。每套模板前端设有铰接堵头板,灌注混凝土时堵头板立起,拆模时可收回。

钢模台车的拆模、立模和就位调整作业,每班 12 人,6~8 小时即可完成。其主要优点是有利于实行整体式衬砌的机械化施工。

（2）模板的安装与拆除。模板安装的要求是:保证结构各部分尺寸的准确性;立柱、拱架架设要直,支撑要牢固,结构要稳定;接缝应严密,防止漏浆;表面平整,保证衬砌外观质量。

为了保证坑道轴线和坡度的准确,在安装模板前应将坑道轴线、侧墙边线、底部标高测设在坑道底部和侧壁上,作为立模的依据。在设置立柱的地方,最好只打筑毛基,对立模、放侧墙内线均较方便。

模板安装应根据不同的地质条件和底部情况,在高度方向预留必要的沉降量。在跨度方向,为防止灌筑混凝土时模板内移,支撑时宜向外扩展 1~2cm。对于有不均匀压力的地段,拱部模板与围岩之间应设置支撑,以防模板受力不均而位移变形。

拆除模型板的主要要求有两个:一是拆模时混凝土要有足够的强度,保证混凝土不因拆模而发生变形或破坏;二是尽量保持模型板材料的完整性,使模板能多次周转使用。

拆模时间应依构件受力情况、气温、水泥品种、标号等因素来定。现浇混凝土或钢筋混凝土构件的拆模期限,对不承重的侧模(挡头板、梁的侧模板),只要保证混凝土表面及棱角不致因拆模而损坏时,就可拆除。一般混凝土强度达到 1.2MPa 时,即可拆模。对于承重模板,应在混凝土达到一定强度后,才能拆除。具体工程的拆模时间,应按施工中预留试件的试压结果经有关人员确定。

为节省模板,提高模板周转率,必须缩短拆模时间。除按上述规定外,由于坑道内温度变化不大一般不用蒸气养护,而采用掺加早强剂的办法来缩短拆模时间。

拆模顺序一般是后支的先拆,先支的后拆;先拆除非承重模板,再拆除承重部分模板。拆除顶盖下支柱时,应先从跨中开始拆向两端。

拆模时应注意事项:

拆除应按拆模顺序进行,并按模型板结构情况逐块松卸。拆除时不得强撬猛打、斧砍、锯截,应先轻轻敲打待松动后,用撬棍插入缝内均匀用力从两端取下,以保护模板完好。要保护成品的棱角、管孔和卷材接头等不得损坏。

木模板拆除后,应拔除废钉,刮去混凝土并水洗干净,分类堆放,以备再用。拆除钢模板时,因脱模较易,应严防顶部模板整片下落。不能使框边变形,不要使回形销、螺杆、插销等铁件丢失。

2）钢筋工程

钢筋工程技术:钢筋工程包括钢筋加工和钢筋骨架的绑扎安装两部分作业。一般前者在加工场进行,后者在施工现场进行。钢筋的绑扎通常按侧墙、拱部和底板的顺序进行。绑扎时要求位置准确,绑扎牢固。绑扎节点最好呈梅花形布置,相邻两绑扎结点的绑扎铁丝方向要呈八字形,以免钢筋网发生扭曲。侧墙钢筋的绑扎顺序根据操作方便而定,一般先绑扎外层钢筋网,后绑扎靠模板的内层钢筋网。箍筋呈梅花形布置,将内外两层钢筋网联结固定。预埋铁件要绑扎在侧墙内外钢筋网的主筋上。为了便于浇筑侧墙混凝土,也可将侧墙的一部分箍筋和内层钢筋的一部分水平钢筋留在混凝土浇筑过程中边浇筑边绑扎。

拱部钢筋的绑扎顺序是先将内层拱筋绑扎在侧墙内层主筋上。再按同样的方法将外层拱筋绑扎在侧墙外层主筋上或拱脚底梁的外层主筋上,再绑扎外层水平钢筋。拱部钢筋一般在混凝土浇筑作业时逐段绑扎,分段长度应与拱部模板安装段长一致,以便于安装模板及浇筑混凝土。

底板钢筋的绑扎顺序是先绑扎下层钢筋,再绑扎上层钢筋,最后呈梅花形布置支撑钢筋,将上下两层钢筋网按设计要求绑扎好。底板横向钢筋绑扎在侧墙预留的受力钢筋上。钢筋不能直接与模板接触,需用预制的砂浆垫块支隔,以防钢筋外露锈蚀。

3）混凝土工程

混凝土工程技术:混凝土工程是衬砌施工的主要作业,其施工质量直接影响到混凝土的强度、耐久性乃至国防工程的正常使用。因此,在衬砌施工中,应把工作重点放在混凝土作业上,努力提高机械化施工水平,改善劳动条件,提高工程质量。混凝土的浇筑包括浇注和捣固两个过程。混凝土浇注和捣固的质量,直接影响到混凝土的密实性和整体性。所以,混凝土应充满模板,振动要密实,钢筋位置要正确,保护层厚度应符合设计要求,拆模后混凝土表面应平整光滑,无蜂窝、麻面、露筋等缺陷,切实做到内实外光。坑道被复包括侧墙、拱部和底板三部分。通常最后浇筑坑道底板,当设计要求底板必须与侧墙整体浇筑时,则应先浇筑底板。侧墙被复前,一定要认真清理基底,毛基要落在基岩上,不良地基要采取加强措施。坑道被复的浇筑,可随掘进作业由外向内逐段进行,也可待掘进作业基本结束后,由内向两端逐段进行施工。底板浇筑一般由内向外逐步进行,边浇注、边捣固、边抹平。采用混凝土被复机械化作业线,对于减轻劳动强度、加快施工进度和改善坑道内各施工工序的作业条件有重要作用。混凝土被复机械化作业线由配料、混凝土搅拌及运输、立模、浇注、捣固和拆模等机械组成。其中最主要的是机械化搅拌站、混凝土运送泵和活动式模板。混凝土浇筑后必须进行养护。国防工程施工中常用的是喷水自然养护,即混凝土浇筑完毕 12h,进行喷水养护。养护时间,采用普通水泥时,坑道内部不得少于 7d,颈部不少于 10d,口部不少于 20d。

（1）混凝土制备与运输。混凝土的配合比应满足设计要求。目前,现场多是采用机械拌和混凝土,在混凝土制备中应严格按照重量配合比供料,特别要重视掌握加水量,控制水灰比和坍落度等。

在边墙处混凝土坍落度为 10~40mm;在拱圈及其他不便施工处为 20~50mm。当坑道不长时,搅拌机可设在洞口。

混凝土拌和后,应尽快浇注。混凝土的运送时间一般不得超过 45min,以防止产生离析和初凝。城市地下工程原则上应采用混凝土搅拌运输车,采用其他方法运送时,应确保混凝土在运送中不产生损失及混入杂物,已经达到初凝的剩余混凝土,不得重新搅拌使用。

(2)混凝土的浇注工艺要求。混凝土衬砌的浇注应分节段进行,节段长度应根据围岩状况、施工方法和机具设备能力等确定,在松软地层一般每节段长度不超过 6m。为保证拱圈和边墙的整体性,每节段拱圈或边墙应连续进行灌注混凝土衬砌,以免产生施工工作缝。

坑道衬砌的灌筑方案与坑道开挖方法有关,当采用全断面开挖时,则按先墙后拱、最后底板的顺序进行灌筑;如采用分部开挖时,或先拱后墙,或先墙后拱来进行灌筑。

被复可在坑道掘进过程中,由外向内分段依次进行灌筑;也可待掘进作业基本完成后,由内向外(或两端)分段依次进行被复。底板则可由内向外,边灌注、边捣固、边抹平。

灌筑分段的长度,应依据施工技术装备条件、劳动力数量、每一分段的混凝土工程量和连续作业时间等因素来定。一般分段长度 15m 左右,大跨度地下工程跳格开挖、跳格被复,其分段长度可减少至 4~8m。中、小跨的工程,分段长度可到 20m 左右。段与段之间设置施工缝(可结合变形缝设置)。

① 边墙混凝土灌注。侧墙灌注混凝土前,要先铺一层水泥砂浆或半石混凝土,使侧墙底部与基底紧密结合。然后分层进行灌注与捣固。灌注要使两侧墙混凝土保持均匀上升,以免模板受力不均而倾斜或移动。

为保证防护工程施工质量,防护密闭门、密闭门和活门的门框墙、临空墙必须整体浇筑,不留水平施工缝,后浇带及施工缝位置应避开防护通道及防护门部位。

采用先拱后墙法施工时,侧墙灌注到距拱脚 10~15cm 处,应停止灌注,将混凝土整平。待 1~2 昼夜后,再用较稠砂浆的细石混凝土填满捣实(参见图 7-61)。若一次灌注完毕则因混凝土凝固期间发生收缩而使拱与墙结合处产生裂缝。

边墙扩大基础的扩大部分及仰拱的拱座,应结合边墙施工一次完成;边墙混凝土应对称浇注,以避免对拱圈产生不良影响。

② 顶拱混凝土灌注。顶拱混凝土的灌注方法,如为混凝土衬砌可从两边拱脚起,以一定斜度对称地向拱顶成八字形灌注。当为钢筋混凝土衬砌时,则在衬砌段内采用水平分层,由下而上对称地依次灌注。为控制拱的厚度,可沿顶拱设置一段活动外模,标出衬砌厚度线,以便随时检查各处的厚度。混凝土捣固后,对拱的外表面应拍实抹平,使其便于排除积水。

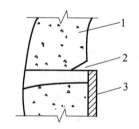

图 7-61 侧墙的"封口"
1—顶拱;2—拱脚预留斜口;
3—侧墙模板。

③ 拱顶封口。当坑道衬砌自外向里逐段灌注到最后两段连接处,需留 50cm 见方的

缺口(预制模板留孔),待顶拱模板拆除后,再行封口。这个缺口也是进行拱上作业(如回填、作防水层等)的出入口。封口方法为制作一个与缺口尺寸相同的木盒,盒底是活动的,下装有千斤顶。将混凝土装入封口盒内并捣实,再开动千斤顶将混凝土顶入封口。如为离壁式衬砌,也可采用预制盖板形式的活动封口。

④ 仰拱施工。应结合拱圈和边墙施工抓紧进行,使结构尽快封闭;仰拱浇注前应清除积水、杂物、废渣;应使用拱架模板浇注仰拱混凝土。

⑤ 拱墙背后回填。衬砌外部回填,应依设计要求进行。如受动荷载作用地段的衬砌,在围岩稳定的情况下,拱脚部分要用浆砌块石回填密实,拱部则可用砂石松散回填以削弱动载对结构的作用。在密闭段要回填得越密实越好,以保证防毒密闭。在静荷载作用地段侧墙一般用浆砌块石回填,拱部可用干砌块石回填。

侧墙部分超挖量小于 20cm 时,应边灌注混凝土,边回填块石。

拱上部的回填,主要视围岩状况和超挖量大小而定。围岩坚硬稳定、可不回填。局部岩层有塌落危险时,可在其周围进行回填。岩层较破碎,可每隔一段距离,砌筑一条拱肋来支撑岩层。当回填部位高于 40cm 时,可在拱灌注完毕后混凝土有一定强度时再行回填。

回填是一项艰苦的作业,应尽量采用光面爆破以省去回填作业。

(3) 衬砌混凝土养护与拆模。衬砌混凝土灌注后 10 ~ 12h 应开始洒水养护,以保持混凝土良好的硬化条件。养护时间应根据衬砌施工地段的气温、空气相对湿度和使用的水泥品种确定,使用硅酸盐水泥时,养护时间一般为 7 ~ 14d。寒冷地区应做好衬砌混凝土的防寒保温工作。

拱架、边墙支架和摸板的拆除,应满足下列要求:

不承受荷载的拱、墙,混凝土强度达到 5.0MPa,或拆模时混凝土表面及棱角不致损坏,并能承受自重。

承受较大围岩压力的拱、墙,应当封口或封顶混凝土达到设计强度 100% 时,可以拆模。

受围岩压力较小的拱和墙,一般当封顶或封口混凝土达到设计强度的 70% 时,可以拆模。

围岩较稳定、地压很小的拱圈,一般封顶混凝土达到设计强度的 40% 时,可以拆模。

3. 油罐混凝土衬砌施工

油罐(立式油库)衬砌施工包括:罐帽、罐壁和罐基施工三部分。

1)罐帽衬砌施工

罐帽模板构造:如图 7 - 62 所示,它由三种不同跨度的拱架和模板、支撑结构组成。拱架按辐射形布置,一端支承在圈梁内壁立柱上,另一端支在中心圆环上,其他两种跨度拱架则支承在中间立柱上。

根据构造要求,拱架下部应设置环向支撑和径向支撑安装拱架时,为了临时固定拱架位置,还要设置各种斜撑。每个立柱下,都要有调整垫木(三角木一对)。

钢筋绑扎:圈梁和罐帽钢筋是同时进行绑扎的。绑扎的顺序是:圈梁钢筋——罐帽下层钢筋——支撑筋及罐帽上层钢筋。同时要按设计图纸要求绑扎好预埋件。

罐帽混凝土灌筑:罐帽混凝土的灌筑,通常是分环分段对称地进行的。灌筑方案可参

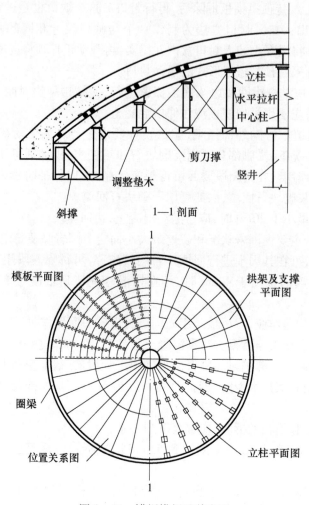

图 7 - 62 罐帽模板及其布置

见图 7 - 63,图中数字为作业小组代号,箭头指向为混凝土灌筑方向。分环宽度、分段数目,要考虑环与环、段与段之间新旧混凝土能在初凝前结合,以保证被复的整体性。每环宽度约为 0.5 ~ 1m,分段数目在开始可多分几段,以后可随环径的缩小而减少。

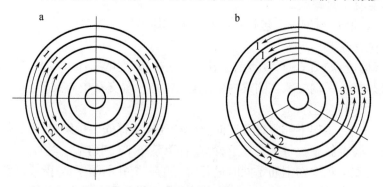

图 7 - 63 罐帽混凝土灌筑方案
a,b—不同的分段方案;1,2,3—作业小组代号。

灌筑混凝土应连续进行,不留施工缝。壳体环向受拉,故更不允许留径向施工缝。

2)罐壁衬砌施工

这里主要介绍常用的两种模板的构造和安装,其他均与上述方法类同。

普通模板:它由圆环形模架和模板组成。安装时,在罐帽预埋吊钩上挂以滑轮,由下而上逐环进行吊装。模板先安装最下两层,以后随混凝土灌筑高度上升,再逐层往上安装。模架过高稳定性较差时,可在吊钩与模架上端安设钢拉杆,以保证模架稳定。

滑升模板:机械提升式滑升模板由若干金属彬架拼装组成环形模架、中心井架和模板三个部分。提升装置是用16个手拉葫芦将环形模架吊在罐帽吊钩上,再用8个手拉葫芦将模架中间部分吊在中心井架上。整个环形模架可沿中心井架上下移动。

中心井架安装到罐帽顶,它除用以支撑中间部分模架外,还用来检查施工过程中罐壁的倾斜情况。进行混凝土垂直运输,可经走道运至灌筑点。

采用滑升模板灌筑混凝土罐壁时,提升模板应在混凝土初凝之前进行,否则可能将混凝土拉裂;每次提升模板的搭接长度不得少于0.2m。利用手拉葫芦提升模板,必须采取措施使模板水平上升,否则因模板倾斜造成提升困难,或使混凝土被拉裂。如采用液压滑升模板,则能做到同步上升,动作平稳,工作可靠,但设备较复杂。

3)罐基施工

图7-64为金属油罐罐基构造图。砂垫层用较干净的粗砂铺成。粗砂的毛细管作用小,有20～30cm厚的砂垫层,就可防止地下水浸蚀罐底;同时,粗砂摩阻力小,在油罐装油后下沉均匀。沥青砂垫层系按一定比例把沥青和细砂热拌而成,用以防止罐底受潮被腐蚀。

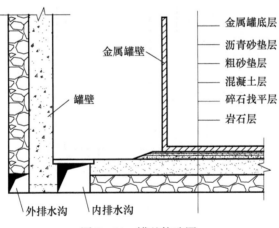

图7-64　罐基构造图

4. 竖井混凝土衬砌施工

竖井被复主要包括:井口、井筒及竖井和水平坑道的联接段三大部分。

井口衬砌:井口通常处于松软而不稳定的冲积层或风化岩层中,地层的水平压力较大,加上井口临时建筑物和施工荷载的影响,故施工中要特别注意防止发生井口坍塌。因此,竖井要先构筑带锁口圈的井口。可以支持悬吊的模板,并利用它精确测定竖井中线及方向。

井筒衬砌施工:井筒衬砌施工方案是根据地压条件、开挖方案及施土机具等而定,通常自上而下地开挖,衬砌也自上而下地分段灌筑。但每一衬砌段是由下而上架设模板,并灌筑混凝土。每一段都要有壁座,以支承衬砌自重和施工荷载。井筒衬砌模板为非承重模板,故混凝土灌筑后 2~4 昼夜,便可拆除模板。

当地质条件较好,围岩稳定,可以在井筒开挖之后,采用滑升模板由下而上一次完成衬砌灌筑,这样可加速施工进度,并不留施工缝,有利于衬砌防水。

井筒与水平坑道联接段施工:这里因开挖扰动大,围岩破碎,施工时要特别注意采取相应的安全措施,如制订爆破方案、加强支撑、加固围岩等。这样既方便施工,又可保证衬砌质量和施工安全。

7.4.4　坑道工程防护门框施工

第一道防护门应设置在洞库上方的自然防护层厚度的位置,承受冲击波的超压作用,并传递给门框,此外,门框还直接承受冲击波的超压作用。门框由边框、上槛和下槛三部分组成,如图 7-65 所示。

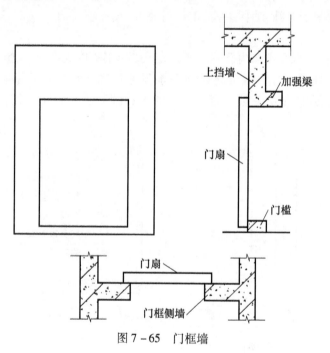

图 7-65　门框墙

1. 门框的型式

1) 边框的型式

门洞的大小、门扇的型式和荷载的大小,决定着门框的型式。对于低抗力要求的小跨度防护门多为平板门,平板门结构形式简单,开启方便,与之相应的门框墙为悬臂式结构。对于大跨度高抗力防护门,通常采用拱形结构,而门框墙则为牛腿结构形式,如图 7-66 所示。边框的厚度由结构计算决定,通常为 300~500mm;边框伸出的宽度,取决于防护门处坑道尺寸和门洞尺寸,通常每边伸出 400~500mm。对圆弧拱形门,伸出的长度还需满足门扇开启 90°角的要求。

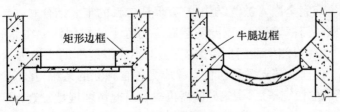

图 7-66　边框型式

2）上槛、下槛的型式

上槛与坑道被复顶拱和门的边框连成整体,混凝土强度等级与边框相同。其型式与门扇的型式有关。当门扇为圆弧拱形门时,上槛采用水平半月形的伸臂圆弧板型式,如图 7-67所示。或者做成与门扇相同形状的圆柱形曲面板的型式。当门扇为平板门或上下端封闭的拱形门时,通常把上槛做成竖直板式。上槛厚度由计算确定,通常取与边框厚度相同。

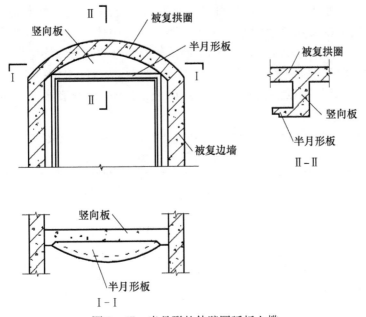

图 7-67　半月形的伸臂圆弧板上槛

下槛的型式与上槛型式相似,亦随门扇的形式而定,也有拱形和直线型式。

2. 门框施工

防护门门框处的被复,应采用贴壁式钢筋混凝土整体被复,应能承受由牛腿(或悬臂梁)根部传来的弯矩、剪力和轴力作用。管道穿防护门墙处,必须采取密闭措施。

在浇注防护门框墙时,必须保证其整体性,混凝土应连续浇筑,振捣密实,表面平整光滑,无蜂窝、孔洞、露筋;每道门框墙的任何一处麻面面积不得大于门框墙总面积的0.5%,且应修整完好。为解决大尺寸孔洞门框墙结构空鼓不密实的施工问题,并防止或减少混凝土的干缩裂缝,提高底板、外墙和顶板结构的抗裂、抗渗效果与耐久性,可使用混凝土外加剂配置补偿混凝土。当被复结构采用现浇混凝土时,门框与混凝土被复一起浇注,否则,门框墙应该完全嵌入被复结构内,以保证二者的牢固结合。

对于预制门框的门框墙施工,不要随意破坏门框上的锚固钩。在编筋、立模过程中,不得碰撞门框及其支撑,侧墙及门框墙的支模,均不能以门框的支撑为依托,更不能移动和拆除支撑系统。门框及其支撑和模板支撑应为各自独立的系统,互不接触,支撑相距应大于30mm。编筋和立模完毕后,浇筑砼前需再次对门框精度进行检查,经确认满足精度要求后方可浇筑。如检查中发现门框偏移,需配合调整,直到合格后方可浇注。土建施工人员均要避免振捣棒撞击门框,两边墙砼要平行均匀打筑,避免过大侧压力导致门框倾斜。

门框墙处的预埋件应除锈并涂防腐油漆,带有颗粒状或片状老锈,经除锈后仍留有麻点的钢筋严禁按原规格使用;钢筋的表面应保持清洁。预埋件安装的位置应准确,固定应牢靠。洞库工程拱部被复砼在浇注过程中和模板支撑拆除后都会发生结构变形,平均约为30mm左右,而预埋件安装精度要求高,如采用一次安装就位,这就要求预埋件安装后结构不能有任何的变形,这在洞库施工中难度较大,有时难于达到安装需要的精度。因此,在实际施工中可采取二次灌浆法进行安装,即在浇筑被复砼时仅进行预埋件的支架安装,若有门框面板,则待砼变形稳定后再进行面板的安装,同时利用灌浆加以固定。二次灌浆的时间必须是在被复砼达到基本稳定以及在防护门体安装成型并精确调整之后进行,二次溜浆前的预埋件安装以门体与门框的接触面为参照进行精确定位。

有密闭要求的密闭段被复应整体施工,拱、墙、地坪、门框一次浇灌混凝土,不留施工缝。被复前必须将毛洞周壁、两侧墙及门框下的松动岩石、杂物清除,用水冲洗干净。一般不做毛基。

防护门框施工完毕后应能满足防护门的安装需要,其施工误差如表7-7所示。

表7-7 防护门框施工的允许偏差

序号	项目	允许偏差/mm			
		混凝土拱形门门框		混凝土平板门门框	钢结构门门框墙
		门孔宽≤5000	门孔宽>5000		
1	铰页同轴度	1	1	1	1
2	闭锁位置偏移	±2	±3	±3	±2
3	门框两条对角线相差	5	7	5	5
4	门框垂直度	6	8	5	5

7.4.5 坑道工程施工安全措施

1. 概述

安全为了施工,施工必须安全。搞好安全施工是施工技术人员和管理人员的一项重要职责,应给予充分的注意。

根据大量工程实践和安全事故调查,坑道施工中发生的安全事故,往往与思想上不够重视、工作上的疏忽、技术上不熟练、不按操作规程作业、制度不健全等密切相关。

搞好安全施工,不单纯是一项技术性的工作,必须从思想上、组织上、制度上、技术上制订和采取相应的措施:

(1)在思想上要高度重视,加强对国防事业的责任感,把安全施工的思想工作做深

做细;

(2) 建立和健全以岗位责任制为中心的规章制度,严格遵守操作规程;

(3) 结合工程实际制定和采取切实可行的安全技术措施,做好安全技术交底;

(4) 施工过程中,要有专人负责安全作业的监督和检查。

做到上述各项,就能把安全事故消灭在萌芽状态,防止重大事故的发生。

2. 施工安全事故初步分析

1) 围岩失稳

围岩失稳表现为围岩过大的变形,形成坑道侧壁或拱顶塌方,甚至大范围的岩层移动等。

造成围岩失稳的原因,除与工程地质和水文地质条件不良、工程勘察工作不深不细、设计的依据不充分、方案欠妥等因素有关外,施工中的疏忽大意和措施不当,也是造成围岩失稳的重要因素,也可说是主观方面的原因。施工中造成围岩失稳的主要因素如下。

(1) 施工顺序,开挖方法不适当,造成围岩暴露面过大。如一次开挖跨度过大,高度过高,使围岩应力增长过大,发展过快。

(2) 支护不及时,围岩暴露时间过长。从而使围岩变形没有及时受到约束得以继续发展。

(3) 爆破参数不合理。如炮孔位置不当,用炸药量过多等,使爆破对围岩震动损害大,对围岩的强度有严重削弱。

(4) 临时支护不力。如临时支护的材料质量差、架设不稳固。支撑截面过小、间距过大,或支护型式选择不当等。

(5) 拆除临时支撑时,措施不当。

(6) 爆破作业与支护作业时间间隔过小,如混凝土衬砌的强度还未达到设计强度或两作业面距离过小,因而,在爆破时损坏了已完成的支护而引起围岩失稳。

(7) 当地表水严重渗漏而岩层中大量含水时,未事先查明,或未先治水,以致在施工中造成危害。

(8) 爆破后,对危石、浮石处理不及时或处理不当。

(9) 开挖成洞或临时支护后,施工中还可能有各种因素对围岩产生扰动,若没有及时观察或发现险情或未及时采取措施,也容易酿成围岩失稳。

2) 爆破作业方面的事故

造成爆破作业事故的主要因素如下。

(1) 雷管、炸药变质,性能不稳。并非失效拒爆,而是早爆或缓爆酿成事故。

(2) 采用火雷管起爆时导火索燃速不稳定,或断燃,从而引起早爆或哑炮;导火索长度过短造成早爆;分工不明,点火紊乱,造成错点或漏点。

(3) 电雷管起爆时,同一线路上使用不同规格和不同电阻的雷管,使电热敏感性高的雷管先爆,各组线路上的电阻值差异大,电流不平衡,或者早爆,或者拒爆;雷管脚线和主导线没有接成短路,碰上电力线引起早爆;杂散电流引起早爆;导线受潮,电阻增大,或漏电,或折断;连线错接或漏接等。

(4) 爆破作业区信号不明,警戒不严,安全距离不足,防护遮盖不良。

(5) 炮孔出水,炸药受潮或爆破器材受潮拒爆。

（6）在有瓦斯和易燃气体的地方，采用导火索或导爆索起爆，易引起可燃气体爆炸。

（7）爆破后炮烟未吹散就进入坑道，造成中毒事故。

（8）爆破器材加工不良，如导火索药芯没有和雷管加强帽紧接；导火索、导爆索药芯被折断等。

（9）爆破器材在搬运、堆放、储存时，不符合安全规程的规定。

（10）其他违章作业。

3）出碴作业中的安全事故

（1）机械故障引起的事故。出碴机械工作时，通常震动大，磨损大，易超载，故机械事故发生较为突然。特别是运转部分的拉杆、转轴、紧固件等往往因断裂而突然引起事故。

（2）运输线路敷设不符合技术标准。如线路坡度过大，转弯半径过小，轨道敷设质量低等，很易引起掉道、翻车事故。

（3）装渣超载、超高、超宽。

（4）运输器具失修，刹车失灵，制动器变形等。

（5）运输车辆车速过大，间距过小。

（6）信号不明，调车混乱。

（7）卸碴作业及卸碴场地安全保护不良。

（8）其他违章作业。

4）其他方面的安全事故

（1）在钻孔作业中，机械故障引起的事故，如凿岩机连接杆断裂、螺帽松脱等引起的事故。操作不当引起的事故，如断钎事故等。

（2）支护施工中，特别是高空作业中的安全事故。

（3）供气装置，供电系统方面的事故等。

3. 安全施工的技术措施

施工中维护围岩稳定的技术措施如下。

（1）慎重研究和决定施工顺序和开挖方法。根据围岩性质和坑道开挖尺寸，合理确定开挖顺序和每次开挖面的大小，以控制围岩应力不使增长过大和增长过快。

（2）紧跟开挖作业进行支护，及时约束围岩变形，缩短围岩暴露时间。

（3）讲究爆破技术，控制爆破应力，防止对围岩的过度扰动和损坏，尽量采用光面爆破。

（4）合理进行临时支护。用锚杆加固危岩时，锚杆数应不少于两根。喷射混凝土支护发现开裂时，可再喷一层或两层。若再发生裂缝，就需用锚杆或钢筋网，甚至加钢拱架联合支护。对岩层破碎地段，宜采用喷、锚、挂网、再喷的施工顺序。对于较危险的部位，可采用先支撑后锚喷的施工顺序。

（5）拆除临时支撑时，要研究支撑承载状况，讲究拆除方法，谨慎操作，不可强行拆除。

（6）对有严重渗漏水，并可能危及施工安全的地层或地段，应先治水后施工。

（7）避免爆破对已成支护的破坏，采取的防护措施有：喷混凝土支护附近，必须在4小时后方可爆破。混凝土衬砌紧跟开挖作业交叉进行时，混凝土强度应大于设计强度的60%，且距爆破作业面应大于20m方可进行控制药量和控制抛掷方向的爆破。

（8）加强对围岩状态和临时支护的观察。观察围岩状态，要注意不同岩层性质的围岩失稳时的不同征兆。成层岩体,易沿层面坍塌,征候轻微不明显。非成层岩体,如有小块岩石掉落就要引起注意。对于破碎岩体,征兆时间短,不断掉石碴,就可能引起大塌方。

爆破作业中的安全技术措施如下:

(1) 所有爆破器材均应具有合格证及技术说明书,并按规定进行检查和试验。

(2) 起爆药包应在专门地点加工制作,并按现场需要计划供应,不宜大量加工长期存放。

(3) 装药的炮棍,须用木棍或竹棍。不得使用铁棍,以免铁石碰撞产生火花引起早爆。

(4) 当作业面有可燃气体时,不得用导火索或导爆索起爆,也不能用铝壳电雷管,只能用纸壳和铜壳电雷管,只能用放炮器起爆,不可使用动力或照明电源起爆。

(5) 采用导火索起爆时,同一次爆破不得使用燃速不同的导火索。导火索的最短长度应保证点火人员能撤到安全地点。点火时应有明确分工,不能漏点。

(6) 电爆线路必须用绝缘线单独敷设,不准使用裸线,不得以钢轨、钢管作回路。

(7) 使用的电雷管必须用专门检测仪表逐个检验;爆破仪表输出电流不得大于30mA。

(8) 为保证电雷管电热敏感度的一致,同一爆破网路采用的电雷管,电阻值应符合以下规定:当雷管为镍铬桥丝时,电阻差不大于 0.5Ω;当为康铜桥丝时,电阻差不大于 0.25Ω。同段号的雷管应采用同厂、同批、同牌号的产品。

(9) 电雷管的脚线,在连接到线路上之前应接成短路;已敷设的电爆网路导线两端,在未与支线连接前必须接成短路;连接网路只准从爆破地点连向电源方向。

(10) 采用电力线为电源时,必须设置专用开关电源箱,并健全严格使用的规章制度。

(11) 线路上各组电雷管的电阻应大致平衡,且数目相差不应超过2个。而且,网路的实测电阻值与计算值相差10%以上时,不得起爆。

(12) 当爆破作业面的杂散电流大于30mA时,必须采取可靠的防止杂散电流的措施,否则不得使用一般电雷管起爆。

爆破作业面附近杂散电流的来源主要有:直流电力网路漏电;动力、照明交流电路漏电;电焊机工作时,电流通过金属体进入爆破作业面;采用压气装药时,炸药通过输药管(塑料管)进入炮孔时摩擦产生的静电积累;大地自然电流雷电感应等。

预防杂散电流的措施有:

① 当采用直流电力牵引出碴时,铁轨接头处采用电线连接,减少接头电阻;合理选择运输线路及回馈点,各中段回馈线应直接接到发电机负极;敷设与铁轨平行的回馈线并与铁轨多次连接;增加铁轨与地坪间过渡电阻,减少漏电等。

② 进行爆破作业时,坑道内局部或全部停电。

③ 拆除爆破作业区内金属物体,如铁轨、风、水管等,或将它们连成一体,并进行接地。

④ 所有金属管路、电机设备都要正确安装保护接地;当用电源照明时应与作业面保持一定距离。或用其他方式照明,或由专人掌握的绝缘手电筒照明。

⑤ 当采用压气装药时,应保证装药器的良好接地;输药管用导电性能良好的材料制作,以防静电积累。

⑥ 有雷雨时,禁止用电力起爆;突然遇雷雨时,应立即将支线短路,人员迅速撤离危险区。

(13) 炮孔出水严重时,应采用防水药包。

(14) 合闸后未起爆,应切断电源接成短路,锁好电源箱。如为即发雷管,5分钟后方可进入作业面检查;如为毫秒或迟发雷管,15分钟后方可进入作业面。

(15) 放炮起爆后,须通风吹散炮烟,并检查爆破效果和处理危石后,其他人员方可进入坑道。

(16) 坑道爆破将贯通,两作业面相距15m时,不应同时爆破,一方爆破时,另一方也应撤离作业面;相距7m时,应停止一方作业,爆破时双方均应警戒。

(17) 开始装药时,50m范围内停止一切作业,无关人员撤离该地区。

(18) 产生哑炮后,要分析情况,查明原因,再确定排除方法。处理哑炮要按规程,严禁违章作业,处理哑炮的一般方法有:电爆哑炮,经爆破仪表测定证明雷管电阻正常时,可重新连接再爆;若孔内装药无抗水性能时,可向炮孔内注水使炸药火具失效;将原炮孔中炮泥用竹、木勺器轻轻掏出,然后另装药诱爆;钻平行炮孔装药诱爆。钻孔时应严格控制平行孔与哑炮孔的间距和方向,间距通常为30cm或稍大;制作聚能药包在原炮孔诱爆时,原炮孔中的炮泥不必完全掏出,可留一小段。实践证明,只要正确选择聚能穴结构,用硝铵炸药制成的聚能药包可明显提高殉爆距离,穿透炮泥长度可达60cm;采用风、水吹管,高速吹洗炮孔,可将炮泥洗出孔外。

(19) 硝铵炸药、硝化甘油炸药、导火索、导爆索万一发生燃烧,要用水扑灭,切不可用砂、石等物覆盖以免造成爆炸。

钻孔、出碴和支护作业的安全技术措施主要有:

(1) 经常维修机械设备,对于转动部件、震动大的部件、控制仪表、安全阀闸等要特别注意检查和保养。

(2) 运输道路、供风、动力、照明等设施应符合有关规定和技术规程的要求,并经常维护和有专人检查。

(3) 建立健全行车信号、调车标志,合理组织调车。

(4) 坑道内运输应控制车速,保持一定车距。

(5) 加强通风、排气、冲淡粉尘。

(6) 严格遵守操作观程,禁止违章作业。

以上两节所述,仅为主要的影响因素和措施,在实际工作中,还应结合具体情况加以补充,使之切实可行确保安全施工。

4. 塌方的处理

对塌方应采取预防为主的方针,防患于未然。但是,一旦出现塌方,就要抓紧采取技术措施,准备物资器材,组织人员,及时处理,防止蔓延。

1) 处理塌方的一般原则

摸清情况掌握规律。塌方发生后,应立即组织有实践经验的人员到现场了解塌方的情况,分析塌方的原因,探测塌方的范围,摸清塌方区的地质和水文地质状况,判断塌方的趋势,掌握塌方的规律。迅速制定正确合理的方案,以果断行动,争速度、抢时间来处理塌方。

防止塌方恶化。首先应制止塌方的发展,稳住险情再行处理。防止塌方恶化的经验是"治塌先治水,小塌清,大塌穿。"不棚而清,则边清边塌。愈清愈塌,愈塌愈大,不好收拾。不护而穿十分危险,欲速不达,寸步难进。在作法上要采取"短开挖、快支护""先易后难,分段围歼"等措施。

加强现场组织领导和指挥,对较大的塌方,应组成处理塌方领导小组,直接领导并掌握处理进程,便于及时采取措施。作业分队要严格按预定的要领和程序进行作业。必要时应在其他安全地点组织演练,而后进行实际突击作业。

充分作好器材物资的保障工作。不使在处理塌方过程中,停工待料、贻误时机。切实做好各种器材工具、排水、照明设备的保障。

加强防险保安工作,要向作业人员进行安全技术教育,要组织专人不间断地观察和记录险情,作业时要规定进退路线、进退顺序和安全待避点,统一信号,统一指挥。严防在处理塌方过程中发生伤亡事故。

2)处理塌方的一般方法

施工中出现塌方的情况是十分复杂的,形成的洞穴也是极不规则的。因此,处理塌方没有一成不变的通用方法,要因地制宜具体分析,以采取合理的处理方法。

在施工实践中处理塌方的方法大致可归纳为:清、穿、绕、改、用五类,简要介绍如下:

(1)清除石碴法。即在塌穴两端作好支撑后,以塌碴为基础作好顶部支撑,再由上而下清除塌碴,边清除边用托梁换柱方法完成个部支撑。支撑棚的形式,一种是支撑直达塌穴顶板,将塌穴全部填塞,顶紧未塌岩体;一种是支撑棚架不支到塌穴顶板,做部分填塞以起到对衬砌拱缓冲和保护作用。

(2)先护后穿法。对大型塌方,石碴常充满塌穴空间,一时难以消理或者因清碴可能引起更大塌方。就应用棚架插板法封闭浮碴,在其保护下开挖导洞,迅速穿过塌方区然后再用其他方法扩挖成洞并作支护。其特点是保持支护线以外的塌碴不动,并利用它阻止塌方的扩展。

导洞开挖施工时,把插板撞击插入石碴中作为掩护支撑,在其保护下清除部分塌碴,当清除出来框架间距长度时,立即架设一排框架。依次循环前进。如果土石非常松散,则对排架侧面也应插板并填塞紧密,正面则边清碴边用木板密封。

(3)迂回洞处理法。塌方大,不能尽快穿通,使其他作业无法进行时,可另挖迂回洞"绕"过塌方区,沟通坑道,并可从两端处理塌方。

导洞和迂回洞应在稳定岩层中开挖。挖通后,在塌方顶部用喷锚挂网再喷混凝土的方法进行支护,消除下部塌碴,边清除边向侧墙喷射混凝土支护,直到完成整个塌穴的支护。

(4)更改设计以通过塌方段。对某些地下工程在不影响战术技术要求的条件下,从经济效果考虑可与设计部门共同研究,寻求改变房间位置,或变更部分通道轴线,或改变接头的连接形式,或修改设计断面等办法,通过或避开围岩破碎地段,放弃已塌方地段。这对整个工程来说,是达到快速、优质、安全、低耗完成施工任务的一种有效措施。

(5)利用洞穴扩大成洞:塌方后,地层已趋于稳定时,可与设计部门共同研究,设法利用塌穴,例如提高坑道标高,利用塌穴空间,以减少扩挖下部和清除塌碴工程量。或利用通天塌方,改造为竖井,利用它作通风井,可减少回填量。

第8章　军港施工技术

　　军港,是军队使用的港口,是专供海军舰船使用的港口,供舰船停泊、补给、修建、避风和获得战斗、战术、后勤等保障,具有相应的设备和防御设施。军港是一国海军赖以生存、发展和作战、训练的重要依托,通常设置在具有重要军事地位和自然条件良好的海湾、岛屿和江、河、湖泊的沿岸,有供各种舰艇驻泊的综合港和供一种舰艇驻泊的专用港,还有军商合一、军民合用港等。

　　军港分为水域和陆域两部分,如图8-1所示,水域包括港池、锚地和进出港航道,陆域是毗连水域具有适当的岸线和纵深的陆地。港区内设有:码头、水鼓等系靠舰船建筑物;防波堤、护岸的等防护建筑物;船坞、船台滑道等修造船建筑物;电台、信号台、灯标等通信和助航设施为舰船供给油、水、电等设施;舰艇及其装备修理厂(所);帆缆、军需、军械等舰用物资周转仓库;交通、运输、装卸设施和舰员生活、文化、体育医疗等设施。大型军港通常同机场和对空、对海火力配系构成完整的防御体系。

图8-1　港口基本组成

　　港口工程施工在很多方面与陆上工程施工相同,但有自己的特点。港口工程往往在水深、浪大的海上或水位变幅大的河流上施工,水上工程量大,质量要求高,施工周期短,我国和其他国家的一些海港还受台风和其他风暴的袭击。因此要求尽可能采取装配化程度高、施工速度快的工程施工方案,尽量缩短其水上作业时间,并采取切实可行的措施保证建筑物在施工期间的稳定性,防止滑坡或其他形式的破坏。军港工程的施工主要是军港水工建筑物的施工,主要包括军用码头、防波堤、护岸、船台、滑道和船坞等的施工,本章主要进行典型军用码头的施工以及防波堤工程的施工工艺和质量控制方面的叙述。

8.1　码头工程

8.1.1　码头组成

码头是供舰船系靠、舰员上下和进行岸基补给的主要军港水工建筑物。码头由主体结构和码头附属设施组成。主体结构包括上部结构、下部结构和基础,如图 8 - 2 所示。

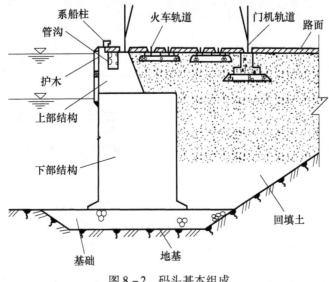

图 8 - 2　码头基本组成

上部结构的作用是:将下部结构的构件连成整体;直接承受舰船荷载和地面使用荷载,并将这些荷载传给下部结构;作为设置防冲设施、系船设施、工艺设施和安全设施的基础。当上部结构位于水位变动区时,直接承受波浪、冰凌、舰船的撞击磨损作用,这就要求必须有足够的整体性和耐久性。

下部结构和基础的作用是:支承上部结构,形成直立岸壁;将作用在上部结构和本身上的荷载传给地基。高桩码头设置独立挡土结构挡土,板桩码头设置拉杆、锚碇结构保证结构的稳定。

8.1.2　码头分类

码头有以下几种分类方法:

(1) 按照用途划分,主要有:货运码头、客运码头、军用码头、工作船码头、渔码头、舾装码头等。军用码头分为停泊码头、补给码头、登陆码头、工作船码头、修船码头、物资收发专用码头和消磁码头。

(2) 按平面布置划分,如图 8 - 3 所示,主要有顺岸式码头、突堤式码头、墩式码头、栈桥式码头和岛式码头等。

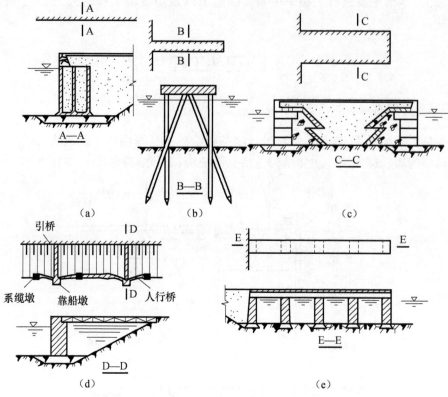

图 8 - 3　码头的平面形式

(a)顺岸式；(b)窄突堤式；(c)宽突堤式；(d)墩式；(e)栈桥式。

（3）按照断面形式划分，如图 8 - 4 所示，主要有直立式码头、斜坡式码头、半直立式码头和半斜坡式码头等。

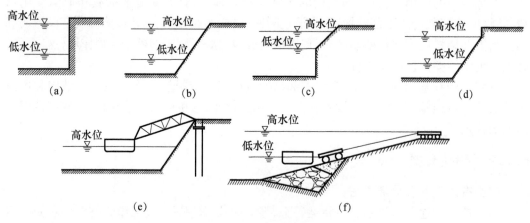

图 8 - 4　码头的断面型式

(a)直立式；(b)斜坡式；(c)半斜坡式；(d)半直立式；(e)浮码头；(f)缆车码头。

（4）按照结构形式划分，如图 8 - 5 所示，主要有重力式码头、板桩式码头、高桩式码头、混合式码头等。

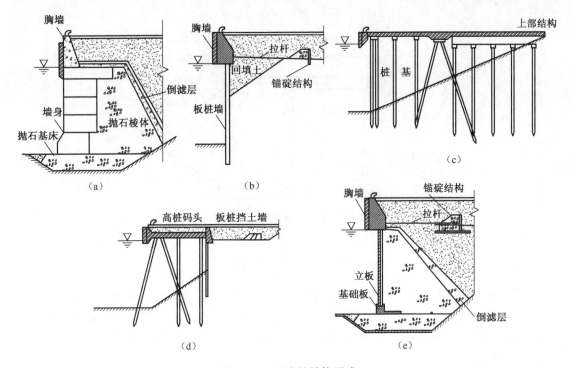

图 8 - 5　码头的结构形式

(a)重力式；(b)板桩式；(c)高桩式；(d)有独立板桩挡土墙的高桩式；
(e)由基础板、立板和锚碇结构组成的混合式。

8.2　重力式码头工程施工

8.2.1　结构特点及组成

1. 结构特点

　　重力式码头是依靠结构自身重量及其上填料的重量抵抗滑动和倾覆以达到结构稳定的。这种结构一般适用于较好的地基，如岩石、砂、卵石及硬黏土等地基。按照施工方法分为干地现场浇筑和水下安装的预制结构；按照墙身结构的不同分为方块码头、沉箱码头、扶壁码头、大圆筒码头、格构钢板桩码头、干地施工的现浇混凝土和浆砌石码头等。

　　重力式码头的主要特点如下：

　　优点：结构整体性好，坚固耐久、维修量小；有些结构（如实心方块）基本上不用钢材。在砂、石料丰富的地区建造重力式码头可降低工程造价；对较大的集中荷载（如轮胎式起重机轮压、码头上的重件堆荷），适应性较强；施工比较简单。

　　缺点：砂石料用量大，施工中需要重型起重机械，有的结构（如沉箱）需要有特殊的预制条件。港内波浪较大时，岸壁前波浪的反射将影响港内水域的平稳，不利于舰船的停泊和作业。重力式码头一旦遭到损坏，修复较困难。

2. 结构组成

　　重力式码头主要是由墙身、胸墙、基础、墙后回填料和码头设备组成，如图 8 - 6 所示，各部分的作用如下。

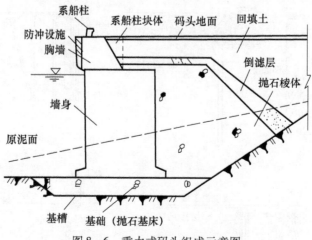

图 8-6　重力式码头组成示意图

（1）墙身、胸墙。墙身和胸墙是重力式码头的主体结构，是舰船系靠所需要的直立墙和墙后填料的挡土墙，承受作用在码头上的外力并将外力传到基础和地基上。胸墙还起到将墙身构件连成整体的作用，码头上的防冲设施、系船设施、系网环、铁扶梯等也是固定在墙身和胸墙上。

（2）基础。基础的作用是将墙身传下来的荷载扩散并传到下面的地基中，以减少地基应力和码头沉降，同时对地基加以保护，使其免受波浪和水流的冲刷。保证墙身稳定。

（3）墙后回填。其作用是形成码头地面，为防止施工回填料流失，在墙背后一般设置抛石棱体和倒滤层。

8.2.2　重力式码头施工工艺

重力式码头一般的施工工艺流程如图 8-7 所示。

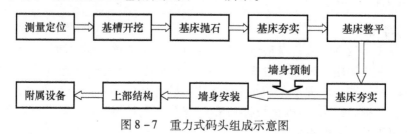

图 8-7　重力式码头组成示意图

1. 施工前准备

重力式码头施工前准备主要有：测设平面和高程的控制点、设立导标和水尺、修建砂石出运设施和预制构件的临时存放场。此外，在无掩护海域中施工时，尚需设置船舶避风锚地。

1）测量定位

根据施工前设计文件所提供的测量平面与高程控制网点在现场进行踏勘交接点位，并办理书面手续；施工测量控制利用已交接的平面与高程控制网作为建筑物定位的依据，并在此基础上扩展施工控制网。

　　施工平面控制网宜采用三角测量、三边测量、导线测量、L 形基线测量、全站仪坐标测量和 GPS 定位测量等方法布设。控制网的布网形式及等级精度根据码头结构、规模、建筑物离岸距离、地物、地貌、周边原有建筑状况和基桩定位作业方法等综合选择。

　　对于顺岸或者突堤码头,应设置沿码头前沿的前沿线和起始、终止端边线的控制点。如图 8-8 和图 8-9 所示的 $A-B$ 和 $A'-B'$ 为前沿线,N_n、$M_n(n=1,2,\cdots)$ 为控制点。如图 8-10 所示,对于墩式码头,应设置墩的中轴线和各墩中心的控制点。

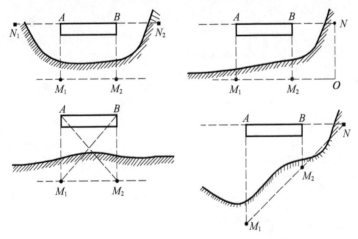

图 8-8　顺岸码头平面控制点位置示意图

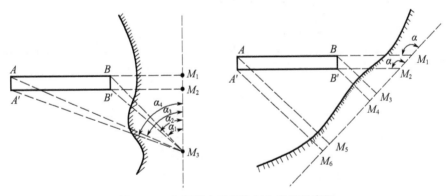

图 8-9　突堤码头平面控制点位置示意图

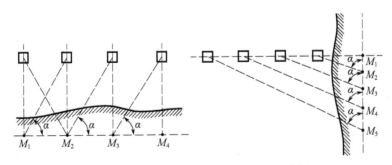

图 8-10　墩式码头平面控制点位置示意图

2）设置导标和水尺

在基槽挖泥、抛石、夯实等的施工中，都涉及控制网的引测和定位。在实际中，需要设置相应的导标，导标分纵向导标和横向导标。纵向导标包括中心标、边标和转向标，主要控制挖泥宽度和方向；横向导标控制各施工段的挖泥起始和终止位置，包括起始标、终点标、里程标、分段标和船位标，图 8-11 为导标布设的示例，导标的功能见表 8-1。施工时为了方便，常在施工图中通过不同的形状和颜色标出导标的位置。

为了观测水位和测量深度，可以通过设置水尺来进行。

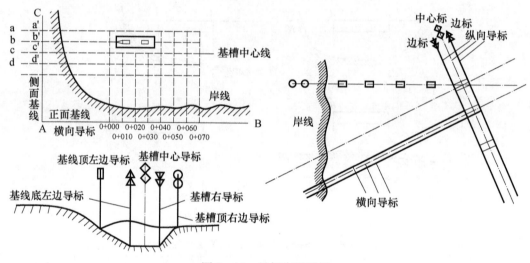

图 8-11　导标布设示例

表 8-1　导标种类和功能

种类		功能
纵向标	中心标	控制基线、基床的中心线
	边标	控制基槽、基床的底宽和顶宽
	转向标	控制基槽、基床的中心线转折点
横向标	起、终点标	控制基线、基床的起点和终点
	分段标	控制基槽、基床的施工分段和变化分界线
	里程标	标志基槽、基床的里程数
船位标	位标	控制作业船船位

3）砂石出运设施

重力式码头的地基换填、基床抛石、沉箱码头的填充以及墙后棱体的抛填、倒滤层的施工等，都需要用到砂石料，且多是陆上出运、水上抛填。为了不影响水上作业的天数，需要修建砂石储存场和出运码头来进行砂石料的储存和出运。其位置的选取应考虑以下因素：

（1）尽可能利用已有的岸壁和码头降低工程造价。

（2）设置在受风浪影响小、距离水上施工现场和陆上运输干道近的地方，以增加装船的作业时间，降低水上的运距和降低修联络道的工程量。

（3）储存场和出运码头设置在相同的地点,避免倒运。

（4）选择地基较好的地方,减少基础处理的费用。

（5）水域水深满足运输船舶吃水和所需日装船历时的要求。

（6）码头岸线长度能够同时满足停靠所需运输船的数量。

（7）储存场面积要根据进、出料的不均衡性,储存 3～5 个工作日的日出运量。

当运距近时,采用畜力车、拖拉机或翻斗汽车,运距较远时,通过翻斗汽车运输,砂石料进场后的归堆或堆高,采用人力或装载机完成。

4）预制构件临时存放场

重力式码头的预制构件大而重,一般需要专门的预制场内预制,为了简化施工工艺,在场内不设置储存场,预制构件需要运至场外储存。为了随安随运,充分利用安装的作业天数,减少运来后的等候安装天数,储存场尽量选择在离安装现场较近的地方。

一般的储存方式主要有系泊储存、靠泊储存、坐底储存和陆上储存,具体采用哪种方式根据构件的种类数量、水文地质条件和储存时间的长短等因素综合分析而定。

2. 基床整平

基床整平的施工工艺如图 8－12 所示。

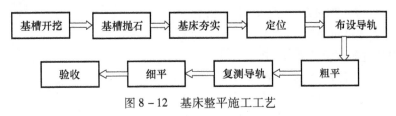

图 8－12　基床整平施工工艺

1）基槽开挖

基槽开挖是重力式码头施工的关键工序,如果施工不当或者控制不严,易使码头出现较大的沉降和位移。

基槽开挖的方法主要是根据土壤的性质、工程量来选择相应的开挖方式。

（1）地基为岩基且不危及邻近建筑物的安全时,根据岩石的风化程度,可采用水下爆破方法,然后用抓斗式挖泥船进行清碴,或直接用抓斗式挖泥船挖除;地基为非岩石地基时,采用挖泥船开挖。

（2）挖泥船的选择一般是:砂质及淤泥质土壤采用绞吸式船进行开挖;黏土或松散岩石采用链斗式、抓扬式或铲斗式挖泥船。

（3）在外海进行基槽开挖作业时,选择抗风浪能力强的挖泥船;在已有的建筑物附近进行基槽开挖时,选择小型抓扬式挖泥船。

2）基槽开挖施工要点及质量控制

开挖前,申请港务监督部门发布"航行公告"并用水尺复测水深,核实挖泥量,如果遇到回淤,应将在挖泥期间的回淤量计入挖泥量内,作为编制基槽开挖施工计划的依据。

基槽开挖深度较大时应分层进行开挖,每层开挖高度根据土质条件和开挖方法确定。

为保证断面尺寸的精度和边坡稳定,对靠近岸边的基槽,需要分层开挖,每层厚度根据边坡精度要求、土质和挖泥船的类型确定。

挖泥时,勤对标,勤测水深,保证基槽平面位置准确,防止欠挖,控制超挖。挖至设计标高时,核对土质。对有"双控"要求(标高要求和土质要求)的基槽,如果土质与设计要求不符,应继续下挖直到相应土层出现为止。

采用干地施工时,做好基坑的防水、排水和地基土的保护。

基槽挖泥的质量标准是:基槽平面尺寸不小于设计规定;对水下开挖非岩石地基,每边超宽和超长一般不大于 2m,平均不大于 1.0m;超深一般不大于 0.5m,平均不大于 0.3m(根据挖泥船的实际情况,可适当增加超宽、超长和超深量)。

3) 基槽抛石

对于岩石地基,由于其承载力大,不需要另作基础。对于现场浇筑的混凝土和浆砌石结构,可直接作用在岩面上。当岩面向水域倾斜较陡时,为减少滑动的可能性,墙身砌体下岩基面做成阶梯型,如图 8 - 13 所示。阶梯形断面最低一层台阶断面不小于 1.0m。对于预制安装结构,为使预制安装平稳,应以二片石(粒径 8 ~ 15cm 的块石)和碎石平整岩面,厚度不小于 0.3m;当岩面较低时,采用抛石基床。

抛石材料要求为:

(1) 抛石材料应选用未风化无严重裂纹的坚硬岩石。

(2) 对于有夯实要求的基床,在水中饱和状态下的抗压强度不小于 50MPa,对于不夯实的基床,其水中饱和抗压强度不小于 30MPa。

(3) 块石应具有足够的重量,一般以 15 ~ 100kg 并带有棱角的未分级的原石为宜,对有可能承受波浪作用或水流冲刷的部位,应用几百公斤的大块石压载。

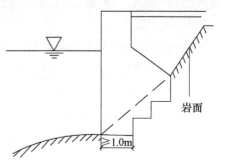

图 8 - 13 台阶性岩面

(4) 当地基为软土时,在基床底部,一般需要敷设 0.3 ~ 0.5m 厚的砾石或者碎石作为反滤层,以减少块石陷入土中。

抛石方式有两种形式,水上抛石和陆上抛石。水上抛石包括民船抛石、倾卸驳船抛石(图 8 - 14)和开底(舷)驳船抛石(图 8 - 15)等;陆上抛石分为从栈桥抛石(图 8 - 16)和从浮桥抛石(图 8 - 17)等。

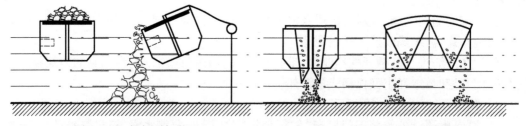

图 8 - 14 倾卸驳船抛石　　　　图 8 - 15 开底(舷)驳船抛石

基床抛石的顺序,既要考虑与基槽开挖的紧密衔接,又要为夯实以及下一工序安装上部结构创造条件,达到确保工程质量和加速工程进度的目的。当基床的设计底标高相差不大时,应从一端向另一端分段抛石;当基床底标高差别较大时,应该先抛标高低的位置,再抛标高高的位置。

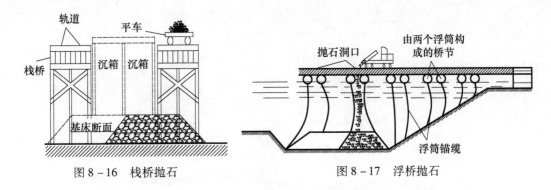

图 8 – 16　栈桥抛石　　　　　　　　图 8 – 17　浮桥抛石

抛石施工要点及质量控制为：

在抛石前应检查基槽尺寸有无变动,有显著变动时应进行处理,当基槽底含水率小于 150% 或重度大于 12.6kN/m² 的回淤沉积物厚度大于 0.3m 时,应进行清淤处理。当有换填抛石并有夯实措施时,基槽底面回淤沉积物的厚度限值可适当放宽。

在正式抛石前,为了考虑水流、风、波浪和水位对抛石位置的影响,应该进行试抛,以选定起始点位置和移船距离;为避免漏抛或抛高,应勤测水深。

在抛石过程中,导标标位准确,做到勤对标、对准标,以确保基床的平面和尺度。如图 8 – 18 和图 8 – 19 所示,抛石船的抛石移位方式有两种,即平行于岸线移位和垂直于岸线移位。

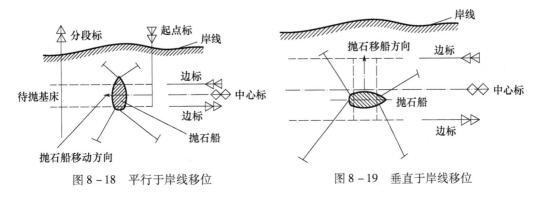

图 8 – 18　平行于岸线移位　　　　　　　图 8 – 19　垂直于岸线移位

抛石在不同的高程处,做到粗抛与细抛相结合,在平潮时或者流速小的区域,顶面以下 0.5 ~ 0.8m 应细抛,顶层以下各层可粗抛。为了控制高差,粗抛一般为 30cm,细抛一般为 0 ~ 30cm。

需要夯实处理的抛石基床应预留富余量,保证在地基或者基床沉降后,其顶面标高符合设计要求,其厚度一般为抛石层厚度的 10% ~ 20%。

在抛填过程中,由于水下扒除抛石特别困难,应该严格控制抛填厚度,遵循"宁低勿高"的原则。

当有流又用人力抛时,如图 8 – 20 所示,要顺流抛,且抛石和移船的方向应与水流方向一致,避免块石漂流在已抛部位而超高。当用开底式或侧倾式抛石船抛石时,应在 30 ~ 90s 内抛下,使石堆厚度均匀。

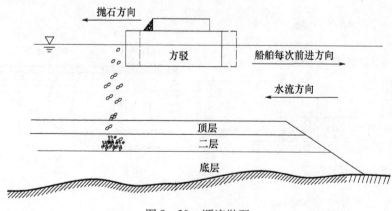

图 8 − 20　顺流抛石

4）基床夯实

为了避免或者减少基床上部受到荷载作用后发生不均匀沉降,而影响码头上结构的安全,必须进行基床夯实。基床夯实分为自然沉实法、夯锤夯实法和爆破夯实法,下面介绍夯锤夯实法和爆破夯实法。

（1）夯锤夯实法采用在抓斗式挖泥船或在方驳上按照起重设备吊重锤进行夯实,图 8 − 21 和图 8 − 22 为 5t 锤的典型夯实图。

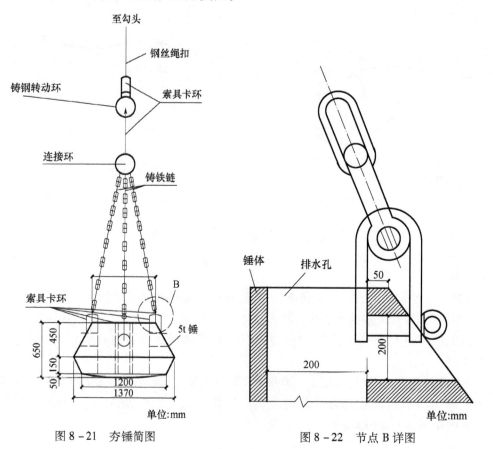

图 8 − 21　夯锤简图　　　　　图 8 − 22　节点 B 详图

在夯实前应该对抛石面层进行适当整平,局部高差不宜大于300mm。

夯锤底面压强可采用40～60kPa,落距可取2～3m,在不计浮力、阻力影响时,每夯的冲击能不小于120kJ/m²;对无掩护水域的深水码头,冲击能量宜采用150～200kJ/m²。

基床分层分段夯实,每层厚度大体相等,夯实后厚度不宜大于2m,若夯击能量较大时,分层厚度可适当加大,分段夯实的搭接长度不应小于2m。夯实一般采用纵横向相邻接压半夯每点一锤,如图8－23所示。并分初夯、复夯各一遍,一遍四夯次,两遍共八夯次,或者多遍夯实的方法来防止基床局部隆起或者漏夯。

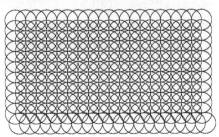

图8－23 基床压半夯夯实法

基床夯实范围必须按照设计规定,如果设计未规定,则一般可按照建筑物底面范围各边加宽1.0m,分层夯实时,则根据分层处的应力扩散线各边加宽1.0m,如图8－24所示,其中图(a)为墙后有回填土的基床夯实,图(b)为墙后无回填土的基床夯实。

为避免发生"倒锤"或偏夯等现象,每层夯实前对抛石面层作适当整平,局部高差不大于0.3m。

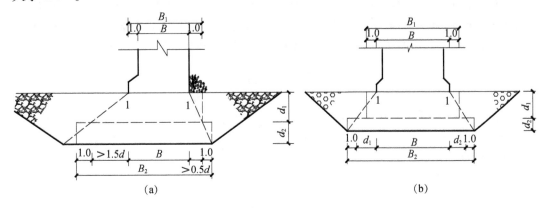

图8－24 基床夯实范围示意图

(a)墙后有填土;(b)墙后无填土。

1—应力扩散线;B_1—d_1层夯实范围;B_2—d_2层夯实范围;B—墙底宽;d_1,d_2—抛石基床夯实分层厚度。

基床夯实后,要作夯实检验。检验时,每个夯实施工段(土质和基床厚度划分)抽查不小于5m一段基床。用原夯锤、原夯击能复打,复打一次(夯锤相邻排列,不压半夯)的平均沉降量不大于30mm;对离岸码头采用选点复打一次夯,选点数量不小于20点,并均匀分布在选点的基床上,平均沉降量不大于50mm。

(2)爆破夯实法,其原理是在离抛石层顶面一定距离,在水中间隔浮悬炸药包,利用爆炸产生的冲击力和振动力,对抛石基床产生自上而下的压缩作用和密实作用。在抛石量大、工期紧的情况下可以采用。

爆破夯实法的工艺流程如图 8-25 所示。

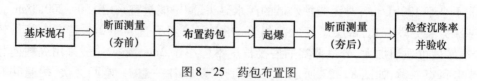

图 8-25 药包布置图

爆破夯实法的主要施工要点及质量控制如下：

① 药包加工。爆夯所采用的炸药，在采购中很难解决，现在工程中使用的炸药为硝铵炸药，它的特点是敏感度低，使用安全，有一定威力，制作加工方便。为了保证其安全性，药包必须在距离人群和建筑物安全距离以外的地点加工，也可在远离施工区域和其他船只的船上进行，加工操作必须按照安全操作规程进行。

由于硝铵炸药会因湿度超过 30% 而拒爆，所以每个药包需要良好的水密性。通常是采用多层塑料袋密封防水，外面用纺织袋包裹。纺织袋内放置一定数量的泡沫塑料保证药包悬浮在水中，放置的数量根据重量而定，保证药包能够起浮，装入药包后用尼龙绳绑扎牢靠。

药包的装药量一般在 15kg/包左右，可以根据试爆情况、基床厚度、炸药的上覆水深、重复爆夯的次数以及周围安全范围的大小进行加大或缩小。

② 布药。布药主要是控制药包在水中的吊高和药包间的距离。为避免潮流和气候的不良影响，布药应该选在天气晴朗和平潮时进行，药包在基床面以上的高度，即吊高，根据每一药包控制的范围和上覆水深及装药量等不同而控制在 0.8～1.0m 以内，该距离通过药包加工时的编织袋和坠体(绑扎的石块)间的尼龙绳长度进行控制。如图 8-26 所示，药包定位采用梅花形布置，每排排距取为 3m，每排内药包的间距为 4m。

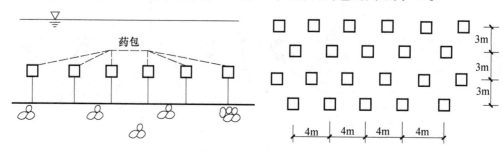

图 8-26 药包布置图

③ 起爆。布药完毕后，即将各药包的导爆索(单股)与主导爆索(双股)连接，在布药时，无关船只和人员必须撤至安全区，在布药和导爆索连接完毕后，全面检查警戒水域，确认无任何船只和人员以后发出爆破信号进行正式的起爆。

在正式施工前，应进行爆夯试验，以检验锁定技术参数是否合理，炸药的防水性是否正常，安全措施是否得当，并能借此进行人员培训。

正式施工时，水上布置药包时应取逆风或者逆流的顺序。

爆破夯实后，抛石基床的平均夯沉率满足设计要求。夯沉率以 10%～15% 为控制标准。夯沉率检查采用水砣、测杆或者测深仪等方法。水砣或测杆测深时，每 5～10m 设 1

个断面且不小于 3 个断面,1 ~ 2m 设 1 个测点且不少于 3 个测点;测深仪测深时,断面间距取 5m 且不少于 3 个断面。

码头的抛石基床爆破夯实后,采用夯锤复打验收,其平均沉降量不应大于 30mm。

基床夯实后,要作夯实检验。检验时,任选一段长度 5m 的基床。采用锤底压强 40 ~ 60kPa,冲击能不小于 120kJ/m^2 的夯锤,相邻排列,不压半夯,复打一夯次用水准仪测沉降量,平均沉降量不大于 50mm,选点数量不少于 20 个,均匀分布于选点的基床上。

补夯处理:爆破夯实后,基床顶面补抛块石的厚度超过 0.5m 且连续面积大于 30m^{2}时,补抛后应补爆或用重锤补夯。

5)基床整平

为了保证建筑物平整地坐落在基床面上,并且使基床受力均匀,需要进行基床整平。根据基床整平的平整度分为粗平、细平和极细平。基床粗平的高程允许偏差为 ±150mm,基床细平和极细平的整平允许偏差应符合表 8 - 2 的规定。

表 8 - 2　基床整平允许偏差

整平种类	高程允许偏差/mm	适用部位	整平范围	整平用料
细平	±50	(1) 基床肩部; (2) 压肩方块下的基床	(1) 前肩部分; (2) 压肩方块底边外加宽 0.5m	二片石
极细平	±30	墙身下的基床	墙身地面各边加宽 0.5m	10 ~ 30mm 碎石

基床整平的精细度不同,其整平的方法也不同。基床粗平采用的方法主要由悬挂刮道法和埋桩拉线法,而细平和极细平的整平方法采用导轨刮道法。

悬挂刮道法主要工作原理是整平船(方驳)横向驻位,按照整平标高用滑车控制刮道(铁轨,其长度大于基床整平宽度)下方深度,水位每变化 5cm 调整一次,潜水员以刮道底部为准水平推动刮道,按照"去高填洼"的原则进行整平,边整平、边移船,压茬向前进行。如果去填量比较大,石料可采用绞车吊篮进行上下、左右运输,为提高整平速度,可在船体的两侧悬挂刮道,如图 8 - 27 所示。

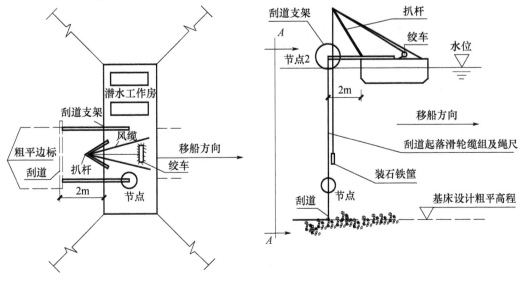

图 8 - 27　悬挂刮道法

埋桩拉线法如图 8 - 28 所示,主要工作原理是在基床纵向两侧,陆上用经纬仪定方位,船上用垂球引点,每隔 15 ~ 30m 埋设木桩,桩底设置短木(与基槽纵向平行)来增加木桩抗拉线拉力的能力,桩顶标高用测深杆整平标高,每侧木桩按照整平标高拉 8 ~ 22#的铅丝线,两线之间用直径 3mm 测缆作为滑动线,潜水员水平推动刮道,按照"去高填洼"原则进行整平,边整平边移动滑动线,如果去填量比较大,石料可采用绞车吊篮进行上下、左右运输。

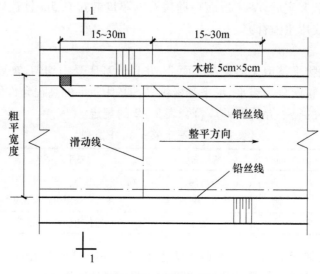

图 8 - 28　埋桩拉线法

导轨刮道法是细平的主要方法。如图 8 - 29 所示,其工作原理是在基床范围内,沿着纵向两侧每隔 5 ~ 11m 安设混凝土小方块,方块上安装作为导轨用的铁轨(长度按照模数有 6m、12m 两种)。方块和铁轨之间垫厚薄不一的钢板,误差不大于 10mm,使得轨道顶部为整平标高,潜水员以刮道底部为准进行整平。

3. 构件预制及安装

预制安装结构的重力式码头,经整平后的抛石基床,为避免风浪造成的破坏和回淤,应及时地安装预制构件,重力式码头的墙体结构形式有混凝土及钢筋混凝土方块、沉箱、扶壁和大直径圆筒结构等,其一般的施工工序包括墙体构件预制、出运及安装。

1)方块预制与安装

方块码头分为实心方块码头和空心方块码头,在实际工程中,多采用实心方块码头,其断面可采取阶梯式、衡重式和卸荷板式等,如图 8 - 30 所示。

(1)预制场布置。预制混凝土方块自重大,需要在专设方块的预制场中预制,如图 8 - 31 所示。一般常设置临时预制场。临时预制场的分类主要为两类。第一种是将混凝土方块预制场布置在离岸较远的区域,利用现有的起重设备将方块转运至出运码头;第二种是布置在永久或临时的码头或岸壁,利用水上起重设备可以直接将方块运走,预制方块尺寸不受陆上起重能力的限制。

预制场除了考虑地基码头的承载能力及岸壁稳定外,还需要考虑支拆模板、浇筑混凝土和利用起重船吊方块装方驳等因素的要求。

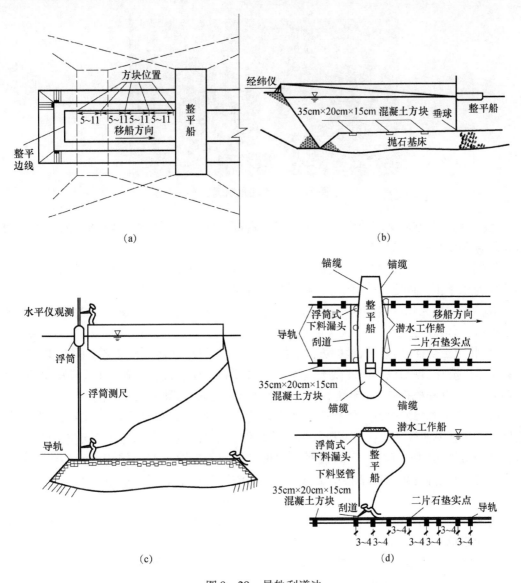

图 8 – 29　导轨刮道法

(a) 混凝土大小方块平面布置；(b) 测试混凝土小方块；(c) 测导轨顶标高；(d) 整平。

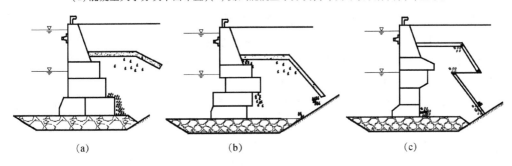

图 8 – 30　实心方块码头的断面形式

(a) 阶梯式；(b) 衡重式；(c) 卸荷板式。

图 8-31 方块预制现场

① 预制模板方块浇筑的底模板一般采用混凝土结构,如果数量较少时,采用木底模或用组合钢模板拼装式底模。

侧模可采用木模板、整体钢模板和组合式钢模板。侧模和侧模之间通过用大号型钢桁架作为水平围囹固定,侧模的安装和拆除一般采用龙门吊或塔吊。

底模表面应采用妥善的脱模措施,不应采用降低预制件底面摩擦系数的油毡或类似性质的材料作脱模层。

② 混凝土搅拌、运输、入模的方式:拌和机搅拌、汽车载运混凝土罐、吊机(塔吊)入模;拌和机搅拌、自卸汽车或混凝土搅拌车运输、混凝土罐吊机(塔吊入模)或皮带机(挂串筒)入模;拌和机搅拌、自卸汽车或混凝土搅拌车运输、混凝土泵车入模。

③ 混凝土中掺加块石。体积较大的方块通常掺块石,以节约水泥,并降低混凝土的温度;混凝土中埋放的块石尺寸应根据运输条件和振捣能力确定,块石形状应大致方正,最长边和最短边的比值不大于 2;混凝土中埋放的块石距离混凝土结构表面的距离符合如下规定:有抗冻性要求的不得小于 300mm;无抗冻性要求的,不得小于 100mm 或混凝土粗骨料最大粒径的 2 倍;块石应立放在新浇筑的混凝土层上,并被混凝土充分包裹,埋放前应冲洗干净并保持湿润。块石与块石之间的净距不得小于 100mm 或混凝土粗骨料最大粒径的 2 倍。

④ 混凝土的振捣。插入式振捣器的振捣顺序宜从近模板处开始,先外后内,移动间距不应大于振捣器有效半径的 1.5 倍;随着浇筑高度的上升分层减水。混凝土浇筑到顶部时,宜采用二次振捣及二次抹面,如有泌水现象,应予排除;为了不影响上下层之间的摩擦系数,除顶层方块用铁抹子压光外,其他各层可用木抹子搓抹。

⑤ 混凝土的养护。混凝土浇筑完毕后应及时加以覆盖,结硬后保湿养护。养护方法根据构件外形选定,宜采用盖草袋洒水、砂围堰蓄水、塑料管扎眼喷水,也可采用涂养护剂、覆盖塑料薄膜等方法。当日平均气温低于 5℃时,不宜洒水养护。持续养护时间 10 ~ 21d,根据当地气温、水泥品种、混凝土结构物体积而定。对有抗冻要求的混凝土,除按照规定进行潮湿养护后,宜在空气中干燥碳化 14 ~ 21d;对厚度大的结构混凝土:使用硅酸盐水泥、普通硅酸盐水泥时,养护时间不少于 14d;使用矿渣硅酸盐水泥、火山灰质硅酸盐水泥或粉煤灰硅酸盐水泥时,潮湿养护不少于 21d。素混凝土宜用淡水养护,缺乏淡水的,采用海水进行潮湿养护;海上大气区、浪溅区和水位变动区的钢筋混凝土预制构件和预应力混凝土不得用海水养护,当养护有困难时,北方地区适当降低水灰比,南方地区掺入适

量阻锈剂,并在浇筑两天后拆模并喷涂蜡乳型养护剂养护。

(2) 方块的吊运。方块达到设计规定的强度后,可运到存放场地或施工地点进行安装。可以采用陆上吊运和水上吊运两种方法。

水上吊运是指方块预制场布置在码头岸线或岸壁上,并位于起重船的工作半径之内时,利用起重船直接吊装,由方驳转运。

当方块预制场布置在码头后方时,方块需经过陆上吊运。小型方块的陆上吊运可直接用预制场内的移动式龙门起重机,吊起方块运至转运码头装船。大型方块须经气垫运输等专门的运输方式将方块搬到岸边,再用起重船吊装。

(3) 安装顺序。墩式建筑物,安装顺序是以墩为单位,逐墩安装,每个墩由一边的一角开始,逐层安装。线性建筑物,其安装顺序一般采用由一端开始向另一端安装,当码头较长时,也可由中间向两侧安装。平面上,先安装外侧,再安装内侧。

立面上,方块安装形式分为四种,即:以块为单元的阶梯式;以段为单元的分层逐层式;以几段为单元的阶梯式;以整个码头为单元的分层逐层式,见图 8 – 32。

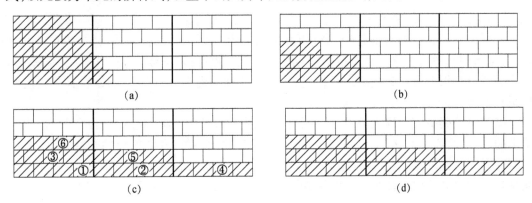

图 8 – 32　方块安装形式
(a)以块为单元的阶梯式;(b)以段为单元的分层逐层式;
(c)以几段为单元的阶梯式;(d)以整个码头为单元的分层逐层式。

(4) 安装控制。方块安装的主要控制是码头的边线、变形缝和总长度。

边线控制的方法主要有以下几种形式。

① 水下基准线法。其原理是:在水下基床上设置基准线,基准线与方块底部设计前沿线的距离为一常数,安装时的前沿线控制,潜水员只要在水下控制这个距离在规范偏差允许范围内即可,同时需要水上采用导杆进行测量校核,如图 8 – 33 所示,在安装上层方块时,按一定间距在已安装方块缝隙内楔入木板,钉铁钉,拉线。

② 前沿线参照物控制法。其原理是先安装一个参照物,这个参照物可以作为测量平台,也可以作为定位的前视点或定位安装的参照物体。

③ 测量架(杆)定位法。其原理是通过在方块顶部固定可移动式的测量定位架,陆上用多台仪器同时观测和采集数据进行准确定位的方法。

④ 延伸线定位法。其原理是在端部第一个方块完成安装其他方块时,方块的前沿一个角点紧挨着已经安装好的方块,位置只需要潜水员水下探摸即可,另一角点是通过陆上两台全站仪观测伸出水面导杆的上、下两个点的三维坐标,可以推知水下角点的三维坐

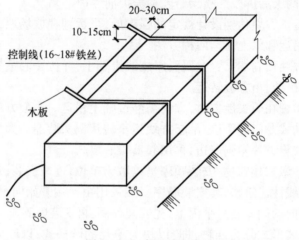

图 8 - 33　水下基准线法

标,从而达到定位的效果。

变形缝和总长度控制:调查方块的预制尺寸偏差,选取缝宽的控制值。安装时以段为单元,每层的前多数方块的缝宽按照选定控制值进行控制;末尾数块(一般为 4 ~ 5 块)按照实测的剩余长度算得的缝宽进行控制;这样既控制了码头每段和总的长度,又可以使变形垂直整齐。

(5)方块码头安装施工要点是:安装前,必须对基床和预制件进行检查,不符合技术要求的,应进行清理和修整。在装载方块到驳船上时,除清扫方块顶面的杂物外,还要看其底面有无粘底现象,出现时应清除并且铲平,防止方块安装不平稳。如图 8 - 34 所示,在吊安方块时应采取吊杆为固定式的起重船。

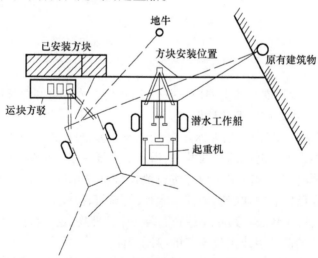

图 8 - 34　起吊安装方块示意图

方块从预制场或者存放场到安装现场的运输一般采用驳船运输。为减小方驳的倾斜,特别是横倾,后安装的先装放在里面,先安装的后装船放在外面,且还要对称地装和取。为了避免方块砸坏甲板,船甲板上需设置楞木或者在楞木上加铺木板。在运距较远且可能遇到风浪时,按照图 8 - 35 形式进行加固,来防止方块与方块之间的碰撞,避免方块移动面影响驳船的稳定性。

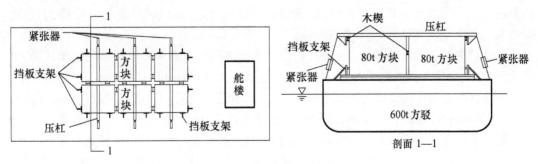

图 8 - 35 加固式样图

在安装底层第一个方块时,方块的纵横两个方向无依托,为达到安装要求且避免因反复起落而扰动基床的正平层,一般是在第一块方块的位置先粗放一块,以它为依托安放第二块方块,然后以第二块方块为依托,重新吊安第一块方块。

（6）方块安装的质量控制标准见表 8 - 3。

表 8 - 3 混凝土方块安装质量标准

建筑物形式	砌缝平均宽度不大于/cm	砌缝最大宽度不大于/cm		错缝搭接长度允许减小/%	临水面与准线的允许偏差/cm	相邻方块临水面错牙不大于/cm	顶面凹凸不大于/cm	上下层临水面错牙不大于/cm
岸壁式	3	第一层	5	10	±5	3	3	3
		第二层及以上	7					
墩式	—		3	—	±7	3	3	3

2）沉箱预制及安装

按照沉箱的下水方式不同,预制场的类型有:在场地台座上制造,利用修造船或专修的滑道下水的预制场（图 8 - 36）；利用修造船用的干船坞、浮船坞或专门建设的土坞制造和下水的沉箱预制场；在场地上台座制造,利用坐底浮坞下水的沉箱预制场；在码头岸边台座预制,用大吨位起重船吊运下水和其他特殊下水方式的沉箱预制场；利用半潜驳出运下水,气囊出运沉箱（图 8 - 37）。

图 8 - 36 滑道出运分层预制

图 8 - 37 气囊出运整体预制

（1）沉箱的接高。在正常情况下,不论采取何种预制形式,都是将沉箱预制到设计标高,然后进行出运。但当沉箱的吨位较大时,因受到预制平台承载能力或出运设施载重量的限制而不能预制到设计高度时,需要预制到一定高度后,运到场外进行沉箱接高,接高的方式一般有坐底接高和漂浮接高两种形式。

坐底接高是在抛石基床上完成的,其作业方便、安全,受海洋环境条件的影响较小,可作业天数多,适用于接高沉箱数量多、当地水域风浪大、地基条件好和水深适当的情况。

漂浮接高是通过抛锚系缆对沉箱进行固定,然后进行接高,不需要建抛石基床,所需费用低,但是占用水域面积大,受风浪影响大,工作条件差,可作业天数少(在波高大于 0.5m 时一般就不能进行作业),适用于接高沉箱数量少,当地水域风浪小和水深较大的情况。

（2）沉箱的水上运输,有干式运输和湿式运输两种形式。干式运输即通过半潜驳或浮船坞运输,湿式运输即浮运拖带法(图 8-38)的形式运输。

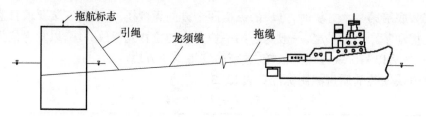

图 8-38　拖航示意图

采用浮运拖带法时,拖带前应进行吃水、压载、浮游稳定性的验算。浮运拖带法主要由跨拖法、曳拖法和混合拖运法三种形式,如图 8-39 所示。

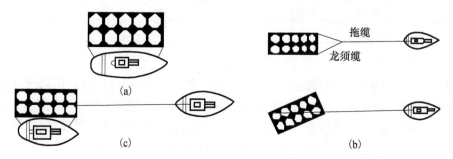

图 8-39　沉箱拖运方法
(a)跨拖法;(b)曳拖法;(c)混合拖运法。

图 8-39(a)跨拖法阻力大,行进速度慢,功率消耗大,易引起浪花,在有风浪情况下容易引起危险,但对沉箱的就位有利;适用于运距不远、水域面积狭窄条件下的出运。图 8-39(b)曳拖法的第一种形式(上图所示)行进速度大于跨拖法,但阻力仍旧很大,第二种形式(下图所示),拖航阻力小,行进速度快,但是左右摇摆大,适用于水深大宽广水域的长距离运输。混合拖带法适用于运距短、水域面积较狭窄的区域,易于控制沉箱的稳定。

拖运沉箱时,在正常航速条件下,其拖曳力作用点在定倾中心以下 10cm 左右最为稳定。为了增加沉箱浮运过程中的稳定,常常采用临时压载措施来降低重心。

沉箱的压载宜用砂、石和混凝土等固体物,如用水压载,应考虑自由液面对稳定的影响。

远程拖带时,应采用密封舱的措施;近程拖带时,采用简易封舱的形式。

（3）沉箱安装的施工工艺为:

基床检查→起重船组就位→控制施工准线及距离→沉箱安放→潜水员下水检查→解钩→设点检验及观测。

经整平后的抛石基床,为避免早受风浪破坏或回淤,应及时进行沉箱安装。在沉箱安装前,需要潜水员对基床进行重新检查,确保基床无异物、未破坏,方可进行沉箱安装作业。如果出现基床破坏,则应该采取相应的措施进行处理。根据沉箱预制尺寸的偏差,选定沉箱之间缝隙的宽度,平均宽度不大于6cm,变形缝的宽度一般取为2~5cm。

① 安装顺序。对于顺岸式或突堤式码头,一般是由一排沉箱组成,安装顺序是从一端开始,顺次安装。并且通过在陆上设置经纬仪直接观测器顶部,控制线距离设计前沿线约15~20cm,如果基床由向里的坡度倾斜,则设计前沿线应按照坡度进行调整。

墩式码头的安装(图8-40和图8-41),一般是由陆上经纬仪前方交会法先安一个墩沉箱,以墩为单位,逐个墩进行安装。在已安装的墩上用测距仪定线、测距,逐个安装下一个墩。若一个墩有数个沉箱,每个墩由一角开始依次逐个进行安装。

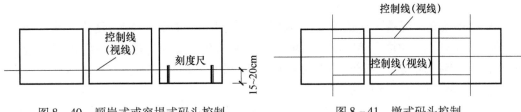

图8-40　顺岸式或突堤式码头控制　　　　　图8-41　墩式码头控制

② 沉箱安放。沉箱拖运至安装现场后,趁落潮采取措施,慢速拖进安装位置,系上缆,待潮落至沉箱底距离基床顶部0.3~0.5m时,通过人力收滑轮组、放缆,随潮落或开进水阀门下沉。边下沉边收紧缆对位。沉箱随落潮自沉,应适当灌水,使沉前吃水比浮游稳定吃水大于0.5m以上,以便抽水起浮时,还处于稳定状态。沉箱沉落在基床上后,需开进水阀门灌水,待涨潮满水后才关闭进入阀门,防止沉箱随涨潮浮起。

第一个沉箱安装比较难于精确定位,可粗略安放就位,安装第二个沉箱时,在第一沉箱上设控制点,精确控制第二个沉箱的位置,如图8-42所示,通过1、2号缆绳控制安装

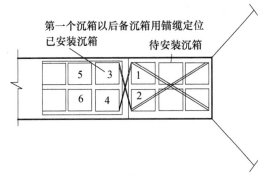

图8-42　沉箱安装定位示意图

1,2—滑轮组控制前沿线和缝宽;3,4—滑轮组控制前沿线和错牙;5,6—滑轮组控制缝宽。

的缝宽,通过3、4号缆绳控制前沿线和错牙来控制沉箱的位置,安装完毕后看,抽水浮起第一个沉箱,调整位置,再精细安装。后续沉箱可用两个锚,而将另两根缆系在已安装沉箱上,随后进行安装。沉箱座落在基床上后,应及时检查偏位、缝宽,如不合格应抽水起浮。安装现场图见图8-43和图8-44。

图8-43 沉箱安装现场图　　　　　图8-44 沉放安装现场图

③ 沉箱填充。沉箱安放后,箱内应及时灌水,经历1~2个低潮时,复测其位置,确认符合质量标准后,及时填充箱内填料。填充的材料按照设计规定选用,一般采用混凝土、块石、渣石、碎石、砂等。填充时要均匀对称地填,各舱壁两侧的高差宜控制在1m以内,以免造成沉箱倾斜、格舱壁开裂。

对顺岸式和突堤式码头,应尽可能结合墙后的回填,形成通道,采用翻斗汽车从陆上进行填充。对于墩式码头,一般采用船运填料,采用人力或抓斗船进行填充。为防止填充料砸坏沉箱的顶部,在其顶部要覆盖钢板、木板或者胶皮。

沉箱安装的质量要求见表8-4。

表8-4 沉箱安装质量标准

接缝平均宽度 不大于/cm	接缝最大宽度 不大于/cm	临水面与准线的 允许偏差/cm	相邻沉箱临水面错牙 不大于/cm
6	10	±5	5

3）扶壁构件的预制、吊运和安装

扶壁构件宜整体预制,混凝土一次浇筑完成,以免出现冷缝。预制可以采用立制和卧制的方法。卧制时,混凝土质量能够得到保证,但运输安装需要孔中翻身,给施工带来困难,我国工程中大都采用立式预制。立制方式按照施工工艺分为整体拼装的组合钢模板浇筑混凝土和滑模施工两种形式。

扶壁构件的安装的一般步骤如下：

安装顺序常由一端向另一端安装,如果码头较长,可以从中间附近开始向两端安装,安装控制方法和沉箱的安装基本相同。

在由预制场或存放场地运输到安装现场时,扶壁运输和方块运输一样,为了防止在装卸时方驳发生横倾,扶壁的肋应平行于方驳的纵轴线,且扶壁的重心位于方驳的纵轴线上。

在用起重船——吊装架进行吊装时,掉电可以是预埋吊耳,也可以是在肋上预留吊孔,吊孔内镶嵌钢套管,如图 8 - 45 和图 8 - 46 所示。

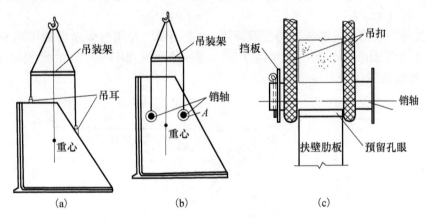

图 8 - 45　吊装示意图
(a)用吊耳;(b)用吊孔;(c)A 大样。

图 8 - 46　扶壁吊装实例

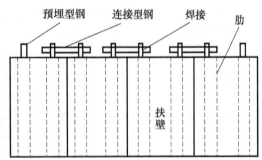

图 8 - 47　扶壁抗浪连续示意图

由于扶壁的重量比沉箱轻,且重心偏离底板的形心,稳定性较差。安装时,采用如图 8 - 47 所示的方法,边安装,边用型钢连成一体,协同抗浪。遇到大浪时及时进行墙后回填。

扶壁安装的质量标准见表 8 - 5。

表 8 - 5　扶壁安装质量标准

接缝平均宽度 不大于/cm	接缝最大宽度 不大于/cm	临水面与准线的 允许偏差/cm	相邻扶壁临水面错牙 不大于/cm
4	10	±5	3

4. 抛填棱体、倒滤层施工

在顺岸式码头中,方块码头都设有减压棱体、倒滤层,沉箱和扶壁码头有时为了减压也设棱体。

1)抛填棱体施工

(1)棱体抛填时应检查基床和岸坡有无回淤或塌坡,必要时进行清理。

（2）棱体和倒滤层宜分段、分层施工，每层应错开一定距离。

（3）方块码头抛填棱体的制作可在方块安装完 1~2 层后开始，沉箱和扶壁的抛填须在墙身安装后开始。

（4）棱体一般采用民船或驳船分段分层，水上抛填。抛填棱体断面的平均轮廓线不得小于设计断面，顶面的坡面的表层铺 0.3~0.5m 厚度的二片石，其上再敷设倒滤层。

2）倒滤层施工（图 8-48）

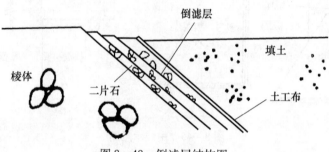

图 8-48　倒滤层结构图

（1）倒滤层应分层、分段施工，每层应错开足够的距离。

（2）在有风、浪影响的地区，胸墙未完成前不应抛棱体顶面的倒滤层，倒滤层完工后应尽快填土覆盖。

（3）空心块体、沉箱、圆筒和扶壁安装缝宽大于倒滤层材料的粒径时，接缝或倒滤井及时采取防漏措施，宜在临水面采用加大倒滤材料粒径或加混凝土插板，在临砂面采用透水材料临时间隔。

（4）当墙后无抛石棱体，沉箱与沉箱之间采用如图 8-49 所示的对头型式时，其空腔沿垂向划分为三条，从临水面向内一般分别填 5~8cm 碎石、0.5~2.0cm 碎石、粗砂。在填充前，安放混凝土的插板和槽板，填充时，用三根导管同步进行填筑。

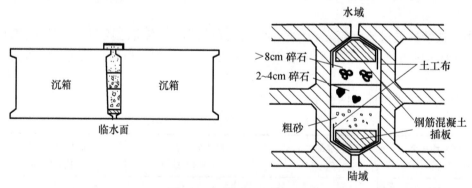

图 8-49　倒滤空腔构造图

（5）采用土工织物倒滤材料时，采用的材料应符合设计要求，且不得采用编制土工织物，而采用无纺土工织物和机织土工织物。采用无纺土工织物时，单位面积质量宜为 0.3~0.5kg，抗拉强度不宜小于 6kN/m；对设在构件安装缝处的倒滤层，选用抗拉强度较高的机织土工织物。

（6）在抛填棱体上敷设土工织物倒滤层时，应对土工织物底面的石料进行理坡，不应有尖石出现,必要时用二片石修整;土工织物的搭接长度满足设计要求且不小于 1m;敷设完的土工织物及时覆盖。

5. 上部结构施工和回填土施工

1)上部结构施工

重力式码头的上部结构主要包括胸墙、管沟、路面、轨道以及系靠船设施。一般的施工方法和普通土建施工相同,不作叙述,但是存在不同之处。

胸墙一般为现浇钢筋混凝土结构,只有少数码头采用浆砌块石。其施工要点为:

(1)由于胸墙体积较大,除按照设计要求分段,还为了减小混凝土的浇筑量,采用分层施工来防止出现温度应力裂缝。

(2)非岩石地基时,胸墙顶部应预留 20cm 左右的高度,待沉降稳定后浇筑到设计标高。

(3)为了防止漏浆和浪流的淘刷,模板的接缝严密,模板与已浇筑的混凝土的接触处和各片模板之间均应该采取止浆的措施,如图 8 - 50 所示。

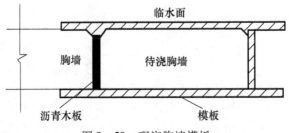

图 8 - 50 现浇胸墙模板

(4)胸墙一般处于潮差段,应趁低潮浇筑,保证砼供应强度(或减小分段),在被淹没前 2 小时浇筑完毕。管沟、路面砼浇完一段后,要及时覆盖塑料薄膜,以免日晒风吹、龟裂。轨道梁应待沉降稳定后再施工。

(5)重力式码头必须沿长度方向设置变形缝。缝宽可采用 20 ~ 50mm,做成上下垂直通缝。变形缝之间用弹性材料填充,其间距根据气温情况、结构形式、地基条件和基床厚度确定,采用 10 ~ 30m。

2)回填土施工

倒滤层施工后,应及时进行墙后回填。墙后回填的方法分为陆上回填和吹填两种。

一般采用陆上回填的方式,基本要求如下:

(1)在陆上回填强夯的夯实时,为防止码头因震动产生位移,根据夯击能的大小,夯实区要离码头前沿有 40m 的距离。

(2)干地施工采用黏土回填时,填料应分层压实,每层土的虚铺厚度,人工夯实的不大于 0.2m,机械夯实或碾压夯实的不大于 0.4m;填土表面留排水坡。

(3)采用开山土回填时,码头墙后应回填质量较好的开山石料。

(4)墙后采用陆上回填时,回填方向应由墙后向岸方向填筑,防止淤泥挤向码头墙后。

吹填施工应当注意如下情况:

(1)码头内外水位差不应超过设计限值。

（2）吹填过程中,应采取排水措施,排水口远离码头前沿,口径尺寸和高程根据排水要求和沉淀效果确定。池水口应设在码头背后远处,延长泥浆流程,提高吹填效果。

（3）吹泥管口宜靠近墙背,便于粗颗粒填料沉淀在近墙处;吹泥管管口距倒滤层坡角的距离不小于5m,以防止冲刷破坏。

（4）在墙前水域取土吹填时,要控制取土地点距码头最小距离和取土深度。

（5）吹填过程,对码头后方的填土高度、内外水位、位移、沉降进行观测,有危险迹象应立即停止吹填,并采取有效措施。

8.3　高桩码头工程施工

高桩码头建筑物是一种常用的码头结构形式,如图8-51所示,通过桩基将码头上部荷载传递到地基深处的持力层上,适用于软土层较厚的地基。高桩码头由以下几部分组成:基桩、上部结构、接岸结构、岸坡和码头设备等。

图8-51　某高桩码头施工现场

8.3.1　高桩码头施工工艺

高桩码头基本的施工工艺如图8-52所示。

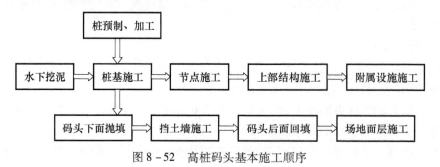

图8-52　高桩码头基本施工顺序

8.3.2　沉桩施工

1. 沉桩方式

沉桩方式有两种:陆上沉桩、水上沉桩。对于邻近岸边较远的陆上桩基,采用陆上打桩;对于邻近岸边的桩基工程,采用打设栈桥由陆上打桩架打桩或者水深足够时,采用打桩船进行水上打桩;对于远离岸边的水上沉桩作业,采用打桩船沉桩的方式。如果施工地点风浪大,打桩船有效作业时间很少,工期会拖得很长,有条件的采用自升式施工平台上设置打桩架或起重机进行沉桩作业,完全避免气候不利条件的影响。

2. 沉桩前的准备工作

（1）结合基桩的允许偏差,校核各桩是否相碰。

（2）根据选用的船机性能、桩长和施工时水位变动情况,检查沉桩区泥面标高和水深是否符合沉桩要求。

（3）检查沉桩区有无障碍物及沉桩区附近建筑物和沉桩施工互相有无影响。

3. 沉桩定位

1）沉桩平面定位

（1）码头施工坐标系选择。施工坐标系原点的选择,应使得码头平面位置处于施工坐标系的第一象限内。保证可以通过简单的加减法计算细部测量点的坐标,坐标值都是正数,便于校核。平面控制点位置和数量,为了提高测量的精度,应使细部测量点的前方交会角在80°～130°之间。

高桩码头平面控制测量,当地形条件允许时,不论码头轴线与设计所采用的坐标系平行与否,为了用前方直角交会法进行细部测量,即测定桩位、测试支立桩帽模板、安装梁板的点位,一般应设立与码头纵、横轴线相对应的正面和侧面的施工基线,将细部测量的平面控制点,用简便的钢尺丈量的方法标在施工基线上;当地形条件不允许时,只得设平面控制点,用前方任意角交会法进行细部测量,如果码头轴线与设计所采用的坐标不平行,为了简化细部测量点的坐标值计算,应建立与码头轴线相平行的施工坐标系,并对细部测量点及平面控制点赋以施工坐标系的坐标值。

（2）设立施工基线、基点。基线形式应尽可能设为与码头纵、横轴线平行的平行式基线,只在地形条件不允许时,才设置为不相平行的斜向基线,如图8-53为几种施工基线示例。基线选在通视条件好、距离码头位置近的、地基条件好和不易遭受碰撞的地段。如果码头承台较宽,可以随着施工的进展,将基线移设于已建承台上。如果邻近有旧的码头,可考虑将基线放在其上进行定位。

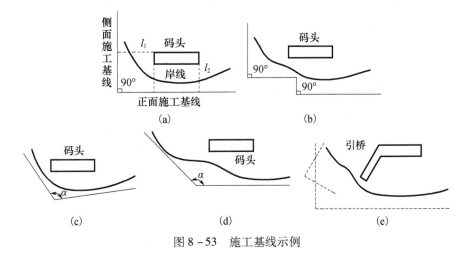

图 8 - 53　施工基线示例

如图 8-54 所示,测设施工基线的步骤:根据地形条件在图上设定基线 OA'、OB',并量得 l_1、l_2、l_3 和 α;按照已知 A、B 两点的坐标值和 l_1、l_2,计算 a、b 两点的坐标值;选用适当的平面控制点 K_1、K_2、K_3,测设 a、b 两点;根据 l_3,通过 a、b 测设 O 点和定 A';根据 α,通过 O、a 或者 b 点定 B'。测设后,如果位置不适当,可调整 l_1、l_2、l_3 和 α,重复进行测设。

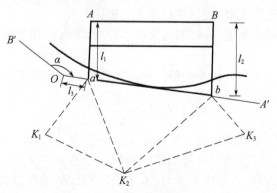

图 8-54　测量施工基线示意图

(3)沉桩定位与平面控制设立方式、桩断面形式和直、斜桩等情况有关。沉桩定位的要点有:

用施工基线作为平面控制时,矩形直桩在对着打桩船龙口的方向上,应观测桩的中心线,以免因看错桩的棱线而出现差错。

斜沉桩时,其定位标高应尽可能接近桩帽的底标高,以减少因斜度误差所引起的偏位值。此外,支立经纬仪时,为使得视线水平正视桩的定位标高线,应使望远镜转动轴的高程为桩的定位标高。

当施工为斜向基线时,可通过虚拟的平行基线,经简单的平面几何和三角运算,换算得在斜向基线上平面控制点的点位和放样数据。

当采用"陆上"推进法施工时,可采用在承台上设立与码头的轴线相平行的单面施工基线,而且此基线随着施工的向前推进,亦以等距离向前移设。

在采用前方交会法定位时,前方交会角最好控制在 80°~130° 之间,以提高定位精度;对圆形桩定位,宜用三台经纬仪进行交会,其中两台为主台,另一台为起校核作用的副台,以防测时因设错放样角而出差错。

2)沉桩高程控制

桩尖落在设计规定的标高上,以保证基桩承载力满足设计要求,桩尖标高时通过桩顶的标高测量实现的,沉桩时,在岸上用水准仪高程测量法进行桩顶标高的控制。

3)沉桩程序

移船取桩(方驳或浮运——钢管桩)→吊、立桩入龙口→移船就位→调平船,调整龙口的垂直度(直桩)或斜度(斜桩)→定位、收紧缆绳→桩自沉→测桩偏位、调整船和龙口→压上锤和替打→测桩偏位,调整船和龙口→小冲程锤击沉桩→正常锤击沉桩→满足沉桩控制条件、停止锤击→测桩偏位→起吊锤和替打→测桩偏位→移船取桩→……

4)沉桩控制

沉桩的控制包括偏位控制、承载力控制和桩的裂损控制。

（1）偏位控制。沉桩时如果桩的偏位超过规定会给上部结构预制件的安装带来困难,同时会使结构受到有害的偏心力。可以采取以下措施减小偏位:

① 安排施工进度时,避开强风季节沉桩,环境荷载即风、浪、流条件超过规定时停止沉桩作业。

② 防止因施工活动造成定位基线移位,采用足够精度的定位方法,及时开动平衡装置和松紧锚缆,维持打桩架坡度,防止打桩船移动。

③ 掌握斜坡上打桩的规律和打斜桩的规律,拟定合理的打桩顺序,采取恰当的偏离桩位下沉,保证沉桩完毕后最终位置符合设计规定。采取削坡和分区跳打桩的方法,防止岸坡滑动。

（2）桩的极限承载力控制。沉桩完毕应保证满足设计承载力的要求,通过"双控"（控制桩尖标高和打桩最后贯入度）来进行控制。在沉桩过程中仔细掌握贯入度的变化和及时掌握下沉的标高情况。

（3）桩的裂损控制。锤击沉桩时,预应力混凝土不得出现裂缝,出现问题进行研究处理。

桩裂损产生,除了制造和起吊运输的原因,主要是由于打桩过程中的打桩应力超过了桩的允许应力,裂损控制就是要采取措施控制打桩应力,消除产生超过允许张拉力的条件。

在沉桩前,检查所用桩是否符合规范规定的重量标准;沉桩过程中,选用合适的桩锤、合适的冲程、合适的桩垫材料,随时查看沉桩情况;沉桩完毕后,检查桩的完好情况。

8.3.3 桩帽施工

高桩码头的上部结构为预制安装时,基桩上均设有桩帽,根据基桩布置情况,桩帽的形式主要有单桩桩帽（图 8 - 55）和叉桩桩帽（图 8 - 56）,此外,还有双桩桩帽或簇桩柱帽。

图 8 - 55 单桩桩帽

图 8 - 56 叉桩桩帽

现浇钢筋混凝土桩帽施工的一般程序为:

安装支承系统—铺底模—测设侧模边线（和桩的竣工偏位值）—支或吊安侧模—绑扎钢筋或吊安钢筋骨架—浇筑混凝土—拆或吊去侧模—拆除底模和支承系统。

1. 安装支承系统

支承系统按照传力方式的不同分为夹桩式、悬吊底模式和悬吊侧、底模式。支承系统必须有足够的支承能力,对双桩、叉桩和簇桩的支承系统尚需一定的刚度来防止桩和桩之间发生相对变位造成混凝土的开裂。当水深、流急以及有风浪时,相邻桩的支撑系统之间作适当的连接增加其抗浪、流的能力,使新浇筑的混凝土不因震动而造成开裂,根据动力响应原理,连接的刚度适宜就好,应"以柔克刚"。

1)夹桩式支承系统

夹桩式支承系统根据所需要支承力的大小,由一层到三层夹桩木和螺栓组成,如图 8－57所示为设置两层、三层夹桩木的支承系统示意图。当系统工作时,浇筑混凝土前,为防止震动或夹桩木的干缩而引起螺栓的夹紧力变化,将螺母再紧一遍;拆模时,为了保证安全,在拆除侧模后,把底模临时吊挂在桩帽上,先拆夹桩后拆底模。

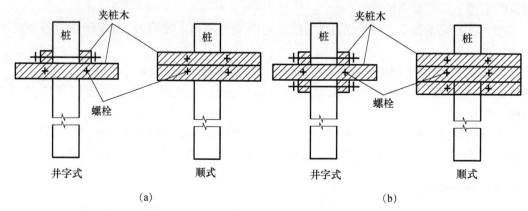

图 8－57　夹桩式支承系统示意图

(a)两层夹桩木;(b)三层夹桩木。

2)悬吊底模式支承系统

悬吊底模式支承系统由平面钢框架、螺栓吊杆和主、次梁组成。如图 8－58 所示,在支模时,松紧螺栓吊杆的上螺母调整底模的标高和水平;拆模时,拆除侧模后,松螺栓吊杆的下螺母,先拆除底模和次钢梁,后拆主钢梁,截除螺栓吊杆(下部丝杆和双螺母截下后可重复使用)拆除螺栓孔木盒,用水泥砂浆或环氧树脂砂浆堵孔。

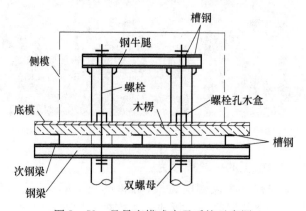

图 8－58　悬吊底模式支承系统示意图

3）悬吊侧、底模式支承系统

悬吊侧、底模式支承系统如图 8-59 所示,由钢扁担梁和钢支墩做成,这种支承系统需要配以钢侧模和钢楞。

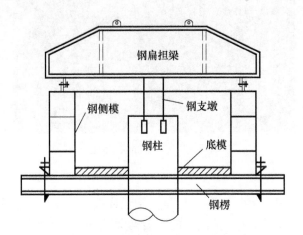

图 8-59　悬吊侧、底模式支承系统

夹桩式支承系统支撑能力较小且不准确,但操作方便,适合于支承重量较小的桩帽;悬吊底模式支承系统可阻止桩与桩之间的相对变位,但用钢量大、费用高,适用于支承受浪流作用大的桩帽;和吊侧、底模式支承系统适合于平面尺寸大且重量重的桩帽。

2. 模板系统

柱帽的底模一般楞用木楞或者型钢,板用木板。侧模一般用组合式钢模或木模,也可用组合式钢筋混凝土板模作为桩帽结构的一部分,如图 8-60 所示,由四片预制钢筋混凝土板组合而成。板的拼装缝设置在相对的两侧,用来调整缝宽适应桩的偏位,缝的两侧预埋 2~3 层角钢,采用搭接焊作为组装、吊装时的连接固定件,板的内侧按一定间距埋设锚筋来增强现浇混凝土与钢筋混凝土板之间的结合。

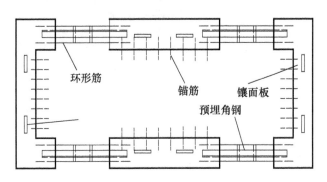

图 8-60　组合式钢筋混凝土板模

3. 钢筋混凝土施工

浇筑混凝土前,现场绑扎钢筋或者安装预制钢筋骨架(图 8-61)。浇筑混凝土时,小桩帽多采用陆上拌和混凝土,舢板运混凝土,人力下灰并进行振捣;大桩帽采用混凝土拌和船供灰,人力振捣。混凝土的养护采用围堰蓄水法,淡水的供应采用驳船供应。

图 8－61　预制钢筋绑扎

4. 预制桩帽施工

桩帽中的锚固筋采用两种形式:一种是位于梁或板的接头混凝土中,插放位置要求不高;另一种如图 8－62 所示,穿对预制梁的预留椭圆孔,插放位置准确,且同安装机械设备地脚螺栓一样,采用套样板的方法进行插放。

当采用陆上方式沉桩时,为给逐挡推进创造有利条件,采用如图 8－63 所示的预制钢桩帽或钢筋混凝土—钢管混合桩帽,桩帽采用垫板式单面焊。

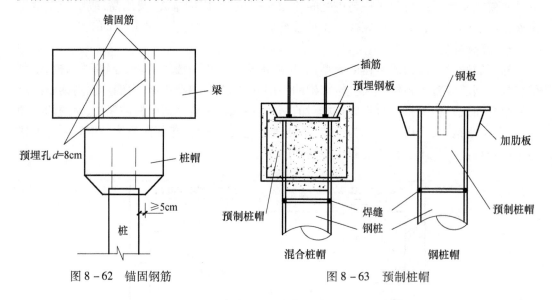

图 8－62　锚固钢筋　　　　　　　　图 8－63　预制桩帽

8.3.4　上部结构安装

在高桩码头中,上部结构多采用预制安装形式,在现场只是安装和现浇接头或接缝处的混凝土,安装方法根据承台宽度、基桩和桩帽施工流水、构件大小来选择水上安装、陆上安装和混合安装的形式进行。

1. 安装前准备

安装前准备主要工作如下:

(1) 核对基桩的偏位值,查对构件的编号、数量、外露钢筋、预埋铁件、预留孔、强度、集合尺寸、凿毛或者缺陷,不符合设计要求或质量验收标准的,预先进行处理或重新预制。

(2)在条件允许情况下,为提高安装效率,吊装设备定位一次能安放较多的构件,水上安装时,宜选用起重量大、吊臂能够旋转的起重船;陆上安装时,选用起重量大、轮胎式起重机。

(3)绘制以段为单元的安装图,标出构件的名称编号,对非对称型构架,用简明且具有形象特征的符号作出标记,避免安错位置或方向。

(4)在横梁上用墨线标出构件搁置位置(纵向及横向)、侧边线和中心线,并用红油漆标示构件名称及构件方向。

2. 梁的安装

对于梁板式高桩码头,按照安装时支承情况的不同分为两点、三点和四点支承的梁。两点支承为前方承台的门机梁、桥吊梁和连系梁等纵向连续梁以及后方承台的简支梁;三点支承和四点支承梁是前方承台的横向连续梁,简称为前方横梁或横梁。

安装中,简支梁比连续梁的要求高,安装简支梁时,梁在柱帽上的搁置长度不应小于设计所规定的最小值;梁端下的垫块和砂浆不仅起到控制标高和防止梁倾斜的作用,而且要传递荷载,所用的垫块和砂浆满足使用的强度要求,砂浆敷设的范围要比搁置面积大。安装连续梁时,梁在桩帽上的搁置长度无要求,梁端下的垫块和砂浆主要起到控制标高和防止梁倾斜的作用,所用的垫块和砂浆只需满足施工条件的强度要求。

1)简支梁安装

图 8-64 为简支梁现场安装施工图。简支梁的安装主要施工要点如下:

图 8-64 简支梁现场安装施工图

(1)如图 8-65 和图 8-66 所示,安装前,在桩帽的顶面和侧面分别标出梁的端边线、侧边线,在桩帽上用水泥砂浆稳安水泥砂浆垫块,块顶作为控制标高。

(2)安装时,在垫块上安装 4mm 左右的木板,以模板顶为准满铺水泥砂浆,取去木板,在梁的预留孔内插入导向管,吊梁就位,用勾镰棍使锚固钢筋对准导向管(图 8-67),起重设备慢慢松钩进行安装。

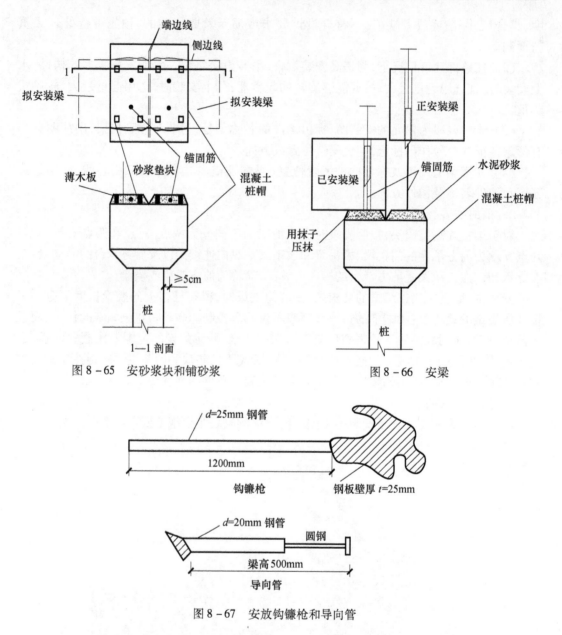

图 8 - 65　安砂浆块和铺砂浆

图 8 - 66　安梁

图 8 - 67　安放钩镰枪和导向管

（3）安装后，取出导向管，用水润湿预留孔壁，向预留孔壁内灌注水泥砂浆或细石混凝土，以梁、桩帽的侧面为准，用抹子压水泥砂浆，检测和记录梁的侧向倾斜度和两端的搁置长度。

2）两点、三点和四点支承梁安装

两点、三点和四点支承的梁，安放时都是两点支承，俗称"硬支点"。三点和四点支承梁的硬支点的位置，根据设计者计算决定。如图 8 - 68 所示，安装前，在桩帽上用水泥砂浆稳安细石混凝土垫块做成硬支点，安装后，其余点用硬木楔支顶，待接头混凝土或填充混凝土浇筑后，取出硬木楔，遗留下的孔用水泥砂浆填堵。

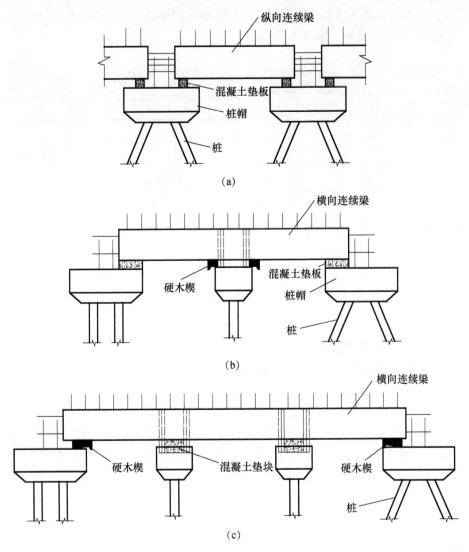

图 8-68 两点、三点、四点支承安装

(a)两点支承;(b)三点支承;(c)四点支承。

3. 板安装

在高桩码头中,按照板按照时支承条件的不同,分为两边、四点和多点支承的板。其中两点支承板为后方承台简支板和前方承台连续板(如火车轨道板);四点和多点支撑板为无梁板式高桩码头的双向连续板。

1) 两边简支板的安装

简支板安装同简支梁的安装,安装后按照设计要求,用短钢筋将板接头处的数对外露钢筋,采用搭接焊进行连接。

连续板的安装,如图 8-69 所示,安装时所垫的水泥砂浆要"外高内低",高处厚度约为 3~4cm,取高处厚度减去 1cm 作为所需的控制标高。连续板一般为四侧,至少是两侧有外伸环形接头钢筋,安装时,为避免环形接头钢筋相碰,板与板之间相对错开 3~4cm,

若环形接头钢筋因位置不准或倾斜不正,有个别的钢筋相碰,可用撬棍拨开,拨不开的用气割切断相碰部分,但安稳后需用电焊焊接。

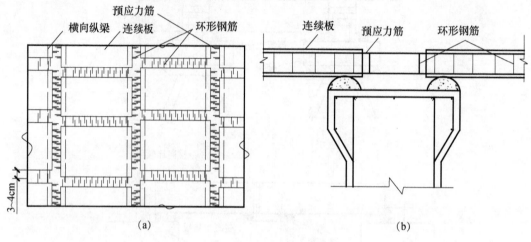

图 8-69　连续板安装

(a)平面图;(b)剖面图。

2)四点和多点支承板的安装

四点或多点支承板的安装,为了减少因班底不平整,或垫块安设标高不准所引起的安装应力,一般采用牛油盘根法,牛油盘根用 $\phi16 \sim 22\text{mm}$ 浸牛油的棉绳盘成,直径一般为 $8 \sim 10\text{mm}$,使用前须在压力机上确定其压缩后厚度与压力的关系曲线。

如图 8-70 所示,四点支承板的安装为预先在桩帽上用水泥砂浆稳定细石混凝土垫块,吊安板时在垫块上安放牛油盘根,垫块顶高加上牛油盘根受支承力压缩后的厚度即为所需要的控制标高,支承力为板重的1/4。多点支承的安装同四点支承,只是在各支承点的受力不同,支承力大的点,稳安标高低,支承力小的点,稳安标高高。

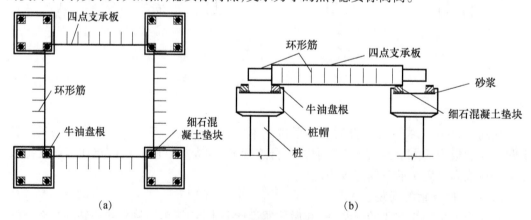

图 8-70　四点支承板安装

(a)平面图;(b)立面图。

4. 靠船构件的安装

图 8-71 所示为典型的靠船构件安装构造及实例图。由于除了板桩式码头无靠船构

件外,其他形式的高桩码头都需要安装靠船构件。如图 8-71(a)所示,因靠船构件的重心与安装时的支承点不在一条垂直线上,吊安时须在其顶部设手动葫芦,施加水平力,使其正位,顶部用拉杆和横向连续梁上吊耳相连;下部与横梁端头之间垫硬木楔,然后撤除手动葫芦。未浇筑靠船构件与梁板之间的接缝砼之前,严禁停靠船舶,以免碰坏。

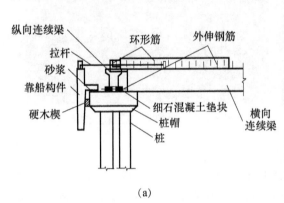

(a)　　　　　　　　　　　　　(b)

图 8-71　靠船构件安装构造及实例

(a)安装构造;(b)安装实例。

5. 接头(缝)和面层混凝土施工

在高桩码头中,上部结构为预制安装时,梁与梁、板与板(图 8-72)、靠船构件和梁板之间接头(缝)很多,为了逐片逐段形成稳定体系,应及时分批进行浇筑混凝土,在受风浪较大时更应如此。

前方承台的面层混凝土由于有火车和装卸机的轨道,一般比较厚,都在 10cm 以上,而且在连续梁、板的接头(缝)浇筑后,承台整体性较好,分块可与一般道路面层混凝土相同(图 8-73)。

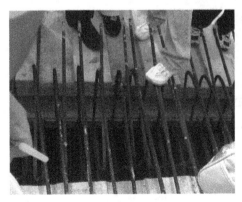

图 8-72　接缝混凝土施工　　　　　　图 8-73　面层混凝土施工

后方承台的面层混凝土,因比较薄,一般在 5cm 左右,而且即便是在简支梁的接头(缝)混凝土浇筑后,承台整体性比较差,分块必须使缝设在梁的轴线上和梁的接头的连线上。面层混凝土因基层为钢筋混凝土板,所受约束较大,浇筑混凝土采用真空吸水方法,减少含水量,增加密实度,从而减少收缩,防止出现约束裂缝,又为了避免因失水过多出现干缩裂缝,边抹面边用塑料薄膜的方法进行养护(图8-74和图8-75)。

图8-74 塑料薄膜养护

图8-75 养护完成后面层混凝土

6. 轨道安装

在高桩码头中,一般都有门机或桥吊轨道以及火车轨道(图8-76)。如图8-77所示,轨道安装可采取吊轨法,即沿轨道一定间距安装吊轨架来固定轨道的位置,轨道的轴线位置和标高分别用经纬仪、水准仪进行施测和控制,为了确保两条轨道在同一断面的高差不超过允许值,采用如图8-78所示的方法,沿着中心线支立水准仪,使同一断面测点的前视距离完全相等。

图8-76 轨道实例

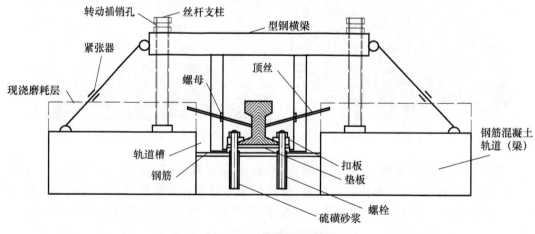
图8-77 吊轨法示意图

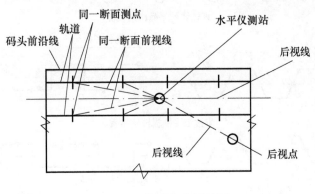

图 8 - 78　轨道标高测量图

8.4　板桩码头工程施工

8.4.1　概述

板桩码头建筑物主要是由连续的打入地基一定深度的板形桩构成的直立墙体,墙体上部一般由锚碇结构加以锚碇。

按照锚碇系统分为无锚板桩码头和有锚板桩码头,有锚板桩分为单锚板桩、多锚板桩和斜拉板桩。无锚板桩如同埋入土中的悬臂梁,当其自由高度增加时,固端弯矩将急剧增加,故多用于墙较矮、地面荷载不大的情况。

单锚板桩是板桩码头最常见的一种结构形式,多用于中小型码头。当码头水深较大时,为减少板桩弯矩,采用双锚板桩岸壁结构,这种结构下拉杆高程较低,施工较困难;上下两根拉杆位移很难保证协调工作,所以很少用。斜拉板桩由单锚板桩演化而来,以斜拉桩代替拉杆锚碇结构,施工工序少,土方量少,便于施工机械化施工,特别适合于施工场地狭小,不便埋设拉杆和锚碇结构的场合。但由于大部分的水平力传给了斜拉桩,而且由于斜拉桩承载水平力有限,所以多用于中小型码头。地下墙式板桩码头是干地施工的板桩码头。墙体连续性好,有效防渗和止水,制成断面较大、各种形式的墙体,用于大型深水码头,施工速度快,不需大型、复杂施工机械,造价低。

8.4.2　板桩墙的施工

在用钢筋混凝土板桩时,只有直轴线体系;用钢板桩时,按照所用的钢板桩断面形式的不同,如图 8 - 79 所示,分为直轴线、半波浪形和全波浪形三种体系,港口工程中,用钢板桩作板桩墙时,常用 U 形半波浪形体系。

1. 导向梁、导向架设置

在施打板桩墙时,为了控制墙的轴线位置,保证桩的垂直度,减小桩的平面扭曲和提高打桩的效率,需要设置导向梁或导向架,分别用于陆上、水上施打板桩墙,如图 8 - 80 所示。当板桩墙比较宽时,为了使得锤的中心能达到所施打桩的形心,设置如图 8 - 81 所示的单面导向架。设置要点如下:

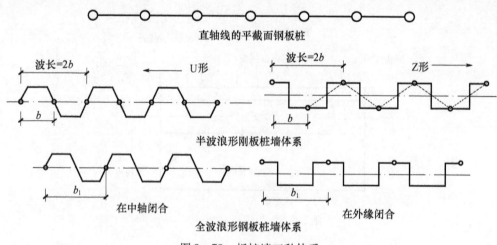

图 8-79　板桩墙三种体系

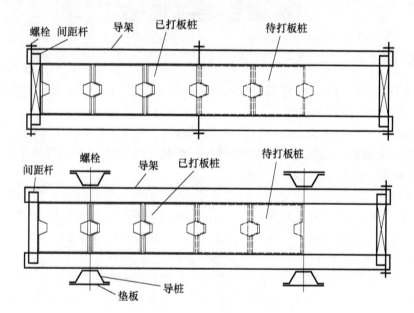

图 8-80　导向梁、导向架

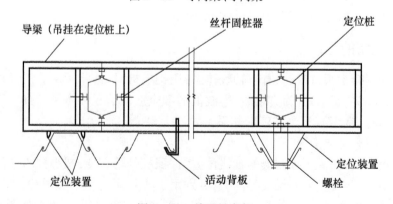

图 8-81　单面导向架

（1）导向梁、架的设置长度根据移设的难易程度、夹持已打桩所需的长度和打桩效率的高低选择。

（2）为了使导向梁、架有足够的刚度，适当地选择导向梁、架的材料和断面，以及导桩的材料、断面、间距以及入土深度。

（3）导向梁距离板桩墙顶的距离应大于替打套入桩头的长度。

2. 板桩墙施打的方式

板桩墙施打的方式主要有两种：成排打入和单独打入。在水上施工时，导向梁离泥面有一定的距离，能插立桩，可采用成排打或单独打的方式；而在陆上施工时，导向梁设置在地表面，桩插立不了，只能采取单独打入的方式。

（1）单独打是每 1～2 根板桩一次打到设计标高。混凝土桩一般一次打 1 根，板型钢板桩、槽型钢板桩可一次打 1～3 根，Z 形钢板桩因截面非对称，为防止桩扭转和偏心锤击，宜一次打 2 根，其拼装方法如图 8－82 所示。

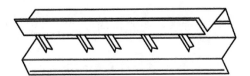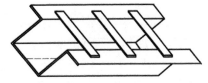

图 8－82　桩的拼装方法

（2）成排打是以 20 根桩左右为一批，预先插立在导向架内，先打两端的 1～2 根桩，一直打到设计标高或设计标高的一半，随后打中间其余的板桩，一次或分若干次按顺序打至设计标高。

3. 板桩墙施打要点

不论单独打入还是成排打入，一般用外龙口的打桩船（架），且架高满足插立桩的要求，锤的外伸距离能够达到所打桩的形心。主要施打要点为：

（1）一般用锤击法，如遇砂土地基，需用震动法。为提高打桩效率和避免打坏桩头，宜采用大锤"重锤轻打"。

（2）打钢筋混凝土板桩用的替打在构造上和打一般的钢筋混凝土桩一致，并用钢板进行焊接而成。打钢板桩用的替打可用铸钢或钢板焊接而成，内外壁的外伸长度以 10～20cm 为宜；间隙量为板桩壁厚的 2 倍（过大的间隙造成替打不安稳，产生偏击；过小的间隙，替打不易插入，如果桩顶打坏，不易拔出），替打的构造如图 8－83 所示。

（3）当钢板桩的锁扣为环型、套型或为阴阳型且阴榫朝着打桩前进方向时，为防止泥进入阴榫内，宜在阴榫口的下端堵以木塞。

（4）板桩墙是连续的，每根桩的正位程度对后续桩的正常施打有很大影响，为了提高施打的质量，应精心打开始的几根桩；在打桩的过程中，板桩或多或少会沿墙轴线方向向前倾斜，倾斜较小时，可边打、边用卷扬机反向施以拉力；倾斜较大且达到桩长的 1% 时，应打入楔形桩补救，且单根一次打入。

（5）钢筋混凝土楔形板桩根据打桩水平可事先预制斜度不同的桩，楔形钢板桩可根据实际情况在现场截割、拼焊而成。

（6）施打钢板桩时，如果锁口阻力过大，为了防止后续打的板桩带动已打入的板桩下

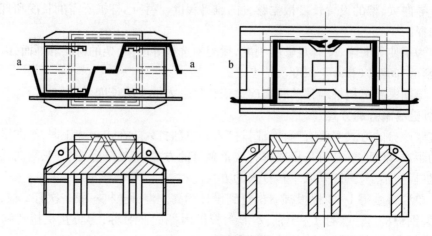

图 8-83　钢板桩替打

沉,可事先在锁口内涂以润滑油,降低锁口的阻力,或者采用焊锁口的办法将多根已打入桩连成整体,增加其抗下沉的能力。

（7）当土层变化较大时,需要分区定桩长时,为避免现场接桩和影响施工的进度,钢筋混凝土板桩宜长,即"宁截勿接"。

（8）如土质较硬,为避免打坏桩顶,钢板桩顶须焊钢板,作适当加强。

8.4.3　锚碇系统施工

1. 锚碇结构形式

为了减少板桩的入土深度和桩顶位移,改善板桩的受力状况,常在板桩墙后设置锚碇结构,并通过拉杆与板桩墙相连。常用的锚碇结构包括锚碇墙(板)、锚碇桩、锚碇板桩和锚碇叉桩等形式,如图 8-84 所示。

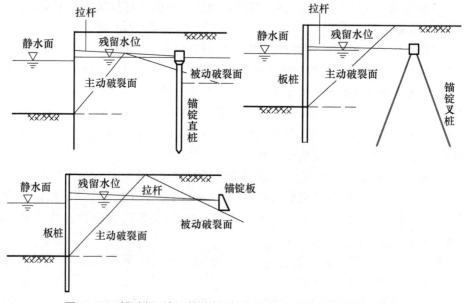

图 8-84　锚碇板(墙)、锚碇桩(板桩)、锚碇叉桩(斜拉桩)示意图

2. 拉杆式锚碇施工

拉杆式锚碇的施工分为设置锚碇体和安装拉杆两部分。

1) 设置锚碇体

锚碇板(墙)设置。锚碇墙一般采用现浇钢筋混凝土墙,当采用预制混凝土墙时,需在后面设置连续导梁。锚碇板一般采用预制钢筋混凝土板,采用的形式有如图 8-85 所示四种。板基础的灰土和碎石进行夯实整平,连续板现场支模浇筑混凝土,非连续板采用预埋的形式;板前构成被动土压力的灰土或抛石棱体,板后的回填土,按照相应的技术要求切实保证施工质量。

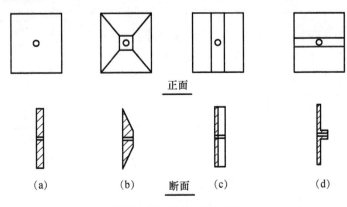

图 8-85　锚碇板形式图
(a)平板形;(b)双向梯形;(c)竖肋梯形;(d)横肋梯形。

锚碇桩设置。锚碇桩也叫板桩,一般采用钢筋混凝土桩,可以采用一组桩(通常两三根),也可采用单桩锚碇,锚碇板桩为沿码头连续的板桩墙。锚碇桩通过打桩设备打入土中,填挖方工作量小,不破坏原状土。施工方法和钢板桩的打桩方法相同,打设质量可以低些。

锚碇叉桩设置。锚碇叉桩由两根不同方向的斜桩和现浇桩帽组成,依靠桩的轴向抗压和抗拔承载力工作,斜度采用 3∶1~4∶1。如果码头前沿线在水域中,先打叉桩、后打板桩墙,分段交替进行;叉桩位于斜坡上会受后续打桩振动和土坡蠕动的影响而容易产生倾斜、位移,打桩后应及时夹桩。

如果码头前沿线在陆域内,因叉桩距离板桩墙比较近,为避免板桩墙受土的侧向挤压力而倾斜,应先打叉桩后打板桩墙。

无论采取哪种锚碇形式,必须使锚碇体上穿拉孔的孔位正对板桩墙施打后实际穿拉杆的孔位,在现浇帽梁、桩帽等的混凝土施工,为避免打桩振动造成的影响,应该距离打桩处 20~30m 以外进行施工。

2) 安放拉杆

拉杆是板桩墙和锚碇结构之间的传力构件,如图 8-86 所示。工程中,拉杆出现问题会导致工程事故,应当采取措施确保拉杆正常工作。拉杆一般采用 2 号圆钢或 5 号圆钢制作,最近一些工程中采用高强钢材,但必须保证焊接质量及延伸率不低于 18%。拉杆由于所处的工作环境较为恶劣,在安装前应除锈并涂两道防锈漆,安装后用两道沥青纤维布缠裹或涂以沥青等防腐蚀材料来防止锈蚀的发展,回填料时严禁回填腐蚀性材料。安装拉杆的要求如下：

（1）拉杆一般水平布置，为了保证在水上穿拉杆和水上浇筑胸墙或导梁的施工要求，不宜低于施工水位，当埋深较大时，可以倾斜放置，但倾斜角不宜过大，防止锚锭墙（板）被拔出。

（2）拉杆的长度大于10m时，采用分节安装且每节长度不大于10m。一般在拉杆两端各设一个竖向铰，中间用紧张器连接，当拉杆较短时，不设铰或只在靠近板桩墙处设一个铰。

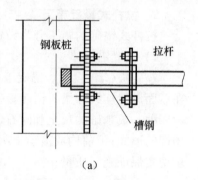

（a）

（3）当预计拉杆下填土沉降较大时，为了减小拉杆下沉，消除拉杆附加应力，按一定间距（4～6m）沿着各条拉杆轴线设木或钢筋混凝土桩，作为拉杆的支承点；也可采用U形防压罩将拉杆上覆土重量传到拉杆两侧地基上，在防压罩和栏杆之间留15～20cm的预留空隙来满足沉降要求。

（4）穿拉杆时，防止碰坏丝杆的丝扣；安装两端设铰的拉杆时，使铰的转动方向处于垂直平面内。

（5）拉杆的螺母拧紧即可，过紧造成拉杆有附加的预紧力且增加土对板桩墙的压力；安装好的拉杆、丝杆露出螺母（和紧张器上的螺母）的长度不小于3扣。

8.4.4 墙后回填施工

在拉杆安装之后应该及时进行板桩墙后回填。回填材料，陆上部分可填砂、石、无腐蚀性及无膨胀性的黏性材料。水下部分填砂、块石、砾石等透水性好的材料。对地震基本烈度在6度及以上的地区，不宜填易液化的粉砂、细砂土及亚砂土。

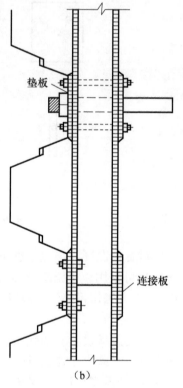

图8-86 导梁构造
（a）立面图；（b）平面图。

码头前沿线在水域内，水下部分通过皮带机或吊机上方驳在墙前进行回填，水上部分以及码头前沿线位于陆域内都采用陆上回填。

在陆上回填时，铺土和夯实沿着与拉杆平行的方向进行，只有当覆土厚度达到一定厚度时才可沿着与拉杆垂直的方向进行，防止拉杆压弯和下沉。在夯实过程中，考虑土堆板桩墙有一定的挤压力，经常观察板桩墙和锚碇体的变形和位移。

8.4.5 上部结构及附属设施施工

1. 导梁、帽梁和胸墙

为了使板桩能共同工作和码头前沿线整齐，通常在板桩顶端现浇成帽梁。为了使每根板桩能被拉杆拉住，在拉杆和板墙的连接处设置导梁，无锚板桩只设帽梁。

帽梁一般采用现浇钢筋混凝土梁，当水位差不大、拉杆距离码头面距离较小时，一般将导梁和帽梁合二为一设计成胸墙,其断面形式如图 8 – 87 所示,帽梁后胸墙的两侧宽出板桩 150mm 以上,为了保证桩与胸墙连接可靠,钢筋混凝土板桩伸入胸墙 50 ~ 70mm,钢板桩埋入深度取 200mm。

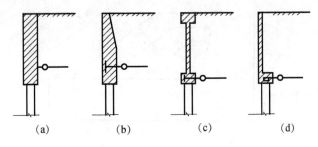

图 8 – 87　胸墙截面形式

(a)矩形;(b)梯形;(c)I 形;(d)L 形。

钢板桩的导梁一般由一对背靠的槽钢组成,如图 8 – 86 所示。导梁是板桩与拉杆的主要传力构件,必须在板桩受力之前安装完毕。导梁、帽梁和胸墙沿着码头长度方向 15 ~ 30m 内设置 20 ~ 30mm 的变形缝,并用弹性材料填充,位置设置在结构形式及水深变化处、地基土差别较大处及新旧结构的衔接处。

2. 排水设施

板桩码头为实体结构,为了减小和消除作用在板桩墙上的剩余水压力,板桩墙在设计低水位附近预留排水孔。一般 3 ~ 5m 设置一个直径 5 ~ 8cm 的排水孔,并设在低水位以下。排水孔后设置倒滤棱体,防止墙后填土流失,其构造见图 8 – 88 和图 8 – 89。

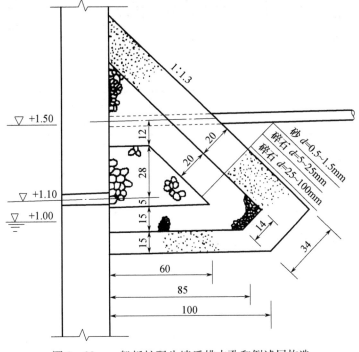

图 8 – 88　一般板桩码头墙后排水孔和倒滤层构造

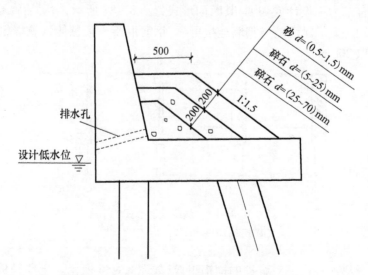

图 8-89 斜拉桩板桩码头排水孔和倒滤棱体构造

8.4.6 板桩码头施工质量要求

板桩码头的主要质量要求见表 8-6 ~ 表 8-14。

表 8-6 预制锚碇构件允许偏差

偏差名称	锚碇板/mm	锚碇桩/mm
构件长度	±10	±50
横截面边长	±10	±5
预留孔位置	20	—
预留孔直径	+10 -0	—
板面对角线	30	—
侧面弯曲矢高	10	10
桩尖对桩纵轴线偏差	—	≤15
桩顶面倾斜	—	$b/100$（b 为桩边长）

表 8-7 预制桩允许偏差

序号	项目		允许偏差/mm
1	长度		±50
2	横截面边长	宽度	+10 -5
		厚度	+10 -5
3	榫槽中心对桩轴线偏移		7
4	榫槽表面错牙		3
5	抹面平整度		10
6	桩身侧向弯曲矢高		$L/1000$ 且不大于 20
7	桩顶面倾斜		≤5
8	桩尖对桩纵轴线偏斜		≤10

表 8-8 钢板桩加工制作允许偏差

序号	项目	允许偏差/mm
1	钢板桩长度	±100
2	异型钢板桩宽度	±10
3	钢板桩纵向弯曲矢高	$<3L/1000$
4	钢板桩侧向弯曲矢高	$<2L/1000$
5	接头高差	$<t/10$（t 为接头部分厚度）

表 8-9 锚碇板安装允许偏差

偏差名称		允许偏差/mm
平面位置	沿轴线方向	100
	垂直轴线方向	50
顶面标高		±50
竖向倾斜	前倾	0
	后倾	$1.5H/100$（H 为锚碇板高度）

表 8 - 10 拉杆制作和安装允许偏差

偏差名称		允许偏差/mm
制作安装	单节拉杆长度	+20 -10
	接头处拉杆轴线偏移	5D/100 且不大于 3(D 为拉杆直径)
	拉杆间距	±100
	拉杆标高	±50

表 8 - 11 沉桩允许偏差

序号	项目		允许偏差	
			钢筋混凝土板桩	钢板桩
1	设计标高处桩顶平面位置/mm	陆上	100	100
		水上	100	200
2	桩身垂直度/%(垂直于纵轴线方向)		1.0	1.0
3	桩身垂直度/%(沿纵轴线方向)		1.5	1.5
4	钢筋混凝土板桩间缝宽/mm		<25	—

表 8 - 12 现场浇筑锚锭墙允许偏差

偏差名称	允许偏差/mm
轴线位置	20
宽度或厚度	±10
顶面标高	±20
相邻段表面错牙	10
预留孔位置	20
预留孔直径	+10

表 8 - 13 钢导梁允许偏差

序号	项目	允许偏差/mm
1	钢导梁顶面高程	±10
2	钢导梁拉杆孔中心线位置	±10

表 8 - 14 现浇钢筋混凝土胸墙允许偏差

序号	项目	允许偏差/mm
1	前沿线位置	20
2	顶面标高	±15
3	底面宽度	±10
4	相邻错牙	10
5	迎水暴露面竖向倾斜	5H/1000 (H 为胸墙高度)
6	迎水暴露面平整度	10
7	顶面平整度	10
8	预留孔位置	20
9	位置	20
	与混凝土表面错牙	5

8.5 防波堤工程施工

8.5.1 概述

防波堤是用来掩护建造在开敞海岸、海湾或岛屿的港口水域。其功能是防御波浪对港域的侵袭,保证港口具有平稳的水域,便于舰船停靠系泊,顺利进行货物装卸作业和上下人员,个别防波堤还有防沙、防流、防冰、导流或内侧兼做码头的作用。

防波堤按照平面布置分为突堤和岛堤。突堤指的是一端与岸相连,另一端伸向海中,由堤根、堤身和堤头组成;岛堤由两个堤头和中间堤身组成,两端均不与岸连接,位于离岸有一定距离的水域中。

防波堤按结构形式分为斜坡式、直立式以及特殊形式,如图 8 – 90 所示。

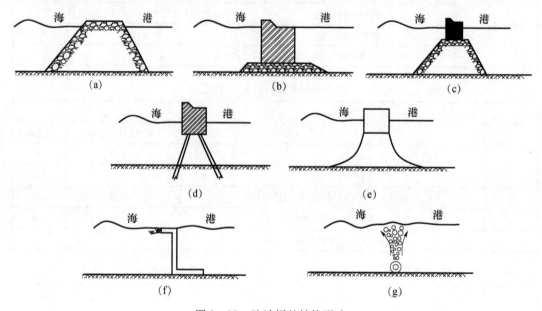

图 8 – 90　防波堤的结构形式

(a)斜坡式;(b)直立式;(c)水平混合式;(d)透空式;(e)浮式;(f)喷水消波;(g)喷气消波。

直立式防波堤的施工与重力式码头的施工基本相同,只是在施工组织设计和计划安排上要重点考虑风浪的影响和防波堤在施工过程的稳定条件。本章主要对斜坡式防波堤的施工工艺进行叙述。

8.5.2　斜坡式防波堤施工

防波堤作为防波浪建筑物,其本身在施工过程中易遭受波浪的袭击而破坏。尤其是斜坡式防波堤,在未形成设计断面之前,其抗浪能力很差,且从堤心到护面又是分段、分层逐步完成的,工序多,暴露范围大,遭受波浪袭击机率多,破坏程度大,破坏后,还影响港池内建筑物施工,延误工期,损失大。因此,在斜坡式防波堤施工中,应在尽可能增加和充分利用可作业天数的原则下,认真研究施工方案、施工安排和施工方法。

1. 施工方案

根据防波堤的类型和断面形式,防波堤的施工方案分为陆上作业为主、水上作业为辅的陆上推进施工和全为水上作业的水上施工,在特殊情况下,也有全为陆上作业的陆上施工。

岛堤的施工,无论断面形式如何,只能用水上施工方案。

突堤的施工,要求堤心石顶标高必须在高潮水位以上,确保堤顶通道不被淹没,且堤顶宽度满足陆上机械作业要求。如果石料来源于陆上,又有大型陆上施工机械,宜采用陆上推进方案(有时为了采用陆上推进施工方案,即便适当加宽、加高堤心石也是合理的);在特殊条件下,如果所处海域有长周期波,波高大,且平均周期长达 24s,几乎无法进行水上施工,则采取沿堤中心线设施工栈桥、用30t门机的陆上施工方案,如图 8 – 91 所示。

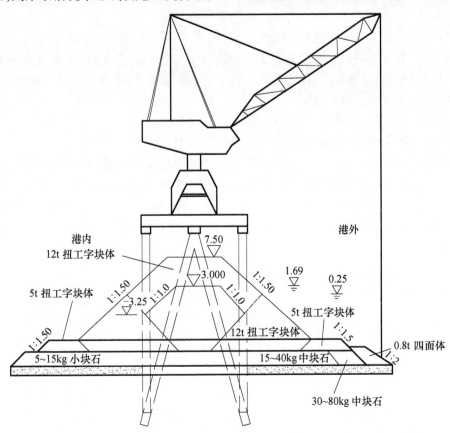

图 8 – 91　栈桥施工方案

2. 施工安排

施工安排必须根据当地海域水文气象资料,对波浪和海况进行分析进而按照季节合理安排施工。

(1) 在大浪季节,为避免浪击损失,又为大浪季节过去后能开创更多的工作面,应根据可能遇到的波浪要素,按照经验或者通过模型试验拟定某一水位以下的堤心施工断面。拟定的原则是以施工断面小于设计轮廓线为前提的,而且要小到即使受到风浪袭击后,堤心石也不会滚落到设计轮廓线之外;如果波浪比较小,为避免浪击损失,争取多完成一些工程量,也可以缩小流水分段长度,增加分层层数,"步步为营"进行施工。

(2) 在大浪前后的季节,为开设更多的工作点以充分利用可作业天数,应该加大流水分段长度,减少分层层数,配备足够的船机和劳动力以及储备充分的材料。

(3) 根据海况情况,情况好时侧重安排防波堤迎浪侧的施工,情况差时侧重安排防波堤背浪侧的施工。

3. 软弱地基处理

当斜坡式防波堤的地基为软土时,根据软土厚度的不同选择合理的处理方法。主要处理方法有:挖泥换砂;抛砂垫层或在其上加铺土工布;打设竖向排水通道—抛填水平向排水砂垫层;爆破排淤法,以下主要介绍抛砂、打设竖向排水通道(袋装砂井、塑料排水板)、加铺土工布法和爆破排淤法的施工。

1)抛砂

抛砂的抛填方法应根据换砂、抛砂垫层和抛水平向排水砂垫层的抛填厚度大小进行选择。厚度大时,用泥驳抛,泥驳的一次性抛填量大、效率高,进度快,且可避免分层的层间夹有回淤的淤泥;厚度小时,用方驳或者民船抛,抛填时,船装砂、船驻位、设标对标、设定位船的做法见重力式码头施工。

2)打设竖向排水通道

打设竖向排水通道有两种方法:简易打设和专用打设。

简易打设,如图 8-92 所示吊机固定在方驳的中心部位,船舷上设置定位板,吊机通过旋转、变幅,对定位板逐根施打,打设效率低;专用打设,如图 8-93 所示,在方驳的一侧设立专用打设架,另一侧设置平衡重,打设架沿着轨道移动对位,一次打 4 根,打设效率高。打设船的定位如图 8-94 所示,一般采用船上设置花杆对标,打设钢管桩和拉测绳控制移船距离。

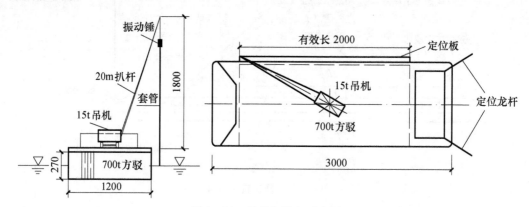

图 8-92 简易打设船示意图

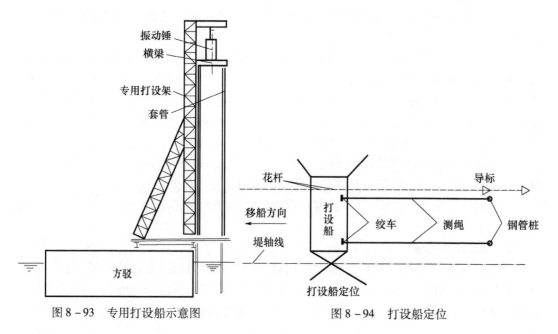

图 8-93 专用打设船示意图　　　　图 8-94 打设船定位

锤形和钢套管规格的选用与水深、打入深度、排水通道和土质等因素相关。钢套管用钢管节破口焊接制成,管的长度等于高潮水深、打入深度和船干舷高的和,并加上一定的富余量。管的上端设置送入袋装砂井或塑料排水板用的"窗口",管的下端设置图 8 – 95 和图 8 – 96 所示的防进泥活门,下管时,管抵达泥面,通过动水压力和土反力关闭活门;提管时,利用管上端进水孔进水消除管内外的水位差,袋装砂井通过自重顶开活门。

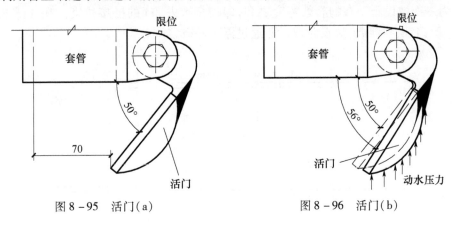

图 8 – 95　活门(a)　　　　　　　　　　　图 8 – 96　活门(b)

3) 敷设土工布施工

土工布的敷设具有方驳敷设和方驳吊机敷设两种方法,一般由潜水员在水下配合完成。由于在整平的斜坡式防波堤砂垫层上的土工布需要较高的抗拉强度,一般用有纺的。

(1) 铺前准备工作。第一步是拼接成卷。主要指的是在空旷的平地上展开土工布,先作外观检查,如果发现有伤痕、裂口或破损,要作修补处理,后将小宽幅的土工布拼成 10 ~ 15m 的片,如需敷设双层,其上再拼接一层。拼缝搭接长度应大于 5cm,缝双道缝线,截取的长度取设计铺宽加 1.0m 以上的富余量。如图 8 – 97 所示,片的起始端和终止端分别用铅丝系扎直径分别为 38mm、100mm 的钢管,在直径 100mm 钢管的两端系展开绳(同测绳,每隔 10cm 系一布条),然后从终止端向起始端绷紧、平行卷成卷。图 8 – 98 为土工布施工现场图。

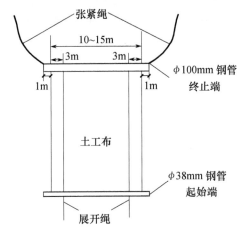

图 8 – 97　土工布片成卷装配图

图 8 – 98　土工布施工现场

若张紧绳和展开绳合二为一,则只在终止端用铅丝系扎直径为 219mm 的钢管,钢管两端焊接直径 150mm、长度 350mm 的短钢管作为拉环的转动轴,管端设置一定数量的排水孔,以便下水时排除管内空气而下沉。打成卷后,要及时作防晒处理。

第二步是设置敷设控制线,如图 8-99 所示。即在堤的两侧设置土工布起始端、终止端的敷设控制线,从堤的一端逐段插钢钎 A、B、C、D,在 A 和 B、C 和 D 之间绷紧细绳,分段长度为一次敷设土工布的有效宽度之和,即幅宽减去 2m 的搭接长度。在 A、B 钢钎附近插 A'、B' 钢钎,系浮鼓,敷设时敷设船通过浮鼓进行定位。

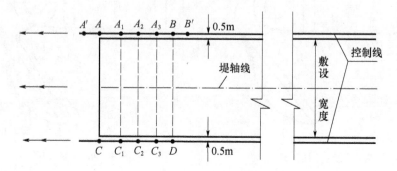

图 8-99 敷设控制线

第三步进行砂垫层整平。采用一般抛石基床的处理方法,高差控制在 ±30cm 以内。

(2)敷设。当展开绳、张紧绳分别设立时,用方驳敷设。如图 8-100 所示,用两艘方驳,1#方驳对标并顺着 A'B' 上的小浮鼓,在起始端定位,土工布竖着船舷下沉,潜水员扶正落位于 AA_1 处,用直径为 38mm 的钢管系在 A、A_1 的钢钎上,展开少许,顺钢管压重 50kg 的砂袋;2#方驳定位在距离终止端一定距离的外侧,使得张紧绳因倾斜度小而具有较大的水平张紧力,两根张紧绳分别绕在 2#方驳的人力绞关上,用人力牵引展开绳,一边展开,一边由潜水员参考系在 A_1、C_1 钢钎上的细绳观测偏位和搭接情况,如果偏位大,适时地用不等距牵引展开绳后或不等力牵引张紧绳的办法纠偏,每展开 5m 左右,紧张紧绳一次且保证土工布卷只移动不转动,按照 $0.2m^3/m^2$ 的数量抛压二片石,直到铺到 CC_1 为止,且为了保证抛压的位置准确,如图 8-101 所示,预先在 φ100mm 的钢管两端各系小浮鼓 1 个。

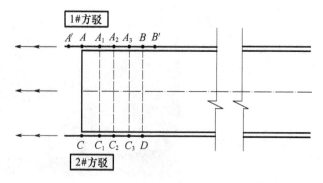

图 8-100 方驳敷设驻位图

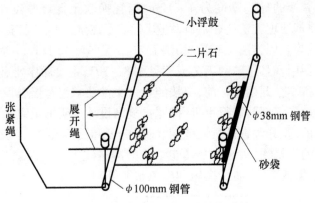

图 8 - 101 抛压二片石及系小浮鼓

当展开绳、张紧绳合二为一时,用方驳和吊机相结合的方式进行敷设。方驳对标并顺着 A'、B' 的浮鼓定位于起始端。在方驳上先用 $\phi100mm$ 砂袋(袋长与卷宽度相同)系扎在土工布起始端作为压重,后用吊机吊卷下水,并将 $\phi219mm$ 钢管拉环上的两根细绳分别穿过焊接在方驳船舷上的拉环,边移动方驳边用吊机牵引展开。同方驳敷设一样,如果偏位大,则将细绳改穿其他适宜的拉环(船舷每隔 $1m$ 焊接一个拉环)进行纠偏,按照 $0.2m^3/m^2$ 的数量抛压二片石,直到铺到 CC_1 为止。

4)爆破排淤施工

爆破排淤的主要原理是将炸药中的灼热核产生的爆轰波转换成冲击波作用在炸药周围的介质上,达到挤淤的目的。主要有爆夯挤淤法、爆破排淤填石法和爆破堤下爆破挤淤法等。其中,爆破排淤填石法较为常用,其他两种方法不再作介绍。

爆破排淤填石法为在抛填块石的前方淤泥适当位置放置群药包,炸药爆炸后,抛填堆石体前沿便向爆炸形成的爆坑内坍落,朝前坍落的堆石体形状如同"石舌"。当继续抛石填至"石舌"断面时,由于经扰动的淤泥含水量较大,强度低,"石舌"上部的淤泥很容易被挤出,形成完整的新填体,经过若干次循环,可以达到置换淤泥的目的。一次推进的爆破挤淤填石工作原理见图 8 - 102。

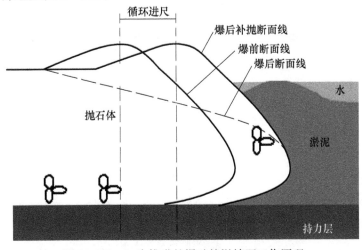

图 8 - 102 一次推进的爆破挤淤填石工作原理

爆破挤淤填石置换的软基厚度为 4～12m,当置换软土低级厚度小于 4m 或者大于 12m 时,应与其他地基处理方法比较后择优选用,推荐在淤泥厚度小于 4m 的工程中采用自重挤淤、强夯挤淤等处理方法比较后选用;而在淤泥厚度大于 12m 时,与部分清淤、排水固结比较后择优使用。其爆破的工艺流程见图 8-103,主要操作要点如下。

（1）施工前准备。在开始施工前,要按照设计文件要求编写爆破设计说明书,同时报上级主管部门和当地公安部门进行审批,按照批复的设计说明书组织施工。

实施爆破挤淤前,充分调查挤淤的范围、淤泥深度和周围环境,尤其是要调查清楚施工周围要重点保护的建筑物、构筑物及其能承受的冲击波等不利因素。据此确定爆破中的一次最大用药量、警戒范围、防护措施和应急预案等。

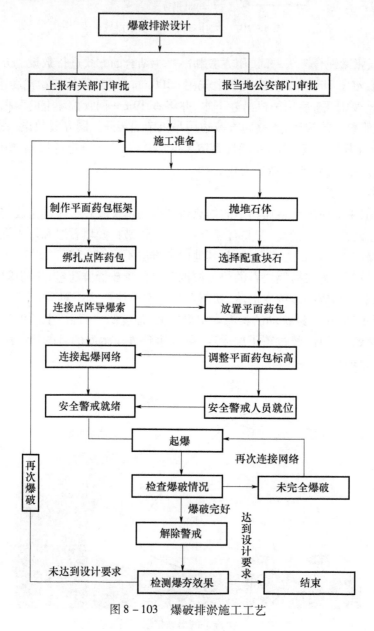

图 8-103　爆破排淤施工工艺

抛填堆石是爆破挤淤的前提,要根据设计要求,先抛填一定的堆石,并准备足够的片石,作好爆破后再次抛填堆石的料源。

推荐使用的主要机具设备和劳动力配备分别见表 8-15 和表 8-16。

表 8-15　推荐使用的主要机具设备

序号	机具名称	单位	数量	主要用途
1	电锯	具	1	加工木制点阵药包框架
2	小船	艘	4	抛洒堆石、放置点阵平面药包
3	自卸汽车	台	2	运输石料
4	转载机	台	2	倒运石料
5	推土机	台	1	平整"石舌"
6	平板汽车	台	1	运输爆破器材及其他材料

表 8-16　主要劳动力

序号	劳力名称	单位	数量	主要用途
1	汽车司机	人	3	运输石料、爆破器材等
2	转载机司机	人	2	倒运石料
3	推土机司机	人	1	平整"石舌"
4	爆破员	人	4	加工安装爆破药包、敷设起爆网络
5	船员	人	4	水上运输、固定平面药包
6	潜水员	人	2	水下安装药包(需要合格的爆破员承担)

(2)在爆破排淤填石法中,要注意堆石体前沿的陡直,使置于堆石体坡脚下淤泥中的群药包爆破后堆石体能迅速地充填淤泥漏斗。

药包的加工和布料见重力式码头相关章节。在药包的爆破时,使用导爆索引爆时,要加工导爆索节置于起爆药包内,导爆索端部用防水胶布封口,起爆网络注意传爆的方向性;使用塑料导爆管雷管起爆时,注意起爆药包制作中的雷管段位和设计起爆段位相吻合;导爆管雷管作为传爆雷管使用时,注意反向链接,避免雷管聚能穴释放的金属流将导爆管提前冲坏,造成盲炮。

(3)主要施工技术参数。爆破排淤施工的技术参数根据工程实际通过试验确定。首次使用的技术参数查阅爆破施工手册和以往经验确定。爆破排淤填石的技术参数主要有:填石厚度和宽度;群药包的重量;群药包埋入淤泥中的深度;群药包之间的合理距离,具体可参照《水运工程爆破技术规范》(JTS 204)的相关规定。

(4)主要质量要求和质量控制措施。施工时一方面要控制好堆石体形状、厚度(高度)符合设计要求,另一方面要严格按照设计加工好点阵药包或群药包,加工、布置药包要有爆破工程技术人员全过程监控。

爆破网络的敷设要注意导爆索和塑料导爆管雷管的不同连接方法,搞清"顺接"和"反接",网络敷设完成之后由爆破技术人员逐一检查,确认无误后方可起爆。

在施工时,主要从如下几个方面控制质量:

① 要控制好原材料的质量、堆石料的饱水强度和软化系数要达到要求。

② 控制堆石的形状和高度符合设计要求。

③ 爆破后要对爆破压实情况或堆石体坍落情况现场评估,用以调整下一次爆破时的爆破参数。

(5) 安全措施。爆破排淤施工大多数是在水上作业,要根据爆破设计所圈定的安全距离做好警戒工作。

不管是在海上作业、河道作业,还是在沼泽地、鱼塘、堰塘实施爆破排淤施工,必须提前发出书面安全告示,使附近的人员知道爆破的安全警戒范围和安全信号,以便在实施爆破作业时人员和船舶能够迅速撤离到安全地带。

不得使用报废机械在施工现场装运石料,抛填堆石体时有专人负责指挥。现场施工人员要先进行培训,经过安全考核合格后才能上岗。

在药包的加工、敷设等工序中,要有持有爆破员安全作业证的人员才能加工药包、敷设起爆网络,并且对药包加工制作、网络敷设的全过程进行实时监控。网络敷设完毕后,爆破技术负责人对整个网络逐一进行检查,发现问题及时处理。

在实施爆破时,严格按照《爆破安全规程》实施,严格按照爆破设计说明书安全距离的划定范围内设置岗哨,确认安全警戒范围内没有安全隐患后方可实施爆破;爆破后,由爆破员进行现场检查,确认无盲炮、无安全隐患后,报爆破指挥长,由指挥长发出警戒命令解除时,警戒人员才能解除警戒。

4. 施工程序

防波堤的施工主要有陆上推进施工及水上施工两种方法和施工程序。

1)陆上推进施工程序

当突堤的堤顶用作通道或者堤内侧兼做码头时,其堤顶通常设置有胸墙,这种斜坡堤堤顶较宽、堤心石顶标高较大,一般具备陆上推进的条件。

如图 8 - 104 和图 8 - 105 所示为不分级的块石防波堤和分级的块石防波堤。其陆上推进施工都是从堤根开始,由于堤根部水深较浅,堤心石可以一次到顶向前推进。当堤身推进到水深 -1.0m ~ -2.0m 以后,堤身已经很高,为了防止继续推进造成的塌坡,堤心石采取两步进行。

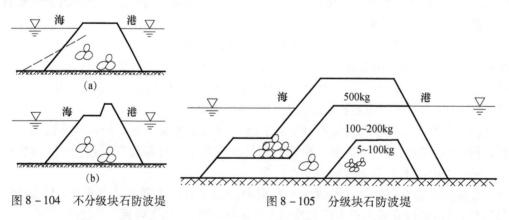

图 8 - 104　不分级块石防波堤　　　　　图 8 - 105　分级块石防波堤

第一步是粗抛,这个过程在水上进行,抛至 ±0.0m 左右(波高较大时,需要适当降低);第二步是陆上继续推进,一次到顶。堤心石成型后,即重点进行外坡的工序施工,主要包括垫层、护底、棱体以及护面等的施工,分段流水作业,其中护底和棱体基本上可与垫层块石同步进行。

堤身施工应注意掌握施工季节。堤心石第一步抛至 ±0.0m 以下时,基本上不受风浪影响,全年均可进行,并可超前多抛。堤心石的第二步长高成型及抛垫层和护面等,应重点安排在非大浪季节。如需在大浪季节施工,其分段流水的长度应尽量缩短,并要"步步为营",且在风浪来临前结合风浪的情况,在堤身长高推进面及端部,用块石(必要时用护面块体)进行临时加固保护。

在软基上施工的防波堤,其水下棱体的施工应与堤心底层抛石同步进行,而且最好先抛水下棱体,后抛堤心石,以防止堤心石滑移。堤心的分层及其间歇时间,均须按设计要求进行。应定期观测沉降,分析地基固结情况,调整上层抛石的间歇时间。

2)水上施工程序

凡是不具备陆上推进施工的斜坡堤均采用水上施工,岛堤或者不设胸墙的斜坡堤都采用这种方法。如图 8 - 104 和图 8 - 105 所示,标准断面的岛式斜坡堤主要施工程序如下。

岛堤斜坡式的施工程序从一端开始,先抛棱体下部基础,接着抛棱体和护底,然后抛堤心石。堤心石原则上分两步进行:第一步先粗抛,标高控制在 ±0.00m 左右(波高较大时,需适当降低);第二步一次到顶,内坡堤心的戗台,可作为第二步抛石中的一个分层。

堤心石抛至 ±0.00m 以下,稳定性好,基本不受风浪影响,可超前多抛。堤心石 ±0.00m 以上的大量长高和成型,应重点安排在非大浪季节进行,并要及时进行垫层和护面施工,其中尤其要抓紧垫层抛石施工,使之先将堤心石包住,以提高抗浪能力。如需在大浪季节施工,则应以水下抛石为主,在此期间进行堤心石长高及护面施工时,应尽量缩短分段流水的分段长度,并"步步为营",且在大浪来临前,根据风浪预报情况在堤身长高推进面及堤头进行临时保护。

堤身和护面,在海况条件好时,应以外坡为主,但内坡也要及时进行保护。因为这种斜坡堤的堤顶低,堤身窄,在护面没有全部完成时,往往越浪越顶把内坡打坏。

5. 施工前准备

除了一般工程开工前需要进行的一些准备工作之外,斜坡式防波堤的施工还需要准备下述工作。

(1)设置平面控制基线(或控制点)和高程控制点。施工基线选择在通视条件好,不宜发生沉降和位移,不受施工及其他影响的点;选择的点便于在施工期间检查和校核,且施工基线的测角允许误差值为 ±12′,长度允许误差值为 ±1/10000。

(2)对工程范围内的水深地形应进行实测,以便进一步掌握地形并据此计算、复核工程量。在计算石料和块体用量时,需考虑因沉降和沉入地基表面而增加的数量。

(3)设置控制标。控制标主要包括断面标(纵向标)和里程标(横向标)两种。里程标主要是指示施工区段用,同时用以控制堤头、断面变化和堤身转折处,可设在陆上,与堤轴线成90°或大于30°斜交,也可直接沿堤轴线设固定的钢桩或钢管。如图 8 - 106 所示,断面标一般设在断面高程变化处,沿纵向在堤中间视堤身长度先设 2 ~ 4 处固定标,后按作业需要设活动的临时断面标。设标时,一般先设中心标,后随着堤心石的加高,设置其他边标。

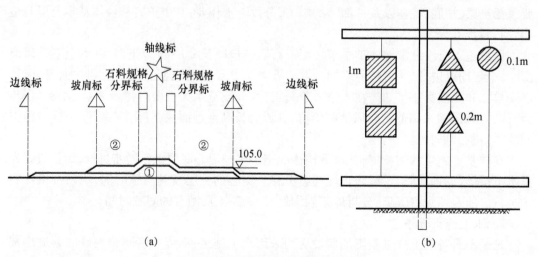

图 8 - 106　防波堤断面控制标及潮位标
(a)断面控制标；(b)潮位标。

（4）设置潮位标。用潮位、水深控制水下抛填的标高，根据施工现场的范围，用标牌形状或颜色表示潮高，方形、三角形、圆形分别代表 1.0m、0.2m 和 0.1m。潮位每涨落10cm，调整一次标牌。如图 8 - 106（b）所示，将标设置在地势较高处，标牌面对施工现场。

（5）设石料储存场和出运码头。设置时需考虑的因素、内容和装船方式与重力式码头相同。

（6）块体预制场如未设置出运码头，而且块体必须从水上出运时，设置块体出运设施。

（7）设水上锚系设施，沿堤两侧多抛系缆用混凝土块体，块体上用锚缆系带浮鼓。

（8）陆上推进施工时，需修建通往堤根的施工道路。

抛筑防波堤的块石质量要求见表 8 - 17。

表 8 - 17　抛筑防波堤的块石质量要求

块石类别 \ 要求项目	水中浸透后的强度/MPa	外观
护面块石、需要夯实的基床块石	≥50	不成片状、无严重风化和裂纹
垫层块石、不需要夯实的基床块石	≥30	
堤心石	具体情况降低要求	

6. 抛填堤心石

1）水上抛填施工

水上抛填堤心石按照先粗抛，后补抛、细抛，抛至施工标高（设计比高加预留沉降量）成型。抛填的方法应根据抛石的质量、抛石的水深、抛石机械选择，主要有民船运抛、方驳运抛、开底泥驳运抛、自动翻石船运抛、吊机—方驳运抛、起重驳船运抛（俗称横鸡凳）等方法。

（1）如图 8 - 107 所示，民船抛填是目前常用的抛填方法。适用于浅水防波堤的抛填和深水防波堤的补抛和细抛。

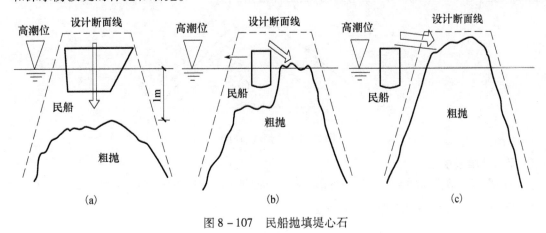

图 8 - 107　民船抛填堤心石
(a) 正抛；(b) 侧抛；(c) 搬填。

（2）方驳运抛日抛量较大，也比较常用。特别适用于深水防波堤的粗抛，也可用于补抛、细抛。

（3）开底泥驳运抛通常用于深水防波堤的粗抛施工，一次抛填量较大。

（4）自动翻石船运抛也用于深水防波堤的粗抛施工，因抛填费用较高，只在无开底泥驳时采用。

（5）吊机—方驳运抛，是一种辅助性补抛方法，抛填效率低，只在用民船或方驳补抛不到施工高程时，采用此种方式进行补抛。

2）陆上推进施工

（1）拖拉机运抛。堤顶为一般宽度时采用此方法。从石场直接运料，自卸、自抛。拖拉机的车速中等，转弯半径小，对道路条件要求不高，堤上无须局部加宽而设调头区，抛填费用低，管理方便。

（2）汽车运抛。用汽车或翻斗车运抛，轮压较大，行车道路距离坡肩应有一定的距离，此时，若堤顶宽度仅满足单行线要求，需要隔一定距离设置错车和调头区，如图 8 - 108 所示。

斜坡堤的边坡坡度一般为 1∶1.25 ~ 1∶3，堤心石经过第一、二步抛填，抛后边坡坡度约为 1∶1 的自然坡，比设计坡度陡。为了保证设计坡度，抛填时按照图 8 - 109 所示，堤顶外侧边线比设计线放宽几米，用人力消坡，将多余块石向下掀抛；堤顶内侧边线比设计线缩窄 0.5 ~ 1.0m，利用散落在堤上的零星块石或施工胸墙挖出来的块石，用人力补抛，水下不足部分，在陆上用吊机吊

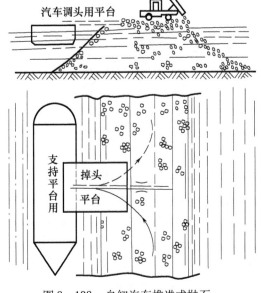

图 8 - 108　自卸汽车推进式抛石

盛石网兜,定点补抛,或于水上用民船、驳船补抛。

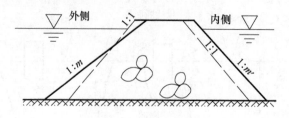

图 8 - 109　消坡、补抛

7. 抛填垫层石

在堤心石抛完验收后,特别是外坡,要尽快抛填垫层石,以提高堤的抗浪能力。其具体使用程序是先抛填后理坡。

1)抛填

水上施工抛填垫层石的方法有民船、方驳和驳船—吊机的运抛,具体方法和堤心石的抛填相同。石块在 200kg 以下的,水上部分用方驳—吊机吊盛石网兜,定点吊抛;水下部分用民船或方驳运抛,并尽可能借助涨潮多抛;块石在 200kg 以上的都用方驳—吊机吊抛。

陆上施工的方法及特点见表 8 - 18。

表 8 - 18　几种抛填方法及其特点

种类		特点
水上部分抛填	拖拉机运抛	填石运抛到坡肩后,用人力在坡面掀抛,块石重量在 100 ~ 200kg 时,方便经济
	翻斗汽车运抛	当石场由装载机装车或有高站台、低货位,道路条件较好,又无拖拉机时,或者堤顶很宽,石料卸载坡肩上,能用人力在坡面抛填时,此法经济合理
	吊机吊抛	用拖拉机或者翻斗汽车运送石料,直接卸入网兜内,或卸下后用人力装网兜,用吊机吊盛石网兜,定点吊抛
水下部分抛填	民船运抛	同水上施工
	方驳运抛	
	方驳—吊机运抛	
	吊机吊抛	同上,但所用吊机有足够的吊重能力和吊臂长度

如果块石过大,人力无法搬动且无法装网兜时,用专门索具或梅花瓣抓斗进行单块石起吊,垫层块石一般大而重,抛填时应"宁低勿高",局部低凹处在理坡时进行处理。

2)理坡

垫层的理坡要求与垫层石的重量、护面块体类型有关,重量为 10 ~ 100kg、100 ~ 200kg 的理坡允许高差分别为 ±20cm、±30cm;四脚空心块的垫层宜铺砌,水上、水下允许高差分别为 ±5cm、±10cm。如图 8 - 110 所示,垫层理坡方法有滑轨法和滑线法。

滑轨法是在坡面上安放导轨,导轨的间距为 6m 左右,滑轨为 $\phi 75 ~ 100mm$ 的细钢管或 8kg/m 的轻轨,以滑轨底为准,去高补低,自上而下移动滑轨理坡。高出的多余块石,向坡下滑去。底下的不足块石,路上推进施工时,水上部分从陆上运料补充,水下部分用方驳作定位、指挥船,由民船运料补充;水上施工时,水上、水下部分均用民船运料补充,水

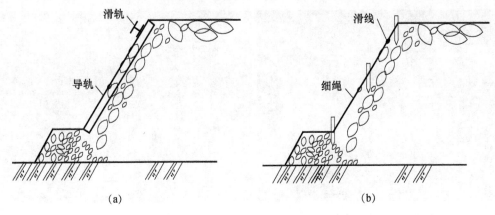

图 8 - 110　理坡方法
(a)滑轨法;(b)滑线法。

上部分搭跳板搬运,水下部分用方驳作定位、指挥船。滑轨法一般用于 10 ~ 100kg 块石的理坡。

　　滑线法是在坡面上埋设排桩,排距为 5m 左右,排桩上系拉细绳,在两细绳间设滑线,以滑线为准,去高补低,自上而下移动滑线理坡,方法同滑轨法。

　　平整度要求高且重量较大的垫层块石,通常采用较规则的块石,用吊机配以特别夹具,水下部分由潜水员在水下进行铺砌;陆上部分由陆上人员进行铺砌。

　　3）抛填压脚棱体和护底

　　抛填压脚棱体的安装方法与垫层石或护面块体施工基本相同,护底离堤中心较远且较薄,一般只能于水上用民船或方驳抛填,其具体抛法与水上抛填堤心石相同,但应勤测水深,控制其抛填厚度。抛填块石、理坡和安放块石的允许高度分别见表 8 - 19 和表 8 - 20。

表 8 - 19　抛填块石的允许高度

抛石重量/kg	允许高度/cm
10 ~ 100	±40
100 ~ 200	±50
200 ~ 300	±60
300 ~ 500	±70
500 ~ 700	±80
700 ~ 1000	±90

表 8 - 20　理坡和安放块石的允许高度

名称	块石重量/kg	允许高度/cm
理坡	10 ~ 100	±20
	100 ~ 200	±30
安放	200 ~ 300	±40
	300 ~ 500	±50
	500 ~ 700	±60
	700 ~ 1000	±70

　　8. 护面层施工

　　斜坡式防波堤的护面层有块石、浆砌块石、抛填方块和安放人工块体,前三种和一般类似项目的施工基本相同,本节主要讲述人工体护面层的安装施工。常用的人工体护面层主要有四脚空心方块(图 8 - 111)、栅栏板(图 8 - 112)、扭王字型块体(图 8 - 113)、四脚锥体(图 8 - 114)和工字形块体(图 8 - 115)。前三种设计层数为单层,后两种设计层数为两层。

图 8 - 111　四脚空心方块

图 8 - 112　栅栏板

图 8 - 113　扭王字形块体

图 8 - 114　四脚锥体

1）安放图案

人工块体的安放图案有规则安放和随机抛填两种，具体采取哪种图案根据块体外形、对称情况、施工的可能性和消浪要求有关。

四脚空心方块、栅栏板和扭王字形块因其外形对称，都采用规则安放，如图 8 - 116 所示。工字形块体的安放图案，按照低潮位划分为水上部分和水下部分。水上部分的安放图案，可按照图 8 - 117 所示进行规则安放，全部块体的竖杆朝向坡脚，也可以定点、定量随机抛填，其上层块体尽量有 60% 的竖杆朝向坡脚，而且按照理论计算量的 95% 进行抛填，剩余的 5% 进行填平补漏。水下部分的安装图案，因无法进行规则安放，按照理论计算量进行定点、定量的随机抛填。

图 8 - 115　工字形块体

图 8 - 118 所示为两层四脚锥体的安放图案，下层锥体正放（三个脚朝下，一个脚朝上），一列块体两脚朝向坡脚，一列块体一脚朝向坡脚，相间排列；上层块体正放，个别如因下层块体间留下空隙小（因垫层不平，块体对着倾斜时），也可倒放（一个脚朝下，三个脚朝上），但倒放数一般不宜超过上层总数的 20%。

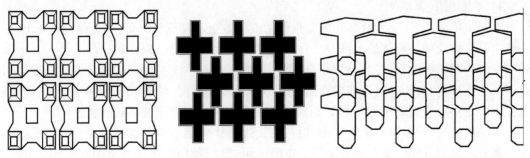

图 8 - 116　四脚空心块、扭王字形块规则安放示意图　　　图 8 - 117　工字形块体安放图案

工字形块体和四脚锥体随机抛填时,定点间距的计算公式为:

单块抛填时,水平方向间距(m):$a = \dfrac{10}{\sqrt{N/2}}$;

沿着坡度方向的间距(m):$b = a \cdot \dfrac{m}{\sqrt{m^2 + 1}}$;

数块一起成簇抛时,水平方向间距:$a = \dfrac{10}{\sqrt{N/2/N'}}$;

沿着坡度方向间距:$b = a \cdot \dfrac{m}{\sqrt{m^2 + 1}}$

式中　N—100m² 抛填块数;

　　　N'—成簇抛的块数;

　　　m—坡度系数。

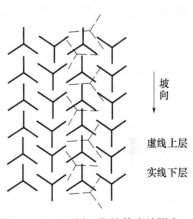

图 8 - 118　两层四脚锥体安放图案

2)安放方法

人工块体一般是在施工区附近的预制场内预制,安放时需要从预制场运输到安放现场,陆上推进施工时,块体陆运到堤上安放地点,水上施工时,块体先从陆运到出运码头,然后水运到安放现场。

陆上推进施工,用吊机安放块体,如所用吊机起重能力小,坡脚部分块体可辅助以水上施工。水上施工时,可用吊机—方驳或起重船安放块体。用吊机—方驳安装时,吊机固定在方驳船艏,块体装在吊机与船员间的甲板上或者另外的方驳上,一般 30 ~ 50t 吊机配 600t 的方驳,100t 以上吊机配 700 ~ 1000t 方驳,吊机的大小视块体重量和吊距而定。用起重船时,应该采用起重能力大、旋转式的起重船,块体装在方驳上,方驳靠起重船停泊。

不论是水上施工还是陆上推进施工,规则安放需要人力(水下用潜水员)扶正定位。为避免因偶然碰撞已安装的块体,自动脱钩后,突然下落而砸伤人,应禁止直接用人力扶正定位,而采用如图 8 - 119 所示插销式系扣方法或采用带钩的长棍支顶块体的横杆进行扶正定位。

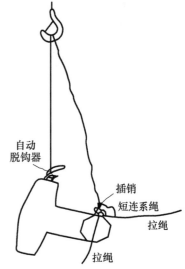

图 8 - 119　插销系钩方法

3）护面层质量要求

人工块体面层、工字型块体和四脚锥体的安放数量和理论计算量，允许偏差为 ±5% ；四脚空心方块的相邻块体最大高差、最大砌缝高度分别不大于 15cm、10cm。

安放块石的护面层，石料外型尽量方正，长边尺寸不小于护面层的设计厚度，石料重量不小于设计重量；90% 以上的护面层厚度不小于设计厚度；块石间互相靠紧，最大缝隙宽度不大于垫层块石最小粒径的 2/3；坡面上不允许存在垂直于坡顶线的通缝。

干砌块石的护面层，应采用立砌，块石的长边尺寸应不小于护面层的设计厚度；块石应紧密嵌固、相互错缝；块石与垫层间的空隙应用二片石填紧，不应从坡面外侧用二片石塞紧块石之间的缝隙，标准按照表 8－21 采用。浆砌块石的护面层，块石间不应直接接触，砌缝用砂浆填满，砌缝作勾缝处理，并符合表 8－22 的规定。

表 8－21　干砌石护面层质量标准

目	允许值/cm
砌缝宽度	3
三角缝宽度	7
块石表面错牙	3

表 8－22　浆砌块石护面层质量标准

项目	允许值/cm
砌缝宽度	4
三角缝宽度	8
块石表面错牙	3
坡面上垂直通缝的长度	100